完井工程设计

穆总结　王　博　臧传贞　主编

田守嶒　主审

中国石化出版社

·北京·

图书在版编目(CIP)数据

完井工程设计 / 穆总结，王博，臧传贞主编.
北京 ：中国石化出版社，2024. 12. -- ISBN 978-7
-5114-7756-9

Ⅰ. TE257

中国国家版本馆 CIP 数据核字第 2024LN5465 号

中国石化出版社出版发行

地址:北京市东城区安定门外大街 58 号
邮编:100011　电话:(010)57512500
发行部电话:(010)57512575
http://www. sinopec-press. com
E-mail:press@ sinopec. com
北京艾普海德印刷有限公司印刷
全国各地新华书店经销
*
787 毫米×1092 毫米 16 开本 16. 75 印张 400 千字
2024 年 12 月第 1 版　2024 年 12 月第 1 次印刷
定价:46. 00 元

前　言

随着复杂油气藏勘探开发进程的不断深入，油气井技术面临新的挑战。完井工程已经不仅是下套管注水泥固井，还是与油气井产能密切联系的系统工程，因此现代完井工程具有新的内涵：现代完井工程不仅是连通井眼与油气储集层(产层)的工序，还是衔接钻井工程和采油工程却又相对独立的工程，包括从钻开油气储集层开始，到下套管、注水泥固井、射孔、下生产管柱、排液，直至投产。

完井工程设计是完井工程课程的补充内容，是完井工程基础理论和工艺技术应用到油气井生产的重要体现。国内石油高等院校均开设完井工程课程设计本科课程(16 学时)和完井工程实践与案例分析研究生课程(48 学时)，但目前缺乏相对应的教材。学生学习这两门课程时缺乏相关资料，对完井工程设计原理、流程、计算和优化理解不够深入，为此编写《完井工程设计》教材。

本教材共包含七章内容：第一章完井工程设计概述；第二章井身结构设计；第三章套管强度设计；第四章注水泥设计；第五章射孔设计；第六章压裂设计；第七章完井设计举例。其中，第一、二章由穆总结教授编写；第三、四章由臧传贞专家编写；第五、六章由王博副教授编写；第七章由穆总结、臧传贞、王博共同编写。本教材重点讲解了完井工程中的关键工艺环节设计理论和设计方法，并给出了详细的设计案例，便于读者学习运用，具有科学性、操作性和实用性。

在本教材的编写过程中，参考和吸收了李根生院士和崔应虎教授主编的《完井工程》、万仁溥教授编著的《现代完井工程》、吴奇教授编著的《采油工程方案设计》、唐海教授和周开吉教授等人编著的《石油工程设计》、熊青山教授以及张光明教授等编写的《石油工程设计》等书的部分内容，收集和引用了有关专家和学者的相关研究材料，在此一并向他们表示衷心的感谢。中国石油大学(北京)克拉玛依校区赵岩龙、王敬鹏等老师在教材编写过程中提供了重要的案例资料，在此表示诚挚的谢意。

由于编者水平有限，书中有不当和错误之处在所难免，诚请广大师生和读者批评指正。

编者

2024 年 10 月

目　录

第一章 完井工程设计概述

完井工程是包括从钻开油层到下套管固井、完井方式的工艺方案选择再到试油直至投产的一项系统工程。完井工程设计水平的高低和完井施工质量的优劣对油井生产能否达到预期指标和油田开发的经济效益有决定性影响。完井工程设计必须在弄清采油工程方案的编制原则和了解采油工程对完井工程设计的具体要求的基础上进行。在完井工程设计中，为了实现少井高产，提高油井的自然产能，使完井工程设计更具科学性，必须加强完井工程设计的基础研究工作，使方案的制订更具科学性和指导性，在现场实施中也更具可操作性。

完井工程基础研究是指研究与完井有关的油田地质和油藏工程以及采油工程技术。其中油田地质和油藏工程包括地质构造、孔隙类型、储集层岩性和流体性质等方面，这是选择完井方式和防止油层伤害的理论依据。采油工程技术包括不同类别的井，如油井、气井、注水井、注气井、注汽井、水平井；不同的开采方式，如多层系同井合采、分层开采、自喷转人工举升开采；油田开发过程所需的不同技术措施，如压裂、酸化、防砂、堵水等。上述各方面对选择完井方式、套管尺寸和强度、固井水泥返高及耐高温等均有特殊要求。

由于完井工程涉及钻井和测井等一系列单项工程，采油工程方案中的完井工程部分不能代替钻井部分的单项工程设计，而是从油藏工程与采油工程相结合，以及建立油层与油井的良好通道、发挥油井最大潜力和提高油田开发整体效益的观点出发，选择完井方式和对完井工程中的各个环节提出要求，并制订投产方案。因此，采油工程方案中的完井工程设计主要包括以下部分：完井方式选择、生产管柱尺寸的确定及要求、钻开油气层及固井要求、完井工艺方案设计、完井试井评价、完井投产措施。

第一节 完井方式选择

一、完井方式应满足的地质条件和工程要求

目前完井方式有多种类型，但都有其各自的适用条件和局限性。只有根据油气藏类型和油气层的特性去选择最合适的完井方式，才能有效地开发油气田，延长油气井寿命和提高经济效益。合理的完井方式应该根据油田开发方案的要求，充分发挥各油层段的潜力。油井管柱既要满足油井自喷采油的需要，又要考虑后期人工举升采油的要求，同时还要为一些必要的井下作业措施创造良好条件。不同完井方式适用的地质条件如表 1-1 和表 1-2 所示。

表 1-1 各种完井方式适用的地质条件(直井)

完井方式	适用的地质条件
射孔完井	① 有气顶或有底水，或有含水夹层、易塌夹层等复杂地质条件，要求实施分隔层段的储层 ② 各分层之间压力、岩性等存在差异，要求实施分层测试、分层采油、分层注水、分层处理的储层 ③ 要求实施大规模水力压裂作业的低渗透储层 ④ 砂岩储层、碳酸盐岩裂缝性储层
裸眼完井	① 岩石坚硬致密，井壁稳定不坍塌的碳酸盐岩储层 ② 无气顶、无底水、无含水夹层及易塌夹层的储层 ③ 单一厚储层或压力、岩性基本一致的多层储层 ④ 不准备实施分隔层段，选择性处理的储层
割缝衬管完井	① 有气顶或有底水，或有含水夹层、易塌夹层等复杂地质条件，要求实施分隔层段的储层 ② 各分层之间压力、岩性存在差异，要求实施选择性处理的储层 ③ 岩性疏松，出砂严重的中、粗、细砂粒储层
裸眼砾石充填	① 无气顶、无底水、无含水夹层的储层 ② 单一厚储层或压力、岩性基本一致的多层储层 ③ 不准备实施分隔层段，选择性处理的储层 ④ 岩性疏松，出砂严重的中、粗、细砂粒储层
套管砾石充填	① 有气顶或有底水，或有含水夹层、易塌夹层等复杂地质条件，要求实施分隔层段的储层 ② 各分层之间压力、岩性存在差异，要求实施选择性处理的储层 ③ 岩性疏松，出砂严重的中、粗、细砂粒储层
复合型完井	① 岩石坚硬致密，井壁稳定不坍塌的储层 ② 裸眼井段内无含水夹层及易塌夹层的储层 ③ 单一厚储层或压力、岩性基本一致的多层储层 ④ 不准备实施分隔层段，选择性处理的储层 ⑤ 有气顶或储层顶界附近有高压水层但无底水的储层

表 1-2 各种完井方式适用的地质条件(水平井)

完井方式	适用的地质条件
裸眼完井	① 有气顶或有底水，或有含水夹层、易塌夹层等复杂地质条件，要求实施分隔层段的储层 ② 各分层之间压力、岩性等存在差异，要求实施分层测试、分层采油、分层注水、分层处理的储层 ③ 要求实施大规模水力压裂作业的低渗透储层 ④ 砂岩储层、碳酸盐岩裂缝性储层
割缝衬管完井	① 岩石坚硬致密，井壁稳定不坍塌的碳酸盐岩储层 ② 无气顶、无底水、无含水夹层及易塌夹层的储层 ③ 单一厚储层或压力、岩性基本一致的多层储层 ④ 不准备实施分隔层段，选择性处理的储层
带 ECP 的割缝衬管完井	① 有气顶或有底水，或有含水夹层、易塌夹层等复杂地质条件，要求实施分隔层段的储层 ② 各分层之间压力、岩性存在差异，要求实施选择性处理的储层 ③ 岩性疏松，出砂严重的中、粗、细砂粒储层
射孔完井	① 无气顶、无底水、无含水夹层的储层 ② 单一厚储层或压力、岩性基本一致的多层储层 ③ 不准备实施分隔层段，选择性处理的储层 ④ 岩性疏松，出砂严重的中、粗、细砂粒储层

完井方式力求满足以下要求：

1）油、气层和井筒应保持最佳的连通条件，油、气层所受的伤害最小。

2）油、气层和井筒应具有尽可能大的渗流面积，油、气入井的阻力最小。

3）应能有效地封隔油、气、水层，防止气窜或水窜，避免层间的相互干扰。

4）应能有效地控制油层出砂，防止井壁坍塌，确保油井长期生产。

5）油井管柱应能适应自喷采油的需要，考虑与后期人工举升采油相适应。

6）应具备进行分层注水、注气，分层压裂、酸化以及堵水、调剖等井下作业措施的条件。

7）稠油开采应能达到注蒸汽热采的要求。

8）油田开发后期应具备侧钻的条件。

9）施工工艺简便，经济效益好。

二、完井方式选择考虑因素

完井方式的选择主要是针对单井而言。单井虽然属于同一油藏类型，但根据其所处构造位置不同，所选定的完井方式也不尽相同。如油藏有气顶、底水，若采用裸眼完井，技术套管应将气顶封隔住再钻开油层，而不钻开底水层；若采用套管射孔完井，则应避免射气顶和底水。完井方式的选择除必须依据油藏地质和油藏工程条件外，还须满足采油工程技术措施的相关要求。

根据油藏地质、油藏工程条件和采油工程技术措施要求选择完井方式，所需考虑的主要因素如图 1-1 所示。

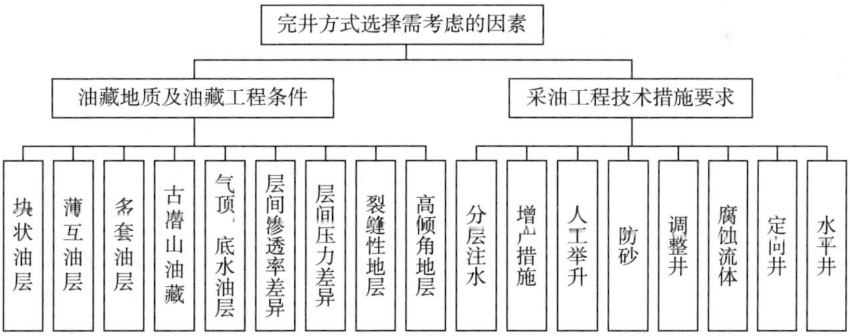

图 1-1　完井方式选择需要考虑的因素

综合分析，完井方式选择需要考虑的主要因素归纳如下。

1. 油藏地质及油藏工程条件

进行完井方式选择时，油藏地质及油藏工程条件中需要考虑块状油层、薄互油层、多套油层、古潜山油藏、气顶和底水油层、层间渗透率差异、层间压力差异、裂缝性地层、高倾角地层等因素。

2. 采油工程技术措施的要求

根据采油工程技术措施的要求，完井方式选择需要考虑是否进行分层注水，考虑增产措施、人工举升方法、防砂问题、腐蚀流体问题、井的类型(定向井和水平井)等因素。

第二节　生产管柱尺寸的确定方法

生产管柱尺寸的确定是根据节点分析(Nodal Analysis)，即压力系统分析，进行油层—井筒—地层管线敏感性分析。油管敏感性分析则是根据油层压力、产量、产液量、流体的黏度、增产措施和开采方式等，通过综合分析选定油管直径，然后根据油管尺寸选定生产套管尺寸。

油气井油管及生产套管尺寸必须在完井之前就要选定，完井后油管尺寸是可以更换的，但生产套管不能更换。因此生产套管尺寸的选定要考虑油井开采全过程的油井类型、采油方式、增产措施、原油特性及采油工程要求等因素的影响。

确定生产套管合理尺寸的顺序应当是先根据油层能量大小并考虑采油工程的要求确定不同采油方式下的合理油管尺寸，再选定可能的最小生产套管尺寸。

一、自喷油井、天然气井油管及生产套管尺寸的确定

油管是自喷油井生产系统的重要组成部分，它是油气田开采的主要通道。流体从井底到地面的举升压降可高达油气井系统总压降的80%。任意油气井系统都有一个最佳油管尺寸，油管过小会因流速过高使摩阻损失增大从而限制其开采速度；油管过大又会使油井举升过程中液相的滑脱损失过大或造成井下积液过多。因此需应用节点分析方法对油管尺寸进行敏感性分析。

自喷油井及天然气井的油管敏感性分析都是以节点系统分析为理论基础。天然气井在油管敏感性分析的基础上，可以确定生产套管的尺寸范围，但不能最终确定一口井的生产套管尺寸。这是因为在投入开发以后，增产措施(特别是水力压裂、酸压裂、前置液酸压)对油管尺寸还有一定的要求。因此，天然气井的生产套管尺寸，要从满足最佳生产参数和增产措施两个方面最终选定。对于自喷油井，生产套管尺寸的选定更为复杂。首先，油井自喷期是有限的，虽然可以确定自喷阶段的油管尺寸和生产套管尺寸，但这个尺寸往往偏小。因为在自喷期结束后，油井要转为人工举升开采。采用不同的举升方式(有杆泵、电动潜油泵、水力活塞泵和气举)并考虑油井原油稳产的要求，与之相配套的油管尺寸、生产套管尺寸以及自喷期的油管和生产套管尺寸必然不同。其次，我国大多数油田采用注水开发，在油井进入高含水阶段后，为了满足原油稳产的需要，往往采用高排液量的大泵进行生产。不同的举升方式也会对油管、生产套管尺寸产生影响。但无论何种举升方式，都要根据今后日产液量的大小选定泵径，然后再确定与之相配套的油管尺寸和生产套管尺寸。最后，增产措施及防砂方面对油管、生产套管尺寸也有不同的要求。

因此，自喷油井要从以上三个方面进行综合分析才能最终确定油管和生产套管尺寸。对于不能自喷的油井，也要从以上论述的后两个方面进行综合分析并选定油管、生产套管尺寸。

1. 自喷油井油管及生产套管尺寸的确定

最佳油管尺寸有两种分析方法：①在给定地面条件下(如分离器压力、井口压力或地面出油管线尺寸)，能获得最大产量的油管尺寸为最佳尺寸；②在规定的产量下，能够使生产气油比最小、气体膨胀能利用效率最高、保持自喷生产时间最长的油管尺寸为最佳尺寸。这

实际上是优选油管尺寸的两种不同的目标函数。根据油田的具体情况，可以选择其中一种方法优选油管尺寸，或者分别用这两种方法确定最佳油管尺寸，最后再综合选择。

自喷油井生产套管尺寸的选择，应考虑油田开发方案所提出的开发方式(注水开发及自喷或人工举升开采)，原油产量、产液量、采油速度、油层压力水平、含水上升规律、含水率、最终采收率等参数，自喷开采转为人工举升时，除了需要考虑原油性质(稀油、稠油、高凝油、凝析油等)，油井出砂状况以及增产措施等因素，还应考虑井下配套的工具最大尺寸，如不同规格井下安全阀的最大外径等附加条件，最后确定生产套管尺寸。

2. 天然气井油管及生产套管尺寸的确定

天然气井优化油管尺寸应重点考虑：保证天然气井在合理产量下举升能耗最低，还要满足携带液要求的最大油管尺寸和防止冲蚀的最小油管尺寸。

天然气井油管尺寸选择有两种方法：①合理产量条件下举升能耗最低的油管尺寸选定方法。采用这种方法选定采气井油管尺寸，要保证油管内压力损失不能太大，确保在较长时期具有一定的油管压力，以满足地面工程的要求。油管动态曲线一般采用气相管流压降计算方法，用不同产量、不同流压和油管尺寸计算压力损失。常用的气井流入动态曲线有指数式产能方程和二项式产能方程。按照节点分析方法，通过研究气井流入动态和流出动态的协调，从而保证能量利用最佳。②满足携带液要求的最大油管尺寸选定方法。采气井油管尺寸要满足携带液要求，防止滑脱造成井下积液，流动压力升高而减产。因此要确定最大油管尺寸极限，一般采用 Jones Pork 公式计算。

天然气井生产套管尺寸选择应保证在天然气合理产量条件下举升摩阻(能耗)最低，考虑可满足携带液要求的最大油管尺寸和减少冲蚀力的最小油管尺寸。权衡这三者的关系，还应考虑井下配套工具的最大尺寸，如井下安全阀的最大外径等附加条件，以及投产和生产过程中的增产措施和后期生产中排水采气措施等因素，选择合理的油管尺寸，最后确定生产套管尺寸。

二、人工举升井油管及生产套管尺寸的确定

在地层能量不足或者虽然地层能量充足但含水率较高时，需要依靠人工举升方法来保证油井在合理的生产压差下生产。不同的举升工艺，由于举升装置和设备的差别，以及井况的不同，与之匹配的油管尺寸是不同的，相应的生产套管尺寸也不同。

确定人工举升井油管、生产套管尺寸的主要依据之一是举升方式。目前的举升方式包括有杆泵抽油、水力活塞泵、水力射流泵、电动潜油泵、螺杆泵以及气举采油。我国有杆泵抽油占 90%以上，是最常采用的举升方式。

1. 有杆泵抽油井油管及生产套管尺寸的选定

有杆泵抽油是世界石油工业中一直占主导地位的人工举升方式。目前我国 90%以上的油井采用的是有杆泵抽油。

管式抽油泵的泵筒在油管柱下端，柱塞随抽油杆下入泵筒内。管式泵只有泵筒和柱塞两大部分，故泵径设计得较大，理论排量大，一般用于供液能力强、产量较高的浅、中深抽油井。其油管、生产套管尺寸根据管式泵与油管、套管匹配关系确定。

杆式抽油泵具有内外两层工作筒，一般设计泵径较小，泵排量小，用于液面较低、产量

较小的深井。其油管、生产套管尺寸根据杆式泵与油管、套管匹配关系确定。

完井设计是在钻井之前就要进行的，所以在选定有杆泵抽油井油管和生产套管尺寸时必须要具有超前性或预见性。要考虑整个油田开发阶段，特别是油井进入高含水时期的日产液量水平以及对油管、生产套管尺寸的要求。

2. 水力活塞泵采油井油管及生产套管尺寸的选定

水力活塞泵具有排量范围宽（30~1274m^3/d），能够适应中黏、高凝油及深抽条件的特点，因此已成为我国人工举升采油工艺技术的重要组成部分。水力活塞泵采油井油管、生产套管尺寸选择的步骤与有杆泵类似。

3. 水力射流泵井油管及生产套管尺寸的选定

水力射流泵的特点是没有运动件，适合使用水作为动力液，其地面设备和井下工作筒与水力活塞泵相同，排量可达4769m^3/d，仅次于气举，扬程可达3500m，仅次于水力活塞泵，但效率比较低，最高只达到32%。可用于抽油生产，特别适合高凝油开采和高含水时期替代水力活塞泵。由于结构简单，适应能力强，也适用于油井试油、中途测试、解堵、排酸、排污等作业。

水力射流泵井的油管及生产套管尺寸可根据水力射流泵喷嘴直径和喉管直径与油管、套管匹配关系确定。和有杆泵抽油井一样，在选定水力射流泵井油管和生产套管尺寸时，同样要考虑整个油田开发阶段，特别是油井进入高含水时期的日产液量水平以及对油管、生产套管尺寸的要求。

4. 电动潜油泵井油管及生产套管尺寸的选定

电动潜油泵适用于中高排量、低中黏度、低含砂以及泵深小于2500m的油井，定向井也能使用。在稠油常规开采条件下，砾石充填防砂井也可使用。目前，国产的适用于Φ139.7mm（5½in）（1in=25.4mm）套管的电动潜油泵理论排量可达550m^3/d。因此，电动潜油泵采油井油管、生产套管尺寸的选择步骤和水力活塞泵井相同，可根据电动潜油泵与油管、生产套管的匹配关系确定。

5. 气举采油井油管及生产套管尺寸的选定

气举采油对含砂、低中黏度、高气油比、深井（一般扬程可达3000m，最大扬程为3658m，产液量为4~3180m^3/d）、定向井等的适应性较好，也是人工举升采油的重要组成部分。气举采油的优点及局限性如表1-3所示。

表1-3　气举采油的优点及局限性

方法	优点	局限性
气举	① 深井投资成本和举升成本低 ② 对高气油比井更有效 ③ 对出砂井举升成本低 ④ 改变生产条件灵活，适用范围广 ⑤ 适用于斜井和井筒弯曲的井 ⑥ 适用于大产液量的举升 ⑦ 便于生产测试	① 需要油田附近有充足的气藏 ② 外购注入气时成本高 ③ 气体有腐蚀时举升成本较高 ④ 射孔井段长的井难以维持井下低液面 ⑤ 高压气安全性差 ⑥ 套管必须能够承压

对于单管气举井油管、生产套管尺寸，可以根据日产液量满足的油管、生产套管尺寸匹

配关系确定。对于采用油管、套管环形空间采油(通常称为反举，即油管注气，套管采油)的高气举井，要根据注气量、注气压力、气体性质以及套管尺寸的敏感性分析选择最佳油管、生产套管尺寸。

三、投产措施对油管及生产套管尺寸选择的影响

完井后的投产措施是指根据油藏压力、油井产能及自喷能力确定油井能否自喷。需要诱喷才能投入自喷生产的井，要确定诱喷方式；非自喷井则需要结合采油方式选择结果，确定以什么样的人工举升方式投入生产。

对于油层受伤害较严重的油井，确定消除伤害，恢复油井产能的措施，并预测产能及能否自喷。对于要采用压裂、酸化、物理化学解堵等投产措施的油藏，则需要另行编制投产改造方案。

压裂、酸化措施是油气田开发过程中常用的增产和解堵措施。一般基质酸化时排量较小，对油管尺寸没有特殊要求。但砂岩地层水力加砂压裂或者碳酸盐岩地层的水力加砂压裂、酸压裂，特别是深井、高破裂压力井的这些压裂处理，对油管尺寸和生产套管尺寸有一定的影响。因此，对于高破裂压力井以及深井，要求设计更大的油管尺寸，相应的生产套管尺寸也应设计得大一些。

第三节　完井工艺及投产措施要求

钻开油气层的钻井液实际上属于完井液范畴，称为钻井完井液。钻井完井液必须具有保护储层、保证井下安全和钻井工作顺利进行的功能。因此，它实际上是钻井液技术与储层保护技术的综合应用技术，即保护储层的钻井完井液技术。

根据选定的完井方式和油藏压力及储层特性，提出对钻开油层的完井液密度、失水量等的要求，以及对固井水泥浆返高和固井质量的要求。作为钻井完井液，它必须具有以下功能：

1）控制地层流体压力，保证正常钻井。

2）满足钻井工程必需的流变性，考虑固井提高顶替效率的需要。

3）要求钻井完井液的密度、抑制性能、滤失造壁性能和封堵能力等能够满足所钻地层要求，保持井壁稳定。

4）改善造壁性能，提高泥饼质量，稳定井壁，防止压差卡钻。

5）其他钻井液所必须具备的功能。

固井质量的基本要求是：注水泥施工后要形成一个完整的水泥环，使水泥与套管、水泥与井壁固结良好，水泥胶结强度高，油气水层封隔好，不窜、不漏。注水泥设计时应满足如下要求：

1）满足最小支撑强度。

2）提高热稳定性。

3）增强抗腐蚀能力。

一旦选定了完井方式，确定了生产管柱尺寸，就可以根据所选完井方式进行完井工艺方

案的优化设计。根据不同的完井方式，如射孔完井、裸眼完井、砾石充填完井等，制订完井方案和进行完井优化设计。完井工艺方案是完井工程实施的技术文件，也是成功实现油气井完成的保证。

完井后进行的测试称为完井测试或完井试井。试井分析是现场评价完井质量的主要方法。油气层在钻井完井后是否受到伤害以及伤害程度如何，最终都要通过现场评价确认。对于受到伤害的油气层，往往要采取强化措施解除伤害，以达到增产的目的。但是需要采用什么样的措施，措施后的效果如何，也都要通过现场评价资料提供依据。

完井试井可以直接给出油气层受到伤害的程度。利用不稳定试井资料，可以求出表皮系数 S。对于未受伤害的油气层，S 值为 0；对于受到伤害的油气层，$S>0$，而且 S 值越大，伤害越严重；对于经过措施改善的油气层，$S<0$，而且 S 值越小，改善效果越明显。因此 S 值成为定量评价油气层伤害程度的标准。

在试井方法中，还定义了多种标志着油气层伤害的参数，常用的有伤害系数 DF、流动效率 FE、堵塞比 DR、井底附加压降 Δp、井底有效半径 r_{we}、完善程度 PF 等。这些参数从不同角度描述了油气层伤害程度，不管是用何种参数表示，其本质与表皮系数 S 是一致的，而且都可以用 S 值作定量表达。总之，试井方法是目前现场评价油气层伤害程度唯一有效的方法。

生产套管完成后，在投产前，往往需要采取必要的措施使其能够达到预期的生产能力。为此，要做好以下工作。

一、投产前的准备

投产前的准备主要包括：

1）通井，通井的目的是用通径规检验井筒是否畅通无阻。

2）刮管，刮管工序的目的是把套管内壁上的水泥及炮眼毛刺清除掉，以保证下井工具正常工作及封隔器坐封成功。

3）洗井，洗井的目的在于把井筒内的脏物用洗井液冲洗带出井筒，为以后的施工做好准备。洗井时要连续定时取进、出口的液样分析，直到两者的性质基本一致时，说明井筒已清洗洁净，此时洗井才算合格。

二、完井投产措施

生产套管完井并进行射孔后，油气井即交付投产。当油气井的自然产能达不到工业油气流或开发试采对产能的要求时，就需要对油气井进行投产前的改造。投产前的改造措施主要有：物理化学法解堵技术、解堵酸化技术、酸压裂技术、水力压裂技术。

从目前各种投产措施的现场应用与现场试验的情况看，物理法应用于低或特低渗透油田的效果远不如高渗透油田。这主要是由于物理法投产措施对油藏物性以及施工参数的依赖性很强，特别是对于致密油气藏，近井地带污染解除的难度要比高渗透油藏大得多，而化学解堵工艺、酸化及水力压裂则在低或特低渗透油田中得到了广泛应用。因此，只有针对油气藏特征，选择适当的方法与施工技术参数，才能提高各投产措施的应用效果。

第二章 井身结构设计

井身结构设计是钻井工程中的一项基础设计。它的主要任务是确定套管的下入层次、下入深度、水泥浆返深、水泥环厚度及钻头尺寸。基础设计的质量是关系油气井能否安全、优质、高速和经济钻达目的层并保护储层，防止其受到损害的重要因素。由于地区及钻探目的层的不同，钻井工艺技术水平的高低，国内外各油田井身结构设计差异较大。选择井身结构的客观依据是地层岩性特征、地层压力、地层破裂压力；主观条件是钻头、钻井工艺技术水平等。井身结构设计应满足以下主要原则：

1）能够有效保护储层。

2）避免发生井漏、井塌、卡钻等井下复杂情况和事故，为安全、优质、高速和经济钻井创造条件。

3）当实际地层压力超过预测值发生溢流时，在一定范围内，具有处理溢流的能力。

第一节 井身结构

一、常用的井身结构

井身结构是指由直径、深度和作用各不相同，且均注水泥封固环形空间而形成的轴心线重合的一组套管与水泥环的组合。

如图 2-1 所示，井身结构主要由导管、表层套管、技术套管、油层套管等和各层套管外的水泥环组成。

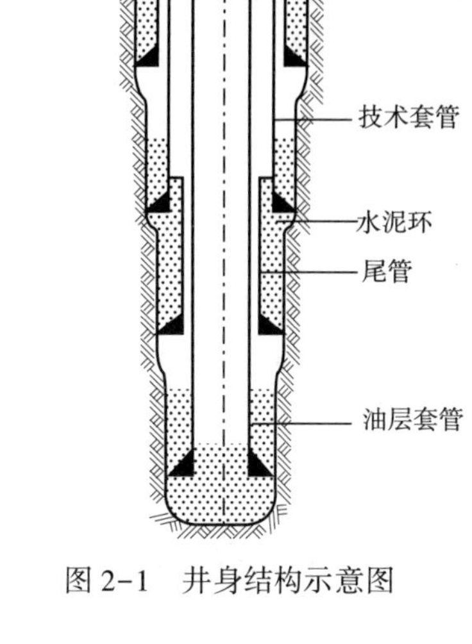

图 2-1 井身结构示意图

1）导管：井身结构中下入的第一层套管称为导管。其作用是保护井口附近的地表层。

2）表层套管：井身结构中的第二层套管称为表层套管，一般为几十至几百米。下入后，用水泥浆固井返至地面。其作用是封隔上部不稳定的松软地层和水层。

3）技术套管：表层套管与油层套管之间的套管称为技术套管，又称中间套管，是钻井中途遇到高压油气水层、漏失层和坍塌层等复杂地层时为钻至目的地层而下的套管，其层次由复杂地层的多少而定。其作用是封隔难以控制的复杂地层，维持钻井工作顺利进行。

4）油层套管：井身结构中最内侧的一层套管称为油层

套管。油层套管的下入深度取决于油井的完钻深度和完井方法。一般要求固井水泥返至最上部油层顶部100~150m。其作用是封隔油气水层，建立一条长期开采油气的通道。

5）尾管：在已下套管的井内，只对裸眼井段下套管注水泥，而套管顶点未延伸到井口的套管柱称为尾管。根据下入井内目的的不同，可分为采油尾管、技术尾管、保护尾管和回接尾管。采油尾管作为完井套管，代替生产套管使用；技术尾管用于加深技术套管；保护尾管用于修复损坏或断落的套管；回接尾管用于把下部尾管回接到技术套管内，覆盖已损坏的套管。

6）水泥返高：固井时水泥浆沿套管与井壁之间的环形空间上返面到转盘平面之间的距离。

近年来，钻井技术、套管制造技术的进步为选用大尺寸生产套管和油管提供了条件。充分认识和应用这些技术，对完井优化设计及安全十分重要。由于完井及井身结构的需要，出现了很多非标准尺寸的套管和连接结构。在做设计时，优先在ISO 11960（等同API Spec 5CT）标准的套管直径中选用，有特殊需要的可选用非标准套管尺寸系列。

二、套管标准尺寸系列

ISO 11960和API Spec 5CT规定了套管尺寸系列标准，并为国际石油工业界所接受。各厂家生产的套管系列，主要是根据API标准，非API标准套管由使用者向厂家特殊订货。

标准规定的主要套管尺寸系列包括以下内容：

1. 套管外径

套管外径从114.3mm（4½in）到508mm（20in）共14个尺寸系列。对于生产套管，常用的套管外径为127.0mm（5in）、139.7mm（5½in）、177.8mm（7in）、193.7mm（7⅝in）和244.5mm（9⅝in）5个尺寸系列，有少数使用168.3mm（6⅝in）套管的情况。

2. 壁厚

对于同一套管外径，API标准规定了若干壁厚尺寸，可组成不同的强度等级以供选用。新标准的壁厚系列增加了若干厚壁套管，以适应高抗挤、高抗拉或留有充足的腐蚀余量。以139.7mm（5½in）套管为例，标准规定了6.20~22.22mm的12个壁厚系列。

3. 单位长度质量

常用的单位长度质量包括接箍和螺纹的折算质量，它是计算套管总质量和抗拉强度的依据。如果管端有加厚或无接箍套管，应查找相对应的单位长度质量。

4. 内径

套管内径是计算其内容积和强度的依据，但是内径不是一个确定的值，其值随外径和内径公差变化。

5. 通径

通径是标准通径规可自由通过的套管直径，任何入井工具的最大直径不允许大于通径。同时，它也是套管入井前必须检测的最后步骤，用来检验运输过程是否有碰撞或挤压变形。应注意，通径不是套管椭圆度的检验标准，套管外径和壁厚有专门的检验标准和方法。不同直径套管通径规的直径和长度见ISO 11960和API Spec 5CT。

6. 接箍直径

对于直径为10¾in以下的套管，ISO 11960和API Spec 5CT提出了普通直径接箍和小直径接箍标准。小直径接箍用于环空间隙较小、下套管可能遇阻的井身结构。小直径接箍的直径比管体直径大 107.95~273.05mm（4¼~10¾in），只有偏梯形螺纹套管才有小直径接箍。为了提高小直径接箍的抗拉强度和抗内压强度，可选用高一钢级的材料制造接箍。小直径接箍套管的抗内压强度可能低于管体，抗拉强度也低于标准接箍套管螺纹抗拉强度。对于同钢级、同尺寸的厚壁套管，圆螺纹套管抗拉强度高于小直径接箍套管。但对于薄壁套管，小直径接箍套管抗拉强度仍高于标准圆螺纹套管，具体强度值可在标准中查到。

三、套管钢级类型

由于套管的使用条件比较恶劣，对钢质量的要求很严，必须按专门标准或技术条件生产和检验。ISO 11960、API Spec 5CT 标准认定的套管执行统一的材料标准，API 5C3 和 ISO 10400 已根据 ISO 11960 的材料和具体技术条款进行了强度计算。国际统一标准钢级由字母及其后的数码组成。字母是任意选择的，没有特殊的含义。数码则代表套管材料的最小抗拉屈服强度，数码值乘以 6894.757kPa（1000psi）就是最小抗拉屈服强度。以 N80 套管为例，钢级为 N80，其最小抗拉屈服强度为 551.6MPa（80000psi）。

ISO 11960、API Spec 5CT 标准从制造角度对套管钢级类型进行分类。本书将从套管选用和设计的角度对分类作简要说明，将套管分为普通类、高强度类、抗腐蚀类和高抗挤类。

1. 普通类套管钢级

普通类套管钢级使用最普遍，用量大，技术较成熟，设计者和使用者也比较了解。普通类套管钢级有 H40、J55、K55、N80-1、N80Q 和 P110。除了对有害元素硫、磷的最高含量有限制外，其他合金元素的组成由生产厂家自定。普通类套管可以是无缝管，也可以是直焊缝管。

J55 和 K55 具有相同的最小抗拉屈服强度值，其值为 379MPa，但极限抗拉强度 J55 为 517MPa，K55 为 655MPa。这一差异使 K55 具有比 J55 更好的抗机械力疲劳和热疲劳性能、抗开裂性能。

在热采井中宜选用 K55，而不宜选用 N80，因为前者的抗热疲劳性能优于后者。

N80 是应用最普遍的钢级，但也是失效最多的钢级。N80-1 和 N80Q 可以由相同的合金元素组成，N80-1 热处理为正火态或正火回火态，而 N80Q 为淬火回火态。这一热处理差异使 N80Q 具有比 N80-1 更好的材料性能，其抗挤强度、抗内压破裂强度高于 N80-1。设计者在选用 N80 套管时应明确区分 N80-1 和 N80Q。

2. 高强度套管钢级

Q125 钢是唯一列入标准的高强度套管。其他未列入标准但在用的高钢级有 965MPa（140ksi）和 1034MPa（150ksi）级别。在 5000~9000m 深井，或在深井盐岩层井段经常要用到高钢级套管。高强度钢的使用性能对强度韧性匹配、制造残余应力、裂纹或体积缺陷等比较敏感，设计、检验和使用都要十分谨慎。

标准中对 Q125 钢中的有害元素硫和磷的含量做出了更严格的限制，某些合金元素虽不是有害元素，但其最大含量应受到限制。例如，Q125 钢的硫、磷最大允许含量分别为 0.010%和 0.020%，而前述普通类套管钢级硫、磷最大允许含量均可放宽至 0.030%。实际上，现代冶金技术控制硫和磷的含量已不是什么难题，对于钢材质量的控制已转移到轧制过程和热处理技术与工艺。

Q125 钢对裂纹或体积缺陷敏感，标准规定内表面和外表面缺陷深不应大于壁厚的 5%。但对前述普通类套管钢级，缺陷深小于壁厚的 12.5%，经过适当磨平修理后仍可接受。高强度套管在搬运、储存和入井操作中应特别注意防止撞伤、咬伤和可能的任何腐蚀坑。

3. 抗腐蚀套管钢级

抗腐蚀套管钢级包括 M65、L80(含 L80-1、L80-9Cr、L80-13Cr)、C90、C95 和 T95。

上述钢级中，除 M65 外，均对有害元素硫和磷含量做了更严格的限制，对其他一些元素也做了限制。

M65 是新钢级，目前尚未见到更多的现场使用报道。它是从 J55 到 I180 的过渡钢种。M65 对有害元素硫和磷含量的限制与前述普通类套管钢级相同，也不规定其他的合金元素组成，控制 HRC 硬度不高于 22。

在 ISO 11960 标准中，L80 是一个总称，容易被混淆。其中，L80-1 为硫化氢环境用钢，而 L80-9Cr 和 L80-13Cr(有的文献称为 API 13Cr)为二氧化碳环境用钢。在以二氧化碳为主的腐蚀环境中，Super 13Cr 比 L80-13Cr 具有更好的耐腐蚀性，设计选用时应注意其区别。

L80-1、C90(C90-1 型和 C90-2 型)、C95 和 T95(T95-1 型和 T95-2 型)为硫化氢环境用钢。但设计者应注意，只有 L80-1 型、C90-1 型和 T95-1 型可用于温度低于 65℃的硫化氢环境；C95、C90-2 型和 T95-2 型只能用于温度高于 65℃的硫化氢环境。上述带“1 型”的钢级在有害元素含量控制、合金元素的含量及匹配、硬度和硬度偏差范围方面都比带“2 型”的更严格。设计选用和订货时应注意这些差别。读者可参阅 ISO 15156-2、ISO 11960 和 ISO 10400 了解更多信息。

4. 高抗挤套管钢级

高抗挤套管专指符合 ISO 11960 标准的钢级和壁厚，但抗挤强度高于 API 5C3 额定抗挤强度的套管。高抗挤套管比普通套管抗挤强度高约 30%，这对深井有重要价值。这是因为不增加壁厚又具有较高的抗挤强度，套管质量就可降低。高抗挤性能是通过降低椭圆度、壁厚不均度和降低制造残余应力等制造技术水平实现的。

目前，高抗挤套管为非标准套管，抗挤强度值由厂家提供。通过提高制造精度实现高抗挤强度指的是抗液压挤毁力，其中，液压是均匀作用的压力。井下盐岩层、易滑移地层可能受非均匀挤压力或局部集中力作用，高抗挤套管可能无效，这种情况宜选用厚壁套管。

四、标准尺寸系列的井身结构

图 2-2 为常规井身结构的套管与钻头尺寸选配图。常规的井身结构为图中的实线，一般为套管 20in+13⅜in+9⅝in+7in+5in(或 4½in)的组合。

在多数情况下，按照图 2-2 设计井身结构是可行的，各种工具、附件配套和标准化程度高。

长期的生产实践也暴露了上述井身结构的问题，例如完井套管或尾管直径太小，给固井质量、测试、生产、井下作业和管柱安全等带来很多问题。7in 套管和 5in 套管与井眼的间隙小，可能发生套管阻卡，固井质量难以保证。按现有钻井技术向上增大一级的井身结构涉及大尺寸井眼、钻速慢和成本高等问题。

实践证明，具有综合优势的井身结构为：13⅜in+10¾in+7⅝in(或 7¾in)+5in(或 5½in)直连型。

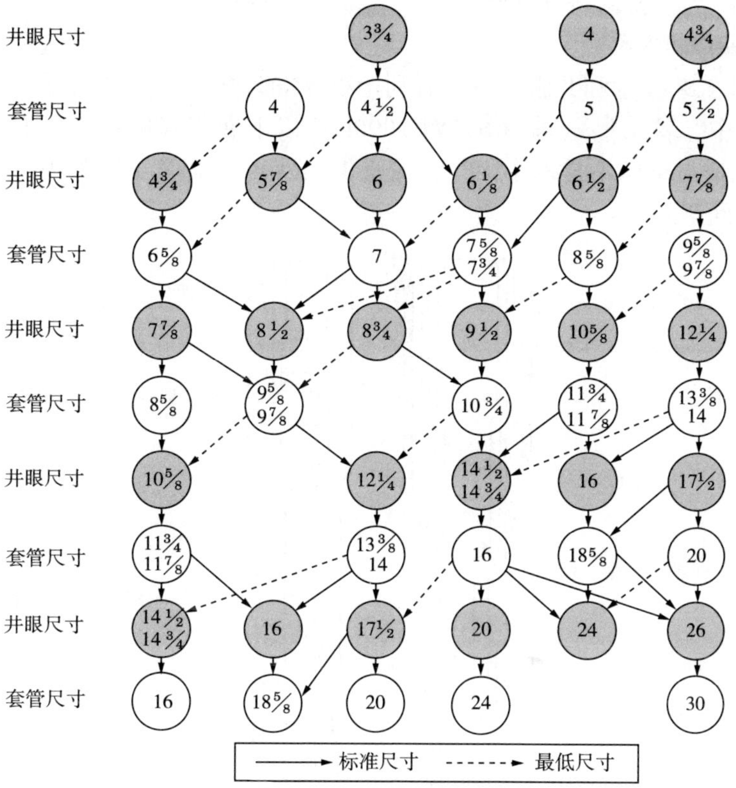

图 2-2　常规套管程序(单位：in)

该井身结构的特点如下：

1）将 10¾in 套管下到以前 9⅝in 套管封隔的位置。为了使此段套管能顺利下入，可将原 12¼in 钻头改为 12¾in；或使用 12¼in 钻头尽可能地将井钻直，减少狗腿度；10¾in 套管可用小直径接箍或直连型，以增大管外间隙。

2）正常情况下，在 9½in 井眼中用 7in 套管完井。7in 套管外间隙大，便于提高固井质量。

3）异常情况下，在 9½in 井眼中下入 7⅝in 套管，用 6½in 钻头钻进，如有必要可下入 5½in 无接箍尾管，甚至继续用 4⅝in 钻头钻进，采用裸眼完井。

五、非标准套管尺寸系列井身结构

非标准尺寸系列井身结构主要用于以下情况。

深井、高压气井、腐蚀性气井要求套管层次多，标准尺寸系列基本满足不了要求。深井、含硫气井采用上大下小的阶梯形井身结构，在上部井段采用较大尺寸套管，为最后的完井下入较大尺寸套管或尾管创造条件。高压气井或高含硫化氢气井通常要在井口以下 50~100m 处安放井下安全阀，这就要求套管内径足够大，以容纳安全阀和控制管道。

非标准尺寸系列一般都是为了得到尽可能大的生产套管直径，有的要求用特厚壁套管，以抵抗盐、膏层的挤压力，或降低硫化氢环境的应力水平。实现上述目标需采取以下技术：

1）采用特殊尺寸套管、直连型套管。

2）采取随钻扩眼技术。

3）改进钻井工艺技术和井眼质量，有利于小环空套管下入。

在含硫气井中，要求尽量采用655MPa（95ksi）以下屈服强度级别的套管，同时壁厚达16~25mm，而且增大壁厚不是缩小内径，而是扩大外径，采用类似图2-3的套管层序有利于解决环空间隙问题。

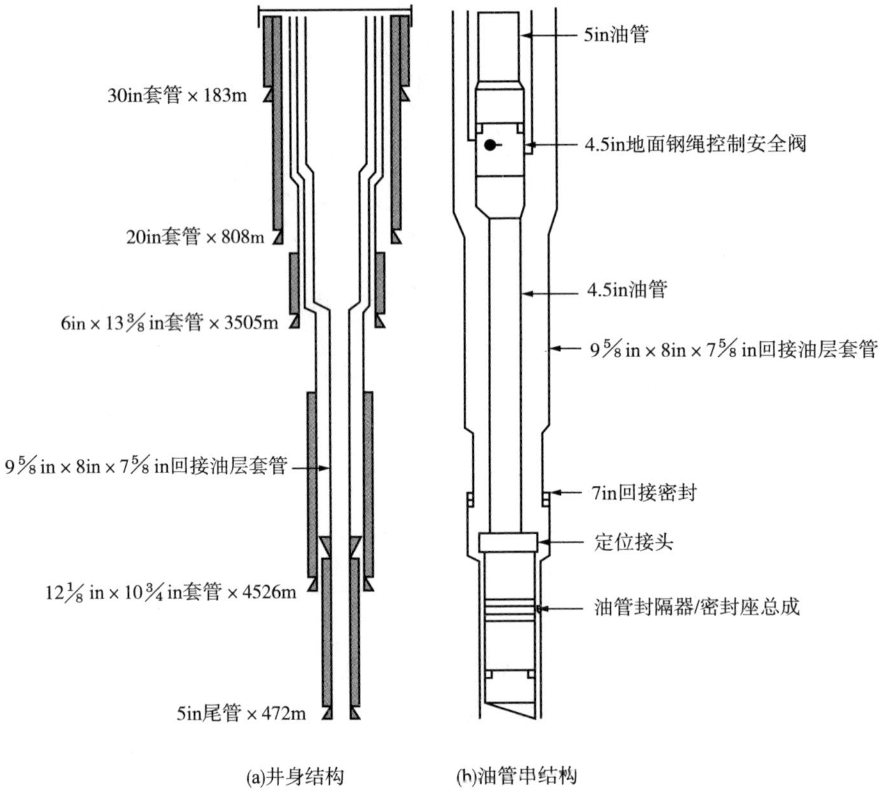

图2-3　恶劣环境气井井身结构和油管串结构示意图（北海Erskine油田）

六、套管螺纹及连接结构

1. API/ISO标准的螺纹

（1）螺纹类型

API/ISO套管螺纹的基本连接类型有短圆螺纹（STC）、长圆螺纹（LTC）、偏梯形螺纹（BTC）和直连型螺纹（XL）。图2-4为API/ISO标准中的螺纹类型。

（2）API/ISO圆螺纹密封与强度

API圆螺纹制造成本较低，有一定的密封性。圆螺纹靠螺纹牙侧面的过盈啮合实现密封，螺纹牙根到牙顶的间隙为0.152mm，通过密封脂充填此间隙以达到辅助密封作用。

根据不同钢级、壁厚和外径对螺纹抗拉强度的影响和匹配关系，API/ISO圆螺纹分为短圆螺纹（STC）和长圆螺纹（LTC）。H40、J55、K55、K65钢级可以制造为STC或LTC，管体

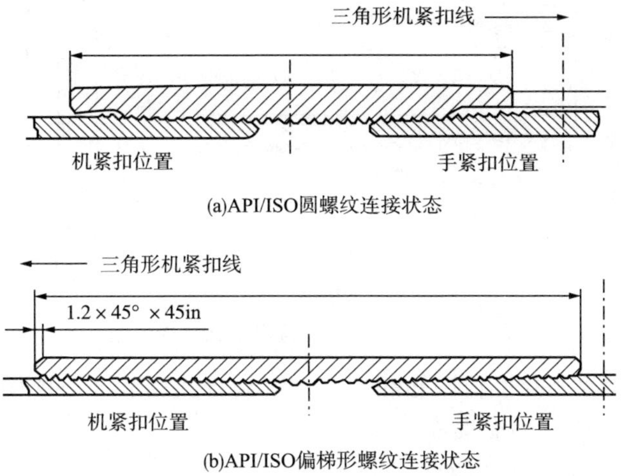

图 2-4　API/ISO 标准中的螺纹类型

壁薄者制造为 STC。10¾~18⅝in 的各钢级套管均制造为 STC，而 6⅝~9⅝in 的 80ksi 以上钢级套管大部分制造为 LTC，其中仅管体壁薄者制造为 STC。具体到哪一种套管是 STC 或 LTC，设计者可查阅 API 5C3 或 ISO 10400 标准。

圆螺纹套管的使用量较大，设计者选用 API/ISO 圆螺纹时应注意它的某些使用限制：

1）气密性不足，不适用于高压油气井。

2）连接强度较低，一般仅为管体屈服强度的 60%~80%。据统计，API 圆螺纹套管失效案例中，螺纹连接失效占 75%以上。主要失效形式有以下几种：

① 滑脱：在轴力作用下，外螺纹缩径脱扣。

② 粘扣：螺牙金属咬合，丧失密封性。

③ 断扣：圆螺纹疲劳强度低，井内温度、压力变化，井下作业等会产生某种交变载荷，导致未注水泥的长裸眼油层套管段圆螺纹外螺纹牙根断裂。

④ 胀扣：接箍胀大或纵向开裂。

⑤ 腐蚀穿孔：螺纹连接处存在多种腐蚀因素，有从内壁向外壁或从外壁向内壁的腐蚀穿孔。

（3）带密封环的 API/ISO 圆螺纹和偏梯形螺纹

考虑到 API/ISO 圆螺纹和偏梯形螺纹密封性的不足，API/ISO 标准制定了在接箍两端内螺纹处加工圆环槽，在槽内嵌入矩形非金属密封圈的技术标准。图 2-5 为带密封环的接箍结构和密封环。图中 A、C、D 对圆螺纹、偏梯形螺纹和不同管径有不同的值。圆螺纹和偏梯形螺纹的密封环宽 F 均为 3.96mm，厚度 E 为 2.54mm。密封环材料为填充 25%玻璃纤维的纯聚四氟乙烯树脂（PTFE）。上述带密封环的 API/ISO 圆螺纹和偏梯形螺纹可提高密封性，在密封要求高的生产套管中宜优先设计使用，但不推荐用于高压气井或高含硫化氢、二氧化碳的气井。

（4）API/ISO 偏梯形螺纹密封与强度

API/ISO 偏梯形螺纹的抗拉强度高于圆螺纹，它的强度是由管体最末完全扣处强度或接箍强度决定的。为使最末完全扣处管体截面积不低于管体，加工 API/ISO 偏梯形螺纹的油管、套管外径必须略大于管体，即取正公差。若不符合此条件，不宜加工为偏梯形螺纹。

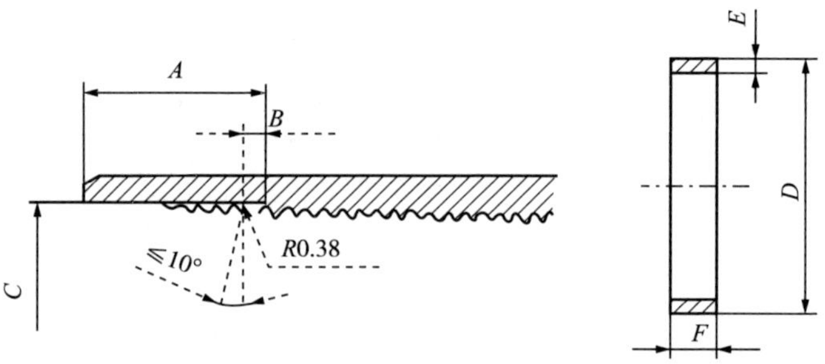

(a)带密封环的接箍结构　　(b)密封环

图 2-5　带密封环的接箍结构和密封环

API/ISO 偏梯形螺纹密封性比圆螺纹差，生产套管选用 API/ISO 偏梯形螺纹应谨慎，可选用带密封环的 API/ISO 偏梯形螺纹。

2. 套管气密封螺纹及连接结构

(1) 套管气密封螺纹

为了克服 API/ISO 螺纹的上述缺点，众多厂商开发了品种繁多的套管螺纹形式，它们在连接强度和密封性能方面有很大的改进。气密封螺纹专指金属对金属的接触密封，主要为外螺纹端部与接箍内台阶的金属对金属接触密封。目前这种连接结构已大量使用，但是还未进入 API/ISO 标准。气密封螺纹一词是习惯用法，在国外文献或产品、订货等用语中常用"Premium Connection"，即"高级连接"。

根据理论研究，接触面压力和接触长度是决定气体密封能力的主要因素。当密封面的接触长度较大时，平均接触面压力应较小；反之，若密封面的接触长度较小时，平均接触面压力应较大。要想获得较好的气密封能力，一方面可以增大接触面的压力，另一方面也可增大接触长度。根据这一设计思想，国外常用的气密封螺纹结构和原理都是靠金属与金属接触的过盈配合进行密封。

按密封面的形状，可分为锥面对锥面、锥面对球面和球面对球面。按密封面的位置可分为端面密封结构、径向密封结构、端面密封与径向密封相组合的复合多重密封结构。世界上主要的气密封螺纹接头多采用复合多重密封结构，即以径向金属对金属密封为主，以一个或多个端面密封为辅。NEW-VAM、NS-CC、TM、BKK-3SB、BDS、FOX 等就是典型的密封结构，使用较多的密封结构如图 2-6 所示。

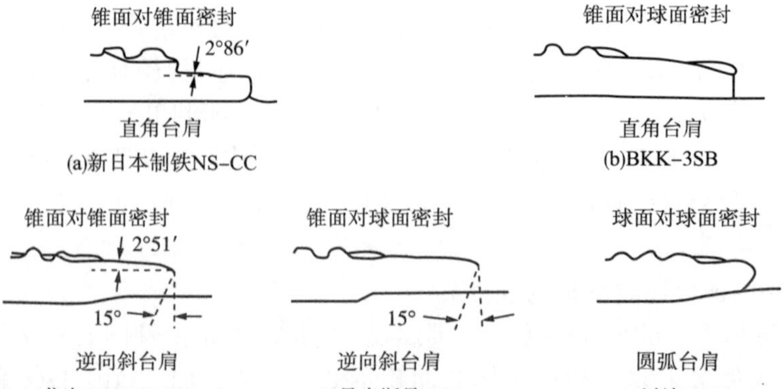

(a)新日本制铁NS-CC　　(b)BKK-3SB

(c)住友NEW-VAM　　(d)曼内斯曼BDS　　(e)川崎/FOX

图 2-6　几种端面密封结构

VAM 系列螺纹是国际上使用最多的气密封螺纹及连接结构，其主要特征是外螺纹端较厚，应力分布较合理。图 2-7 为新型的 VAM 螺纹。

（2）气密封螺纹失效形式

金属对金属接触密封的套管螺纹类型很多，尽管它们之间可能只有很小的差别，但使用性能有很大差异。气密封螺纹可能的失效形式有以下几种。

1）外螺纹端部缩径：外螺纹端部较薄，紧扣后外螺纹端部承受压应力，再加上井口上扣扭矩控制不严，导致缩径。

2）外螺纹端部局部腐蚀穿孔和泄漏：与接箍内台阶接触处外螺纹端部接触应力大，在腐蚀环境中，过大压应力及接触应力导致电位差腐蚀、应力腐蚀和缝隙腐蚀。取出油管可见外螺纹端面产生“虫咬”状缺口或穿孔。油管螺纹丧失密封，腐蚀性气体漏入油套环空会造成严重后果。应尽可能选用外螺纹端厚或应力分布合理的螺纹结构。

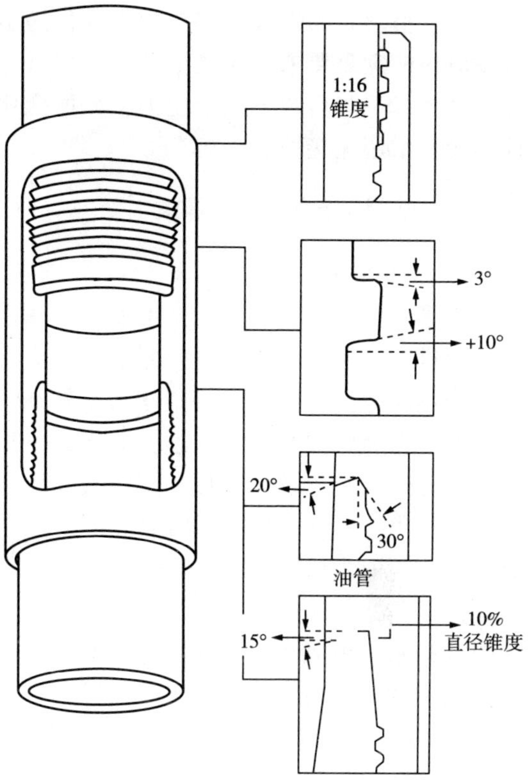

图 2-7 VAM 螺纹

3）接箍开裂：接箍处于轴向、径向和周向拉伸的三向拉应力状态，在硫化氢环境或高强度钢在氯化物含量高的环境中需要考虑应力开裂问题。预计存在环境开裂问题时，应该采用井下能下入的尽可能大的接箍直径，以降低接箍应力水平。同时要严格按标准选用螺纹密封脂并严格控制上扣扭矩。

3. 无接箍套管

在环空间隙较小的情况下，可在管体上直接加工内螺纹和外螺纹，不带接箍而直接连接。一般情况下需要对管端加厚或胀大，随后加工内螺纹，并在另一端缩径后加工外螺纹。API/ISO 标准只规定了一种类型的无接箍套管，称为流线型套管，习惯上称为直连型套管。近年来，品种繁多的无接箍套管气密封性能相较于 API/ISO 流线型套管更优越，使用更多。其他无接箍套管为非 API 标准套管，设计和使用时可查厂家提供的数据。

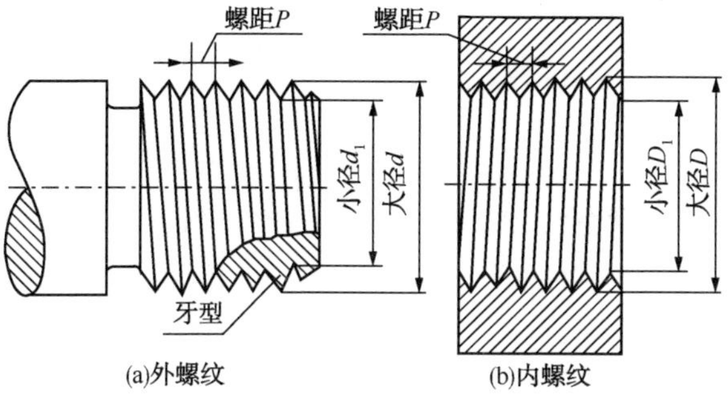

图 2-8 小间隙环空用的无接箍螺纹

无接箍螺纹的牙型常采用倒梯形扣，即承载面具有 3°～5°的负斜角。在轴向力作用下，承载面横向分力对接箍不产生径向分力，接箍不产生径向变形。图 2-8 为小间隙环空用的无接箍螺纹形式。

无接箍套管的螺纹连接抗拉强度仅为本体抗拉强度的65%~80%，一般用作尾管，抗拉强度应该能满足要求。无接箍套管井口操作起下十分不便，需要借助专用工具。此外加厚或热处理技术不当会留下残余应力，截面变化处应力集中等会加剧应力腐蚀，含硫化氢油气井应尽量不采用无接箍套管。

七、现场上扣操作要求

1. 扣圈数及位置

套管紧扣上扣扭矩不足，不能在金属接触面上产生足够的接触应力，导致密封不严；上扣扭矩过大，又会在金属接触面上产生应变及滑动，导致密封失效。长期以来，现场操作者习惯于用动力大钳的紧扣扭矩作为紧扣到位的标志。ISO 11960 和 API Spec 5CT 标准规定不能以扭矩作为紧扣到位的标志，而应以紧扣圈数及位置作为依据。标准规定所有钢级和直径的偏梯形螺纹套管及大多数的圆螺纹套管应按以下规定操作：

套管出厂时在现场上扣端管体上有一个三角标志，每种套管都有一个初始扭矩值，在达到初始扭矩值之后再转一定圈数使接箍端面进入三角标志区即算合格。在旋转规定圈数后还未到达三角标志区或超过三角标志区均为不合格。三角标志与管端的距离、开始计算扭转圈数时的初始扭矩值和扭转圈数可在 ISO 11960 中查到。对于气密封螺纹，最佳上扣扭矩值的范围由生产厂家根据实验结果自行推荐。

2. 螺纹密封脂

螺纹密封脂起润滑和密封作用，其中的润滑剂保证了用合理的扭矩连接上紧，并防止螺纹粘扣或磨损；其中的固态物用来充填缝隙，提供密封。采用不合格的螺纹密封脂会导致严重后果，有关标准可参见 ISO 11960、ISO 13678，后者等同于 API RP 5A3。上述标准只是最低要求，一些厂家的螺纹密封脂在性能和环保方面比标准高得多。

有关密封脂有以下几点要求。

1）合适的润滑性：在紧扣时，必须有足够的润滑特性，以保证得到额定的上扣扭矩并防止螺纹连接粘扣。

2）抗粘扣性：粘扣会影响密封性并损坏套管。

3）密封性：螺纹密封脂中的固态物用来充填缝隙，提供密封性。梯形螺纹的密封性差，应该采用专用于梯形螺纹的密封脂。添加适量的聚四氟乙烯短纤维可显著提高梯形螺纹的密封性，但同时应调整润滑性，防止上扣扭矩过大。

4）安全与环境保护：密封脂中的铅和有机溶剂可能对人眼及皮肤有害，对环境有害，因此应把安全和环境保护列为密封脂性能指标。

5）对环境的适应性，包括：

① 高温稳定性，最低标准为148.9℃时，不得过分液化，应无化学分解，耐氧化，不变干硬，不吸水，无显著体积变化。对含硫化氢油气井，还应防腐蚀。

② 高温密封性，最低标准为148.9℃时，必须具有充分的密封作用以防泄漏；对于更高的温度，例如超深井、热采井、地热井，应采用特殊配方的高温螺纹密封脂。

③ 在寒冷天气容易使用刷子涂抹，要求温度在-17.8~48.9℃范围内，密封脂能用于涂刷，并能黏着在金属上。

第二节 井身结构设计原理

一、地层—井内压力体系

裸眼井段存在着地层压力、地层破裂压力和井内钻井液有效液柱压力，井筒内这三个压力形成的地层—井内压力系统必须满足以下条件：

$$p_f \geqslant p_{mE} \geqslant p_p \tag{2-1}$$

式中，p_f为地层破裂压力，MPa；p_{mE}为钻井液有效液柱压力，MPa；p_p为地层压力，MPa。

式(2-1)的工程意义为，裸眼井内钻井液有效液柱压力必须大于或等于地层压力，以防止溢流(井喷)，但又必须小于等于地层破裂压力，以防止压裂地层发生井漏。

考虑到井壁的稳定，还应补充一个与时间有关的不等式：

$$G_m(t) \geqslant G_t(t) \tag{2-2}$$

式中，$G_t(t)$为该截面岩层的坍塌压力梯度，MPa/m；$G_m(t)$为该截面钻井液有效压力梯度，MPa/m。

能满足式(2-1)、式(2-2)的同一井段，截面间不需要用套管封隔。反之，则需要用套管封隔。因此，井身结构设计必须严格遵守这种力学原则，即地层—井内非密封或密封压力系统的平衡和失稳。

二、液体压力体系的当量梯度分布

1. 非密封液柱压力体系的当量梯度分布

假设深度为 H 的井眼，充满密度为 ρ_m 的钻井液，则液柱压力随井深呈线性变化，而压力当量梯度自上而下是一个定值。非密封液柱压力体系的梯度分布如图 2-9 所示。

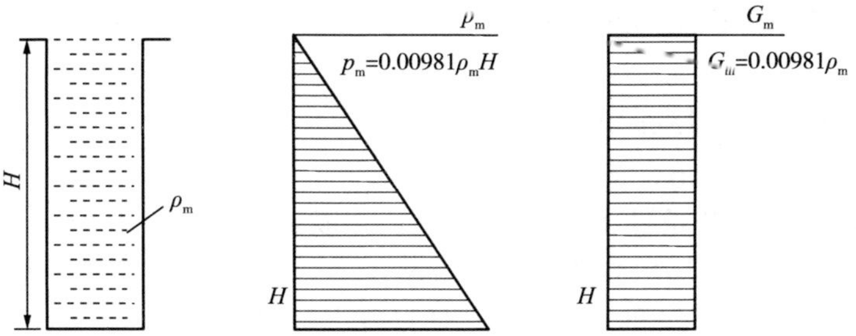

图 2-9 非密封液柱压力体系的梯度分布

2. 密封液柱压力体系的当量梯度分布

若将上述体系密封起来，并施加一个确定的附加压力 p_o，则 p_o相当于施加在每一个深度截面上，仍不改变压力的线性分布规律，但此时的压力当量梯度分布却是一条双曲线(图 2-10)。钻井工程中，当钻遇高压地层，发生溢流或井喷而关闭防喷器时，井内液柱压力和当量梯度分布即为这种情况。此时的立管压力为 p_{sd}或套压 p_a，即为附加压力 p_o。

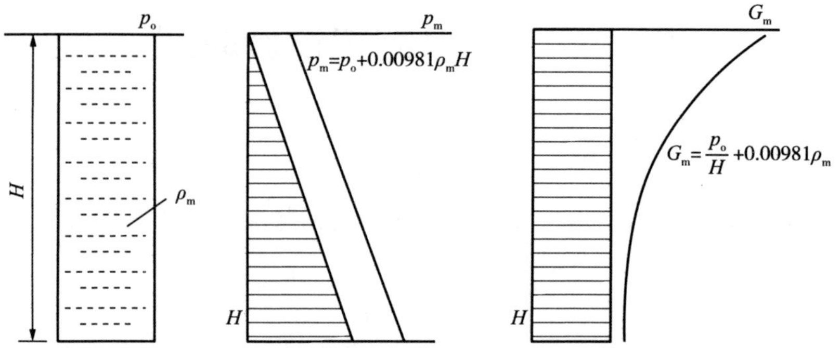

图 2-10　密封液柱压力体系的梯度分布

3. 地层压力和地层破裂压力剖面的线性插值

地层压力和地层破裂压力的数据一般是离散的，由若干个压力梯度和深度数据的离散点构成。为了得出连续的地层压力和地层破裂压力梯度剖面，拟合曲线是不适用的，但可依靠线性插值的方法求得。在线性插值中，认为离散的两个相邻点间的压力梯度变化规律为一直线。

对任意深度 H 求线性插值的步骤为：设自上而下顺序为 i 的点具有深度为 H_i，地层压力梯度为 G_{p_i}，地层破裂压力梯度为 G_{f_i}，其上部相邻点的序号为 $i-1$，相邻的地层压力梯度 $G_{p_{i-1}}$，地层破裂压力梯度为 $G_{f_{i-1}}$，则在深度区间 $H_i \sim H_{i-1}$ 内任意深度 H 有：

$$G_p=\frac{H-H_{i-1}}{H_i-H_{i-1}}(G_{p_i}-G_{p_{i-1}})+G_{p_{i-1}} \tag{2-3}$$

$$G_f=\frac{H-H_{i-1}}{H_i-H_{i-1}}(G_{f_i}-G_{f_{i-1}})+G_{f_{i-1}} \tag{2-4}$$

4. 必封点深度的确定

一般把裸露井眼中满足式(2-1)条件的极限长度井段定义为可行裸露段，可行裸露段的长度是由工程和地质条件决定的井深区间，其顶界是上一层套管的必封点，底界为该层套管的必封点深度。

1）工程约束条件下必封点深度的确定。

① 正常作业工况(起下钻，钻进)。

在满足近平衡压力钻井条件下，某一层套管井段钻进过程中所用最大钻井液密度 ρ_m，应大于或等于该井段最大地层压力梯度当量密度 ρ_{pmax} 与该井深区间钻进过程中可能产生的最大抽吸压力梯度当量密度 S_w 之和，以防止起钻过程中抽汲造成溢流。即：

$$\rho_m \geqslant \rho_{pmax}+S_w \tag{2-5}$$

式中，ρ_{pmax} 为该层套管钻进区间最大地层压力梯度当量密度，g/cm^3；S_w 为抽汲压力梯度当量密度，g/cm^3。

下钻中使用这一钻井液密度，在井内将产生一定的激动压力。因此在一定钻井条件下(井身结构、钻柱组合、钻井液性能等)，井内有效液柱压力梯度当量密度为：

$$\rho_{mE}=\rho_{pmax}+S_w+S_g \tag{2-6}$$

有效液柱压力梯度当量密度 ρ_{mE} 必须小于或等于该裸露井段中最小地层破裂压力梯度当

量密度ρ_{fmin}，即：

$$\rho_{fmin} \geqslant \rho_{pmax} + S_w + S_g \tag{2-7}$$

考虑地层破裂压力检测误差，给予一个安全系数S_f，则该层套管可行裸露段底界(或该层套管必封点深度)由式(2-8)确定：

$$\rho_{pmax} + S_w + S_g + S_f \leqslant \rho_{fmin} \tag{2-8}$$

式中，S_g为激动压力梯度当量密度，g/cm³；S_f为地层压裂安全增值当量密度，g/cm³。

当然，任何一个已知的ρ_{pmax}也可以向下开辟一个可行裸露井深区间，确定可以钻开具有多大地层压力梯度当量密度的地层。ρ_{pmax}的取值为：

$$\rho_{pmax} \leqslant \rho_{fmin} - (S_w + S_g + S_f) \tag{2-9}$$

② 出现溢流约束条件下必封点深度的确定。

正常钻井时，按近平衡压力钻井设计钻井液密度为：

$$\rho_m = \rho_p + S_w \tag{2-10}$$

钻至某一井深H_x时，若发生一个大小为S_K的溢流，则停泵关闭防喷器。立管压力读数为p_{sd}：

$$p_{sd} = 0.00981 S_K H_x \tag{2-11}$$

或：

$$S_K = \frac{p_{sd}}{0.00981 H_x} \tag{2-12}$$

式中，p_{sd}为立管压力，MPa；H_x为出现溢流的井深，m。

关井后井内有效液柱压力平衡方程为：

$$p_{mE} = p_m + p_{sd} \tag{2-13}$$

或：

$$0.00981 \rho_{mE} H = 0.00981 H(\rho_p + S_w) + 0.00981 S_K H_x \tag{2-14}$$

即：

$$\rho_{mE} = \rho_p + S_w + \frac{H_x}{H} S_K \tag{2-15}$$

井内有效液柱压力的当量密度梯度沿井深按双曲线规律分布。

裸露井深区间内地层破裂强度(地层破裂压力)均应承受此时井内液柱的有效液柱压力，考虑地层破裂安全系数S_f，即：

$$\rho_p + S_w + S_f + \frac{H_x}{H} S_K \leqslant \rho_{fmin} \tag{2-16}$$

由于溢流可能出现在任何一个具有地层压力的井深，故其表达式为：

$$\rho_{pmax} + S_w + S_f + \frac{H_x}{H} S_K \leqslant \rho_{fmin} \tag{2-17}$$

同样，也可以由套管鞋部位的地层破裂压力梯度下推求得满足溢流条件下的裸露段底界。此时H_x为当前井深，它对应于ρ_{fmin}，H为下推深度。其数学表达式如下：

$$\rho_{pmax} \leqslant \rho_{fmin} - \left(S_w + S_f + \frac{H_x}{H} S_K\right) \tag{2-18}$$

③ 压差卡钻约束条件下必封点深度的确定。

下套管时钻井液密度为ρ_p+S_w，当套管柱进入低地层压力井段时会有压差黏附卡套管的可能，故应将压差值限制在临界压差卡钻值内。正常地层压力井段临界压差卡钻值用Δp_N表示，异常地层压力井段临界压差卡钻值用Δp_a表示。也就是说，钻开高压地层所用钻井液密度产生的液柱压力与裸眼井段任意井深处地层压力之差只能小于或等于Δp_N或Δp_a，即：

$$p_m-p_p\leqslant\Delta p_N(\text{或 }\Delta p_a) \tag{2-19}$$

在井身结构设计中，由式(2-9)或式(2-17)设计出该层套管必封点深度后，一般用式(2-19)校核是否能安全下到必封点位置。

2）目的层是裸露段的底界，油层套管的下深根据完井方法不同而定。

3）对于地质复杂层(如坍塌层、盐膏层、漏失层等)、水层、非目的油气层，以及目前钻井工艺技术难以解决的其他层段，只要裸露段中出现了这一类必封点，这些井段就是应考虑的必封井段的顶界。

必封点深度确定的几点说明：

① 式(2-9)、式(2-17)一般用作该层套管可下深度的设计计算公式，式(2-19)作为校核计算公式。

② 式(2-9)的使用条件为，地质勘探确认该层段无高压油气层及地层压力检测精度高的区域。

③ 式(2-17)用于地质探井，对地层压力掌握不确切，地质情况模糊，高压油气区域的井。

④ 一般情况下，$S_g<\frac{H_x}{H}S_K$ 采用式(2-17)设计比较安全。

⑤ 按工程约束条件设计的必封点深度必须满足地质复杂情况要求的必封点位置。若地质复杂，必封点在工程约束必封点深度区段外，则该层套管下延至地质复杂必封深度。若设计地层破裂压力梯度全落在地层破裂压力梯度剖面内(即在零至目的层井探区间，$p_{f_D}<p_f$)，可不下中间套管，但井段中任何一位置若有地质复杂情况，必封点深度则以此为顶界。

第三节 井内波动压力分析

管柱(钻柱、套管柱、油管柱等)在充有钻井液的井内运动会产生附加压力。下放管柱产生的附加压力主要是激动压力，上提管柱产生的附加压力主要是抽汲压力。这两个压力称为管柱在充有流体的井内运动时的波动压力，波动压力以弹性波的方式在井内传播。

这个附加压力有时会破坏井内压力系统的平衡，从而引起井下复杂情况和事故：

1）现场资料统计表明，25%的井喷是起钻速度过高产生的抽汲压力而引起的。

2）过高的下钻速度会产生井内激动压力压漏地层从而引起井塌、卡钻等恶性工程事故。

3）激动压力及在环空产生的高环空返速是损害产层的两个主要宏观因素。

井内波动压力预测和计算是井身结构设计、合理钻井液密度确定的主要基础参数，也是钻井过程中井内压力控制理论和方法研究的重要内容，它与井壁稳定、油气井压力控制等钻井工程问题都有关。井内波动压力预测有刚性液柱法(或称为稳态波动压力分析)和弹性液柱法(或称为瞬态压力分析)，下面介绍稳态波动压力分析方法。

稳态波动压力分析方法是建立在刚性管—不可压缩流体理论基础上的。伯克哈特在实测和理论分析的基础上认为运动管柱在充有流体的井内产生的波动压力是由以下原因引起的：

1）管柱从静止到运动状态，因克服井内钻井液静切应力而引起的井内激动压力。

2）管柱运动引起井内钻井液动量变化。

3）管柱以速度 V_P 运动，使排开的井内流体和管柱黏附的流体叠加，其流动方向与管柱运动方向相反，流动因克服环空流道沿程阻力而引起的井内波动压力。

引起井内波动压力的三个原因出现在同一过程的不同时刻，伯克哈特认为在一般情况下，最大井内波动压力值是钻井液在环空流动时克服沿程摩擦阻力引起的。下面介绍其计算方法和步骤。

一、环空流速计算

管柱在充有流体的井内运动相当于一个柱塞排开流体，使流体在井内流动。因此环空流速与运动管柱底端结构及其几何尺寸有关。管柱底端一般有开口和堵口两种方式，如套管柱、带单流阀的钻柱属于堵口管柱。另外根据钻井泵工况，在计算环空流速时，应考虑开泵和停泵工作状况。因此在计算环空流速时分以下三种情况进行讨论。

1. 堵口管(关泵)

堵口管如图 2-11 所示，管柱以速度 V_P 运动，则单位时间排开的流体体积流量为：

$$Q_s = 0.0785 d^2 V_P \tag{2-20}$$

式中，Q_s 为运动管柱排开流体体积流量，L/s；V_P 为管柱运动速度，m/s；d 为运动管柱外径，cm。

环空平均流速 $\overline{V_1}$ 为：

$$\overline{V_1} = \frac{d^2}{D^2 - d^2} V_P \tag{2-21}$$

式中，$\overline{V_1}$ 为环空平均流速，m/s；D 为井径，cm。

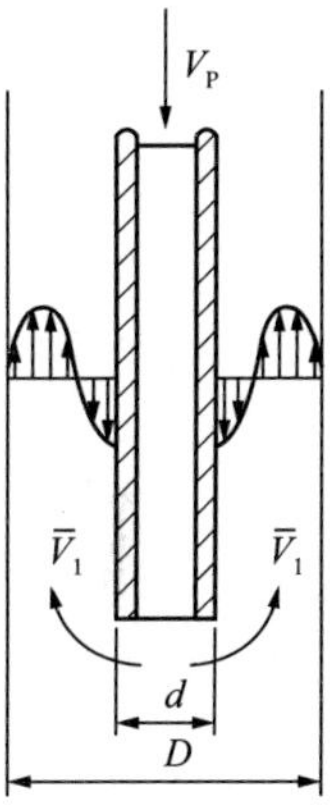

图 2-11　堵口管

2. 开口管(关泵)

开口管如图 2-12 所示，单位时间排开的流体体积流量为：

$$Q_s = 0.0785 (d^2 - d_i^2) V_P \tag{2-22}$$

式中，Q_s 为运动管柱排开流体体积流量，L/s；d_i 为运动管柱内径，cm。

环空平均流速 $\overline{V_1}$ 为：

$$\overline{V_1} = \frac{(d^2 - d_i^2)}{(D^2 - d^2)} V_P - \frac{40 Q_i}{\pi (D^2 - d^2)} \tag{2-23}$$

式中，Q_i 为进入运动管柱内流体体积流量，L/s。

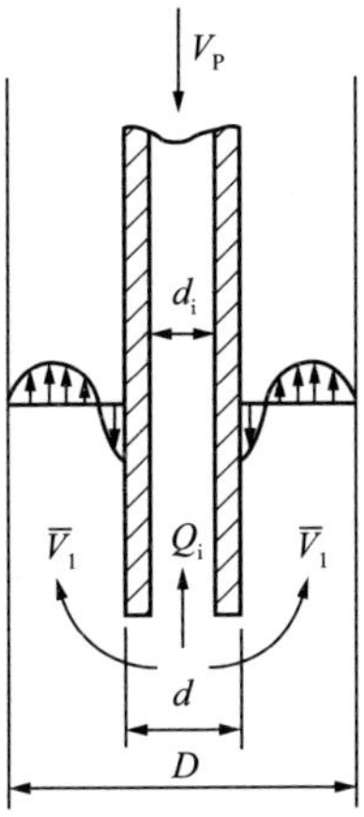

图 2-12　开口管

3. 开(堵)口管(开泵)

开泵时开(堵)口管环空流体体积流量为：

$$Q_c = Q_s + Q_P \tag{2-24}$$

此时的环空平均流速$\overline{V_1}$为：

$$\overline{V_1}=\frac{d^2V_P}{D^2-d^2}+\frac{40Q_P}{\pi(D^2-d^2)} \tag{2-25}$$

式中，Q_c为开(堵)口管环空流体体积流量，L/s；Q_P为钻井泵体积流量，L/s。

另外，当管柱在充有流体的井内运动时，由于流体黏滞效应，管柱表面层的流体将以速度 V_P 与管柱同步运动，在运动管柱为刚性假设条件下，运动管柱沿轴向运动速度 V_P 为一个常数。因此，黏附于管壁上行(或下行)的流体在每一横截面上流速分布相同，在刚性液柱条件下，黏附下行(或上行)的流体立即与进入环空上行(或下行)的流体叠加以速度 V 流动。黏附力引起的环空平均流速$\overline{V_2}$与管柱运动速度 V_P、流体流变性、流道几何尺寸有关，写成式(2-26)形式：

$$\overline{V_2}=K_cV_P \tag{2-26}$$

式中，K_c为流体黏附系数，无量纲，紊流时 K_c取 0.5，幂律流体层流时，K_c可从图 2-13 查得。

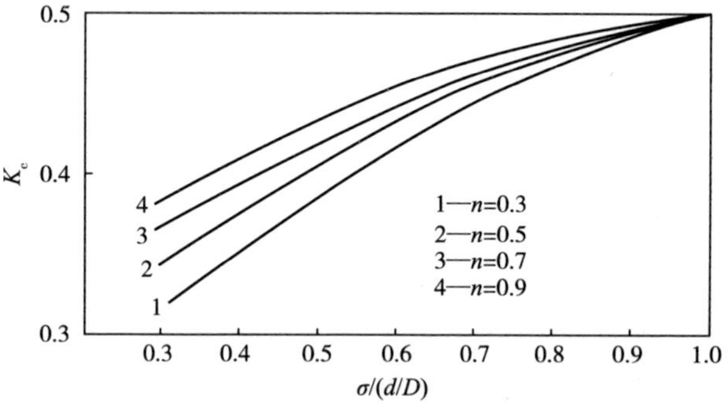

图 2-13 钻井液黏附系数

考虑泥浆黏附作用，在开泵和关泵状况下，堵口管和开口管管柱运动引起环空平均流速的计算公式如下。

1）堵口管(关泵)：

$$\overline{V}=\left(\frac{d^2}{D^2-d^2}+K_c\right)V_P \tag{2-27}$$

2）开口管(关泵)：

$$\overline{V}=\left(\frac{d^2-d_i^2}{D^2-d^2}+K_c\right)V_P-\frac{40Q_i}{\pi(D^2-d^2)} \tag{2-28}$$

3）开(堵)口管(开泵)：

$$\overline{V}=\left(\frac{d^2}{D^2-d^2}+K_c\right)V_P+\frac{40Q_P}{\pi(D^2-d^2)} \tag{2-29}$$

二、波动压力计算

环空流速求出后即可进行波动压力计算，计算步骤为：

1）由式(2-27)、式(2-28)、式(2-29)计算 $\overline{V}$。

2）流态判别。

幂律流体：

$$Re=\frac{10\times1200^{1-n}(D-d)^{n}\overline{V}^{2-n}\rho_{m}}{K\left(\frac{2n+1}{3n}\right)^{n}} \tag{2-30}$$

式中，Re 为雷诺数；D 为井眼直径，cm；d 为管柱外径，cm；$\overline{V}$ 为环空平均流速，m/s；ρ_m 为钻井液密度，g/cm^3；K 为稠度系数，Pa·s^n；n 为流性指数。

塑性流体：

$$Re=\frac{10(D-d)\overline{V}\rho_{m}}{\eta_{s}\left[1+\frac{\tau_{0}(D-d)}{800\,\eta_{s}\overline{V}}\right]} \tag{2-31}$$

式中，η_s 为塑性黏度，Pa·s；τ_0 为屈服值，Pa。

当 $Re\geqslant3470-1370n$ 时，幂律流体为紊流；当 $Re\geqslant2000$ 时，塑性流体为紊流。

3）计算波动压力 p_{sw}：

$$p_{sw}=\frac{0.196f\rho_{m}\overline{V}^{2}L}{D-d} \tag{2-32}$$

式中，p_{sw} 为波动压力，MPa；L 为运动管柱长度，m；f 为摩阻系数，无量纲。

层流(环空)：

$$f=24/Re \tag{2-33}$$

紊流：塑性流体

$$f=\frac{0.0791}{Re^{0.25}} \tag{2-34}$$

幂律流体

$$f=a/Re^{b} \tag{2-35}$$

其中：

$$a=(\lg n+3.93)/50 \tag{2-36}$$

$$b=(1.75-\lg n)/7 \tag{2-37}$$

$$n=3.322\lg\frac{\varphi600}{\varphi300} \tag{2-38}$$

稠度系数可按式(2-39)计算：

$$K=\frac{0.510\varphi300}{511^{n}} \tag{2-39}$$

式(2-38)、式(2-39)中，$\varphi600$ 为范氏黏度计 600 转读数，r/min；$\varphi300$ 为范氏黏度计 300 转读数，r/min。

例 某井 Φ215.9mm 钻头钻至井深 4500m，钻具组合：钻头(Φ215.9mm)+钻铤(Φ177.8mm，内径 78mm)×200m+钻杆(Φ127mm，内径 108.6mm)。井内钻井液性能：ρ_m=1.50g/cm^3，$\varphi600$=100r/min，$\varphi300$=60r/min。起钻最大瞬时速度 V_P=0.6m/s，下钻最大瞬时速度 V_P=2.25m/s。喷嘴组合：$J_1=J_2$=12mm，J_3=13mm。试求钻头在井深 4000m 处起钻(下钻)时：

1）钻头水眼全部堵死，钻头处井壁所受波动压力值 p_{sw}。

2）钻头水眼未堵，钻头处井壁所受波动压力值 p_{sw}。

解：1）钻头水眼全部堵死，即运动管柱为堵口管。先求环空平均流速 $\overline{V}$，由环空直径比 $\sigma_o=\dfrac{177.8}{215.90}=0.824$，查图 2-13 可得 $K_c=0.48$。

钻铤外环空平均流速$\overline{V_c}$为：

$$\overline{V_c}=0.60\times\left(\frac{17.78^2}{21.59^2-17.78^2}+0.48\right)=1.56\text{m/s}$$

钻杆外环空平均流速 $\overline{V}$ 为：

$$\overline{V}=0.60\times\left(\frac{17.78^2}{21.59^2-12.7^2}+0.48\right)=0.91\text{m/s}$$

计算钻井液流变参数：

$$n=3.322\lg\frac{100}{60}=0.737$$

$$K=\frac{0.510\times60}{511^{0.737}}=0.309\text{Pa}\cdot\text{s}^n$$

流态判别：

钻铤段：

$$Re_c=\frac{10\times1200^{1-0.737}\times(21.59-17.78)^{0.737}\times1.55^{2-0.737}\times1.50}{0.309\times\left(\dfrac{2\times0.737+1}{3\times0.737}\right)^{0.737}}=1344$$

因 $3470-1370\times0.737=2460$，$Re_c=1344<2460$，所以钻铤环空钻井液为层流。

钻杆段：

$$Re_p=\frac{10\times1200^{1-0.737}\times(21.59-12.7)^{0.737}\times0.91^{2-0.737}\times1.50}{0.309\times\left(\dfrac{2\times0.737+1}{3\times0.737}\right)^{0.737}}=1281$$

同理，钻杆段也是层流。

计算摩阻系数 f。

钻铤段：
$$f_c=\frac{24}{1344}=0.0179$$

钻杆段：
$$f_P=\frac{24}{1281}=0.0187$$

计算起钻时，钻头处的抽汲压力 p_{sw} 为：

$$p_{sw}=0.196\times1.50\times\left[\frac{0.0179\times200\times1.55^2}{21.59-17.78}+\frac{0.0187\times(4000-200)\times0.91^2}{21.59-12.7}\right]=2.61\text{MPa}$$

下钻时激动压力计算：

钻铤外环空平均流速、钻杆外环空平均流速的计算，以及钻铤段和钻杆段流态判别步骤同前，可得结果为：$\overline{V_c}=6\text{m/s}$，$\overline{V}=3.45\text{m/s}$，$Re_c=7270$，$Re_p=6843$。

因为 $Re_c>2460$，$Re_p>2460$，应为紊流。紊流计算摩阻系数 f 时，应先求 a、b：

$$a=(\lg 0.737+3.93)/50=0.0759$$

$$b=(1.75-\lg 0.737)/7=0.269$$

再计算摩阻系数：

$$f_c=\frac{0.0759}{7270^{0.269}}=6.94\times10^{-3}$$

$$f_P=\frac{0.0759}{6843^{0.269}}=7.06\times10^{-3}$$

由此可求出下钻时钻头处的激动压力 p_{sw} 为：

$$p_{sw}=0.196\times1.50\times\left[\frac{6.94\times10^{-3}\times200\times6.0^2}{21.59-17.78}+\frac{7.06\times10^{-3}\times(4000-200)\times3.45^2}{21.59-12.7}\right]=14.4\text{MPa}$$

2）钻头水眼未堵，即运动管柱为开口管。

这种情况下求环空钻井液流速时，由于被排开的流体一部分进入环空，另一部分进入运动管柱内。式(2-28)中 Q_i 是未知数，可用试算法求解。其步骤如下：

① 用任意 Q_i 值代入式(2-28)，求出环空流速和管内钻井液流速。

② 由 $\overline{V}$ 和 $\overline{V_i}$ 分别计算环空和井内压降 $p_{环}$ 和 $p_{内}$。若 $p_{环}=p_{内}$，钻柱底部压力平衡，钻井液分成两路流动，则所选 Q_i 即为进入钻柱内的钻井液体积流量。若 $p_{环}\neq p_{内}$，需重新选取 Q_i，直到：

$$|p_{环}-p_{内}|\leqslant\delta \qquad (\delta\leqslant0.02) \tag{2-40}$$

为简化计算步骤，可采用下式近似计算：

$$\overline{V}=V_P\left(\frac{d^2-d_i^2}{D^2-d^2+d_i^2}+K_c\right) \tag{2-41}$$

因为 $J=\sqrt{J_1^2+J_2^2+J_3^2}=\sqrt{2\times12^2+13^2}=21.4\text{mm}$，所以起钻时环空钻井液流速为：

$$\overline{V_c}=0.60\times\left(\frac{17.78^2-2.14^2}{21.59^2-17.78^2+2.14^2}+0.48\right)=1.497\text{m/s}$$

$$\overline{V}=\frac{1.54\times(21.59^2-17.78^2)}{21.59^2-12.7^2}=0.758\text{m/s}$$

按前面的方法可以得到，$Re_c=1304<2460$，即钻铤段应为层流，$f_c=0.0184$；$Re_p=983<2460$，即钻杆段也为层流，$f_p=0.0244$。

将以上数据代入式(2-32)求得起钻时钻头处抽汲压力 $p_{sw}=2.40\text{MPa}$。

以同样的步骤求得下钻时钻头处的激动压力 $p_{sw}=11.25\text{MPa}$。

第四节　井身结构设计的基础参数

井身结构设计的基础参数包括地质数据和工程数据。

一、地质数据

1）岩性剖面及故障提示。

2）地层压力梯度剖面。

3）地层破裂压力梯度剖面。

二、工程数据

1. 抽汲压力系数 S_w

抽汲压力系数通过当量钻井液密度表示，单位为 g/cm³。S_w应根据设计井实际施工参数，按照本章第二节讲述方法计算出该井施工中可能出现的最大抽汲压力 p_{sw}，再由式(2-42)计算抽汲压力当量钻井液密度 S_w：

$$S_w = \frac{p_{sw}}{0.00981H} \tag{2-42}$$

对于某一个区域，若钻机类型、井深、井身结构、管柱(钻柱、套管)组合、钻井液性能都已定型，可选用参数井(或前面已钻井)的 S_w进行后续井的参数设计。如墨西哥湾地区所采用的 S_w为 0.06g/cm³，我国中原油田 S_w取值为 0.015~0.049g/cm³。

2. 激动压力系数 S_g

激动压力系数通过当量钻井液密度表示，单位为 g/cm³。S_g由计算的激动压力按式(2-42)进行计算，如墨西哥湾地区 S_g取值为 0.06g/cm³，我国中原油田 S_g取值为 0.015~0.049g/cm³。

3. 地层压裂安全增值 S_f

地层压裂安全增值通过当量钻井液密度表示，单位为 g/cm³。S_f是考虑地层破裂压力检测误差而附加的安全增值，此值与地层破裂压力检测精度有关，可由地区统计资料确定。美国油田 S_f取值为 0.024g/cm³，我国中原油田 S_f取值为 0.02~0.03g/cm³。

4. 溢流条件 S_K

溢流条件通过当量钻井液密度表示，单位为 g/cm³。由于地层压力检测误差，溢流压井时，限定地层压力增加值 S_K。此值由地区压力检测精度和统计数据确定。美国油田 S_K取值一般为 0.06g/cm³，我国中原油田 S_K取值为 0.05~0.10g/cm³。

5. 压差允值 Δp_N(Δp_a)

裸眼中，钻井液柱压力与地层孔隙压力的差值过大，除了会使机械钻速降低外，还是压差卡钻的直接原因。在钻井和下套管过程中，这样会发生卡钻事故，使已钻成的井眼无法进行固井和完井工作。压差允值和工艺技术有很大关系，如使用优质的、具有良好润滑性能的钻井液体系，则压差允值可以提高。压差允值也与裸眼井段的孔隙压力大小有关，若在正常压力井段，为钻开下部高压层需要使用加重钻井液，则压差卡钻易发生在正常压力井段的较深部位(即易发生在靠近压力过渡带的正常孔隙压力地层)；若在异常高压井段，则易卡部位发生在最小孔隙压力值处的地层。故压差允值有正常压力井段(Δp_N)与异常高压井段(Δp_a)之分，一般 Δp_a 值大于 Δp_N 值。如美国现场 Δp_N 取值为 16.56MPa，Δp_a 取值为 21.36MPa。

对于压差允值的确定，各油田可以从卡钻资料中(卡点深度、当时钻井液密度、卡点地层孔隙压力等)反算出当时的压差值，再由大量的压差值进行统计分析得出该地区适合的压差允值。

第五节 井身结构设计的方法及步骤

一、不同储层的完井方法

为了满足各种不同性质油气层的有效开发并减少对储层的污染，在钻开油气层确定完井方法时必须满足以下原则：

1）钻开油气层时，减少钻井液对产层的浸泡时间。

2）有效地连通井底和抽气层，减少流动阻力。

3）妥善地封隔油气水层，防止各层之间互相串扰。

4）克服井壁坍塌和油层出砂影响，保证油气井长期稳产。

5）能够进行压裂、酸化等增产措施且便于修井工作。

6）工艺简单，完井速度快。

目前国内外采用的完井方法有：裸眼完井、射孔完井、贯眼完井和砾石充填完井等。这些完井方法一般又可归纳成如下两种完井方式：

1）钻开产层，下入油层套管，如射孔完井、贯眼完井、砾石充填完井。

2）钻至产层顶部，下入油层套管，再钻开产层，如裸眼完井。

国内外油田在一般情况下，对渗透性(砂岩)产层采用第一种方式，对裂缝性(碳酸岩)产层采用第二种方式，下面主要介绍裸眼完井法和射孔完井法。

1. 裸眼完井法

裸眼完井法可分为先期裸眼完井和后期裸眼完井两种。先期裸眼完井是指钻至产层顶部，下油层套管，然后钻开产层(图 2-14)。这种方法的优点是：

1）排除上部地层的干扰，可采用清水或符合产层特点的钻井液钻开产层。

2）缩短了钻井液对油气层的浸泡时间，免除了水泥浆对油气层的危害。

3）在钻开生产层的过程中，如遇到井下(上)复杂情况，可将钻具提起至套管鞋内，避免事故进一步复杂化。

4）消除高压油气对固井工作的影响，为提高固井质量创造了条件。

我国目前对裂缝性产层的完井常选用先期裸眼完井方法。如我国东部油田在开发古潜山油藏时采用了这一完井方法；西部油气田(如四川)开发碳酸岩产层也常采用这种完井方法。

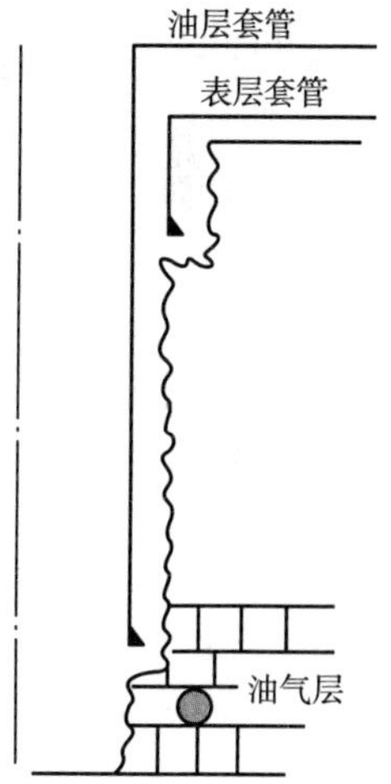

图 2-14 先期裸眼完井

这种完井方法一般要求钻进产层顶界 3~5m，一方面保证套管鞋坐于坚硬地层上，另一方面保证在钻开产层时采用轻钻井液。

后期裸眼完井是指在钻穿产层之后，将油层套管下到油气层顶部注水泥固井(图 2-15)。

2. 射孔完井法

射孔完井法是指钻穿油气层后将油层套管下至油气层底部注水泥固井(图 2-16)。这是目前国内外广泛使用的一种完井方法，我国对于渗透性产层一般都采用这种完井方法。如我国东部油田(华北、中原、胜利、辽河)的沙河街，长庆油田的延安(长)及大庆油田都采用射孔完井方法。这种完井方法一般要求油层套管下入最下部产层底界以下 13~30m。

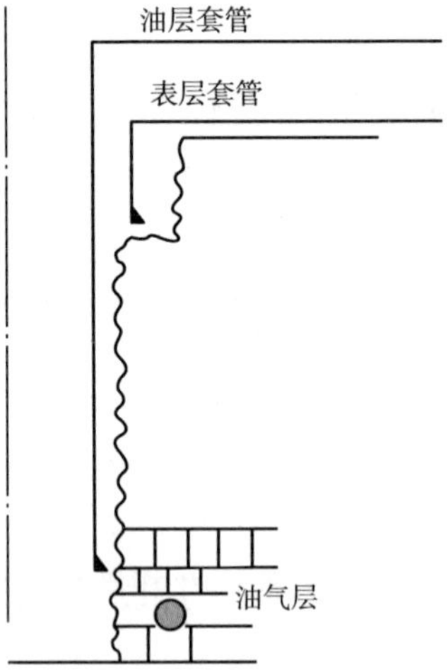

图 2-15　后期裸眼完井

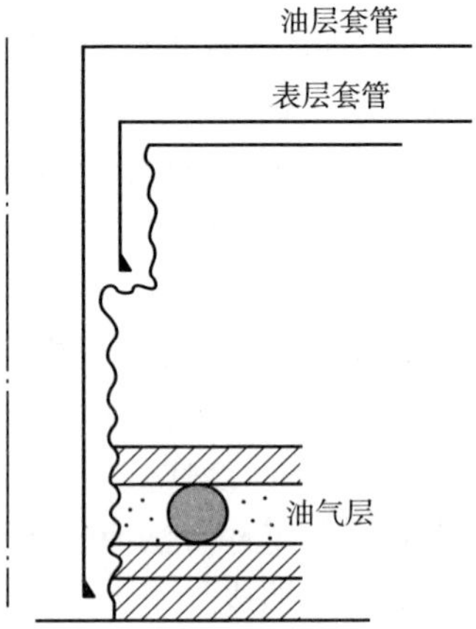

图 2-16　射孔完井方法示意图

这种完井方法的缺点是在钻井和固井过程中，油气层受钻井液和水泥浆的侵害严重。由于射孔数目和深度有限，油气层与井底连通面积小，油气流入井内阻力大。

二、设计方法及步骤

设计前必须有设计地区的地层压力和地层破裂压力梯度剖面图(简称压力剖面图)，如图 2-17 所示。图中纵坐标表示井深(m)，横坐标表示地层压力和地层破裂压力梯度，通过当量钻井液密度表示(g/cm^3)。图 2-17 左侧宜绘制地层岩性柱状剖面及故障提示。

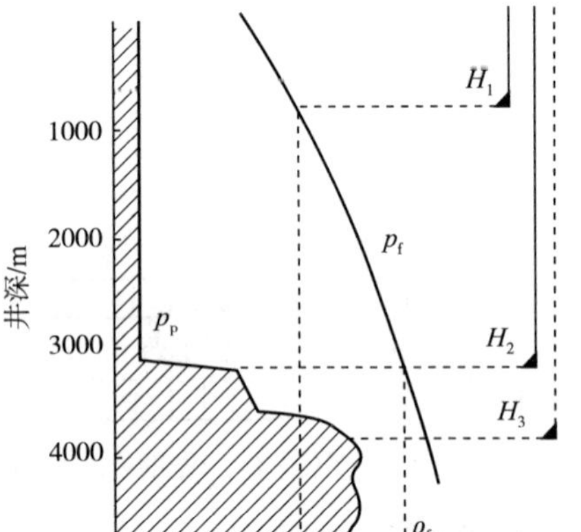

图 2-17　地层压力和地层破裂压力梯度剖面

设计按以下步骤进行：

1）根据区域地质情况，按正常作业工况或溢流工况选择式(2-9)或式(2-17)确定必封点深度。

2）利用压力剖面图中最大地层压力梯度求出中间套管下入深度假定点。

如利用式(2-9)根据压力剖面图中最大地层压力梯度求设计的地层破裂压力梯度，即：

$$\rho_{f_D}=\rho_{pmax}+S_w+S_g+S_f \tag{2-43}$$

式中，ρ_{f_D}为设计的地层破裂压力梯度，g/cm^3。

在图 2-17 的横坐标上找到设计的地层破裂压力梯度ρ_{f_D}，引垂线与地层破裂压力梯度线相交，交点即为中间套管下入深度假定点，记为 H_3。

3）采用式(2-19)验证中间套管下入深度 H_3是否有卡套管危险：

$$\Delta p=0.00981(\rho_m-\rho_p)H_N \tag{2-44}$$

式中，ρ_m为钻进深度 H_3 时采用的钻井液密度，g/cm³；ρ_p为 H_3以上裸眼井段最小或正常地层压力梯度当量密度，g/cm³；H_N为最深正常地层压力或最小地层压力深度，m。

若 $\Delta p \leqslant \Delta p_N(\Delta p_a)$，则假定深度 H_3为中间套管下入深度。

若 $\Delta p > \Delta p_N(\Delta p_a)$，则中间套管下至 H_3过程中有被卡风险。在这种情况下可采取以下方法解决。

① 应用公式(2-45)重新计算中间套管下入深度：

$$0.00981(\rho_m-\rho_p)=\Delta p_N(\text{或 }\Delta p_a) \tag{2-45}$$

ρ_m是在深度为 H_N、允许压差为 Δp_N(或 Δp_a)时所采用的钻井液密度。ρ_m-S_w为最大允许地层压力。在压力剖面图上找到ρ_m-S_w值，引垂线与地层压力梯度线相交，交点即为新计算的中间套管下入深度，记为 H_2。

② 应用方法①往往需要多下一层套管或尾管，为了避免这种情况，钻井工程师可根据所在区域钻井工艺技术水平、钻井液体系和性能，从工艺、防卡液上解决中间套管下入 H_3的卡钻危险。

4）计算钻井(或中间)尾管的最大下入深度。

在 3)中，若按方法①解决压差卡钻危险，那么还需下一段中间尾管以满足当采用钻井液密度钻井时，H_3与 H_2的安全钻井问题。一般情况下，中间尾管下至 H_3即可。当然也可根据中间套管鞋处(H_2)的地层破裂压力梯度，下推尾管的最大可下深度，即：

$$\rho_{f_{H_2}}-(S_w+S_g+S_f)=\rho_P \tag{2-46}$$

式中，$\rho_{f_{H_2}}$为中间套管鞋处的地层破裂压力梯度的当量密度，g/cm³；ρ_P 为中间尾管最大可下深度处地层压力梯度的当量密度，g/cm³。

在压力剖面图的横坐标上找到ρ_P，从ρ_P引垂线并与地层压力梯度线相交，交点即为中间尾管的最大下入深度 H_3。

5）计算表层套管下入深度 H_1。

根据中间套管鞋处地层压力梯度$\rho_{P_{H_2}}$，在给定 S_K溢流条件下，用试算法计算表层套管的下入深度，即：

$$\rho_{f_D}=\rho_{P_{H_2}}+S_w+S_f+\frac{H_2}{H_1}S_K \tag{2-47}$$

式中，ρ_{f_D}为设计地层破裂压力梯度，其工程意义为溢流压井时，表层套管鞋处承受的有效液柱压力梯度的当量密度，g/cm³。

试算中，当$\rho_{f_{H_1}}-\rho_{f_D}\geqslant 0.024$时，即符合设计要求。

6）进一步校核中间尾管。

① 校核中间尾管下入最大深度时是否有卡套管危险。校核方法与 3)相同。

② 校核在给定 S_K溢流条件下压井时，中间套管鞋处是否有被压裂的危险。校核方法同 5)。

7）油层套管下入目的层中，应进行压差卡钻和溢流条件校核。

以上套管层次、下入深度的确定是以井内压力系统平衡为基础，以压力剖面为依据的。

但某些影响钻进的复杂情况目前还不能反映到压力剖面上，如吸水膨胀易塌泥页岩、含蒙脱石的泥页岩、岩膏层、盐岩层蠕变、胶结不良的砂岩等。某些复杂情况的产生又与时间因素有关，如钻进速度快，浸泡时间短，复杂情况并未显示出来；反之钻速慢，上部某些地层裸露时间长或在长时间浸泡下，则会发生坍塌、膨胀、缩径等情况。这需要根据已钻井的经验确定某些应及时封隔的地层，即必封点。某些地区没有复杂情况则不必确定必封点。另外，求得控制复杂情况所需的坍塌压力梯度值是非常必要的，这样必封点的确定不必凭经验进行。

第六节　套管尺寸与井眼尺寸选择及配合

套管尺寸及井眼(钻头)尺寸的选择和配合涉及采油、勘探以及钻井工程的成本以及能否顺利进行。

一、设计中考虑的因素

1）生产套管尺寸应满足采油方面的要求，根据生产层的产能、油管大小、增产措施及井下作业等要求确定。

2）对于探井，要考虑原设计井深是否需要加深，地质上的变化会使原来的预告不准确，是否要求井眼尺寸上留有余量以便增下中间套管，以及对岩心尺寸的要求等。

3）要考虑工艺水平，如井眼情况、曲率大小、井斜角以及地质复杂情况带来的问题。应考虑管材、钻头等库存规格的限制。

二、套管和井眼尺寸的选择和确定方法

1）确定井身结构尺寸一般由内向外依次进行，先确定生产套管尺寸，再确定下入生产套管的井眼尺寸，然后确定中间套管尺寸等，依此类推，直到确定表层套管的井眼尺寸，最后确定导管尺寸。

2）生产井套管根据采油方案要求确定。勘探井则按照勘探方案要求确定。

3）套管与井眼之间有一定间隙，间隙过大则不经济，过小会导致下套管困难以及注水泥后水泥过早脱水形成水泥桥。最小间隙值一般在 9.5～12.7mm($\frac{3}{8}$～$\frac{1}{2}$in)范围，最好为 19.05mm($\frac{3}{4}$in)。

三、套管及井眼尺寸标准组合

目前国内外所生产的套管尺寸及钻头尺寸已标准系列化。套管与其相应井眼的尺寸配合已基本确定或在较小范围内变化。图 2-18 给出了套管和井眼尺寸选择表。使用该表时，先确定最后一层套管(或尾管)尺寸。选择表的流程给出了要下该层套管可能需要的井眼尺寸。实线表示选择表中套管与井眼尺寸的常用配合，它有足够的间隙以下入该套管及注水泥；虚线表示不常用的尺寸配合(间隙较小)。选用虚线所示的组合时，必须对套管接箍、钻井液密度、注水泥及井眼曲率大小等加以注意。

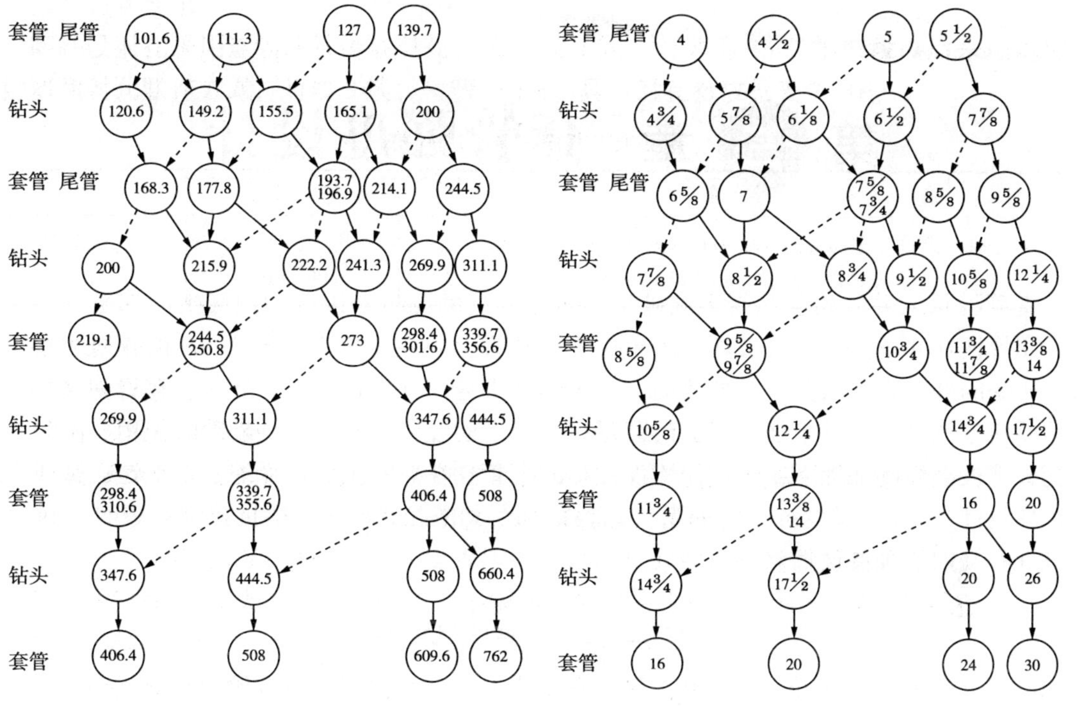

(a)单位为mm

(b)单位为in

图 2-18　套管和井眼(钻头)尺寸选择表

第三章 套管强度设计

套管柱从入井开始起是否会被破坏，对于随后的钻进及以后的油气生产都是至关重要的。套管柱在井下是否会被破坏取决于作用在套管上的外载和套管本身强度的相对大小。套管柱所受的外载在其入井后是变化的，甚至套管本身的强度也要发生变化。套管柱强度设计的首要任务就是要设计出强度足够的套管柱以保证能经受入井后各种外载的作用，同时在保证套管不被破坏的前提下，还应使所设计出的套管柱在成本上是最低的。这就是通常所说的套管柱设计“既安全又经济”的原则。套管强度设计的主要内容包括抗拉强度设计、抗挤强度设计和抗内压强度设计。

第一节 套管特性

油田常用套管为 API 系列尺寸套管。API 套管尺寸及钻头和套管内间隙的标准如表 3-1 所示。

表 3-1 套管尺寸及钻头和套管内间隙的标准

套管尺寸			通径偏差/mm	钻头尺寸(小于密配合尺寸)		钻头与套管之间的间隙值/mm
外径/in(mm)	壁厚 t/mm	名义内径/mm		in	mm	
5(127)	10.72①	105.6	102.4	3⅞	98.4	7.2
	9.19	108.6	105.4	4⅛	104.8	3.8
	7.52	112.0	108.8	4¼	107.9	4.1
	6.43	114.1	111.0	4¼	107.9	6.2
	5.59	115.8	112.6	4¼	107.9	7.9
5½(139.7)	10.54	118.6	115.4	4½	114.3	4.3
	9.17	121.4	118.2	4⅝	117.5	3.9
	7.72	124.3	121.1	4¾	120.6	3.7
	6.98	125.7	122.6	4¾	120.6	5.1
	6.20	127.3	124.1	4⅝	117.5	9.8
6⅝(168.8)	12.06	144.1	141.0	4⅞	123.8	20.4
	10.59	147.1	143.9	5⅝	142.9	4.2
	8.94	150.4	147.2	5¾	146.0	4.4
	7.32	153.7	150.5	5⅞	149.2	4.5

续表

套管尺寸			通径偏差/mm	钻头尺寸(小于密配合尺寸)		钻头与套管之间的间隙值/mm
外径/in(mm)	壁厚 t/mm	名义内径/mm		in	mm	
7(177. 8)	16. 25①	145. 3	142. 1	4⅞	123. 8	21. 5
	14. 98①	147. 8	144. 7	5⅝	142. 9	4. 9
	13. 72	150. 4	147. 2	5¾	146. 0	4. 4
	12. 65	152. 5	149. 3	5⅞	149. 2	3. 3
	11. 51	154. 8	151. 6	5⅞	149. 2	5. 6
	10. 36	157. 1	153. 9	6	152. 4	4. 7
	9. 19	159. 5	156. 2	6⅛	155. 6	3. 8
	8. 05	161. 7	158. 5	6⅛	155. 6	6. 1
	8. 91	164. 0	160. 0	6¼	158. 7	5. 3
	5. 87	166. 1	162. 9	6¼	158. 7	7. 4
7⅝(193. 7)	12. 70	168. 3	165. 1	6¼	158. 7	9. 6
	10. 92	171. 9	168. 7	6⅝	168. 3	3. 6
	9. 52	174. 7	171. 4	6⅝	168. 3	6. 4
	8. 33	177. 0	173. 8	6¾	171. 4	5. 6
	7. 62	178. 5	175. 3	6¾	171. 4	7. 1
8⅝(219. 1)	14. 15	190. 8	187. 6	7⅜	187. 3	3. 5
	12. 70	193. 7	190. 5	7⅜	187. 3	6. 4
	11. 43	196. 2	193. 0	7⅜	187. 3	8. 9
	10. 16	198. 8	195. 6	7⅝	193. 7	5. 1
	8. 94	201. 2	198. 6	7⅝	193. 7	7. 5
	7. 72	203. 7	200. 5	7⅞	200. 0	3. 7
	6. 71	205. 7	202. 5	7⅞	200. 0	5. 7
9⅝(244. 5)	19. 05①	206. 4	202. 4	7⅞	200. 0	6. 4
	15. 87	212. 7	208. 8	7⅞	200. 0	12. 7
	15. 11	214. 3	210. 3	7⅞	200. 0	14. 3
	13. 84	216. 8	212. 8	8⅜	212. 7	4. 1
	11. 99	220. 5	216. 5	8½	215. 9	4. 6
	11. 05	222. 7	218. 4	8½	215. 9	5. 8
	10. 03	224. 4	220. 4	8⅝	219. 1	5. 3
	8. 94	226. 6	222. 6	8¾	222. 2	4. 4
	7. 92	228. 7	224. 7	8¾	222. 2	6. 5
10⅝(270. 0)	15. 51	242. 8	238. 9	9	228. 6	14. 2
	13. 84	245. 4	241. 4	9	228. 6	16. 7
	12. 57	247. 9	243. 9	9	228. 6	19. 3

续表

套管尺寸			通径偏差/mm	钻头尺寸（小于密配合尺寸）		钻头与套管之间的间隙值/mm
外径/in（mm）	壁厚 t/mm	名义内径/mm		in	mm	
10⅝（270.0）	11.43	250.1	246.2	9⅝	244.5	5.6
	10.16	252.7	248.8	9⅝	244.5	8.2
	8.89	255.2	251.3	9⅞	250.8	4.4
	7.09	258.8	254.9	9⅞	250.8	8.0
11⅝（295.4）	12.42	273.6	259.6	9⅞	250.8	22.8
	11.05	276.3	272.4	10⅝	269.9	6.4
	9.52	279.4	275.4	10⅝	269.9	9.5
	8.46	281.5	277.6	10⅝	269.9	11.6
13⅜（339.7）	13.06	313.6	309.7	12	304.8	8.8
	12.19	315.3	311.4	12¼	311.1	4.2
	10.92	317.9	313.9	12¼	311.1	6.8
	9.65	320.4	316.5	12¼	311.1	9.3
	8.38	322.9	319.0	12¼	311.1	11.8
16（406.4）	12.52	381.3	376.5	14¾	374.6	6.7
	11.57	384.1	379.4	14¾	374.6	9.5
	9.52	387.4	382.6	15	381.0	6.4
18⅝（473.1）	11.05	451.0	446.2	17½	444.5	6.5
20（508.0）	16.13	475.7	470.9	18½	469.9	5.8
	12.70	482.6	477.8	18½	469.9	12.7
	11.13	485.9	481.0	18½	469.9	15.8

注：①为非 API 标准。

一、套管类型

API 系列尺寸套管目前有 10 种钢级，即 H40、J55、K55、N80、C75、L80、C90、C95、P110、Q125。其中适用于含硫化物地区的有 6 种，如表 3-2 所示。在较高温度下几乎各级套管都适用于含硫化物地区，每种钢级的套管都有它自己的临界温度，在临界温度之上，它具有抗硫化氢的腐蚀性能。AMOCO 公司推荐的套管临界温度，如表 3-3 所示。

表 3-2　各钢级套管对含硫化物地区的适用性

API 技术规范	5A	5AC	5AX	5AQ
适用于含硫化物地区	H40	C75	—	—
	J55	L80		
	K55	C90		
不适合含硫化物地区	N80	C95	P110	Q125

表 3-3 套管临界温度

套管	临界温度/℃	套管	临界温度/℃
K55	75	S95	150
L80	75	P110	180
C75	100	Q125	210
N80	150	S140	250
C90	150	V150	300

API 技术规范规定，钢级代号后面的数值是以 1000psi 为单位的最小屈服强度。如 N80，N 为钢级符号，“80”表示 80×1000psi，指钢材的最小屈服强度。API 套管最低性能请读者在设计中查阅相关钻井手册，如《钻井手册(甲方)》。

二、套管的连接螺纹

螺纹和螺纹的连接是套管柱质量和强度的核心部分。套管螺纹的基本连接类型可分为 5 种，属 API 标准的 4 种；非 API 标准的 1 种，称为特殊螺纹，并由厂家规定专门代号。API 标准螺纹：短圆螺纹(STC)(CSG 或 C1)、长圆螺纹(LTC)(LCSG 或 C2)、梯形螺纹(BTC)(BCSG 或 C33)、直连型螺纹(XL)(XCSG 或 C11X)。图 3-1 为 API 螺纹连接类型，图 3-2 为 API 圆螺纹和梯形螺纹的齿形剖面图。

套管外径等于或大于 40. 64cm(16in)的梯形螺纹连接的锥度为$\frac{1}{12}$(1in/ft)，其他直径的连接螺纹锥度为$\frac{1}{16}$(0. 75in/ft)。套管和油管圆螺纹的螺距均为 3. 175mm(8 牙/in)；外径为 8. 89cm(3. 5in)及更小的油管连接螺距为 2. 54mm(10 牙/in)；梯形螺纹的螺距为 5. 08mm(5 牙/in)。

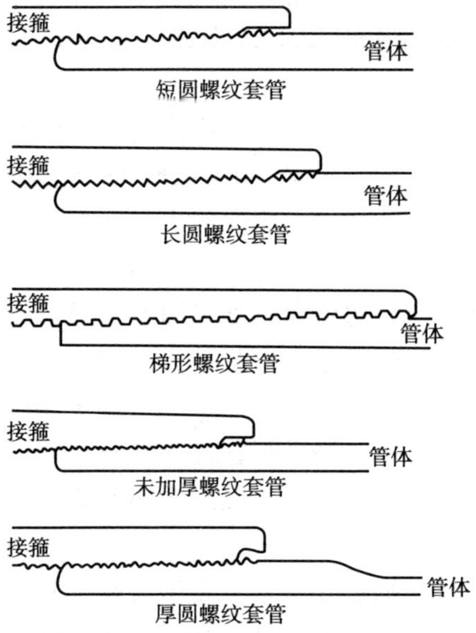

图 3-1 API 螺纹连接类型图

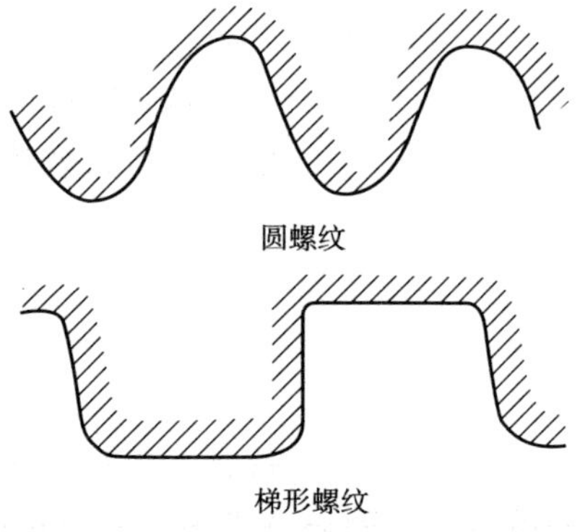

图 3-2 API 圆螺纹梯形螺纹的齿形剖面

螺纹的上紧在 API 标准中有规定。理想状态下，在接箍用手上紧后，再用吊钳上紧的余数规定如下：

对于短圆螺纹，11.43~17.78cm(4½~7in)的外径，用手上紧后螺纹余 3 牙；19.685~50.8cm(7¾~20in)的外径，用手上紧后螺纹余 3.5 牙；对于 24.4475cm(9⅝in)外径的 P110 钢级套管和 50.8cm(20in)外径的 J55、K55 钢级套管，用手上紧后螺纹余 4 牙。

对于长圆螺纹，11.43~17.78cm(4½~7in)的外径，用手上紧后螺纹余 3 牙；19.3675~50.8cm(7⅝~20in)的外径，用手上紧后螺纹余 3.5 牙；对于 24.4475cm(9⅝in)外径的 P110 钢级套管和 50.8cm(20in)外径的 J55、K55 钢级套管，用手上紧后螺纹余 4 牙。

三、套管公差标准及长度级别

API 套管通径公差标准如表 3-4 所示，API 套管外径、壁厚、重力及试压公差标准如表 3-5 所示，API 与特殊通径标准如表 3-6 所示。

表 3-4 通径公差标准

套管尺寸范围/mm(in)	通径规长度/mm	套管名义内径 d-公差/mm(in)
114.3~219.075(4½~8⅝)	152.4	d-3.175(⅛)
244.475~339.725(9⅝~13⅜)	304.8	d-3.96875($\frac{5}{32}$)
406.4~508.0(16~20)	304.8	d-4.7625($\frac{3}{16}$)

表 3-5 外径、壁厚、重力及试压公差标准

项目	公差	项目	公差
套管外径 D	±0.75%	水压试验标准的套管尺寸范围	相当于最小屈服压力值
套管壁厚 t	-12.5%	114.3~244.475mm(4½~9⅝in)	80%
单根套管重力误差	+6.5% -3.5%	273.05~508.0mm(10¾~20in)	60%

表 3-6 API 与特殊通径标准

套管尺寸		重力		壁厚 t		通径尺寸			
						API 标准		特殊标准	
mm	in	N/m	lb/ft	mm	in	mm	in	mm	in
177.8	7	335.726	23.00	8.0518	0.317	158.521	6.241	158.750	6.250
		467.098	32.00	11.5062	0.453	151.613	5.969	152.400	6.000
196.85	7¾	672.912	46.10	15.1130	0.595	—	—	165.100	6.500
219.075	8⅝	467.098	32.00	8.9408	0.352	197.917	7.792	200.025	7.875
		583.872	40.00	11.4300	0.450	193.040	7.600	193.675	7.625
222.25	8¾	715.243	49.00	14.1478	0.557	—	—	190.500	7.500
244.475	9⅝	583.872	40.00	10.0330	0.395	220.447	8.679	222.250	8.750
		634.961	43.50	11.0490	0.435	218.415	8.599	219.075	8.625

续表

套管尺寸		重力		壁厚 t		通径尺寸			
						API 标准		特殊标准	
mm	in	N/m	lb/ft	mm	in	mm	in	mm	in
244.475	9⅝	686.050	47.00	11.9888	0.472	216.535	8.525	219.075	8.625
		780.929	53.50	13.8430	0.545	212.725	8.375	215.900	8.500
		852.453	58.40	15.1130	0.595	210.287	8.279	212.725	8.375
247.65	9¾	864.131	59.20	15.1130	0.595	—	—	215.900	8.500
250.825	9⅞	916.679	62.80	15.8750	0.625	—	—	215.900	8.500
273.05	10¾	664.154	45.50	10.1600	0.400	248.768	9.794	250.825	9.875
		810.122	55.50	12.5730	0.495	243.942	9.604	244.475	9.625
		959.010	65.70	15.1130	0.595	238.862	9.404	241.402	9.504
298.45	11¾	875.608	60.00	12.4206	0.489	269.646	10.616	269.875	10.625
		948.792	65.0	13.5635	0.534	267.360	10.526	269.875	10.625
301.625	11⅞	1048.060	71.80	14.7828	0.582	—	—	269.875	10.625
339.725	13⅜	1050.970	72.00	13.0556	0.514	309.651	12.191	311.150	12.250
		1255.325	86.00	15.8750	0.625	304.013	11.969	304.800	12.000
342.9	13½	1188.180	81.40	14.7320	0.580	—	—	311.150	12.250
346.075	13⅝	1287.438	88.20	15.8750	0.625	—	—	311.150	12.250

套管长度级别：

1 级，单根长度有 95%达到 5.5~7.62m。

2 级，单根长度有 95%达到 8.5~10.36m。

3 级，单根长度有 95%达到 10.97m 以上。

第二节　套管强度设计方法

一、套管强度设计原则

1）钻井过程中满足各种载荷要求。

2）满足油气层开发和改造中各种载荷的要求。

3）延长套管使用寿命。

4）在满足各工况作业过程中强度要求的条件下，成本最低。

二、套管强度设计的基本数据

1）井深、钻头尺寸。

2）井斜角、方位角。

3）完井方法。

4）钻井液密度、流变性。

5）套管尺寸、下入深度。

6）地层压力、地层破裂压力、上覆岩层压力。

7）设计系数。

三、套管强度设计中的若干规定

1）套管强度安全系数如表 3-7 所示。

表 3-7　套管强度安全系数

<table>
<tr><th>系数名称</th><th colspan="2">系数值范围</th></tr>
<tr><td>抗挤安全系数</td><td colspan="2">一般取 1.125，最小值取 1.0，最大值取 1.25</td></tr>
<tr><td>抗内压安全系数</td><td colspan="2">屈服压力强度取值范围为 1.10~1.33</td></tr>
<tr><td rowspan="3">抗拉安全系数</td><td colspan="2">管体屈服强度 1.25</td></tr>
<tr><td rowspan="2">螺纹连接强度</td><td>≥$9\frac{5}{8}$in 套管取 1.6~1.8</td></tr>
<tr><td><$9\frac{5}{8}$in 套管取 1.8~2.0</td></tr>
</table>

2）岩盐层因岩层在高温下的塑性流动，抗外挤计算时按上覆岩层压力梯度考虑。

3）含硫气层应选用密封型螺纹的防硫套管。

4）若有腐蚀性水层或有害层活动的情况，套管按正常设计值提高一级钢级或壁厚。

5）非标准间隙(指过小间隙)宜选用无接箍套管。

6）高温井及注蒸汽井，抗拉安全系数 S_r>2.5，尽可能选用梯形螺纹套管。

7）若页岩中含蒙脱石，特别是钠蒙脱石，在水泥浆终凝后，它还将继续吸水膨胀，在套管外形成局部高压从而挤毁套管，因此在套管强度设计时应考虑高外挤载荷。

8）在计算轴向拉伸载荷以及拉伸载荷对抗外挤压和抗内压额定值的影响时，必须考虑浮力的影响。

9）在 API 常规套管强度设计中，外挤力按最危险情况考虑，即认为套管内处于没有液柱压力的全掏空状态。

10）内压力按以下三种方法，根据设计井的条件确定：

① 井喷后套管内和环空充满气，由于井口以下有外挤力作用，认为井口所受内压力最大，即最危险。

② 以井口装置承压能力作为控制套管内压力的依据。

③ 以井口压力(套压或立管压力)与井内套管内外压差之和计算内压力，即当井内套管内外流体密度相同时，套管所受内压力等于井口压力；当井内套管内外流体密度不同时，则套管所受内压力等于井口压力与套管内外压差之和。

四、套管强度设计方法

套管强度设计方法有等安全系数法、边界载荷法、最大载荷法、美国 AMOCO 套管设计方法、西德 BEB 套管设计方法、苏联套管强度设计方法等。下面简要介绍这些方法的内容，并重点讨论国内油田常用的等安全系数法、最大载荷法。

1. 等安全系数法

既安全又经济的设计，必须使套管抵抗各种外载的强度与套管所受外载之比，等于所规定的安全系数。由于轴向载荷是自下而上地增加，而外挤压力则是自上而下地增加，因此，为了达到既安全又经济的目的，整个套管柱应由不同强度(由不同钢级与壁厚决定)的多段套管组成。各段的最小安全系数应等于规定的安全系数。这种方法称为等安全系数设计法。在进行下部套管柱抗拉计算时要考虑外挤压力的影响。过去一般只根据抗拉与抗挤进行设计，近年来国外多先按内压强度设计，选出符合抗内压要求的套管后再进行抗拉与抗挤设计。

2. 边界载荷法

该方法的抗内压与抗挤设计方法与等安全系数法相同，只是在中上部套管改由抗拉设计时，不用抗拉强度除以安全系数所得的可用强度，而是通过第一段按抗拉设计的套管抗拉强度和安全系数所决定的边界载荷算出的可用强度选用以上各段套管，其关系式如下所示。

1）按抗拉设计的第一段套管：抗拉强度/ST=可用强度；抗拉强度-可用强度=边界载荷。式中，ST为抗拉安全系数。

2）按抗拉设计的第二段套管：抗拉强度-边界载荷=可用强度。

后续均用各段的抗拉强度减去同一边界载荷从而得出它们的可用强度，并以此设计各段的使用长度。这样设计出的各套管段之间的边界载荷相同，而不是安全系数相等，避免了所选套管的强度剩余过多，能减少套管柱总重，使得设计结果更为合理、经济。

3. 最大载荷法

此法是1970年由C. M. 普林斯蒂提出的，此法实质是根据实际条件下套管柱所受的有效载荷再考虑一定安全系数设计套管柱；其步骤是先按有效内压进行设计，然后再根据有效外压及拉力进行设计，并考虑双轴应力对抗挤强度的影响。一般情况下各段套管的长度是通过图解法确定的。

本方法最大的特点是外载计算经过了细致的考虑：按技术套管、油层套管、表层套管分类，并且各类套管的外载计算方法也不相同。这样做的目的是充分在设计中将实际外载显现出来。

4. 美国AMOCO套管设计方法

美国AMOCO(阿莫科)公司最近提出了图解法和解析法两种套管设计方法，在载荷分析及设计方法上都有独特之处，其主要特点是：

1）在抗挤设计中，考虑拉应力的影响进行双轴应力计算，并采用了解析方法(只适用于较早提出的双轴应力计算公式)，避免了试凑法的烦琐。

2）在计算外载时考虑了台肩力的影响。

3）在计算抗内压时考虑了轴向拉力的影响。

5. 西德BEB套管设计方法

西德BEB公司提出了一套完整的套管设计方法，其主要特点是根据不同的套管类型，较细致地给出了外载的不同计算方法。

6. 苏联套管强度设计方法

苏联套管强度设计方法有以下特点：

1）给出不同时期、不同井内作业条件下套管柱各部位内压力与外压力计算公式。设计时要根据该井的具体条件，计算出套管各部位所受的有效内压力及有效外压力，并以此作为选用套管的依据。抗内压安全系数：直径 114~219mm 的套管为 1.10，直径 245~508mm 的套管为 1.46。

2）注水泥井段的外压计算要考虑水泥环的卸载作用。渗透性良好地层的外压力按地层孔隙压力计算，易流动滑移地层井段的外压力按上覆岩层压力计算。

水泥环卸载系数：114~148mm 套管为 0.25，194~245mm 套管为 0.30，273~324mm 套管为 0.35，340~508mm 套管为 0.40。

3）不考虑双轴应力下拉力对抗挤强度的降低作用，但规定当管体拉应力达到屈服强度的 50%时，要把抗挤安全系数提高 10%。

抗挤安全系数：油层部分为 1~1.3，其他部分为 1.0。

4）拉力计算不考虑泥浆浮力。抗拉安全系数根据套管直径与井深而变化，井越深套管直径越大，安全系数也越大，其变化范围为 1.3~1.75。

5）技术套管分为考虑磨损与不考虑磨损两种情况。

五、等安全系数法套管强度设计

套管柱强度设计是通过套管柱所受外载荷、套管管材强度，并根据不同区域地层特性、开采特点等因素确定安全系数，建立强度设计条件，即$\dfrac{\text{管材强度}}{\text{外载荷}} \geqslant$安全系数。

等安全系数法套管强度设计程序有以下两种。

1）从抗外挤强度开始，其步骤为：

① 计算套管下入深度外挤载荷，确定套管可下入深度。

② 由轴向载荷计算该段套管许可下入长度。

③ 最后校核该段套管抗内压强度。

这种设计程序一般适用于非高压油气井。

2）从抗内压强度开始，其步骤为：

① 由套管下入深度内压载荷计算套管可下入深度。

② 由轴向载荷计算该段套管许可下入长度。

③ 最后进行抗外挤校核。

下面介绍等安全系数法套管强度设计的外载计算方法。

1. 轴向力

1）套管自重产生的轴向拉力。

$$T_z = 10^{-3} \sum_{i=1}^{n} q_i l_i \tag{3-1}$$

式中，T_z为套管自重产生的轴向拉力，kN；q_i为第 i 段套管单位长度重力，kN/m；l_i为第 i 段套管长度，m。

2）流体浮力（轴向压力）。

$$T_F = 10^{-3} \frac{\rho_m}{\rho_{st}} \sum_{i=1}^{n} q_i l_i \tag{3-2}$$

式中，T_F为套管柱在钻井液中的浮力，kN；ρ_m为钻井液密度，g/cm^3；ρ_{st}为套管钢材密度，g/cm^3。

3）井眼弯曲所产生的附加拉力。

$$T_{bd}=ER_c\Delta\alpha\pi\frac{A}{180l}\times10^6 \tag{3-3}$$

或：

$$T_{bd}=0.0599dk_aA \tag{3-4}$$

式中，E为钢材弹性模量，取$E=2.06\times10^8$kPa；d为套管外径，cm；R_c为$d/2$，cm；l为套管弯曲段长度，m；$\Delta\alpha$为井斜变化角，（°）；k_a为井斜变化率，（°）/30m；A为套管横截面积，cm^2；T_{bd}为弯曲井眼产生的附加拉力，kN。直井或全角变化率小的井，套管强度设计不考虑弯曲应力。

4）套管内水泥浆对套管产生的附加拉力。

在深井或超深井注水泥浆过程中，因注入水泥浆量较大，若水泥浆密度高于井内钻井液密度，当水泥浆未返出套管鞋时，管内外流体密度差会对套管产生一个附加拉力，且当水泥浆开始出套管鞋时，此值最大。附加拉力可用下式计算：

$$T_{ms}=\frac{9.81h(\rho_s-\rho_m)}{10000}\times\frac{\pi d_i^2}{4} \tag{3-5}$$

或：

$$T_{ms}=7.70\times10^{-4}hd_i^2(\rho_s-\rho_m) \tag{3-6}$$

式中，h为套管内水泥浆高度，m；d_i为套管内径，cm；T_{ms}为附加拉力，kN；ρ_s、ρ_m为水泥浆和钻井液密度，g/cm^3。

在套管强度设计中若未考虑钻井液浮力且在固井中无须活动套管的情况下，可不考虑T_{ms}。关于热采井套管强度计算，应考虑在不同温度下，各种套管的力学性能变化及热应力。

2. 外挤压力

API常规套管设计按最危险情况考虑，即认为套管内处于无流体的全掏空状态，如钻井过程中发生井漏、井喷或开采后期。套管外流体按下套管固井时井内钻井液密度计算，除此之外，我国一些油田按盐水密度计算。这里建议按钻井液密度计算：

$$p_o=0.00981\rho_mH \tag{3-7}$$

式中，p_o为外挤压力，MPa；H为井深，m；ρ_m为钻井液密度，g/cm^3。

3. 内压力

前面已经讨论了计算内压力的三种方法，这里采用以井口装置承压能力作为控制套管内压力的计算方法。如油田开采过程中，进行酸化压裂时，井口压力为地面施工设备压力，而管外流体压力可按盐水压力计算，管内流体为施工液，即管内压力为：

$$p_i=p_{so}+0.00981(\rho_{im}-\rho_{om})H \tag{3-8}$$

式中，p_i为内压力，MPa；p_{so}为井口装置承压能力，MPa；ρ_{im}为管内流体密度，g/cm^3；ρ_{om}为管外流体密度，g/cm^3；H为井深，m。

4. 双轴应力椭圆

套管柱在受拉伸载荷或压缩载荷作用时，还受外挤压力或内压力作用。外挤压力和内压力引起周向应力σ_θ和径向应力σ_r。套管一般为薄壁管或中厚壁管，σ_r比σ_θ小得多，在忽略σ_r的条件下，套管柱受轴向拉应力σ_t和周向应力σ_θ的作用。由米塞斯（von Mises）屈服准则可得到材料破坏的平衡方程：

$$\sigma_t^2-\sigma_t\cdot\sigma_\theta+\sigma_\theta^2=\sigma_s^2 \tag{3-9}$$

式中，σ_s为套管钢材屈服极限（API 取最小屈服极限），MPa。

式（3-9）可改写为：

$$\left(\frac{\sigma_t}{\sigma_s}\right)^2-\frac{\sigma_t\cdot\sigma_\theta}{\sigma_s^2}+\left(\frac{\sigma_\theta}{\sigma_s}\right)^2=1 \tag{3-10}$$

这是一个椭圆形方程（坐标轴旋转 46°可转化为标准椭圆方程）。用 σ_t/σ_s的百分数作为横坐标，σ_θ/σ_t的百分数作为纵坐标，可绘出套管柱在井内受双向应力作用的双轴应力椭圆，如图 3-3 所示。

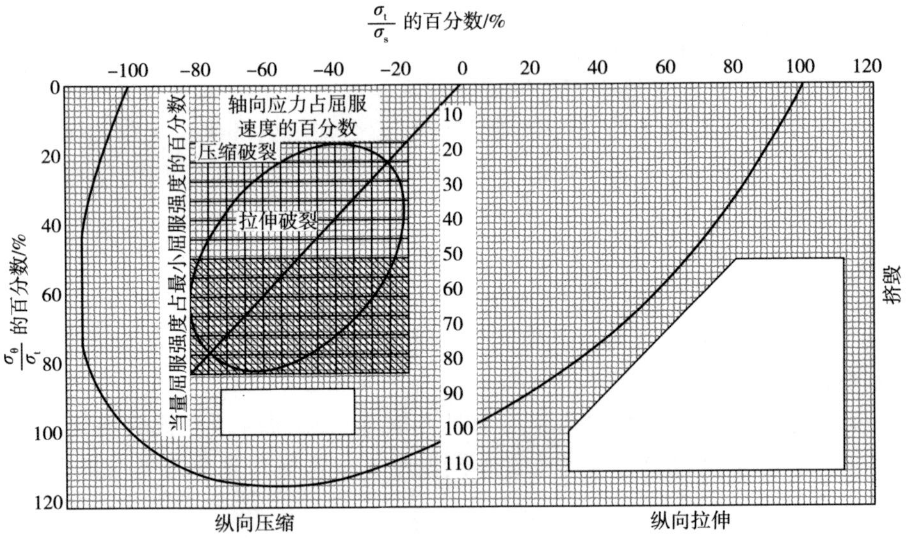

图 3-3　双轴应力椭圆

从图 3-3 可以看出，第一象限是拉伸力与内压力的联合作用。曲线表明，在内压力作用下能使套管提高拉伸强度，或者在拉伸力作用下能使套管提高抗内压强度，这在设计中一般不考虑会更为安全。第二象限是压缩力与内压力的联合作用，当套管受到轴向压缩力时，套管的抗内压强度将降低，这在套管设计中应予以考虑。第三象限是压缩力与外挤力的联合作用，当存在轴向压缩力时，套管的抗外挤强度将有所提高，故在设计中可以不考虑，这样更为安全。第四象限是拉伸力与外挤力的联合作用，当有轴向拉力存在时，套管的抗外挤强度将降低，设计中应予以考虑。

下面说明轴向拉力（压力）作用下套管抗外挤（内压）强度的计算。

在轴向拉力 T_z作用下，轴向拉应力为：

$$\sigma_t=\frac{T_z}{A} \tag{3-11}$$

式中，A 为套管横截面积，cm^2。

周向应力 σ_θ由薄壁圆筒的应力关系求得：

$$\sigma_\theta=\frac{-p_{cc}d}{2\delta} \tag{3-12}$$

式中，d 为套管外径，cm；δ 为套管壁厚，cm；p_{cc}为轴向应力 T_z时的抗外挤强度，MPa。

API 套管力学性能表中，抗外挤(内压)强度是在轴向拉力为零，管内(管外)压力为零($p_i=0$ 或 $p_o=0$)条件下的强度值。因此由式(3-9)可知，当 $\sigma_t=0$ 时，$\sigma_\theta{}^2=\sigma_s{}^2$，即可得：

$$\sigma_\theta=\frac{-p_c d}{2\delta} \tag{3-13}$$

式中，p_c为无轴向拉力且 $p_i=0$ 时的套管抗外挤强度，MPa。

所以：

$$\sigma_s=\frac{p_c d}{2\delta} \tag{3-14}$$

将式(3-11)、式(3-12)、式(3-14)，代入式(3-9)并化简后得：

$$p_{cc}=\frac{p_c}{2A\sigma_s}\left[\sqrt{(2A\sigma_s)^2-300T_z^2}-10T_z\right] \tag{3-15}$$

或：

$$p_{cc}=p_c\left[\sqrt{1-75\left(\frac{T_z}{T_s}\right)^2}-5\frac{T_z}{T_s}\right] \tag{3-16}$$

式中，T_s为管材屈服强度，$T_s=A\sigma_s$，MPa。

令：

$$K'=\sqrt{1-75\left(\frac{T_z}{T_s}\right)^2}-5\frac{T_z}{T_s} \tag{3-17}$$

式(3-16)可简化为：

$$p_{cc}=K'p_c \tag{3-18}$$

K'称为双向应力外挤压力的折减系数，表 3-8 为不同 T_z/T_s时 K'的值。

表 3-8 外挤压力的折减系数 K'值

T_z/T_s	K'	T_z/T_s	K'	T_z/T_s	K'	T_z/T_s	K'	T_z/T_s	K'	T_z/T_s	K'
0.002	0.999	0.034	0.983	0.066	0.965	0.098	0.947	0.130	0.929	0.162	0.909
0.004	0.998	0.036	0.982	0.068	0.964	0.100	0.946	0.132	0.927	0.164	0.908
0.006	0.997	0.038	0.980	0.070	0.963	0.102	0.945	0.134	0.926	0.166	0.907
0.008	0.996	0.040	0.979	0.072	0.962	0.104	0.944	0.136	0.925	0.168	0.905
0.010	0.995	0.042	0.978	0.074	0.961	0.106	0.943	0.138	0.924	0.170	0.904
0.012	0.994	0.044	0.977	0.076	0.960	0.108	0.942	0.140	0.923	0.172	0.903
0.014	0.993	0.046	0.976	0.078	0.959	0.110	0.940	0.142	0.921	0.174	0.902
0.016	0.992	0.048	0.975	0.080	0.958	0.112	0.939	0.144	0.920	0.176	0.900
0.018	0.991	0.050	0.974	0.082	0.956	0.114	0.938	0.146	0.919	0.178	0.899
0.020	0.990	0.052	0.973	0.084	0.955	0.116	0.937	0.148	0.918	0.180	0.898
0.022	0.989	0.054	0.972	0.086	0.954	0.118	0.936	0.150	0.917	0.182	0.897
0.024	0.988	0.056	0.971	0.088	0.953	0.120	0.935	0.152	0.915	0.184	0.895
0.026	0.987	0.058	0.970	0.090	0.952	0.122	0.933	0.154	0.914	0.186	0.894
0.028	0.986	0.060	0.969	0.092	0.951	0.124	0.932	0.156	0.913	0.188	0.893
0.030	0.985	0.062	0.968	0.094	0.950	0.126	0.931	0.158	0.912	0.190	0.891
0.032	0.984	0.064	0.966	0.096	0.949	0.128	0.930	0.160	0.910	0.192	0.890

续表

T_z/T_s	K'	T_z/T_s	K'	T_z/T_s	K'	T_z/T_s	K'	T_z/T_s	K'	T_z/T_s	K'
0.194	0.889	0.272	0.836	0.350	0.778	0.428	0.715	0.506	0.646	0.584	0.571
0.196	0.887	0.274	0.834	0.352	0.776	0.430	0.713	0.508	0.644	0.586	0.569
0.198	0.886	0.276	0.833	0.354	0.775	0.432	0.711	0.510	0.642	0.588	0.567
0.200	0.885	0.278	0.832	0.356	0.773	0.434	0.710	0.512	0.640	0.590	0.565
0.202	0.884	0.280	0.830	0.358	0.772	0.436	0.708	0.514	0.638	0.592	0.563
0.204	0.882	0.282	0.829	0.360	0.770	0.438	0.706	0.516	0.637	0.594	0.561
0.206	0.881	0.284	0.827	0.362	0.769	0.440	0.705	0.518	0.635	0.596	0.558
0.208	0.880	0.286	0.826	0.364	0.767	0.442	0.703	0.520	0.633	0.598	0.556
0.210	0.878	0.288	0.824	0.366	0.765	0.444	0.701	0.522	0.631	0.600	0.554
0.212	0.877	0.290	0.823	0.368	0.764	0.446	0.699	0.524	0.620	0.602	0.552
0.214	0.876	0.292	0.821	0.370	0.762	0.448	0.698	0.526	0.627	0.604	0.550
0.216	0.874	0.294	0.820	0.372	0.761	0.450	0.696	0.528	0.625	0.606	0.548
0.218	0.873	0.296	0.819	0.374	0.759	0.452	0.694	0.530	0.623	0.608	0.546
0.220	0.872	0.298	0.817	0.376	0.757	0.454	0.692	0.532	0.622	0.610	0.544
0.222	0.870	0.300	0.816	0.378	0.756	0.456	0.691	0.534	0.620	0.612	0.542
0.224	0.869	0.302	0.814	0.380	0.754	0.458	0.689	0.536	0.618	0.614	0.540
0.226	0.868	0.304	0.813	0.382	0.753	0.460	0.687	0.538	0.616	0.616	0.538
0.228	0.866	0.306	0.811	0.384	0.751	0.462	0.685	0.540	0.614	0.618	0.536
0.230	0.865	0.308	0.810	0.386	0.749	0.464	0.684	0.542	0.612	0.620	0.534
0.232	0.864	0.310	0.808	0.388	0.748	0.466	0.682	0.544	0.610	0.622	0.532
0.234	0.862	0.312	0.807	0.390	0.746	0.468	0.680	0.546	0.608	0.624	0.529
0.236	0.861	0.314	0.805	0.392	0.745	0.470	0.678	0.548	0.606	0.626	0.527
0.238	0.860	0.316	0.804	0.394	0.743	0.472	0.677	0.550	0.604	0.628	0.525
0.240	0.858	0.318	0.802	0.396	0.741	0.474	0.675	0.552	0.602	0.630	0.523
0.242	0.857	0.320	0.801	0.398	0.740	0.476	0.673	0.554	0.500	0.632	0.521
0.244	0.855	0.322	0.799	0.400	0.738	0.478	0.671	0.556	0.598	0.634	0.519
0.246	0.854	0.324	0.798	0.402	0.736	0.480	0.670	0.558	0.596	0.636	0.517
0.248	0.853	0.326	0.796	0.404	0.735	0.482	0.668	0.560	0.595	0.638	0.514
0.250	0.851	0.328	0.795	0.406	0.733	0.484	0.666	0.562	0.593	0.640	0.512
0.252	0.850	0.330	0.793	0.408	0.731	0.486	0.664	0.564	0.591	0.642	0.510
0.254	0.849	0.332	0.792	0.410	0.730	0.488	0.662	0.566	0.598	0.644	0.508
0.256	0.847	0.334	0.790	0.412	0.728	0.490	0.660	0.568	0.587	0.646	0.506
0.258	0.846	0.336	0.789	0.414	0.727	0.492	0.659	0.570	0.585	0.648	0.504
0.260	0.844	0.338	0.787	0.416	0.725	0.494	0.657	0.572	0.583	0.650	0.502
0.262	0.843	0.340	0.786	0.418	0.723	0.496	0.655	0.574	0.581	0.652	0.499
0.264	0.842	0.342	0.784	0.420	0.722	0.498	0.653	0.576	0.579		
0.266	0.840	0.344	0.783	0.422	0.720	0.500	0.651	0.578	0.577		
0.268	0.839	0.346	0.781	0.424	0.718	0.502	0.650	0.580	0.575		
0.270	0.837	0.348	0.780	0.426	0.716	0.504	0.649	0.582	0.573		

5. 等安全系数法套管强度设计步骤

1）首先进行抗内压强度校核，如未能取得实际内压力数据，可根据井深及钻井液密度估计。

井底内压力：

$$p_{bi}=0.00981\rho_m H \tag{3-19}$$

套管内充满天然气时井口最大内压力 p_{si} 为：

$$p_{si}=p_{bi}e^{(-1.115\times10^{-4}\rho_G H)} \tag{3-20}$$

式中，ρ_G为井内天然气相对密度，按纯甲烷取 0.55；H 为井深，m；p_{bi}、p_{si}分别为井底内压力和套管内充满天然气时井口最大内压力，MPa。

设计套管抗内压强度：

$$p_i=S_i p_{si} \tag{3-21}$$

式中，S_i为抗内压安全系数。

若已提供地层压力梯度剖面数据，p_{bi}按式(3-22)计算：

$$p_{bi}=0.00981\rho_{pmax}H \tag{3-22}$$

式中，ρ_{pmax}为该层套管钻遇的最大地层压力梯度当量密度，g/cm^3。

以井口内压力作为整个套管柱所承受的内压力。

2）由式(3-7)计算外挤压力 p_o。

3）根据外挤压力 p_o和抗外挤安全系数 S_c确定下部第一段套管的钢级和壁厚：

$$p_{c1}\geqslant S_c p_o \tag{3-23}$$

由套管性能表中查出满足 $p_{c1}\geqslant S_c p_o$的钢级和壁厚的套管，且由公式(3-24)计算第一段套管下入深度 H_1：

$$H_1=\frac{p_{c1}}{0.00981\rho c_m} \tag{3-24}$$

4）确定下部第二段套管的可下入深度 H_2。根据外挤压力沿井深分布规律，第二段套管可选用钢级或壁厚较第一段套管低的套管。由式(3-25)计算 H_2：

$$H_2=\frac{p_{c2}}{0.00981\rho c_m} \tag{3-25}$$

式中，H_2 为第二段套管可下入深度，m；p_{c2}为第二段套管抗外挤强度，MPa。

① 计算第一段套管可下入长度 L_1：

$$L_1=H_1-H_2 \tag{3-26}$$

② 第一段套管抗拉强度校核：

$$\frac{1000p_{T1}}{L_1 q_1 K_f}\geqslant S_T \tag{3-27}$$

式中，p_{T1}为第一段套管抗拉强度，kN；q_1为第一段套管在空气中单位长度的重力，N/m；K_f为浮力系数；S_T为抗拉安全系数，无量纲。

这样可以由下往上确定下部各段套管，直至套管轴向应力零点。当设计套管下深小于轴向应力零点后，按双向应力设计套管下入深度。轴向应力零点位置由式(3-28)计算：

$$\sum_{i=1}^{n} q_i l_i=0.00981\rho_m \tag{3-28}$$

式中，q_i为套管单位长度重力，N/m；l_i为套管段长，m；ρ_m为钻井液密度，g/cm³。

5）抗拉强度设计确定上部各段套管。

设自下而上第 i 段以下各段套管累计重力为 $\sum_{i=1}^{i-1} q_{i-1}l_{i-1}$，第 i 段套管抗拉强度为 p_{Ti}，则：

$$p_{Ti} \geqslant S_T \left(l_i q_i + \sum_{i=1}^{i-1} l_{i-1} q_{i-1}\right) K_f \tag{3-29}$$

或：

$$l_i \leqslant \frac{p_{Ti} - S_T K_f \sum_{i=1}^{i-1} l_{i-1} q_{i-1}}{S_T K_f q_i} \tag{3-30}$$

式中，l_i为第 i 段套管可用长度，m；q_i、q_{i-1}为套管单位长度重力，kN/m；p_{Ti}为第 i 段套管的抗拉强度，kN。

六、最大载荷法套管强度设计

1. 最大载荷法设计程序

（1）抗内压强度设计程序

1）计算套管所承受内压的最大载荷、支撑载荷、合成载荷及设计载荷。从套管规范性能表中选择满足设计载荷且钢级最低、壁厚最薄的套管组成初选套管柱。

2）计算套管外挤最大设计载荷，对初选套管柱进行抗外挤强度校核。

3）计算初选套管柱轴向最大设计载荷线，校核各段套管的抗拉强度。

4）对各段套管进行双轴应力校核。

（2）抗外挤强度设计程序

1）计算套管柱最大外挤载荷、支撑载荷、合成载荷及设计载荷，并选择壁厚和钢级符合抗挤强度的套管段，应用双轴应力，采用试算法确定套管的下入深度，组成临时套管柱。

2）计算最大设计内压载荷，对临时套管柱进行校核。

3）计算最大设计轴向载荷，对临时套管柱进行抗拉强度校核。

最大载荷法套管强度的两种设计程序中，第一种比较方便，这是由于在双轴应力椭圆图 3-3 中，第一象限是拉力和内压力的联合作用，在拉力和内压力作用下，能提高套管的抗内压(抗拉)强度。第二象限是轴向压缩力和内压力的联合作用，在轴向压缩力作用下虽然会降低套管的抗内压强度，但套管下部由于受浮力作用，受压管柱长度是很有限的，且承受的轴向压缩力越往上越小，故设计时可以不考虑双轴应力影响。所以按抗内压强度设计程序设计的临时套管柱可不考虑双轴应力影响。

2. 最大载荷法套管强度设计外载计算方法

（1）轴向力

在最大载荷法套管强度设计中，外载荷计算的特点是分析计算套管柱横截面上所受的有效载荷。有效轴向载荷主要是由套管重力、浮力、弯曲力及热应力引起的。西德 BEB 法认为在井温不超过 125℃时，可以不考虑热应力影响，浮力计算采用压力面积法，即浮体或潜体表面所受到流体作用力的合力。套管接箍上下裸露面液力互相抵消，略去不计。图 3-4 为只考虑套管重力和浮力时轴向载荷的计算方法。

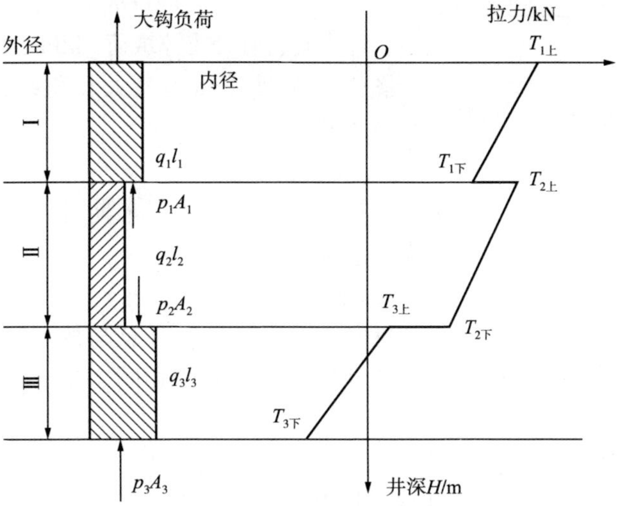

图 3-4　轴向有效载荷分布

深度Ⅲ下：$T_{3下}=-p_3A_3$。

深度Ⅲ上：$T_{3上}=-p_3A_3+q_3l_3+p_2A_2$。

深度Ⅱ下：$T_{2下}=-p_3A_3+q_3l_3+p_2A_2$。

深度Ⅱ上：$T_{2上}=-p_3A_3+q_3l_3+p_2A_2+q_2l_2-p_1A_1$。

深度Ⅰ下：$T_{1下}=T_{2上}$。

深度Ⅰ上：$T_{1上}=T_{1下}+q_1l_1$。

式中，q_1、q_2、q_3为各段套管单位长度重力，kN/m；l_1、l_2、l_3为各段套管长度，m。

（2）外挤力

1）最大外挤载荷。

套管所受最大外挤载荷，除钻遇高塑性地层、盐岩层应以上覆岩层压力计算外，其余都用下套管时井内最大钻井液静液柱压力作为套管的最大外挤载荷，即：

$$p_o=0.00981\rho_mH \quad (3-31)$$

2）外挤载荷支撑载荷。

① 技术套管(或中间套管)。

假设下完技术套管后，钻至次层套管(或是下一层技术套管，或是油层套管)鞋井深时发生井漏，漏失后井内液面高度为 h，则：

$$h=\frac{p_L}{0.00981\rho_m} \quad (3-32)$$

式中，h 为漏失后井内液面高度，m；p_L为地层漏失压力，MPa；ρ_m为钻井液密度，g/cm^3。

故井内掏空长度 $h'=H-h$。因为钻下一层套管井段时，一般难以预测漏失压力 p_L，因此计算外挤支撑载荷时采用盐水静液柱压力，即：

$$h=(1-\rho_n/\rho_m)H \quad (3-33)$$

式中，ρ_n为盐水密度，g/cm^3。

套管鞋处支撑载荷 p_{sh}：

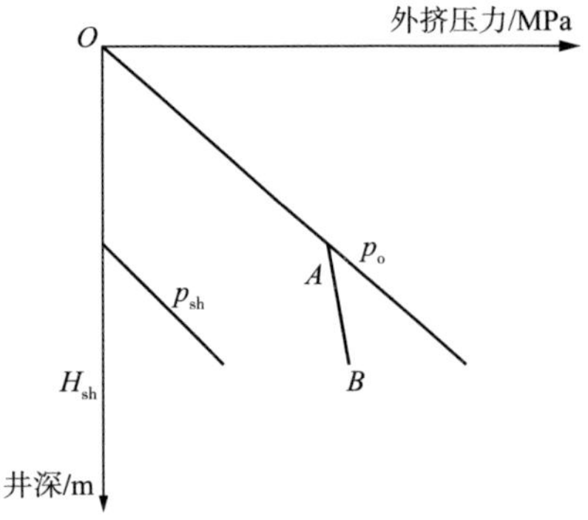

图 3-5　三种有效外挤载荷分布

$$p_{sh}=0.00981\rho_m(H_{sh}-h')\qquad(3-34)$$

式中，p_{sh}为套管鞋处支撑载荷，MPa；H_{sh}为套管鞋井深，m。

图 3-5 为外挤压力最大载荷线、支撑载荷线和合成载荷线 OAB。

② 油层套管。

油层套管考虑到生产末期可能掏空，设计时不考虑外挤支撑载荷。

③ 尾管。

钻井尾管外挤载荷计算与技术套管相同，生产尾管外挤载荷计算与油层套管相同。

(3) 内压力

1) 最大内压载荷(技术套管)。

内压载荷线的上端点(井口)为井口内压载荷的极限值，取井口装置的设计工作压力值。下端点为套管鞋内压载荷极限值，取套管鞋处地层破裂压力并附加一个安全增值：

$$p_{sh}=0.00981(\rho_{fs}+S_f)H_{sh}\qquad(3-35)$$

式中，ρ_{fs}为套管鞋处地层破裂压力梯度，g/cm³；S_f为安全增值，可根据区域地层破裂压力检测精度而定。

最大内压载荷发生在溢流关井时，此时井内有钻井液和气体。若气柱位于钻井液上部，则内压载荷线为图 3-6 中的 abc 线，若气柱位于钻井液下部，则内压载荷线为 adc 线。在最大载荷法套管强度设计中取 adc 线为套管柱的最大内压载荷线。如图 3-6 所示，d 点是井内气柱和钻井液的分界点，设 d 点以上(钻井液柱)井段长度为 x，气柱长度为 y，则：

$$x+y=H\qquad(3-36)$$

$$p_{sh}=p_{so}+0.00981(x\rho_m+yS_G)\qquad(3-37)$$

式中，x 为钻井液柱段长，m；y 为气柱段长，m；ρ_m为钻井液密度，g/cm³；S_G为天然气密度，g/cm³；p_{so}为井口内压力，MPa。

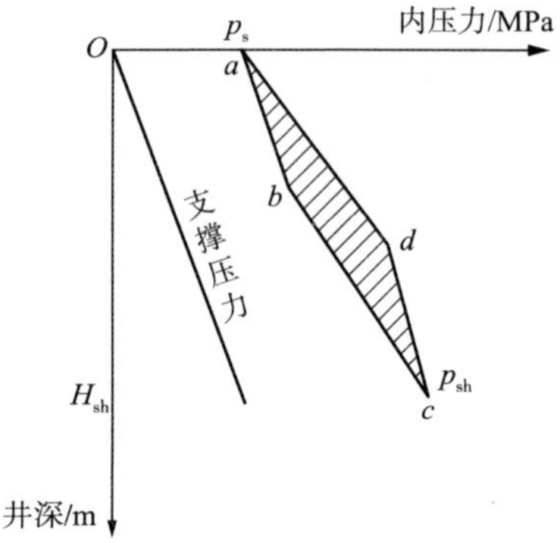

图 3-6　有效内压载荷分布

最大内压载荷线由井口内压力、套管鞋内压极限值确定。图 3-6 的内压支撑载荷为地层压力。

2) 最大内压载荷(油层套管)。

假设油层套管承受的最大载荷发生在采油(气)工况，油管下部和套管间由封隔器坐封，生产初期油管螺纹发生滑失，气体进入环空并上升到井口，则套管的内压载荷线方程为：

$$p_i=p_{og}+0.00981\rho_oH_o\qquad(3-38)$$

式中，p_{og}为生产层压力，MPa；ρ_o为封隔液密度，g/cm³；H_o为封隔器下入井深，m。

当 $H_o=0$(井口)，$p_{so}=p_{og}$时，在套管鞋处有：

$$p_{sh}=p_{so}+0.00981\rho_oH_o\qquad(3-39)$$

内压支撑载荷为盐水柱压力。

3）最大内压载荷（尾管）。

尾管可看成技术（或油层）套管的延长，可按技术（或油层）套管最大内压载荷公式计算。

3. 最大载荷法套管强度设计步骤

1）确定最大载荷法套管强度设计程序（即选择按抗内压强度设计程序或抗外挤强度设计程序），下面以抗内压强度设计程序为例说明设计步骤。

2）计算最大内压载荷。

3）计算内压支撑载荷。

4）计算有效（或合成）内压载荷。

5）按给定抗内压系数计算内压载荷。

6）在图中画出最大内压载荷线、支撑载荷线、有效（或合成）载荷线、设计内压载荷线。

7）以设计压力载荷线选出满足抗内压强度要求的初选套管柱，并画在载荷线图上。

8）对初选套管柱进行抗外挤校核。

9）对8）校核确定的套管柱进行抗拉强度校核。

10）对9）校核确定的套管柱进行双轴应力校核。

11）打印（或列出）套管强度设计表。

例 某井采用 $\Phi 24.45$cm 技术套管，下入井深为 3500m，固井时井内钻井液密度为 1.50g/cm^3，井口装置额定压力为 34MPa，套管鞋处地层破裂压力梯度当量密度为 2.08g/cm^3，地层流体压力梯度当量密度为 1.07g/cm^3，固井后用 $\Phi 215.9$mm 钻头钻进，最高钻井液密度为 1.85g/cm^3，按最大载荷法设计该井套管（取 $S_f=0.12\text{g/cm}^3$，$\rho_G=0.027\text{g/cm}^3$）。

解： 按抗内压强度设计程序进行设计。

1）计算内压力。

$$p_{so}=34\text{MPa}$$

$$p_{sh}=0.00981\times(2.08+0.12)\times3500=75.537\text{MPa}$$

设钻井液在气柱之上，可得：

$$\begin{cases}x+y=3500\\34+0.00981(1.85x+0.027y)=75.537\end{cases}$$

解此方程组得： $x=2271\text{m}$，$y=1229\text{m}$

由此可求得： $p_d=34+0.00981\times1.85\times2271=75.215\text{MPa}$

2）计算内压支撑载荷 p_{op}。

$$p_{op}=0.00981\times1.07\times3500=36.738\text{MPa}$$

3）计算有效内压 p_{iE}。

$$H=0\text{ 时，}p_{iE}=34-0=34\text{MPa}$$

$$H=H_d\text{时，}p_{iE}=34+0.00981\times(1.86-1.070)\times2271=51.60\text{MPa}$$

$$H=H_{sh}\text{时，}p_{iE}=p_{sh}-p_{op}=75.537-36.738=38.799\text{MPa}$$

4）计算设计内压（$S_i=1.10$）p_{iD}。

$$H=0\text{ 时，}p_{iD}=S_ip_{iE}=1.10\times34=37.4\text{MPa}$$

$$H=H_d\text{时},\ p_{iD}=S_ip_{iE}=1.10\times51.60=56.76\text{MPa}$$

$$H=H_{sh}\text{时},\ p_{iD}=S_ip_{iE}=1.10\times38.799=42.679\text{MPa}$$

5）根据以上计算结果，在图 3-7 中作出内压载荷支撑线 1，最大内压载荷线 2，合成(或有效)内压载荷线 3，设计内压载荷线 4。据此选出满足抗内压强度要求的初选套管柱并画于图 3-7 中。

Ⅰ段：C95，$\delta=11.05$mm，$d=222.4$mm，$[p_i]=51.78$MPa；

Ⅱ段：P110，$\delta=11.99$mm，$d=220.5$mm，$[p_i]=65.087$MPa；

Ⅲ段：C90，$\delta=11.99$mm，$d=220.5$mm，$[p_i]=53.228$MPa。

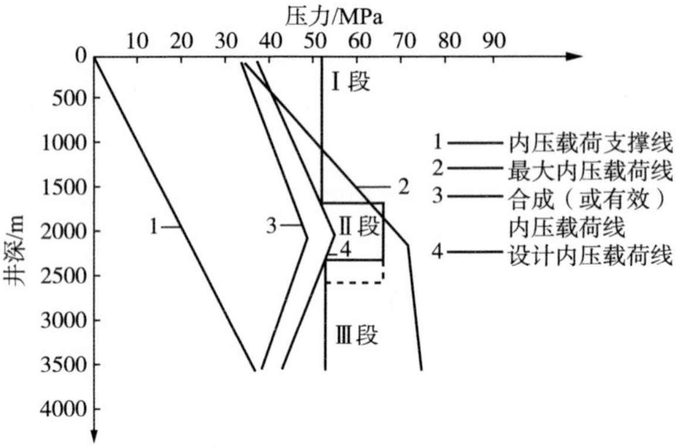

图 3-7　内压设计载荷线

6）抗外挤载荷计算。

井底外挤压力载荷 p_{ob} 为：

$$p_{ob}=0.00981\times1.5\times3500=51.50\text{MPa}$$

井漏后井内液柱高度 h 为(取盐水密度为 1.154g/cm^3)：

$$h=\left(1-\frac{\rho_n}{\rho_m}\right)H=\left(1-\frac{1.154}{1.85}\right)\times3500=1317\text{m}$$

井内液面井深为：

$$h'=H-h=3500-1317=2183\text{m}$$

套管鞋支撑压力载荷 p_{sh} 为：

$$p_{sh}=0.00981\rho_m h=0.00981\times1.85\times1317=23.90\text{MPa}$$

据此可在图 3-8 中画出支撑载荷线 1，最大外挤压力载荷线 2，合成(或有效)载荷线 3，设计外挤压力载荷线 4($S=1.03$)。

由抗内压强度设计初选套管的抗外挤强度为：

Ⅰ段：C95，$[p_e]=28.406$MPa；

Ⅱ段：P110，$[p_e]=36.542$MPa；

Ⅲ段：C90，$[p_e]=34.474$MPa。

将套管抗外挤压力强度画在图 3-8 中，Ⅰ段满足抗外挤压力载荷要求；Ⅱ段 P110 套管下入长度区间由 1650~2300m 改为 1650~2500m 即可满足要求；Ⅲ段只能满足 2500~3800m 井深区间要求，因此第Ⅲ段套管下入长度需按抗外挤压力载荷确定。

7）抗拉载荷计算。

如图 3-9 所示，依据抗内压和抗外挤压力载荷设计确定的初选管柱，计算各段套管所承受的轴向载荷。

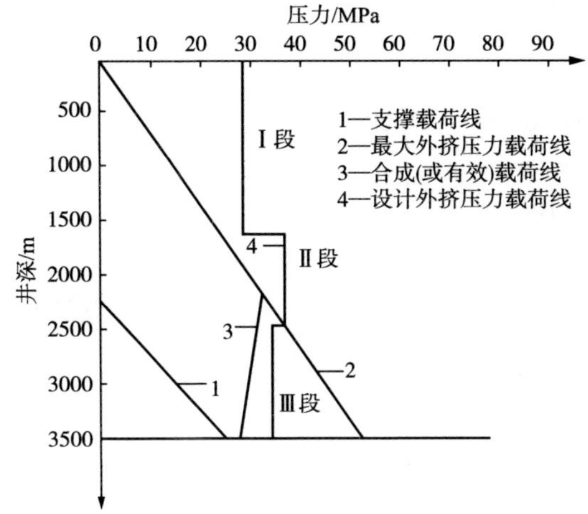

图 3-8 外挤压力设计载荷线

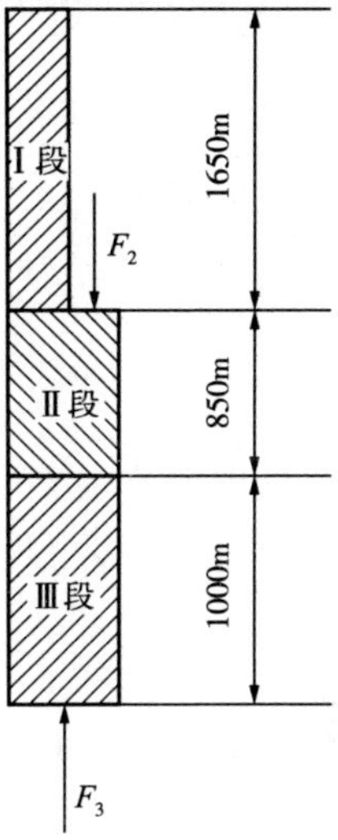

图 3-9 轴向载荷设计

Ⅰ段：C95，$q=634.8\text{N/m}$，$p_T=4215.9\text{kN}$；

Ⅱ段：P110，$q=685.9\text{N/m}$，$p_T=5395.7\text{kN}$；

Ⅲ段：C90，$q=685.9\text{N/m}$，$p_T=4390.94\text{kN}$；

Ⅲ段下：$T_{3下}=F_3=-\frac{\pi}{4}(d^2-d_i^2)p_m=-0.00981\times1.5\times3500\times\frac{\pi}{4}\times(0.2445^2-0.2205^2)=-0.451\text{MN}$；

Ⅲ段上：$T_{3上}=F_3+q_3l_3=-0.451+10^{-6}\times685.9\times1000=0.235\text{MN}$；

Ⅱ段下：$T_{2下}=T_{3上}=0.235\text{MN}$；

Ⅱ段上：$T_{2上}=F_2+q_2l_2+T_{2下}=0.00981\times1.5\times1650\times\frac{\pi}{4}\times(0.2224^2-0.2205^2)+10^{-6}\times685.9\times850+0.235=0.834\text{MN}$；

Ⅰ段下：$T_{1下}=T_{2上}=0.834\text{MN}$；

Ⅰ段上：$T_{1上}=T_{1下}+q_1l_1=0.834+10^{-6}\times634.8\times1650=1.882\text{MN}$。

由计算数据在图 3-10 中画出轴向载荷线 1，设计轴向载荷线 2（Ⅰ段取 $S_T=1.6$，Ⅱ、Ⅲ段按边界载荷 0.45MN 设计）。将Ⅰ、Ⅱ、Ⅲ段套管抗拉强度画在图 3-10 上，由图可知Ⅰ、Ⅱ、Ⅲ段套管均满足抗拉强度要求。

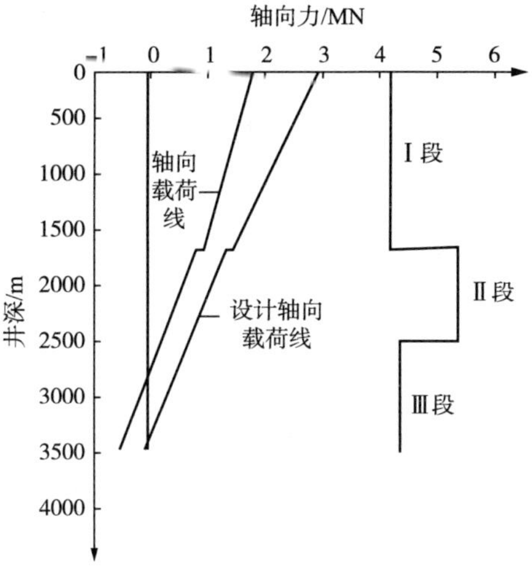

图 3-10 轴向载荷线

8）双轴应力校核。

套管柱底部受有液柱压力引起的轴向压力，且数值较小，故可不校核轴向压力对抗内压强度的影响。下面只校核轴向拉力对抗外挤强度的影响。

C95(壁厚为 11.05mm)管体屈服强度为 5.3067MN，因此：

Ⅰ段上：
$$\frac{T_{1上}}{T_{S1}}=\frac{1.8816}{5.3067}=0.355$$

查表 3-8 近似取 $K'=0.773$，有：

$$p_{cc}=K'p_c=0.773\times28.406=21.958\text{MPa}$$

Ⅰ段下：
$$\frac{T_{1下}}{T_{S1}}=\frac{0.8342}{5.3067}=0.157$$

查表 3-8 近似取 $K'=0.912$，有：

$$p_{cc}=K'p_c=0.912\times28.406=25.906\text{MPa}$$

Ⅱ段上：
$$\frac{T_{2上}}{T_{S2}}=\frac{0.8342}{6.6412}=0.126$$

查表 3-8 取 $K'=0.931$，有：

$$p_{cc}=K'p_c=0.931\times36.542=34.021\text{MPa}$$

Ⅱ段下：
$$\frac{T_{2下}}{T_{S2}}=\frac{0.2352}{6.6412}=0.035$$

查表 3-8 近似取 $K'=0.982$，有：

$$p_{cc}=K'p_c=0.982\times36.542=35.884\text{MPa}$$

Ⅲ段上：
$$\frac{T_{3上}}{T_{S3}}=\frac{0.2352}{5.4313}=0.043$$

查表 3-8 近似取 $K'=0.977$，有：

$$p_{cc}=K'p_c=0.977\times34.474=33.681\text{MPa}$$

Ⅲ段下：
$$\frac{T_{3下}}{T_{S3}}=\frac{-0.4507}{5.4313}=-0.083$$

K'为 1.045，有：

$$p_{cc}=K'p_c=1.045\times34.474=36.025\text{MPa}$$

将上面数据画在图 3-11 中，图中虚线为在轴向拉力作用下的抗外挤强度。再在图 3-11 中画出设计外挤载荷线，由图可知各段套管均满足要求。

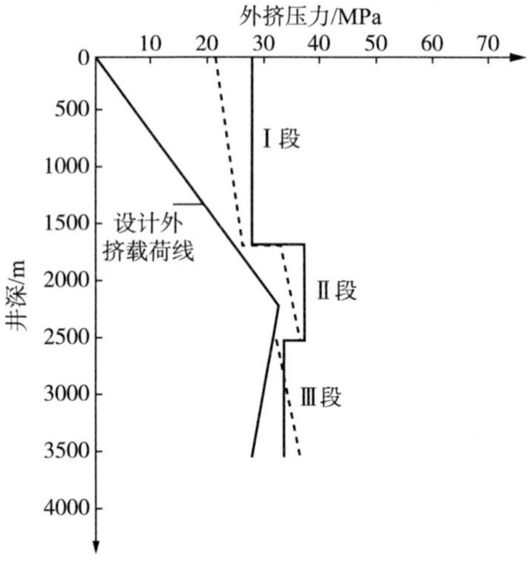

图 3-11　双轴应力校核

9）表 3-9 为套管强度设计结果。

表 3-9　套管强度设计结果

段号	井段/m	段长/m	壁厚/mm	钢级	螺纹类型	重力	
						每米重力/(N/m)	段重/MN
Ⅰ	0~1650	1650	11.05	C95	长圆	634.8	1.047
Ⅱ	1650~2500	850	11.99	P110	长圆	685.9	0.583
Ⅲ	2500~3500	1000	11.99	C90	长圆	685.9	0.686

第三节　不同标准下套管强度设计

目前，套管、油管和钻杆的强度计算均以 API 5C3、API 5C5 标准为依据。在长期实践和研究过程中，人们发现 API 5C3 存在不足，API/TC67 技术委员会组织套管、油管和钻杆项目组 SC5 编写了 ISO 10400[石油和天然气工业套管、油管、钻杆和输送管的计算公式]。

本节会介绍 ISO 10400 标准中套管、油管的强度计算原理和方法。为了方便读者了解套管、油管的强度计算是怎样从 API 5C3 演变到 ISO 10400 的，首先简要介绍 API 5C3 的强度计算原理和存在的不足。

一、API 5C3 套管强度计算原理

1. 抗挤强度计算

API 5C3 标准根据不同的径厚比 D/t，将套管挤毁压力分为 4 个区域分别进行计算，即屈服强度挤毁压力、塑性挤毁压力、弹塑性挤毁压力和弹性挤毁压力 4 种公式。其中屈服强度挤毁压力和弹性挤毁压力公式为理论推导公式，而塑性挤毁压力是用 1968 年以前工业生产的 K55、N80、P110 试件，进行 2888 次试验同归分析得到的经验公式。弹塑性挤毁压力为弹性挤毁压力与塑性挤毁压力的过渡区。

公式中各符号的含义如下：

D 为外径，mm；t 为壁厚，mm；D/t 为径厚比；P_{YP} 为最小屈服强度挤毁压力，MPa；P_P 为最小塑性挤毁压力，MPa；P_T 为最小弹塑性挤毁压力，MPa；P_E 为最小弹性挤毁压力，MPa；$(D/t)_{YP}$ 为屈服强度挤毁与塑性挤毁的 D/t 分界值；$(D/t)_{PT}$ 为塑性挤毁与弹塑性挤毁的 D/t 分界值；$(D/t)_{TE}$ 为弹塑性挤毁与弹性挤毁的 D/t 分界值；Y_P 为最小屈服强度，MPa。

1）屈服挤毁压力：当外挤压力使套管内壁处周向应力达到材料最小屈服强度时，套管发生屈服破坏。

$$P_{YP}=2Y_P\left[\frac{(D/t)-1}{(D/t)^2}\right] \tag{3-40}$$

式(3-40)的适用范围是 $D/t\leqslant(D/t)_{YP}$

$$(D/t)_{YP}=\frac{\sqrt{(A-2)^2+8\left(B+6.894757\dfrac{C}{Y_P}\right)}+(A-2)}{2\left(B+6.894757\dfrac{C}{Y_P}\right)} \tag{3-41}$$

2）塑性挤毁压力：当外挤压力在管内产生的应力使管子进入塑性变形，即套管发生永久变形。塑性挤毁压力公式是建立在大量的套管挤毁试验资料基础上的经验公式。

$$P_P=Y_P\left(\frac{A}{D/t}-B\right)-6.894757C \tag{3-42}$$

式(3-42)的适用范围是 $(D/t)_{YP}\leqslant D/t\leqslant(D/t)_{PT}$。

$$(D/t)_{PT}=\frac{Y_P(A-F)}{6.894757C+Y_P(B-G)} \tag{3-43}$$

3）弹塑性挤毁压力。

适用于在最小塑性挤毁压力与最小弹性挤毁压力区间的过渡段，它也是从试验数据回归得到的。

$$P_T = Y_P\left(\frac{F}{D/t} - G\right) \tag{3-44}$$

式(3-44)的适用范围是$(D/t)_{PT} \leqslant D/t \leqslant (D/t)_{TE}$。

$$(D/t)_{TE} = \frac{2+B/A}{3B/A} \tag{3-45}$$

4）弹性挤毁压力。

套管是一个圆柱壳体，在静水外压作用下，圆柱壳体丧失弹性稳定。套管弹性挤毁压力只与钢材弹性模量和几何尺寸有关，而与材料屈服强度无关。大直径薄壁套管可能处于弹性挤毁压力区，因此不必采用高强度钢材制造。

当$D/t \geqslant (D/t)_{TE}$时，

$$P_E = \frac{323.71\times10^3}{(D/t)[(D/t)-1]^2}\partial \tag{3-46}$$

5）经验系数值。

表3-10为上述4种API挤毁压力计算公式中的D/t分界值及其系数A、B、C和F、G。

表3-10　API公式的D/t分界值及其系数

钢级	D/t范围			塑性挤毁压力系数			弹塑性挤毁压力系数	
	YP	PT	TE	A	B	C	F	G
H40	16.40	27.01	42.64	2.950	0.0465	754	2.063	0.0325
J/K55	14.81	25.01	37.21	2.991	0.0541	1206	1.989	0.0360
J/K60	14.44	24.42	35.73	3.005	0.0566	1356	1.983	0.0373
L/N80	13.38	22.47	31.02	3.071	0.0667	1955	1.998	0.0434
C90	13.01	21.69	29.18	3.106	0.0718	2254	2.017	0.0466
C/T95	12.85	21.33	28.36	3.124	0.0743	2404	2.029	0.0482
P110	12.44	20.41	26.22	3.181	0.0819	2852	2.066	0.0532
Q125	12.11	19.63	24.46	3.239	0.0895	3301	2.106	0.0582
Q140	11.84	18.97	22.98	3.297	0.0971	3751	2.146	0.0632
Q150	11.67	18.57	22.11	3.336	0.1021	4053	2.174	0.0666

读者不必通过上述公式计算套管抗挤强度，具体套管的抗挤强度值可从API 5C3标准中查到。在长期实践和研究中，发现API 5C3抗挤计算方法存在以下问题：

1）API 5C3抗挤计算方法不能反映近几年套管制造技术的显著进步。对于径厚比D/t（直径与壁厚的比值）为10~26的管子，试样长度比管径大7倍以上，从近几年工业生产的管子的挤毁试验数据来看，实测的抗挤强度比API 5C3计算结果大30%以上。

2）早期用于API 5C3套管挤毁试验的试样过短，受到两端端面效应影响，所得挤毁压力偏大，不能代表真实的套管抗挤强度。同时，影响抗挤强度的因素较多，早期生产套管及其所制成试件测试抗挤数据的离散性较大。为了保证挤毁概率低于5%，理论公式修正系数和经验公式都偏于保守。

3）API 5C3 抗挤计算方法不能反映出套管制造方法和套管制造质量对抗挤强度有影响，制造质量好的套管抗挤强度比 API 5C3 计算结果大。近年来工业上已使用高抗挤套管，API 5C3 抗挤计算方法不能反映高抗挤套管的抗挤强度。

2. 抗内压屈服强度计算

API 5C3 中套管、油管和钻杆的抗内压强度计算使用薄壁筒巴罗(Barlow)公式，该公式忽略了径向应力。公式假设在内压力作用下，当管壁周向应力使管子内壁材料开始屈服时，管子即失效。API 5C3 抗内压计算公式为：

$$P_{\text{iapi}}=2\frac{f_{\text{ymn}}(K_{\text{wall}}t)^2}{D} \tag{3-47}$$

式中，f_{ymn}为最小屈服强度；D 为管子外径；K_{wall}为管壁公差因子，例如，当公差为-12.5%，K_{wall}取0.875；P_{iapi}为 API 5C3 套管内压屈服强度；t 为管壁厚度。

API 5C3 套管抗内压强度计算存在的问题是：API 5C3 套管抗内压强度比在 ISO 10400 标准中所用拉麦公式的计算抗内压强度值高1%~10%。

实际上管子内壁开始屈服时仍不会丧失密封完整性。ISO 10400 标准提出了管子的内压极限强度，即管子爆裂，失去密封完整性时的强度。在内压作用下，管壁产生周向拉应力，因此材料的韧性、制造过程中潜在的裂纹对抗内压极限强度有显著影响。API 5C3 中的抗内压强度公式没有考虑断裂韧性和断裂失效问题，因此不能反映过去的钢管制造技术和当今技术进步带来的抗内压强度差异，且不能代表真实抗内压强度的计算问题。

二、ISO 10400 抗挤强度计算

1. 基本假设和计算原理

1）对理想厚壁管，计算只有外压作用下，整个管壁都进入屈服应力状态的极限压力。上述“理想”一词指完全没有缺陷的理想圆管。

2）对理想薄壁管，计算只有外压作用下，管子几何弹性失稳的极限压力。

3）管子的抗外挤极限压力大约处于上述弹性挤毁和完全屈服挤毁之间，或略低于完全屈服挤毁值。建立一个介于弹性挤毁和完全屈服挤毁之间的过渡公式可以覆盖各种直径、壁厚和钢级。这一公式是针对理想圆管建立的，它没有考虑实际管子不可避免的制造缺陷，因此称为极限抗挤强度。

4）钢管制造难免有缺陷和不同制造技术的性能差异。ISO 10400 与 API 5C3 的基本不同点是 ISO 10400 强度公式包含了制造缺陷和不同制造技术对抗挤强度影响的修正系数，这一强度公式称设计抗挤强度公式，其强度值是设计引用的依据。近年来由于工程需要，钢管厂家制造了非 API 标准厚壁套管和非 API 标准高抗挤套管，用 ISO 10400 设计抗挤公式可以计算非 API 标准套管和油管的抗挤强度，不必完全依靠全尺寸试样挤毁评价，少量全尺寸挤毁评价仅用于验证。而 API 5C3 不可用于非 API 标准厚壁套管和高抗挤套管的抗挤强度计算。

2. 仅有外挤压力作用时套管的设计抗挤强度

根据前述1)假设，理想厚壁管的屈服抗挤强度用式(3-48)计算：

$$P_{ydes}=K_{ydes}\cdot 2f_{ymn}(t/D)[1+(t/2D)] \tag{3-48}$$

根据前述2)假设，理想薄壁管几何弹性失稳的极限抗挤强度用式(3-49)计算：

$$P_{edes}=\frac{0.825\times 2E}{(1-\nu^2)(D/t)[(D/t)-1]^2} \tag{3-49}$$

实际套管的抗挤强度可用一个反函数表示。公式(3-50)中右侧表示实际套管的椭圆度、壁厚不均度和残余应力对抗挤强度的影响。

$$(P_C-P_E)(P_C-P)=f\left(e,\ \varepsilon,\ \frac{\sigma_R}{\sigma_Y}\right) \tag{3-50}$$

上式为一个一元二次方式，其解为：

$$P_{des}=\frac{P_{edes}+P_{ydes}-[(P_{edes}-P_{ydes})^2+4P_{edes}P_{ydes}H_{tdes}]^{\frac{1}{2}}}{2(1-H_{tdes})} \tag{3-51}$$

式中，D 为管子外径；E 为杨氏模量，取 2.07×10^5MPa；f_{ymn} 为最小屈服强度；H_{tdes} 为制造残余应力影响因子，见表3-11；e 为管子的不圆度，$e=\frac{2(D_{max}-D_{min})}{D_{max}+D_{min}}$；$\varepsilon$ 为管子的壁厚不均度，$\varepsilon=\frac{2(t_{max}-t_{min})}{t_{max}+t_{min}}$；$K_{ydes}$ 为屈服强度折减系数，见表3-11；P_{des} 为设计抗挤强度；t 为管壁厚；ν 为泊松比，取0.28；P_{edes} 为几何弹性失稳的极限抗挤强度；P_{ydes} 为抗挤屈服强度。

3. 轴向拉力和内压力作用下的抗挤强度

通常把轴向拉伸导致抗挤强度减小的算法简称为双轴应力。ISO 10400采用了简单的双轴应力方法计算轴向拉力下的抗挤强度。对于中等拉伸应力(0≤轴应力/屈服应力≤0.4)，简单方法计算出的结果与精确方法计算出的误差在±5%范围内，同时也是偏于安全的计算方法。实际上实测双轴应力的抗挤强度试验证明不了所谓精确公式是精确的，因此在工程上用简单方法即可满足要求。

表3-11　热校直和冷校直管的残余应力影响因子 H_{tdes} 和屈服强度折减系数 K_{ydes} 值

钢级①	冷校直		热校直	
	H_{tdes}	K_{ydes}	H_{tdes}	K_{ydes}
H40	0.22	0.910	不能应用②	不能应用②
J55	0.22	0.890	不能应用②	不能应用②
K55	0.22	0.890	不能应用②	不能应用②
M65	0.22	0.880	不能应用②	不能应用②
L80	0.22	0.855	0.20	0.865
L809Cr	0.22	0.830	0.20	0.84
L813Cr	1.22	0.830	0.20	0.84
N80(1型)	0.22	0.870	0.20	不能应用②
N80Q&T	0.22	0.870	0.20	0.870
C90	不能应用③	不能应用③	0.20	0.850
C95	0.22	0.840	0.20	0.855

续表

钢级①	冷校直		热校直	
	H_{tdes}	K_{ydes}	H_{tdes}	K_{ydes}
T95	不能应用③	不能应用③	0.20	0.855
P110	0.22	0.855	0.20	0.855
Q125	不能应用③	不能应用③	0.20	0.850

注：① 只适用于各钢级的名义屈服强度，不可用内插法求实际屈服强度的残余应力影响因子 H_{tdes} 和屈服强度折减系数 K_{ydes} 值；

② 热校直通常不用于这种钢级；

③ ISO 11960/API 5CT 标准规定不允许冷校直。

1）当量屈服应力公式：轴向拉力使抗挤强度降低就相当于是在轴向拉力作用下材料的屈服强度降低，用当量屈服应力表示。

$$f_{ye}=\left\{\left[1-0.75\left(\frac{\sigma_a}{f_{ymn}}\right)^2\right]^{\frac{1}{2}}-0.5\frac{\sigma_a}{f_{ymn}}\right\}f_{ymn} \tag{3-52}$$

式中，f_{ymn} 为材料最小屈服强度，MPa；f_{ye} 为有轴向应力时材料当量屈服强度，MPa；σ_a 为轴向应力，此轴向应力不应是弯曲产生的应力，MPa。

2）用 f_{ye} 代替 f_{ymn}，由公式(3-48)计算 P_{ydes}。

3）在有内压力时，用线性叠加法考虑抗挤强度 P_{edes} 的增加。

$$P_{edes}=P_{des}+P_i[1-(2t/D)] \tag{3-53}$$

式中，D 为管外径，mm；P_{edes} 为有轴向应力和内压时的抗挤强度，MPa；P_i 为内压，MPa；t 为管壁厚，mm。

4. 计算实例

计算 9⅝in 套管抗挤强度，钢级 L80，冷校直管，单位长度质量 53.5lb/ft，壁厚 $t=0.545$in，由表 3-11 查得 $K_{ydes}=0.855$，$H_{tdes}=0.22$。L80 的最小屈服强度为 552MPa，弹性模量为 2.07×10^5MPa。

由式(3-48)得：

$$P_{ydes}=0.855\times2\times552\times\frac{0.545}{9.625}\left(1+\frac{0.545}{2\times9.625}\right)=55.0\text{MPa}$$

由式(3-49)得：

$$P_{edes}=\frac{0.825\times2\times2.07\times10^5}{(1-0.28^2)\left(\frac{9.625}{0.545}\right)\left[\left(\frac{9.625}{0.545}\right)-1\right]^2}=75.6\text{MPa}$$

由式(3-51)得：

$$P_{des}=\frac{75.6+55.0-[(75.6-55.0)^2+4\times75.6\times55.0\times0.22]^{\frac{1}{2}}}{2\times(1-0.22)}=43\text{MPa}$$

三、ISO 10400 抗内压强度

套管和油管内压破裂相对于挤毁后果更为严重，它可能造成井眼失控或地下井喷，带来

环境与安全问题。高温高压深井、高压气井及某些井下作业，硫化氢气井可能使油管或套管面临内压破裂问题。

ISO 10400 标准引入了现代材料工程与断裂力学的理论及应用性研究成果，油管、套管和地面集输管线的抗内压设计与 API 5C3 不同。从事油气井工程的设计与施工技术人员、钢管设计制造厂家应掌握这些现代设计方法及标准。

ISO 10400 标准计算的内压屈服强度低于 API 5C3 的内压屈服强度。按小于壁厚 5%的裂纹计算的韧性断裂内压强度高于内压屈服强度，但是按相当于壁厚 12.5%以下的裂纹计算的断裂内压强度可低于内压屈服强度。这说明了制造质量对内压屈服强度的标定影响大。

1. 抗内压屈服强度

1）轴向载荷为零的内压屈服强度计算。

当轴向应力、外压、弯曲和扭矩为零时，两端开口的厚壁管用拉梅公式计算径向和周向应力，按二者的复合应力计算开始屈服的强度。计算公式如下：

$$P_{\mathrm{iYLO}}=\frac{f_{\mathrm{ymn}}(D^2-d_{\mathrm{wall}}{}^2)^2}{(3D^4+d_{\mathrm{wall}}{}^4)^{1/2}} \tag{3-54}$$

式中，D 为管外径，mm；d 为管内径，$d=D-2t$，mm；d_{wall}为考虑公差的管内径，基于 K_{wall}、t 的内径为 $d_{\mathrm{wall}}=D-2tK_{\mathrm{wall}}$，mm；$f_{\mathrm{ymn}}$为最小屈服强度，MPa；$K_{\mathrm{wall}}$为管壁厚公差因子；$P_{\mathrm{iYLO}}$为两端开口厚壁屈服的内压，MPa；$t$ 为管壁厚度，mm。

2）两端堵口的抗内压屈服强度。

两端堵口指内压力作用于管子的两端，管子受到内压引起的轴向作用力，这近似于轴向力提高了抗内压强度。

3）复合应力内压屈服强度。

套管在轴向拉、压、弯、扭和内外压综合作用下，弹性状态的各应力分量为：对于厚壁圆筒，由拉梅公式决定的径向和周向应力；各种载荷引起的均匀轴向应力，不含弯曲应力；Timoshenko 梁的轴向弯曲应力；沿管柱轴转动而产生的扭转前切应力。

复合应力内压屈服强度计算来考虑纵向受压失稳引起的弯曲应力。

开始屈服时的公式定义如下：

$$\sigma_{\mathrm{e}}=f_{\mathrm{ymn}} \tag{3-55}$$

式中，f_{ymn}为最小屈服强度，MPa；σ_{e}为当量应力，MPa。

当量应力 σ_{e}定义为：

$$\sigma_{\mathrm{e}}=[\sigma_{\mathrm{r}}^2+\sigma_{\mathrm{h}}^2+(\sigma_{\mathrm{a}}+\sigma_{\mathrm{b}})^2-\sigma_{\mathrm{r}}\sigma_{\mathrm{h}}-\sigma_{\mathrm{h}}(\sigma_{\mathrm{a}}+\sigma_{\mathrm{b}})+3\tau_{\mathrm{ha}}{}^2]^{1/2} \tag{3-56}$$

$$\sigma_{\mathrm{r}}=\frac{\left[(P_{\mathrm{i}}d_{\mathrm{wall}}{}^2-P_0D^2)-\dfrac{(P_{\mathrm{i}}-P_0)d_{\mathrm{wall}}{}^2D^2}{4r^2}\right]}{D^2-d_{\mathrm{wall}}{}^2} \tag{3-57}$$

$$\sigma_{\mathrm{h}}=\frac{\left[(P_{\mathrm{i}}d_{\mathrm{wall}}{}^2-P_0D^2)+\dfrac{(P_{\mathrm{i}}-P_0)d_{\mathrm{wall}}{}^2D^2}{4r^2}\right]}{D^2-d_{\mathrm{wall}}{}^2} \tag{3-58}$$

$$\sigma_a = \frac{F_a}{A_p} \tag{3-59}$$

$$\sigma_b = \pm\frac{M_b r}{I} = \pm ECr \tag{3-60}$$

$$\tau_{ha} = \frac{Tr}{J_p} \tag{3-61}$$

式中，A_p为管的横截面积，$A_p = \frac{(D^2-d^2)\pi}{4}$，$mm^2$；$C$ 为管曲率，即管中心线曲率半径的倒数，1/mm；D 为管外径，mm；d 为管内径，$d=D-2r$，mm；d_{wall}为基于K_{wall}、t 的内径，$d_{wall}=D-2tK_{wall}$，mm；E 为杨氏模量；F_a为周向应力，MPa；I 为管横截面的转动惯量，$I=\frac{(D^4-d^4)\pi}{64}$，$kg/m^2$；$J_p$为管横截面积的极转动惯量，$J_p=\frac{(D^4-d^4)\pi}{32}$，$kg/m^2$；$K_{wall}$为计算管壁公差的因子，例如，当最小公差值为 12.5%时，$K_{wall}=0.875$；M_b为弯矩，kN · m；P_i为内压，MPa；P_0为外压，MPa；T 为施加的扭矩，kN · m；r 为极坐标，对于σ_b和τ_{ha}，$\frac{d}{2}\leqslant r\leqslant\frac{D}{2}$，对于$\sigma_r$和$\sigma_h$，$\frac{d_{wall}}{2}\leqslant r\leqslant\frac{D}{2}$；$t$ 为管壁厚度，mm；σ_a为未弯曲时轴向应力组合，MPa；σ_b为弯曲时轴向应力组合，MPa；σ_e为当量应力，MPa；σ_h为周向和环状应力，MPa；σ_r为径向应力，MPa；τ_{ha}为剪应力，MPa。

2. 韧性断裂内压强度

韧性断裂被用来描述管子的极限抗内压性能，当内压力达到设计韧性断裂值时，管子开裂和丧失密封完整性。韧性爆裂指材料断裂前呈现较大塑性变形，或断裂前材料所吸收的功或冲击能量。此处的韧性断裂并不是与脆性断裂相对应的材料性质。ISO 10400 中的内压韧性断裂公式及所计算的抗内压强度需满足以下两个条件。

1）塑性变形条件：材料在断裂前具有足够大的塑性变形，脆性断裂材料不允许用作套管。

2）小裂纹条件：管子难免存在制造裂纹，但裂纹深度应足够小。目前的超声探伤技术有可能漏检小于壁厚的 5%深度的裂纹，因此在 ISO 10400 标准中，韧性断裂内压值均按小于壁厚的 5%的裂纹计算，并在内压强度表中将其标明为强度等级 5。如果厂家制造质量和检测手段只能保证漏检壁厚的 12.5%以下的裂纹，那么将在内压强度表中将其标明为强度等级 12.5。若将来检测技术提高，能使漏检裂纹小于壁厚的 2%，那么韧性断裂内压强度值还会再提高。

由此可看出 ISO 10400 标准与套管的制造质量更为密切。没有断裂韧性检测和裂纹尺度探伤的油管和套管不能引用韧性断裂设计。此外，韧性断裂公式的适应工况为两端堵口。

管的最小韧性断裂公式为：

$$P_{iR} = \frac{2K_{dr}f_{umn}(tK_{wall}-K_a a_N)}{D-(K_{wall}-k_a a_N)} \tag{3-62}$$

式中，a_N为缺陷深度[决定于检测方法和仪器能识别的最大裂纹型缺陷深度，该深度称为门限值，小于门限值的裂纹可能会被漏检。例如，对于管壁厚 12.70mm(1/2in)的管子，仪器能识别管壁厚度的5%以上的裂纹，那么缺陷门限值 $a_N = 0.05 \times 12.7 = 0.635\text{mm}(0.025\text{in})$]，mm；$D$ 为管外径，mm；f_{umn}为最小极限抗拉强度值，而不是最小抗拉屈服强度，公式中未出现最小抗拉屈服强度，MPa；K_a为内压强度因子(对于淬火和回火马氏体钢或13Cr，K_4为1.0；对于正火钢，K_2设为默认值2.0。如果有测试数据，在测试的基础上可以为特定的管材设定 K_a值)；K_{dr}为材料应变硬化的校正因子，其值为$\left(\frac{1}{2}\right)^{n+1}+\left(\frac{1}{\sqrt{3}}\right)^{n+1}$，其中，$n$ 为无量纲硬化指数(单向拉伸测试的真实应力-应变曲线的曲线拟合指数)，如表3-12所示；K_{wall}为计算管壁公差因子(如当最小公差值为12.5%时，$K_{wall} = 0.875$。如果确信壁厚公差小于12.5%，可用实际的壁厚公差)；P_{iR}为韧性断裂内压强度，MPa；t 为管壁厚，mm。

3. 裂纹失稳断裂内压强度

当裂纹深度大于管壁厚度的5%和小于壁厚的12.5%时，失效形式是一种裂纹扩展失稳，前述韧性断裂内压强度公式不可应用，应采用裂纹失稳断裂公式。该公式是基于断裂力学理论和经验的一个超越函数，其解较为复杂，读者可参阅ISO 10400标准强度表。设计者应注意哪些套管允许裂纹深度小于管壁厚度的5%和小于壁厚的12.5%。

表3-12　材料硬化指数

API 钢级	N	API 钢级	N
H40	0.14	L80 铬钢	0.10
J55	0.12	C90	0.10
K55	0.12	C95	0.09
M65	0.12	T95	0.09
N80	0.10	P110	0.08
L801 型	0.10	Q125	0.07

4. 环境断裂失效

工作环境导致的断裂失效，它往往在应力水平低于材料屈服强度时发生断裂。油管和套管环境断裂失效的工作环境主要有以下类型。

(1) 应力腐蚀断裂

同时存在应力和某些特定的介质腐蚀时，应力与腐蚀相互激励导致的断裂行为称为应力腐蚀断裂。单独只有应力或只有腐蚀时，断裂不会有二者协同作用时那么严重。套管中的应力包含外部作用力、制造残余应力和螺纹连接应力。最严重或应优先考虑的应力腐蚀断裂是硫化物应力腐蚀断裂。在采用不锈钢时，还应考虑氯化物应力断裂。

(2) 疲劳断裂

油气在油管内流动可能诱发振动导致的疲劳断裂。此外由于温度、压力变化，处理井下复杂情况时也可能产生交变载荷。

四、套管的其他强度标准

ISO 10400 的抗挤和抗内压强度标准与原 API 5C3 完全不同，但是抗拉强度和其他性能完全采纳了原 API 5C3 的算法。

1. 抗拉强度

抗拉强度以螺纹的连接强度为依据，它包括螺纹屈服强度、断裂强度和滑脱强度。套管入井后不再取出，为一次性使用，因此拉断强度以材料的拉伸极限强度为基础计算；油管需要多次下入和取出，因此抗拉强度以材料屈服强度为基础计算，即油管只考虑螺纹屈服强度。

梯形螺纹只考虑外螺纹或接箍拉断强度，并在强度表中列出二者中薄弱者。

2. 接箍抗内压强度

ISO/API 圆螺纹和偏梯形螺纹还需计算接箍的抗内压强度。将计算值与管体的抗内压强度进行比较，以较小者作为抗内压强度。

3. ISO/API 螺纹的密封压力

ISO/API 螺纹的接箍中部有约 1in(25.4mm)高的空间，称为 J 环，内压力将作用于螺牙的压紧接触面。在动力紧扣完成后第一接触牙面的接触压力起密封作用，此后，在内压力作用下，内压力将力图使接箍胀大，以此降低螺牙接触压力，平衡状态时的压力就是螺纹的密封压力。

圆螺纹靠 60°牙的两侧面压紧密封，偏梯形螺纹靠外螺纹牙顶与内螺纹牙根间压紧密封，因此偏梯形螺纹的密封性低于圆螺纹。靠充填密封脂提高偏梯形螺纹的密封性应十分谨慎，密封脂摩擦系数无穷大会导致接箍纵向开裂或接箍中部应力腐蚀穿孔。

ISO/API 螺纹的密封压力低于内压屈服强度，因此 ISO/API 螺纹油套管设计使用的内压力不应高于密封压力。压力高时应使用金属对金属的气密封螺纹。

五、生产套管柱外载设计

在进行生产套管柱强度设计时要对生产套管柱在井下的各种受力情况进行准确分析，并选择合适的强度设计方法。显然，受力分析越准确，设计方法越合理，生产套管柱就越安全可靠。

在生产套管柱入井、注水泥以及油气井生产的不同时期，套管柱的受力是变化的；在不同的地层条件和地质环境下，套管柱的受力是不相同的。但是经过长期的生产实践证明，虽然生产套管柱受力很复杂，仍可归纳为三种主要的基本载荷：内压力、外挤压力、轴向拉力。只不过在不同的条件下，作用机理及数值大小各不相同。要想对生产套管柱受力进行准确地分析，就应全面考查套管柱在各种情况下受力状态。目前的分析方法主要是按最危险的工况确定生产套管柱受力大小。

1. 内压力

生产套管所承受的内压力主要来源是地层流体(油、气、水)压力以及特殊作业(如注气、注水、压裂酸化、挤水泥等)时所施加的压力。在暂不考虑管外液柱压力的前提下，任何井深处生产套管所承受的内压力可由式(3-63)计算：

$$P_i = P_s + P_h \qquad (3-63)$$

式中，P_i为任一井深处压力；P_s为井口压力；P_h为任一井深处流体柱压力。

在井眼/地层构成的连通系统中，任意井深处的内压力 P_i不但取决于地层压力，还与流体性质、完井方式及特殊作业等有关。生产套管设计应关注的最大内压力的工况有以下类型：

(1) 不带封隔器开采的高压气井

在这种工况下，由于井内全部充满天然气，而气柱压力较低，因此高的井底压力能直接传递到井口，形成高的井口压力，使得生产套管承受高的内压力。根据理想气体状态方程，井口压力与井底压力的关系可用式(3-64)近似表达：

$$P_s = \frac{P_b}{e^{1.11554\times10^{-4}\gamma H}} \tag{3-64}$$

式中，P_b为井底压力，kPa；H 为井深，m；γ 为天然气相对密度，通常取甲烷气相对密度 0.55。

在高温高压气井设计中，需要根据井底压力预测井口关井压力和流动压力，其准确性影响油管套管设计和地面装备的选用和安全。在过去的实践中出现过实际井口关井压力和流动压力大于预测压力，使得地面设备不能安全工作等复杂情况。

假设储层压力预测是正确的，那么井口关井压力与流动压力就取决于计算模型和算法的准确性。式(3-64)本质上是理想气体定律，它不考虑实际天然气温度、压缩系数对实际天然气体积和压力的影响。在高温高压气井中会产生高达 30%的误差。上述公式用于井口压力低于 25MPa 时误差不大。对于高温高压气井需要用实际天然气 PVT 方程预测井口关井压力，这些对于强度设计、防腐和地面控制与处理设备都至关重要。表 3-13 为不同工况下不同算法的井口压力。

表 3-13　理想气体定律和 PVT 方程预测井口关井压力值比较

井下参数	一般压力井	高温高压井
井深/m	2881	7520
井底静态压力/MPa	32	170
井底温度/℃	74	226
硫化氢质量分数/%	0	微量
二氧化碳质量分数/%	0	0.02
井口关井温度/℃	16	16
气体相对密度	0.68	0.55(含 98%甲烷气)
理慧气体定律计算井口压力/MPa	25.8	107
实际天然气 PVT 方程井口压力/MPa	25.3	145
实际测量值/MPa	25.3	145
差值或误差	2%	26%

用实际天然气 PVT 方程计算井口关井压力可能过于复杂。井深大于 1800m 后，井口压力按井底压力的 85%计算，不论高压井还是低压井均足够安全和准确。

(2) 带封隔器开采的高压气井

带封隔器开采的高压气井并不能完全保证套管安全。若油气井生产初期油管螺纹泄漏，或生产后期封隔器失效，高压天然气会通过漏失处进入到油管与套管环空。在环空封闭条件下，气体滑脱上升到井口，使得井口环空压力升高，深部套管承受井口环空压力与环空段液柱压力的叠加值。

(3) 无封隔器进行压裂、酸化的油气井

对于无封隔器进行压裂、酸化的油气井，由于作用在井底的压裂压力高于地层破裂压力，井口压力必然升高，导致生产套管承受高的内压力。采用此方法时，必须核对套管和受最高内压力的套管螺纹连接状况，否则易造成套管损坏。

2. 外压力

套管柱外压力主要为管外未注水泥井段的钻井液、完井液压力和地层中的油、气、水压力。由于油气井在不同条件、不同时间所处的工况各不相同，套管柱承受外压力的情况比较复杂。

对于厚壁套管由套管内外压力平衡后形成的有效外压力公式(3-53)计算。在一般情况下，生产套管因受外压力所出现的最危险的工况是油井生产末期，由于油气层压力枯竭，套管内压力下降，导致有效外压力上升，接近或等于套管外液柱压力。因此，为保证生产套管的安全，一般按套管内全部掏空，套管外以钻井液液柱压力计算外压力：

$$P'_o = 0.981\rho_m H \quad (3-65)$$

式中，H 为人工井底处井深，m；ρ_m 为套管外钻井液密度，g/cm^3；P'_o 为套管外钻井液液柱压力，MPa。

3. 轴向力

套管柱轴向力主要由自重产生，同时还有井内钻井液浮力的作用，以及一些在特定条件下产生的附加轴向力。

1) 套管自重产生的轴向力。套管自重所产生的轴向力在套管柱中由下向上逐渐增大，至井口处为最大。设套管柱由 n 段套管组成，则在第 $i(i=1, 2, \cdots, n$，从下往上)段套管顶部承受的轴向拉力为：

$$T_i = \sum T_k = \sum q_k L_k \quad (3-66)$$

式中，T_i 为第 i 段套管顶部轴向拉力，N；T_k 为第 $k(k=1, 2, \cdots, i)$ 段套管自重，N；L_k 为第 k 段套管长度，m；q_k 为第 k 段每米套管重力，N/m。

显然，在井口处 $T_i = T_n = \sum T_k$，即为全部套管自重之和；最下端一段套管顶部处，即为该段套管自重。式(3-66)可以方便地计算各段套管顶部处所承受的轴向拉力。

2) 浮力作用下的轴向力。套管柱在井中受钻井液浮力作用，轴向力分布发生变化。根据阿基米德原理，浮力大小等于该深度钻井液柱压力与套管水平方向裸露面积的乘积。

显然，轴向力在井口处即为最大轴向拉力，在套管底部即为最大轴向压力。在确定轴向力时是否考虑浮力的作用，目前认知还不统一。有的认为在下套管或活动套管时，浮力被套管柱与井壁摩擦产生的附加拉力所抵消，故不考虑浮力的作用；有的认为浮力能准确计算，且与各井内钻井液密度有关，故应考虑浮力的作用；有的设计采用不同的抗拉安全系数区别浮力作用的影响。

3) 井眼弯曲产生的轴向力。套管下入到有一定井斜和曲率变化的井内将引起弯曲。弯曲作用会在套管截面上产生不均匀的轴向力。过大的弯曲变形引起的轴向力增加会降低套管连接强度，使螺纹密封失效。一种简单的算法是假设弯曲套管外侧弯曲正应力扩展到整个管截面，可按下列公式计算附加轴向拉力：

$$T_d = \frac{E\theta\pi DA}{2(1.8\times10^8 L)} \quad (3-67)$$

式中，T_d为弯曲引起的附加轴向拉力，kN；E为钢的弹性模量，$E=2.1\times10^8$kPa；L为弯曲段长度，m；θ为井斜空间全角变化；A为套管截面积，cm^2；D为套管外径，cm。

为了简化计算，常用25m的井斜变化率代替井斜空间全角变化θ，则式(3-67)变成：

$$T_d=0.0733DAa \tag{3-68}$$

式中，a为井斜变化率，(°)/25m。

可以看出，在相同的井斜变化率a下，大尺寸套管的弯曲附加轴向拉力比小尺寸套管大；在套管尺寸相同时，井斜变化率a越大，弯曲附加轴向拉力越大。在设计套管柱时，可由上式估算弯曲应力的作用，然后适当增加套管的抗拉安全系数。

由于接箍直径比管体大，在弯曲井眼中APY圆螺纹和偏梯形螺纹套管最末端完全扣的弯曲应力最大，抗拉的薄弱环节是外螺纹处。

4）注水泥过程产生的轴向力。在深井或超深井注水泥过程中，由于注水泥浆量大，水泥浆密度比井内钻井液密度又大得多。在水泥浆还未返出套管鞋时，将使套管柱产生一较大的附加轴向拉力，可按近似公式(3-69)计算：

$$T_c=\frac{h(\rho_c-\rho_m)d^2\pi}{4000} \tag{3-69}$$

式中，T_c为水泥浆与钻井液密度差产生的附加轴向拉力，kN；h为管内水泥浆柱高度，m；ρ_c为水泥浆密度，g/cm³；ρ_m为钻井液密度，g/cm³；d为套管内径，cm。

当水泥浆将要返出套管鞋时，此项附加拉力达到最大值。此时套管柱设计中若考虑了钻井液浮力，按工艺要求又要活动套管，那就必须考虑此项附加轴向拉力。另一种情况是注水泥碰压时，所产生的水力冲击载荷将对套管作用附加轴向拉力。可用简化公式(3-70)计算：

$$T_{ch}=0.07854d^2P_b \tag{3-70}$$

式中，T_{ch}为碰压引起的附加轴向拉力，kN；d为胶塞相碰处套管内径，cm；P_b为碰压时泵压增加值，Pa。

5）其他附加轴向力。在下套管过程中冲击载荷产生的附加轴向力，它的大小是随套管柱下放速度变化的函数；在下套管过程中遇卡或通过坍塌缩径地层时，由于井壁摩擦所产生较大的附加轴向力；注水泥过程中套管往复运动时，可能产生较大附加轴向力；固井以后装井口时上提套管，提够一定的预应力所产生的轴向力等。以上附加轴向力变化很大，在套管柱设计中一般都包括在安全系数中了。

综上所述，生产套管在井中的受力状况是比较复杂的。对于能够准确计算的载荷，应当精心计算；对于目前还不能准确计算的载荷，在选择套管强度时要留有一定的余地，同时确定一个合理的安全系数，将那些不能准确计算的载荷作用包含在里面，确保套管柱在井中的安全。

六、设计步骤和设计安全系数

1. 设计步骤

生产套管设计宜分三步进行：

1）根据腐蚀环境选择钢种。

2）根据密封要求和载荷选择螺纹。

3）根据载荷作强度设计选择钢级和壁厚。

2. 套管设计安全系数

安全系数法是常用的套管柱设计方法。

(1) 抗内压设计安全系数

参考加拿大套管设计标准，酸性油气井应按下述情况分别考虑安全系数：

1) 微量硫化氢，硫化氢分压<0.34kPa，安全系数取1.0。

2) 0.34kPa<硫化氢分压<500kPa，安全系数取1.25。这相当于在硫化氢环境中，材料屈服强度只按80%考虑。

3) 硫化氢分压<500kPa，同时二氧化碳分压>2000kPa时，安全系数取1.35。

4) 硫化氢分压>500kPa时，不是提高安全系数就能解决问题的，应全井考虑减应力设计。

(2) 抗外挤设计安全系数

抗外挤设计安全系数一般取1.0~1.1，部分外国公司和我国四川气井中曾推荐，在水泥面以下的套管柱一般取安全系数0.85，在水泥面以上的套管柱一般取1.0。推荐上述值的主要理由是：

1) 系列室内和油田试验证明，套管外注水泥时，由于水泥支撑会提高套管抗外挤强度。

2) 套管柱下部由于浮力作用，套管受压缩载荷，在压缩应力下会提高套管抗挤强度。

3) API公告给出的套管抗挤强度是最小值，而95%以上的套管会超过这个值。

在深井中应考虑利用轴向拉力使套管强度降低的双轴应力设计方法。

(3) 抗拉设计安全系数

抗拉设计安全系数一般取1.6。应根据螺纹类型不同，分别校核套管螺纹连接强度和套管本体抗拉强度。一般圆螺纹套管校核螺纹连接强度，偏梯形螺纹或气密封螺纹套管应校核本体屈服强度和螺纹强度。

设计时应根据上述原则和具体地区实际经验确定。若选用API标准套管的强度达不到设计系数的要求，则需要考虑采用特殊套管柱结构，或专门订购高精度、特厚壁、特殊螺纹等高强度套管。

3. 套管的拉力余量设计方法

拉力余量法用于套管的抗拉设计，其原理是用套管的抗拉强度乘以安全系数，再减去下井套管重力的剩余值即为拉力余量。一般情况下拉力余量法用于下套管遇阻卡时控制最大上提拉力。坐放套管时允许最大提拉力也可用拉力余量法计算。

第四节　套管柱管串结构及套管扶正器

为了安全顺利地将套管柱下至设计井深并满足注水泥浆工艺要求，保证固井质量，下入井内的套管柱应附装一些特殊配件。套管和附装配件组成了套管柱管串结构。

一、管串结构组成

1) 浮鞋；

2) 浮箍；

3）磁性定位短节；

4）套管；

5）联顶节；

6）扶正器。

二、套管扶正器

套管扶正器的作用是使套管柱下至设计井深并使其居于井眼中心，以提高水泥浆顶替效果。与此同时，套管扶正器还有防止黏附卡套管的功能。

扶正器的性能有以下三方面要求。

（1）永久变形

扶正器弹簧片承受多次屈伸后所能达到的固定不变的弓形高度称为永久变形。当一个弹簧片被压平 12 次后，如其弹簧片的弓形高度还保持不变，可认为已达到永久变形。

（2）起动力

扶正器在上层套管内开始下入时所需的力称为起动力。最大起动力要小于 12.2m 长中等壁厚套管的重力。

（3）扶正力

扶正力是指扶正器作用于井壁并把套管推离井壁的力。API 规程 10D 规定：将套管在井内的偏距(窄边间隙)与环空间隙的比值为 0.67 时的力作为计算套管扶正器扶正力的标准，即：

$$\frac{\varepsilon}{\Delta R}=0.67 \tag{3-71}$$

$$\varepsilon=\Delta R-e \tag{3-72}$$

$$\Delta R=\frac{D-d}{2} \tag{3-73}$$

式中，e 为窄边间隙，cm；ΔR 为环空间隙，cm；D 为井眼直径，cm；d 为套管直径，cm；ε 为套管偏心距，cm。

计算扶正力的近似公式为：

$$R_F=2W\sin30° \tag{3-74}$$

式中，R_F为扶正力，kN；W 为 12.2m 长中等壁厚套管的重力，kN。

式(3-74)中系数 2 为考虑井眼曲率影响的补偿系数，大于 10in(254mm)的套管可不考虑。表 3-14 为套管扶正器与井眼尺寸的配合。

表 3-14　扶正器与井眼尺寸配合

扶正器尺寸		井眼尺寸	
in	mm	in	mm
3½	89	4⅜，4⅝，4¾	111，117，121
4	102	4¾	121
4½	114	6，6¼，7⅞	152，159，200

续表

扶正器尺寸		井眼尺寸	
in	mm	in	mm
5	127	6，$6\frac{1}{8}$，$6\frac{1}{4}$，$7\frac{4}{8}$	152，156，159，191
$5\frac{1}{2}$	140	$6\frac{5}{8}$，$7\frac{7}{8}$，$8\frac{3}{4}$，9	168，200，222，229
$6\frac{5}{8}$	168	$8\frac{3}{4}$	222
7	178	$8\frac{3}{8}$，$8\frac{1}{2}$，$8\frac{3}{4}$，$9\frac{7}{8}$	213，216，222，251
$7\frac{7}{8}$	200	$8\frac{3}{8}$，$8\frac{1}{2}$，$8\frac{5}{8}$，$9\frac{3}{4}$，$9\frac{7}{8}$	213，216，219，248，251
$8\frac{5}{8}$	219	$12\frac{1}{4}$	311
$9\frac{5}{8}$	244	$12\frac{1}{4}$	311
$10\frac{5}{8}$	270	$14\frac{1}{4}$	362
$11\frac{3}{4}$	298	$15\frac{1}{4}$	387
$13\frac{5}{8}$	346	$17\frac{1}{4}$	438
16	406	20	508
$18\frac{5}{8}$	473	22	559
20	508	24	610

API Spec 10D 进一步给出了斜井条件下扶正力的计算公式：

$$R_F = qL_i \sin\theta_i + 2T\sin\delta_i \tag{3-75}$$

$$T_i = \left[\frac{T_{i-1}}{\cos\delta_{i-1}} + qL_i\cos\theta_i + \frac{qL_i\sin\theta}{2}(\tan\delta_i - \tan\delta_{i-1})\right]\cos\delta_i \tag{3-76}$$

式中，R_F为扶正器所受横向力，kN；T 为扶正器以下套管的拉力，kN；δ_i 为扶正器间井斜角变化的一半，(°)；θ 为扶正器位置井斜角，(°)；q 为套管单位长度重力，kN/m；L 为扶正器间距离，m。

第四章 注水泥设计

第一节 注水泥基本要求

一、注水泥设计的基本依据

1. 施工要求

固井质量的基本要求是：注水泥施工后要形成一个完整的水泥环，使水泥与套管、水泥与井壁的固结良好，水泥胶结强度高，油气水层封隔好、不窜、不漏。要达到以上要求，就必须周密地考虑各种影响因素，精心设计、精心施工。一般可按如下程序进行：

1）根据地质及工程所提出的固井目的和要求，并依据已知井下条件参数及预计的参数，进行初步方案设计，包括选择水泥类型、确定水泥浆配方、进行流变和强度实验等多项实验室工作。

2）获取井径资料、油气水层电测数据、实际钻井液性能、地层孔隙压力和破裂压力，确定套管下深和套管部件组合情况，规定水泥应封隔位置及水泥返高等。注水泥参数包括实际注、替水泥浆量，驱替钻井液流型，临界排量，全过程的流动压力变化及时间计算等。由此校核注水泥的压力平衡和施工时间与水泥浆稠化时间的安全性。最后规定注入程序以及排量、压力控制等。

3）注水泥质量评价包括声幅、变密度和井温测井及套管试压。如果出现注水泥质量问题，还应采取相应的补救措施，如挤水泥等作业，确保油气井质量，满足各种增产措施实施的需要。

2. 完井要求

水泥浆是由水泥、水、各种化学外加剂组成的具有一定密度的混合液体。不论何种注水泥方法，水泥浆必然接触油气层。由于水泥浆的滤失量较钻井液的滤失量大得多，因此水泥浆不可避免地对各类油气层都会造成不同程度的伤害。主要的伤害有水泥浆颗粒机械堵塞、水泥浆滤液渗入、水泥浆滤液中无机物结晶沉淀、水泥浆漏失等。如果钻穿油层采用了屏蔽暂堵钻井液，以上水泥浆对储层的伤害会显著降低。

3. 油气井开采要求

在油气井长期生产过程中，水泥石所面临的环境是十分恶劣的。为延长油气井的生产寿命，注水泥设计时应满足如下要求：

1）满足最小支持强度。水泥石的抗压强度与候凝时间有关，一般认为水泥石应在有效时间内至少达到 3.5MPa 的抗压强度才能进行投产作业。为达到这个目的，所采用措施有提高尾随水泥浆密度、规定最少的候凝时间、降低候凝期间套管内压力等。

2）提高热稳定性。水泥石在大于110℃的高温环境下会发生强度衰退。为避免这种情况出现，凡井下静止温度超过110℃时，均应加入硅粉或硅砂作为热稳定剂，以防止其强度的衰退。

3）增强抗腐蚀能力。选择合适的添加剂，或选用特殊水泥，尽可能减少腐蚀危害。

二、水泥类别及性能

油气井固井时要把水泥浆泵送到数千米深的井下，井下的温度压力随井深而变化，而水泥浆的各种性能又与温度、压力密切相关。因此对油井水泥及由油井水泥所配制的水泥浆的性能都有严格的要求。

1. 油井水泥的概念

油井水泥是指应用于固井、修井、挤注等作业的硅酸盐水泥（波特兰水泥）和非硅酸盐水泥，包括掺有各种外掺料或外加剂的改性水泥或特种水泥的油井水泥体系。

通常将API各级硅酸盐油井水泥称为基本油井水泥，其他如触变水泥、膨胀水泥、韧性水泥、抗腐蚀水泥等称作特种油井水泥。

2. 油井水泥的类别及使用范围

目前国内外使用的油井水泥主要是硅酸盐水泥，是由水硬性硅酸钙为主要成分，加入适量石膏和助磨剂（或是加入适量的石膏或石膏和水）磨细制成的产品。干水泥与水（经常还要加入外加剂）混合而成的浆体称为水泥浆。水泥浆凝结硬化后形成水泥石（在井下环形空间中的水泥石又称为水泥环）。

为了适应不同井深的需要和防止地层流体中硫酸盐对水泥石的腐蚀，有多种级别、类型的油井水泥可供选用。美国石油学会（API）规定了8种级别的油井水泥，我国也参照API标准制定了油井水泥的标准。API标准油井水泥的使用范围如表4-1所示。

表4-1 API油井水泥使用范围

级别	适用井深/m	类型			备注
		普通型	中抗硫酸盐型	高抗硫酸盐型	
A	0~1830	√	—	—	普通水泥
B	0~1830	—	√	√	抗硫水泥
C	0~1830	√	√	√	具有高早期强度
D	1830~3050	—	√	√	适用于中温中压条件
E	3050~4270	—	√	√	适用于高温高压条件
F	3050~4880	—	√	√	适用于超高温高压条件
G	0~2440	—	√	√	基本油井水泥
H	0~2440	—	√	√	基本油井水泥

注：表中"√"表示有此类水泥，"—"表示无此类水泥。

其中G级和H级水泥为基本水泥，与促凝剂或缓凝剂一起使用，能适用于较大的井深和温度范围。G级和H级水泥也是目前使用最普遍的水泥。

在API标准和我国标准中，还对水泥的有关化学指标和物理指标以及相关的测试方法作了规定。

三、油井水泥的组成

1. 化学组成

典型硅酸盐水泥氧化物分析结果如表4-2所示。

表4-2 典型硅酸盐水泥的氧化物含量

氧化物	SiO_2	CaO	Fe_2O_3	Al_2O_3	MgO	SO_3	K_2O	滤失量
含量/%	22.43	64.77	4.10	4.76	1.14	1.67	0.08	0.54

2. 熟料矿物组成

水泥与水混合后，迅速与水发生水化反应，生成各种水化产物，水泥浆也逐渐由液态转变为固态，这一过程也就是水泥浆的凝结和硬化过程。在油井水泥中，对水泥的凝结与硬化起主导作用的是以下4种矿物成分：硅酸三钙、β型硅酸二钙、铝酸三钙和铁铝酸四钙。

硅酸三钙：$3CaO \cdot SiO_2$（简写为C_3S）。是水泥产生强度的主要化合物，早期强度增长快，最终强度也高。在高早强水泥中占60%~65%，在缓凝水泥中占40%~45%。

β型硅酸二钙：β型$2CaO \cdot SiO_2$（简写为β-C_2S）。水化反应慢，早期强度增长慢，但对水泥的最终强度起重要作用。

铝酸三钙：$3CaO \cdot Al_2O_3$（简写为C_3A）。水化反应速度最快，是决定水泥浆初凝时间和稠化时间的主要因素，对水泥浆的流变性也有较大影响。铝酸三钙对硫酸盐类的侵蚀最为敏感，因此在抗硫水泥中对铝酸三钙的含量有限制。中抗硫酸盐型水泥中铝酸三钙的含量不大于8%，高抗硫酸盐型的水泥中铝酸三钙的含量不大于3%，但在高早强水泥中铝酸三钙的含量可达15%。

铁铝酸四钙：$4CaO \cdot Al_2O_3 \cdot Fe_2O_3$（简写$C_4AF$）。水化速度仅次于铝酸三钙，早期强度增长快，但对水泥的最终强度影响很小，其硬化3天和28天的强度值差别不大，强度的绝对值也不大。高抗硫酸盐型的水泥中1份铁铝酸四钙加2份铝酸三钙的总含量不应超过24%。

四、水泥浆（石）性能的基本要求

为了保证施工安全并提高固井质量，水泥浆以及最终所形成的水泥石必须满足一定的要求。所测定的水泥浆的性能有：水泥浆密度、水泥浆稠化时间、水泥浆流变性、水泥浆失水量、水泥浆自由水含量（又称析水量）、水泥石抗压强度、水泥石渗透率。美国石油学会和我国都制定了这些性能指标的测试方法和标准，但目前在现场上常测定的是前6项性能，对水泥石渗透率一般不作要求。

1. 水泥浆密度

水泥浆密度指的是单位体积内所含的水泥浆质量。对水泥浆密度的要求是必须大于井内钻井液的密度，但又不能压漏地层，同时还要保证水泥石的强度和水泥浆的流动性。水泥浆（石）的其他性能也与水泥浆的密度密切相关。一般情况下，为了既保证水泥石的强度又保证水泥浆的流动性，同时保证水泥浆的其他性能容易调整，水泥浆的密度通常为 1.80~1.90g/cm^3，一般比钻井液的密度大得多。

2. 水泥浆稠化时间

随着水泥的不断水化，水泥浆不断变稠，直至失去流动性。为了保证注水泥施工安全，能将水泥浆泵送到井内环形空间的预定位置，水泥浆必须在一定的时间内保持流动性。水泥浆的稠化时间用加压稠度仪测定，该仪器能模拟井下的温度压力条件。用加压稠度仪模拟井下温度压力条件，从给水泥浆加温加压时起至水泥浆稠度达 100Bc（Bc 为稠度单位）所经历的时间称为水泥浆的稠化时间。对水泥浆稠化时间的要求是，注水泥施工作业能在稠化时间以内完成，并包含有一定的安全系数。反过来，当水泥浆的稠化时间确定后，整个注水泥施工必须在规定的时间内完成，否则易导致不能把水泥浆替出套管的注水泥施工事故。

3. 水泥浆流变性

水泥浆流变性指的是水泥浆在外加剪切应力作用下流动变形的特性，用流变参数衡量（与流变模式有关）。对水泥浆流变性的主要要求是有利于提高水泥浆对钻井液的顶替效率（水泥浆顶替钻井液的程度）。另外，水泥浆的流变性能还要用以计算注水泥过程中的循环摩擦损失，以防止井眼憋漏和合理选择施工装置与设备。

4. 水泥浆失水量

水泥浆中的自由水通过井壁渗入地层的现象称为水泥浆失水。水泥浆大量失水将造成水泥浆急剧变稠，大大影响其流动性，甚至造成不能把水泥浆替出套管的事故。水泥浆大量失水进入油气层也会对油气层产生伤害。

水泥浆失水量指的是水泥浆失水的快慢程度，失水量大小用 30min 内的失水总体积表示。原则上水泥浆失水量越小越好，但控制水泥浆失水的外加剂通常对水泥浆的流变性、稠化时间、抗压强度等有影响，因此应权衡考虑。以下是水泥浆失水量控制指标的一些推荐数值：一般套管注水泥 100~200mL/30min；挤水泥或尾管注水泥 50~150mL/30min；防气窜 20~40mL/30min；高密度水泥应低于 50mL/30min。

5. 水泥浆析水量

在静止过程中，水泥浆中的自由水自水泥浆中析出而形成连续水相的现象称为析水。单位体积水泥浆所析出的自由水体积即为水泥浆自由水含量（也称析水量），为百分数。水泥浆析水量的大小在很大程度上反映了水泥浆沉降稳定性的好坏。水泥浆析水量过大将导致水泥浆密度分布不均，所形成的水泥石强度不一致。如果在井下，由于析水而形成纵向水槽，将影响环空的密封性能。在定向井、水平井中，如果不控制析水，容易在环空的上侧形成连续水槽，严重影响封固质量。因此，必须对水泥浆的析水进行控制（原则上越小越好），在定向井和水平井中要使用零析水水泥浆。

6. 水泥石抗压强度

在 API 和我国标准中，通过测试水泥石的抗压强度检验水泥石的力学性能，水泥石在压力作用下达到破坏前单位面积上所能承受的力称为水泥石的抗压强度。

从工程角度而言，水泥石的强度应满足以下要求。

1）支承套管。研究表明，支承套管所需的水泥石抗压强度是很低的，只需 0.7MPa 即可，这一般均能满足。

2）承受钻进时的冲击载荷。钻进时套管及水泥石所承受的冲击载荷的大小，主要取决于钻进工艺技术。在钻柱加压部分未出套管鞋前，应控制钻压和转速，以减小套管和水泥环上的冲击载荷。

3）满足酸化压裂要求。酸化压裂时注水泥井段的薄弱环节不是水泥石本身，而是水泥环与井壁和套管的胶结强度。一般情况下，水泥石强度高，水泥环与井壁和套管的胶结强度也高。但在有关标准中未规定胶结强度的测试方法，这可能是由于很难通过模拟井下情况测试胶结强度(尤其是水泥与井壁的胶结强度)。

7. *水泥石渗透率*

水泥石渗透率是指在一定压差下，水泥石允许流体通过的能力。显然，为实现封隔，水泥石的渗透率越低越好。实际上，多数水泥石的渗透率都低于0.01mD。分析表明，如果只考虑水泥环自身的渗透率，层间封隔的问题并不大，但如果水泥环与套管或井壁间存在微环隙，就会严重影响层间有效封隔。

五、水泥浆基本性能要求

为了提高顶替效率，通常要设计使用领浆和尾浆。生产套管注水泥的领浆、尾浆和生产尾管水泥浆基本性能要求如表4-3所示。

表4-3　水泥浆基本性能要求

项目		生产套管		生产尾管
		领浆	尾浆	
初始稠度/Bc		<30		
稠化时间/min		注水泥施工时间+60		
可泵时间/min		稠化时间与可泵时间之差<20		
析水量/%	常规井	<0.2	<0.2	<0.2
	定向井	<0.2	<0.2	
	水平井	0	0	
失水量(6.9MPa)/(mL/30min)	常规井	<250	<150	<50
	定向井	<150	<100	
	水平井	<50	<50	
流变性		满足施工要求		
抗压强度/MPa	24h	>8	>14	>14
渗透率/mD		—	<0.01	<0.01
说明		① 水泥浆性能的测试方法按《油井水泥试验方法》GB/T 19139—2003规定执行 ② 对定向井和水平井，自由液的量筒应倾斜45°放置 ③ 对于低密度或高密度水泥浆，抗压强度凝期可为48h		

1. *油井水泥外加剂*

油井水泥的种类是有限的，为了满足不同情况下固井施工和固井质量的要求，在水泥浆中一般需要加入各种外加剂及外掺料调节水泥浆的性能。特别是随着石油工业的发展，固井所面临的井况条件越来越复杂(如深井、超深井、调整井的增多，水平井、大位移井、小井眼井的发展等)，对水泥浆的性能提出了更高的要求。外加剂及外掺料的使用也更加广泛，对其要求也更高。

国内外近30年来，油井水泥外加剂的发展十分迅速，产品更新换代很快。目前大致可分为降失水剂、分散剂、缓凝剂、促凝剂、特殊外加剂和辅助外加剂六大类。外掺料可分为减轻剂、加重剂和热稳定剂三大类。主要油井水泥外加剂、外掺料及其作用的简要介绍如下。

(1) 油井水泥降失水剂

固井施工时，水泥浆在压力下经过高渗透地层时会发生渗滤。水泥浆滤液进入地层的后果之一是使水泥浆失水，流动性变差，严重者可使施工失败。此外，滤液进入地层会对地层造成不同程度的伤害。

原浆的API滤失量通常超过1500mL/30min。固井作业中，一般要求不超过250mL/30min，尾管及防气窜要求滤失量不超过50mL/30min。为达到这个目的，通常在水泥浆设计中使用降失水剂。降失水剂可以改善滤饼结构，使之形成致密、渗透率低的滤饼从而降低失水。

常用聚合物类降失水剂可增大水泥浆滤液黏度，增加向地层滤失的阻力，降低水泥浆失水。目前常用降失水剂主要有两大类：微粒材料和水溶性高分子材料。

1) 微粒材料：膨润土、微硅、沥青以及热塑性树脂。胶乳是特殊的微粒材料，也有非常好的降滤失性能。

2) 水溶性聚合物：天然改性高分子材料和水溶性聚合物已成为水泥浆降失水剂的重要组成。几种常用的水溶性聚合物降失水剂是：

① 纤维素衍生物：羟乙基或羧甲基纤维素、羧甲基羟乙基纤维素以及其他纤维素衍生物是油井水泥降失水剂中重要的一类。

② 丙烯酰胺-丙烯酸共聚物(AM/AA)：丙烯酰胺-丙烯酸钠共聚物(AM/AA-Na)、丙烯酰胺-乙烯基咪唑(VI)二元共聚物和丙烯酰胺-AMPS-咪唑三元共聚物、N,N-二甲基丙烯酰胺-AMPS共聚物(NNDMA/AMPS)、AA/AMPS共聚物、乙烯基吡咯烷酮类共聚物。

(2) 油井水泥分散剂

油井水泥浆是以水为连续相，以水泥颗粒为分散相的高浓度悬浮体系。固含量(质量分数)最高可达70%。分散剂的作用是为上述悬浮体系提供良好的流变性能、温度稳定性，即在高温下不分散和高温下仍保持较强吸附性和分散性能。

分散剂一般为表面活性剂，大体上可分为阴离子型、阳离子型和非离子型，其主要作用为吸附分散作用。

当水泥和水混合拌浆时，水泥颗粒表面存在正电荷和负电荷。当固相浓度较高时，通过正、负电荷间的作用使水泥颗粒形成一种连续的网状结构。当水泥浆被泵注，则此网状结构遭到破坏，使水泥浆黏度下降。其分散剂的类型为：①聚萘磺酸盐；②甲醛和丙酮(或其他酮类)缩聚物；③木质素磺酸盐。

(3) 油井水泥缓凝剂

油井水泥缓凝剂的作用是延长水泥凝固时间。常用缓凝剂类型有木质素磺酸盐、糖类化合物、纤维素衍生物、有机磷酸盐。此外某些无机盐也有缓凝作用，如硼酸、磷酸、铬酸以及它们的盐类。近年来开发的 AMPS 共聚物系列是优秀的缓凝剂，其性能稳定、高效、使用温度范围广，与其他外加剂的相容性好，对水泥石强度发育无副作用。这种 AMPS 共聚物是 AMPS-AA 和 AMPS-衣康酸(或甲叉基丁二酸)共聚物。

(4) 油井水泥促凝剂

油井水泥促凝剂用于缩短稠化时间，加速水泥凝结及硬化；或者是用来缓解因加入其他外加剂如分散剂、降失水剂等所引起的过缓凝作用。常用的促凝剂分为无机和有机两大类。

氯化物是最常用的油井水泥促凝剂。碳酸盐、硅酸盐、铝酸盐、硝酸盐、硫酸盐、硫代硫酸盐以及钠、钾、铵的氢氧化物也都是油井水泥促凝剂。其中，氯化钙是最有效、最经济的促凝剂。

氯化钠会影响油井水泥的稠化时间和抗压强度的发育，这与它的浓度和环境温度有关。水泥质量分数在 10%以下时氯化钠为促凝剂；氯化钠含量在 10%~18%范围内既不促凝也不缓凝，其稠化时间与新鲜水配浆时相似；当水泥质量分数提高到 18%以上时氯化钠对其表现出缓凝作用。显然，氯化钠不是一个很好的促凝剂，只有在氯化钙缺货或特殊情况下才使用它。

在近海区域或海上施工时，常用海水配浆，海水中氯化钠的含量约为 25g/L，可引起促凝。海水中氯化镁的含量约为 1.5g/L，也应同时计入。

硅酸钠通常用作水泥的充填料，但它也有促凝作用。在水泥浆液相中硅酸钠和 Ca^{2+} 反应生成水化硅酸钙(C-S-H)胶核，促使水泥水化诱导期提前结束。有机促凝剂包括甲酸钙[$Ca(HCOO)_2$]、甲酸铵($CHONH_2$)、草酸($H_2C_2O_4$)和三乙醇胺[$N(C_2H_4OH)_3$]。

(5) 特殊功能外加剂

近年来，随着油气勘探开发的不断发展，特殊复杂井况条件的井越来越多，对水泥浆体系的特殊功能要求也越来越多，因此发展出了多种特殊功能的油井水泥外加剂。如防止水泥浆凝结过程中油气水窜的防气窜剂；改善水泥石抗冲击能力的增韧剂，减小水泥浆凝结体积收缩的膨胀剂，提高超低密度与超高密度水泥强度发展的早强剂等。

1) 防气窜剂。

油井水泥防气窜剂可分为防止或减少水泥浆凝结过程的失重和增加油气水侵入水泥浆机体内的阻力两大类。

① 防止或减少失重的防气窜剂。这类防气窜剂加入到水泥浆中，能够在凝固过程中产生均匀分散在体系中的极微小的气泡，并使孔隙压力增加，以弥补水泥浆静液柱压力的降低，常称作可压缩防气窜水泥。

水泥浆发气材料的品种很多，如铝粉、锌粉、双氧水以及漂白粉，都可以作为发气材料，但从效果、来源以及成本等方面综合考虑，铝粉是较理想的材料。国外 Halliburton 公司研制的 Gas Check 及国内西南石油大学研制的 KQ 系列，其基本发气材料选用的都是铝粉。

这类防窜剂的基本原理是，金属铝(Al)的化学性能很活泼，与酸、碱作用都会产生氢气，而水泥浆是具有碱性的(pH 值一般在 12~13)，在井下温度和压力条件下，产生氢气的化学反应会加速，产生的氢气将均匀地分布在水泥浆中(简称充气水泥浆)，并借助浆柱部分重力、孔隙阻力或桥塞，对地层“憋上”一个附加压力，水泥浆凝结产生失重时此附加压力逐渐释放，从而弥补了失重造成的压力降低。铝粉在水泥浆中的化学反应式为：

$$2Al+Ca(OH)_2+2H_2O \longrightarrow Ca(AlO_2)_2+3H_2\uparrow$$

② 增加气窜阻力的防气窜剂。这类防气窜剂加入到水泥浆中，可使其在从液态转变为固态的过渡期内，能够减少水泥浆的透气性和降低塑性态水泥浆的渗透率，增大气体侵入水泥机体的阻力从而阻止气窜的发生，常被称作不渗透防气窜水泥。

这类防窜剂的作用机理为：一是靠沉积在渗透地层上致密的水泥滤饼抑制地层流体渗透过水泥机体；二是侵入的地层流体在水泥孔隙中形成一层不可渗透的阻挡层，从而抑制气体继续渗透过水泥机体，或通过加入超细材料堵塞孔隙通道，从而抑制气体渗透过水泥机体。根据作用机理，人们研制出了各种各样的不渗透防气窜水泥，主要有聚合物乳液(胶乳)、部分交联聚合物和微粒硅。

用于油井水泥的胶乳的典型代表是苯乙烯-丁二烯胶乳。此外还有聚二氯乙烯、聚醋酸乙烯酯、苯乙烯-甲基苯乙烯甲酯、苯乙烯-丁二烯-丙烯酸乙酯等共聚物胶乳。

2）增韧剂(增塑剂)。

改善水泥石的形变能力，提高其抗冲击韧性，目前主要是通过在水泥浆中加入适量的纤维材料、胶乳，从而改善水泥石耐冲击性能。

① 纤维类：在水泥浆中加入一定量的均匀分散的纤维材料，可使硬化水泥石中原有缺陷端部的应力集中减少，延缓缺陷的扩展，即阻裂效应。这类纤维主要有石棉纤维、碳纤维、尼龙纤维等。

② 胶乳类：乳液均匀分散于水泥浆中，一般情况下，乳液与水泥浆并不发生化学作用，水泥水化可吸收乳液颗粒中的水分，失水后的乳液颗粒可凝聚成丝状膜分布在整个水泥石机体中，这些丝状膜层横跨水泥石的缺陷与微裂缝。由于胶膜具有较高的抗拉强度和变形能力，能有效地延缓水泥石缺陷与微裂缝的扩展。

(6) 减轻剂

减轻剂用于降低水泥浆密度，降低水泥浆的静液柱压力，防止薄弱地层的破裂引起的井漏，保证固井水泥返高。

减轻剂依其作用原理不同可分为三类：第一类是自身密度较高的膨润土类材料，其吸附能力强，造浆率高，通过水泥浆提高水灰比来降低水泥浆密度，如粉煤灰、膨润土、水玻璃、硅藻土等；第二类是自身密度低于水的材料，如漂珠、玻璃微珠等；第三类是向水泥浆中充气或化学发气的办法降低密度形成泡沫水泥，如空气、氮气等。

(7) 加重剂

当钻遇高压油气层或在老油田调整井固井作业时，为防止井喷、气窜需加大水泥浆密度，常常往水泥中掺入加重剂。常用的加重剂有重晶石、赤铁矿、钛铁矿以及石英砂等。有时亦可用氯化钠和一些分散剂提高水泥浆密度。

(8) 热稳定剂

在井下温度高于110℃时(如深井、超深井、热采井)，水泥中硅酸二钙和硅酸三钙的水化产物会发生晶形转变，使水泥石的强度降低。在水泥浆中掺入适量的硅粉或硅砂可以防止高温下水泥石的强度衰退。硅粉、硅砂的加量与温度有关，对于井底静止温度处于110~

204℃的井，加量为30%~40%，氧化硅含量不少于90%；对于稠油油藏的蒸汽注入井，当蒸汽温度为240~360℃时，硅粉或硅砂加量有时可达60%。

2. 提高固井质量原理

提高固井质量的主要目的在于封隔油气水层，保护生产层。为实现这一目的，其关键是要解决以下两个方面的问题：一是如何使环形空间充满水泥浆；二是如何使水泥浆在凝结过程中压稳油气水层和封隔好油气水层。

(1) 提高注水泥顶替效率的措施

水泥浆在环形空间顶替钻井液的程度，用顶替效率 η 表示。

对于注水泥井段：η=水泥浆体积/环空体积。

对于注水泥井段的某一截面：η=水泥浆面积/环空面积。

当 $\eta=1$(即100%)时，水泥浆全部顶替了钻井液；当 $\eta<1$ 时钻井液没有被水泥浆完全替走，称为窜槽。

为提高顶替效率，所采取的主要措施有：①加扶正器以降低套管在井眼中的偏心程度；②注水泥时活动套管；③采用紊流或塞流流态注水泥；④采用前置液；⑤注水泥前调整钻井液性能；⑥增加紊流接触时间等。

1）加扶正器以保证套管居中度。

套管在井眼中不居中的现象称为套管偏心。在定向井和水平井中，由于套管的自重，套管柱将偏向井眼下侧，从而形成偏心。即使是直井，实际所钻成的井眼也不可能绝对垂直，也会存在套管偏心的情况。注水泥顶替效率与套管在井眼中的偏心程度密切相关。

图4-1为同心环空和偏心环空中的流速分布情况。

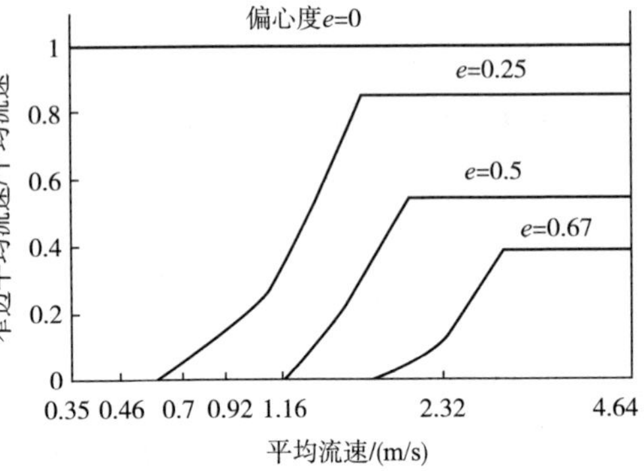

图4-1 同心环空和偏心环空流速分布

在同心环空中，由于整个环形空间周向上各处间隙相等，因此在周向上流速分布是均匀的。在偏心环空中，由于套管偏心，周向上各处间隙不相等，各间隙处的流动相对阻力不一样，导致沿周向流速分布不均，宽间隙处流速高，窄间隙处流速低。套管偏心越严重，这种流速分布不均的程度越大。通过实测的液体在偏心环空中的流速分布情况，当偏心程度为69%时，实验中测量到最宽与最窄间隙的平均流速差别达到了70倍。

在水泥浆顶替钻井液的过程中，也会发生类似的情况。水泥浆在宽间隙处顶替钻井液的速度快一些，而在窄间隙处的顶替速度则较慢，导致宽窄间隙水泥浆返高不一致。若套管偏心严重，则可能出现窄间隙的钻井液根本不能被顶走而滞留在原处的窜槽现象。

因此，要尽量降低套管在井眼中的偏心程度。目前所采取的措施是在套管上安装套管扶正器。我国相关标准中给出了套管扶正器安装间距计算的推荐方法。

2）注水泥时活动套管。

在注水泥过程中，旋转或上下活动套管是提高顶替效率的有效措施。图4-2为旋转套管提高顶替效率的示意图。

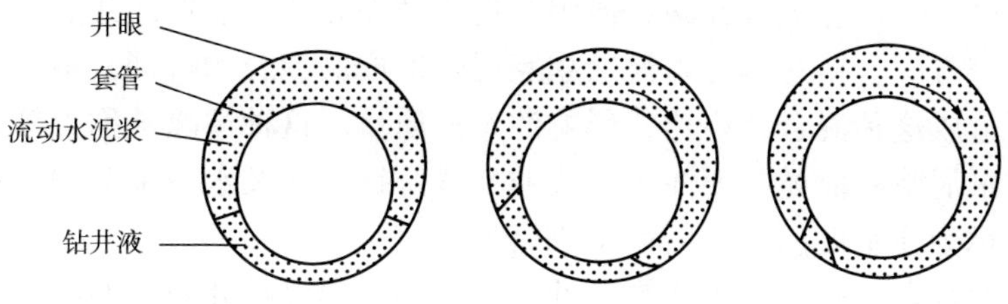

(a)套管不动　(b)开始转动　(c)钻井液被带走

图 4-2　旋转套管顶替效率示意图

套管作旋转运动时，一方面，套管旋转的驱动力可将环空间隙较窄区域滞留或流动较慢的钻井液带向环空间隙较宽的区域；另一方面，由于井眼弯曲的存在，套管必然产生弯曲，旋转套管将使套管发生公转，从而使得环空截面各方向上较宽间隙与较窄间隙交替变化。这两方面的共同作用使整个环空的钻井液趋于均匀顶替。需要注意的是，转动可能使套管受到过大的应力作用，因此，旋转速度以每分钟 10~20 转为宜。

一般认为旋转效果更好，因为上下活动套管可能存在上提套管后发生卡套管从而使套管不能下放到设计放置的现象，给安装井口造成困难。

3）采用紊流或塞流流态注水泥。

图 4-3 为不同流态时液体流速分布情况，图中紊流流态为时均意义上的流速分布。在层流流态，断面流速分布呈尖峰形态；在紊流和塞流流态，断面流速分布相对平缓，因而有利于水泥浆均匀推进，从而顶替钻井液。但是，在偏心环空中，当采用塞流流态时，虽然在本间隙内水泥浆可均匀推进，但是由于在周向上流速分布不均，可能存在周向上严重推进不均的后果。

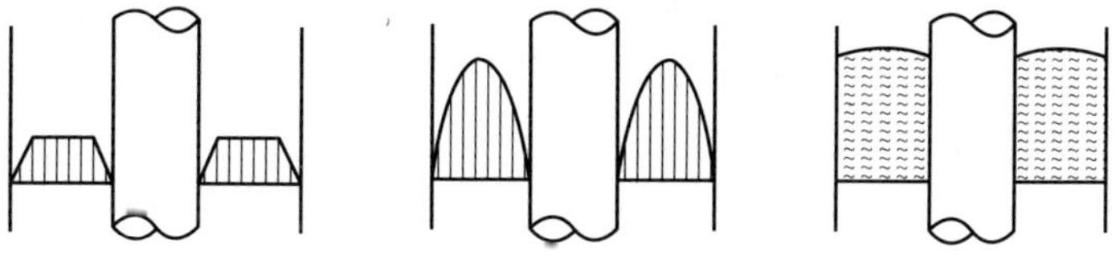

(a)塞流　(b)层流　(c)紊流

图 4-3　不同流态流速分布示意图

紊流顶替不仅断面流速分布比较均匀，最重要的是，紊流顶替液中的紊流旋涡在顶替液与钻井液的交界面上可起到冲蚀、扰动、携带的作用，有利于对钻井液的顶替。在偏心环空中，这种冲蚀、扰动、携带作用可逐渐顶替走窄间隙处的钻井液。在偏心环空中，紊流时周向上的流速分布不均的程度也要大大低于层流时的流速分布不均程度(塞流本质上也属于层流)，实验中曾测量到程度降低可达 27%~76%，因而有利于对窄间隙中钻井液的顶替。另外，紊流时单位长度的摩阻压降大，该摩阻压降对滞留钻井液而言是驱使其流动的动力，也有利于顶替。因此，只要井下条件许可(不会压漏地层)，首选紊流顶替。

4）使用注水泥前置液。

由于水泥浆与钻井液的化学成分不同，当用水泥浆直接顶替钻井液时，在二者交界面附近钻井液会与水泥浆混合。一方面，钻井液与水泥浆混合后，可能使水泥浆增稠，导致环空流动摩阻增大，严重时还会造成井漏，或因泵送不动而导致不能把钻井液全部从套管内替出的严重后果。另一方面，钻井液与水泥浆相互混合形成的混合物很稠，不容易被随后的水泥浆所顶替，从而造成这种混合物窜槽，影响注水泥质量。这种情况被称为钻井液与水泥浆不相容。因此，在水泥浆前面通常要注入一段或几段与钻井液及水泥浆均相容的特殊配制的液体，这种液体被称为注水泥前置液(简称前置液)。

前置液分为两种：冲洗液和隔离液。冲洗液主要起稀释钻井液、冲洗井壁与套管壁的作用(也能隔开钻井液与水泥浆)，主要用于紊流注水泥，当与隔离液同时使用时，位于隔离液之间。隔离液的主要作用是隔离钻井液与水泥浆。有两种类型的隔离液：一种是用于塞流注水泥的黏稠型隔离液；另一种是用于紊流注水泥的紊流型隔离液。

5）注水泥前调整钻井液性能。

钻井中钻井液的性能是为了满足钻井作业的需要，但从提高注水泥顶替效率方面看，这些性能往往是不适宜的。因此，在注水泥前一般都要对钻井液的性能进行调整，这一点非常重要。调整钻井液性能(密度、流变性)的原则是，在保证井下安全的前提下，适当降低钻井液的密度、黏度和静切力，减小触变性。理论和实验研究均表明，其中降低触变性尤为重要，触变性越强，钻井液的内部结构力越大，就越不利于驱替钻井液。但在深井复杂井固井中，固井前很难全井较大幅度调整钻井液的性能。因此，在尽量调整钻井液性能的情况下，应单独调整 $20m^3$ 左右具有良好顶替性能且能防止水泥浆污染的钻井液，作为先导液用于前置液之前，以有效提高钻井液的驱替效率。

6）增加紊流接触时间。

如前所述，紊流顶替最重要的是对钻井液的冲蚀、扰动、携带作用。显然，这种冲蚀、扰动、携带的顶替，需要一定的时间。室内试验模拟研究和固井实践的统计分析表明，在套管居中度不低于67%的情况下，紊流接触时间大于7～10min时，均能有效顶替钻井液。因此，要求合理设计前置液性能、用量及水泥浆的用量。

7）顶替液与钻井液的密度差。

一般要求钻井液、前置液、水泥浆的密度应逐级增大(所谓正密度差)，因为正密度差会对钻井液产生浮力作用，有利于顶替。但对冲洗液可以例外，因为冲洗液所起的主要是稀释钻井液、冲洗井壁与套管壁的作用。

(2) 防止水泥浆失重及油气水窜

注水泥结束初期，水泥浆还是液态，这时环空内液体对地层作用的压力为作用点以上各浆柱的静液压力之和。因为水泥浆密度一般大于钻井液的密度，因此能够起到压住地层的作用。但是水泥浆柱在凝结过程中对其下部或地层所作用的压力将逐渐降低，就好像失掉了一部分重力一样，这种现象称为水泥浆在凝结过程中的失重(简称失重)。当浆柱的压力失重到低于油气水层的压力时，地层中的油气水就窜入环空内，继而发生层间互窜或是沿环空窜至井口。在有高压油气水层或层间压差大(如注水井)的井内，这种窜的可能性更大。

1）水泥浆失重机理。

水泥浆失重可分为胶凝失重与桥堵失重两类。

① 胶凝失重：水泥浆在水化凝结过程中，在水泥颗粒之间及它们与井壁和套管之间会形成具有一定胶凝强度的空间网架结构。当下部浆柱由于水泥水化而使体积收缩和失水导致

体积减小时，该网架结构将使水泥浆柱的一部分重力悬挂在井壁和套管上，因不能完全弥补下部的体积减小，从而降低了作用在下部地层的有效压力，即导致失重。

② 桥堵失重：注水泥结束水泥浆静止后，水泥浆在高渗透率地层处的快速失水将使该处的水泥浆迅速变稠和致密，从而形成堵塞(即桥堵)；另外，由于注水泥时高速冲蚀下来的岩块和水泥颗粒的下沉等因素，可能在井径和环空间隙较小处堆积形成堵塞。当下部水泥浆柱由于水泥水化体积收缩和失水发生体积减小时，桥堵使得上部水泥浆柱的压力不能有效向下传递，从而也会降低作用在下部地层的有效压力，造成失重。

③ 水泥石收缩：水泥浆在凝结过程中，由于水化作用，水泥石基体内部收缩形成微孔隙，同时外观也产生体积收缩，降低了孔隙压力和作用在地层上的压力。一般水泥浆初凝时的收缩率为0.1%~0.5%，终凝却大于2%。

④ 自由水的分离形成水柱：水泥浆内自由水的分离，在水泥浆柱中形成了连通的轴向水槽(或水带)，降低了对地层的压力。这种作用在斜井中尤为明显，可以观察到井壁上侧形成了一条明显的水槽，这是油气水窜的主要通道。

2）防气窜的水泥浆评价。

针对水泥浆失重及气侵的预测方法，国内外都做了不少研究，提出了很多好的见解。

① 气窜潜力系数法：气窜潜力系数法(GFP)是Halliburton公司在1984年应用水泥浆过渡时间概念提出的。采用水泥浆胶凝强度$\tau_{cgs}=240Pa$时浆柱压力的最大降低值ΔP_{max}与井内浆柱的平衡压力P_{ob}之比描述气窜的危险性。这是一种定性估计方法，GFP的计算公式为：

$$GFP=\frac{\Delta P_{max}}{P_{ob}} \tag{4-1}$$

$$\Delta P_{max}=\frac{4L_c\tau_{cgs}}{100(D_h-D_p)} \tag{4-2}$$

$$P_{ob}=\frac{\rho_c L_c+\rho_{sp}L_{sp}+\rho_m L_m-G_f L}{100} \tag{4-3}$$

式中，L、L_c、L_{sp}、L_m分别为井深、水泥浆段长、前置液段长、上部钻井液段长，m；ρ_c、ρ_{sp}、ρ_m为环空浆柱结构中水泥浆、前置液、钻井液的密度，g/cm^3；G_f为井深L的地层压力当量密度，g/cm^3；ΔP_{max}为水泥浆胶凝强度$\tau_{cgs}=240Pa$时，水泥浆柱压力的降低值，MPa；P_{ob}为对地层的过平衡压力，MPa。很显然，P_{ob}越大，ΔP_{max}越小，GFP越小，气窜危险性越小。GFP与气窜的可能性及防止气窜的方法如表4-4所示。

表4-4　气窜潜力系数的预测与应用

GFP	1	2	3	4	5	6	7	8	9	10	∞
气窜可能性	较小				中等				危险性大		
推荐水泥浆	高密度水泥浆 低失水水泥浆				胶凝延迟水泥浆 触变性水泥浆 不渗透水泥浆				可压缩水泥浆 胶乳水泥浆		

② 抗气窜阻力系数法E_{mig}：2002年西南石油大学提出抗气窜阻力系数法E_{mig}，并开发了相应的评价仪器。该方法用于不同类型或不同配方水泥凝结过程的抗气窜能力比较，以便评

价或优选水泥设计。

$$E_{\mathrm{mig}}=\Delta P_{\mathrm{mig}}\sqrt{\frac{t_{\mathrm{c}}}{t}} \tag{4-4}$$

式中，ΔP_{mig}为候凝 t 时刻测定的气侵压差，kPa；t 为候凝时间，min；t_{c}为水泥浆初凝时间，$t_{\mathrm{c}}>t$，min。E_{mig}越大，说明水泥浆体系的抗气窜阻力越大。E_{mig}的大小与候凝时间有关，随时间的增大而增大。用 E_{mig}表示的防止气窜阻力系数分级如表 4-5 所示。

表 4-5　抗气窜潜力系数的应用

E_{mig}	<8	8~16	16~32	>32
抗气窜能力	很小	一般	较强	很强

3）防气窜的主要方法。

防气窜的主要方法是加入发气材料，使水泥凝结过程产生弹性膨胀力从而补偿水泥浆失重，保持水泥浆柱的有效压力。在水泥浆失重时，发气剂发气，形成分散在水泥浆内的微小气泡。利用充气水泥浆以上浆柱（钻井液柱或水泥浆柱）的静液压力和结构力所形成的“塞子”作用，或者利用桥堵段的“塞子”作用，依靠发气剂产生的微小气泡，使充气水泥浆内“憋上”一个附加的压力，以补偿水泥浆失重所减少的压力，从而使得水泥浆柱的最终压力能大于油气水层的压力，达到预防失重及防窜的目的。铝是一种活泼的金属，经过处理的铝粉与碱性的水反应生产分散的氢气起到上述作用。

此外，增加水泥浆凝固过程的阻力，特别是水泥浆柱压力降至水柱压力那段时间的阻力，可防止气窜。

3. 注水泥质量检测和评价

（1）注水泥的质量要求

1）水泥返高、水泥塞长度和人工井底的规定：油气层固井，设计水泥返高应超过油气层顶界 150m，实际超过油气层顶界应不少于 50m。天然气井和稠油注蒸汽井要求水泥返至地面。

2）为了保证套管鞋封固质量，生产套管采用双塞固井。阻流环距套管鞋长度不少于10m，技术套管（或先期完成井）一般为 20m，套管鞋位置应尽量靠近井底。采用双塞固井是为了防止单胶塞下行时所刮下的套管内表面上的液膜浆体污染水泥浆。

3）油气层底界距人工井底（管内水泥面）不少于 15m，这是为了满足采油工艺的需要。

（2）水泥环质量标准

1）水泥胶结测井（CBL）。

水泥环质量评价一般以声幅测井（也称水泥胶结测井）为准。声幅测井一般在注水泥候凝 24~48h 内进行，但对特殊井（如尾管周井、采用缓凝水泥固井等）声幅测井时间可依具体情况而定。声幅测井曲线检测水泥环质量是通过声幅衰减相对幅度判定的，是以环空内全为钻井液的自由套管段的声幅值为基准的。

相对幅度＝目的段声幅曲线幅度/自由套管段声幅曲线幅度×100%。

固井质量评价的指标中相对声幅值如表 4-6 所示。

表 4-6　根据 CBL 评价固井质量

常规密度水泥	低密度水泥	评价结论
CBL≤15%	CBL≤20%	优
15%<CBL≤30%	20%<CBL≤40%	中等(合格)
CBL>30%	CBL>40%	差(不合格)

注：低密度水泥指水泥浆密度大于 1.30g/cm^3，小于 1.75g/cm。

2）变密度测井(VDL)。

近年来，变密度测井在逐渐普及。变密度测井可测量、记录地层波，反映出水泥与地层(俗称第二界面)的胶结情况。将变密度测井结果与声幅测井结果对比分析，可以更全面地评价水泥环质量。

根据 VDL 定性评价水泥环第一界面和第二界面的指标如表 4-7 所示。

表 4-7　根据 VDL 定性评价固井质量

VDL 特征		固井质量定性评价结论	
套管波特征	地层波特征	第一界面胶结状况	第二界面胶结状况
很弱或无	地层波清晰，且相线与 AC 同步良好	良好	良好
很弱或无	无，AC 反映为松软地层，未扩径	良好	良好
很弱或无	无，AC 反映为松软地层，大井眼	良好	差
很弱或无	较弱	良好	部分胶结
较弱	地层波较清晰	部分胶结(或微环隙)	部分胶结至良好
较弱	无或地层波弱	部分胶结	差
较弱	地层波不清晰	中等	差
较弱	弱	较差	部分胶结至良好
很强	无	差	无法确定

注：AC 为在裸眼井中测量的纵波时差曲线。

3）分区水泥胶结测井(SBT)。

分区水泥胶结测井仪从纵向和横向(沿套管圆周)两个方向测量水泥胶结质量。分区水泥胶结测井仪有 6 个滑板，每个滑板装有 2 个高频定向换能器声系，定量测量套管周围 6 个 60°区块。6 个滑板有 6 个动力推靠臂，每个推靠臂把 1 块发射和接收换能器滑板贴在套管内壁上。发射换能器与接收换能器之间距离为 15.2cm。由于贴套管壁测量，重钻井液、钻井液中充气以及采用短源距受高速地层、仪器偏心等影响，因素都不敏感，而这些因素对普通水泥胶结测井则有很大影响。

分区水泥胶结测井可以解决以下地质和工程问题：

① 确定套管与水泥，地层与水泥两个界面的水泥胶结情况。

② 显示整个套管周围全方位的水泥胶结状况，克服了常规水泥胶结测井的多解性。

③ 判断窜槽位置。

④ 能有效地评价大直径套管(套管直径为 406mm)的水泥胶结状况。

⑤ 可以进行水平井套管胶结状况评估。

第二节　注水泥设计方法

一、油井水泥类型及使用范围

专门用于油气井固井的水泥称为油井水泥。API 标准 10《油井水泥材料和试验规定》中提出 A、B、C、D、E、F、G、H、J 9 个级别的水泥。各个级别水泥的使用范围如下：

A 级，深度范围为 0~1830m，温度至 76.7℃，无特殊性能要求，仅有普通型(O)。

B 级，深度范围为 0~1830m，温度至 76.7℃，属中热水泥，分为中抗硫酸盐型(MSR)和高抗硫酸盐型(HSR)。

C 级，深度为 1830m，温度至 76.7℃，属早强水泥，分为普通型、中抗硫酸盐型和高抗硫酸盐型。

D 级，深度范围为 1830~3050m，温度在 76~147℃，为基本水泥加缓凝剂，用于中温中压条件，分为中抗硫酸盐型和高抗硫酸盐型。

E 级，深度范围为 3050~4270m，温度在 76~143℃，为基本水泥加缓凝剂，用于高温高压条件，分为中抗硫酸盐型和高抗硫酸盐型。

F 级，深度范围为 3050~4880m，温度在 110~160℃，为基本水泥加缓凝剂，用于高温高压条件，分为中抗硫酸盐型和高抗硫酸盐型。

G 级和 H 级，深度范围为 0~2440m，温度在 0~93℃，为两种基本水泥，分中抗硫酸盐型和高抗硫酸盐型，当掺入促凝剂或缓凝剂时，能适应在较大范围变化的井深和温度条件下使用。

J 级，深度范围为 3660~4880m，温度在 49~166℃，仅有普通型，抗硫性能还未形成规格，当使用外加剂后，能适用更大压力、温度变化范围。表 4-8 和表 4-9 给出了 API 各级水泥有关物理性能的要求。

表 4-8　API 水泥(各级)要求

API 分级	要求的抗压强度			要求的稠化时间			
	养护时间/h	养护温度/℃	最小抗压强度/MPa	试验深度/m	试验温度/℃	最小稠化时间/min	最大稠化时间/min
A	8	37.8	1.7237	305	26.7	90	
	24	37.8	12.410	1830	45.0	90	
B	8	37.8	1.379	305	26.7	90	
	24	37.8	10.342	1830	45.0	90	
C	8	37.8	2.068	305	26.7	90	
	24	37.8	13.789	1830	45.0	90	
D	8	110	3.447	1830	45.0	90	
	24	77	6.804	3060	62.2	100	
	24	110	13.780	3060	62.2	100	

续表

API 分级	要求的抗压强度			要求的稠化时间			
	养护时间/h	养护温度/℃	最小抗压强度/MPa	试验深度/m	试验温度/℃	最小稠化时间/min	最大稠化时间/min
E	8	143	3.447	3050	62.2	100	
	24	77	6.894	4270	96.7	154	
	24	143	13.789	4270	96.7	154	
F	8	160	3.447	3050	62.2	100	
	24	110	6.894	4880	120.0	190	
	24	160	6.894	4880	120.0	190	
G	8	25	2.068	2400	52.0	90	120
	8	60	10.342	2400	52.0	90	120
H	8	35	2.068	2400	52.0	90	120
	8	60	10.342	2400	52.0	90	120
J	8	143	3.447	3050	62.2	180	
	24	317	6.894	4880	120.0	180	

表 4-9　API 水泥浆性能

API 分级	水灰比/%	每袋水泥用水量/kg		水泥浆密度/(g/cm³)	每袋水泥配浆量/kg	
		42.6	50.0		42.6	50.0
		1/袋			1/袋	
A	46	19.65	23.04	1.880	33.14	38.86
B	46	19.65	23.04	1.880	33.14	38.86
C	56	23.89	28.01	1.773	37.38	43.83
D	38	16.24	19.04	1.976	29.74	34.87
E	38	16.24	19.04	1.976	29.74	34.87
G	44	16.24	19.04	1.976	29.84	34.87
H	38	16.24	19.04	1.976	29.74	34.87

下文将介绍国产以温度系列为标准的油井水泥。

1. 水泥类别

国产水泥是以温度级别为代号的油井水泥，国家标准分别为 45℃、75℃、95℃、120℃。1988 年重新审定并与 API 标准共同执行。

2. 质量标准及有关水泥物理性能

国产水泥性能和质量标准如表 4-10 所示。

表 4-10 国产水泥性能及质量标准

<table>
<tr><td colspan="2" rowspan="2">检验项目及类别</td><td colspan="8">水泥分类</td></tr>
<tr><td colspan="2">45℃水泥</td><td colspan="2">75℃水泥</td><td colspan="2">95℃水泥</td><td colspan="2">120℃水泥</td></tr>
<tr><td colspan="2">适用井深/m</td><td colspan="2">0~1500</td><td colspan="2">1500~2500</td><td colspan="2">2500~3500</td><td colspan="2">3500~5000</td></tr>
<tr><td colspan="2">MgO_2 含量/%</td><td colspan="2">5</td><td colspan="2"></td><td colspan="2">5</td><td colspan="2">5</td></tr>
<tr><td colspan="2">SO_2 含量/%</td><td colspan="2">3.5</td><td colspan="2">3.5</td><td colspan="2">3</td><td colspan="2">3</td></tr>
<tr><td colspan="2">细度(0.08mm 筛)/%</td><td colspan="2">筛余 15</td><td colspan="2">15</td><td colspan="2">15</td><td colspan="2">15</td></tr>
<tr><td colspan="2">安定性(沸点法)</td><td colspan="2">合格</td><td colspan="2">合格</td><td colspan="2">合格</td><td colspan="2">合格</td></tr>
<tr><td colspan="2">静止流动度/mm</td><td colspan="2">>200</td><td colspan="2">>200</td><td colspan="2">>180</td><td colspan="2">>100</td></tr>
<tr><td colspan="2">水泥浆流动度/mm</td><td colspan="2">>240</td><td colspan="2">>240</td><td colspan="2">>220</td><td colspan="2">>220</td></tr>
<tr><td colspan="2">水泥浆密度/(g/cm^3)</td><td colspan="2">1.85</td><td colspan="2">1.85±0.02</td><td colspan="2">1.85±0.02</td><td colspan="2">1.85±0.02</td></tr>
<tr><td colspan="2">自由水(析水)/%</td><td colspan="2"><1.0</td><td colspan="2"><1.0</td><td colspan="2"><1.0</td><td colspan="2"><1.0</td></tr>
<tr><td rowspan="2">凝结时间</td><td>温度/℃</td><td colspan="2">45±2</td><td colspan="2">75±2</td><td colspan="2">95±5</td><td colspan="2">120±5</td></tr>
<tr><td>时间范围/(h：min)</td><td>初凝 1：30~2：30</td><td>终凝不迟于1：30</td><td>初凝 1：45~3：00</td><td>终凝不迟于1：30</td><td>初凝 3：00~4：30</td><td>终凝不迟于1：30</td><td>（初凝）以稠化时间</td><td>（终凝）30Bc 3：10</td></tr>
<tr><td colspan="2">强度/MPa</td><td colspan="2">不低于 3.5，常压 48h>4.0(抗折)</td><td colspan="2">4.0~5.5，常压 48h(抗折)</td><td colspan="2">不低于 5.5，常压 48h(抗折)</td><td colspan="2">120℃养护压力 2.1MPa 48h 抗压强度>15</td></tr>
</table>

3. 国产水泥建议使用范围及条件

1）45℃油井水泥用于表层及浅井，深度为 0~1500m。

2）75℃油井水泥用于中深井，深度为 1500~2500m；当用于超深井深度至 3500m 时，加缓凝剂；井下静止温度大于 110℃应加入硅粉，其含量不少于 28%。

3）95℃油井水泥用于 2500~3500m 范围；静止温度超过 110℃时应加入硅粉，其含量不少于 18%。

4）120℃油井水泥用于 3500~5000m 范围，1988 年开始生产的 120℃水泥均已混入石英砂；当用于 4500~8000m 深度时应加入缓凝剂及降失水剂调节使用性能。

二、水泥浆有关性能要求

1. 稠化时间及初始稠度

油井水泥在规定压力及温度条件下，从混料开始至水泥浆稠度达 100 个稠度单位(Bc)的时间，称为水泥的稠化时间。

初始稠度为开始配浆后初期的水泥浆流动性能。API 要求在 15~30min 内稠度值应小于 30Bc，现场施工总控制初始稠度值在 10Bc 以内。通过稠度变化曲线可清楚判断水泥浆流动性能是否满足工艺设计要求。好的流动性能在整个注替过程中应保持在低的稠度，现场总控制在 50Bc 以内。碰压工序一结束，就要求达到稠化时间，稠度值应急剧升高，即追求直角曲线。水泥浆中出现的闪凝，是水泥浆流态最差情况的表现，常引起注水泥事故发生。

2. 抗压强度

早期人们期望水泥石的强度达到岩石抗压强度，但实际是达不到的。因此提出水泥抗压强度应能满足支承套管柱重力所形成的轴向载荷，满足钻井及射孔震击，最后适应酸化压裂不产生开裂。由此引出强度方面的两个要求：满足恢复钻进的水泥候凝时间及支承套管的水泥胶结强度。

由10倍抗拉强度引导的抗压强度关系的胶结强度经验公式为：

$$F=808.31SdH \tag{4-5}$$

式中，F为破坏黏附强度的载荷，N；S为水泥抗压强度，MPa；d为套管名义外径，cm；H为水泥环长度，m。

水泥与套管间胶结强度同水泥抗压强度没有直接关系，但Farris研究认为此胶结强度随抗拉强度的增加而提高，并且水泥抗拉强度等于1/12抗压强度。水泥抗拉强度由式(4-6)计算：

$$T=\frac{Lq}{8.076dH} \tag{4-6}$$

式中，T为水泥抗拉强度，kPa；q为套管单位长度重力，N/m；d为套管名义外径，cm；H为水泥环长度，m。

水泥断裂载荷经验公式为：

$$F_o=807.58SdH \tag{4-7}$$

式中，F_o为水泥断裂载荷，N；S为水泥抗压强度，MPa。

Farris对水泥胶结强度进行了研究，其试验数据如表4-11及表4-12所示。

表4-11　水泥胶结强度

养护时间/h	破坏1.22m胶结段所需要的力/kN	抗拉强度/kPa	备注
1.83	1.78	0	软
2.33	2.45	0	软
3.08	5.79	0	初凝
3.66	17.80	27.57	变硬
4.42	81.00	55.152	终凝
5.50	89.00$^+$	82.73	不能压裂
6.50	89.00$^+$	137.88	不能压裂

表4-12　支持套管长度(水泥抗压强度)

养护时间/h	破坏0.3048m水泥环的力/kN	0.3048m水泥环支持的套管长度/m		
		5½in(35.30)	7⅝in(35.72)	13⅜in(107.10)
1.83	0.45	1.77	1.25	0.40
2.33	0.61	2.44	1.74	0.58
3.08	1.45	8.67	4.10	1.37
3.66	4.45	17.90	12.68	4.20
4.42	20.30	81.50	57.80	19.23

注：括号内为该尺寸套管单位长度重力，N/m。

Farris认为抗压强度达到0.69MPa时已满足支持套管重力的需要，但在现场总是控制抗压强度达到3.4MPa作为最低WOC指标。实际水泥载荷能力还应考虑其他多种因素的影响，但抗压强度是其主要因素。

3. 水泥浆的水灰比

水泥与水混合配成均质浆体，以适应泵送并具有低流动阻力，且浆体稳定，水泥颗粒不沉降，又不析出超过规定的清液。要满足上述要求，应具有合理的水灰比(W/C)。

水灰比的下限值(最小水量)应满足：与任何一种级别水泥混合后，其稠度低于30Bc。水灰比的上限值(最大水量)应满足：能使水泥颗粒保持悬浮，直到产生初凝。当以250mL量筒配浆静置2h后，分离出的清液应小于3.5mL。

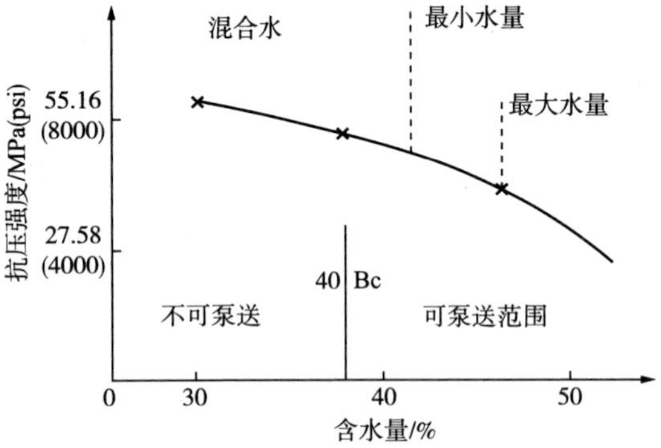

图4-4　混合水量对抗压强度的影响

由图4-4可看出最大水量、最小水量、可泵性及水泥石抗压强度之间的关系。

各级别水泥的用水量应控制在最小水量与最大水量之间。水灰比高虽然流动性好但抗压强度不能得到满足；高密度水泥浆虽然可以获得较大的抗压强度，但低于最小水量时，因稠度高于30Bc而不可泵送。

按照API标准，注水泥的可泵性和流动性，常以控制水泥浆在注替水泥过程中能保持稠度为15~30Bc考虑用水量。

API各级纯水泥规定的水灰比，包含了30Bc与3.5mL两个控制指标，API水泥析水测定只对G、H这两个基本水泥级别规定了不超过3.5mL的标准。API纯水泥标准的水灰比如表4-13所示。

当水泥浆用水量小于上述水灰比，即小于最小水量时，难以混料和泵送，在环空流动将产生很高的摩擦阻力。如果环空地层有渗透性好的低压井段，水泥浆在此种条件下，产生压差渗漏滤失，使水渗入地层，将造成憋泵事故。

表4-13　API水泥水灰比

水泥级别	A	B	C	D	E	F	G	H	J
水泥浆密度/(g/cm^3)	1.87	1.87	1.78	1.97	1.96	1.895	1.974	—	
W/C	46	46	56	38	38	38	44	38	—

注：C表示灰的质量，W表示水的质量，W/C表示水灰比。

4. 水泥候凝时间(WOC)

水泥候凝时间取决于允许测声幅时间，当声幅鉴定为合理时，即满足再次开钻水泥石的强度要求。一般情况如下：

表层套管WOC为12h，试压数值为3.5MPa(个别WOC为18~24h，试压数值6.9MPa)。

技术(中间)套管WOC为12~24h，试压数值为4.1~10.4MPa。

油层套管WOC取24h，试压数值为4.1~10.4MPa。

5. 水泥浆密度

一般硅酸盐水泥干灰密度为2.05~3.20g/cm^3。固井对水泥浆密度的基本要求是必须大于完井时钻井液密度(或下套管时钻井液密度)，但又不能压漏地层，同时还要保证水泥石的强度和水泥浆的流变性。通常固井水泥浆密度为1.80~1.90g/cm^3。

三、前置液使用设计

为了提高水泥浆顶替钻井液的效率，改善水泥环质量，在钻井液与水泥浆之间注入特殊的液体，这种液体称为水泥浆的前置液。前置液按其功能分为冲洗液和隔离液。

1. 冲洗液的作用

1）稀释和分散钻井液，防止钻井液絮凝和胶凝。

2）有效冲洗井壁及套管壁，提高水泥与它们的胶结强度。

3）作为钻井液与水泥浆之间的缓冲液，防止水泥浆与钻井液直接接触而产生污染。

4）因稀释水泥浆增进了其紊流效果，同时稀释钻井液改善其流动性，易于被顶替。

2. 隔离液的作用

1）形成平面推进顶替钻井液，适应塞流注水泥，紊流隔离液，还会产生平面驱替钻井液效果。

2）低压层段、漏失层段可用缓冲液。

3）有效隔开钻井液和水泥浆，避免水泥浆的接触污染和防止钻井液的絮凝稠化。

4）具有浮力效应及拖曳力，加强顶替效果。

3. 冲洗液的性能及标准

1）具有较低的基液密度（1.0~1.03g/cm^3）且接近牛顿流体的流动特性。

2）对井壁疏松泥饼有一定的浸透力，从而降低粒子间连接力，使之易于被冲洗剥落。

3）应具有悬浮力，防止冲蚀泥饼堆积，且阴离子型表面活性剂能分散包围黏土粒子，使它们由于静电斥力不相互聚集。

4）稀释钻井液改变其流变特性，使其临界流速为0.3~0.5m/s。

5）与钻井液接触掺合，能降低钻井液的黏度和切力。

6）对水泥浆失水、稠化时间影响小，且与钻井液、水泥浆有良好的相容性。

7）属于冲洗型，可加入惰性固体粒子以增强冲刷效果，此时基液密度不受1.03g/cm^{3}限制，但基液密度应比水泥浆密度低0.12g/cm^3。

8）不腐蚀套管。

4. 隔离液的性能及标准

（1）紊流隔离液

1）应具有紊流冲刷效能，不仅能以平面驱替钻井液，而且能抑止钻井液偏流，其高速的轴向力还能进一步提高对套管壁、井壁的冲刷。

2）接近牛顿流体特性，具有较低的临界流速。

3）具有悬浮固体颗粒的能力。

4）对水泥浆失水、稠化时间影响小，与钻井液和水泥浆有良好的相容性。

5）不腐蚀套管。

（2）黏性隔离液

1）主要作用是靠黏性推移的塞流顶替，应有良好的触变性和浮悬钻屑及固体粒子的性能。

2）在27~28℃温度条件下，塑性黏度值保持在40×10^{-3}~180×10^{-3}Pa·s。

3）在推移过程中与钻井液形成黏稠过渡带，保证塞流顶替效果。

4）隔离液密度比钻井液密度高 0.06~0.12g/cm^3，比水泥浆密度低 0.12~0.06g/cm^3。

5）失水控制在 50~120mL。

6）胶凝强度小于水泥浆，大于钻井液，动切力值大于钻井液(9.58Pa)。

7）具有良好的相容性，不腐蚀套管。

5. 设计准则

依据水泥浆设计的顶替流型，确定前置液的类型。前置液用量计算如下。

1）使用冲洗液，且以满足 10min 接触时间作为计算依据时：

$$q_1 = 10Q_k(60) \tag{4-8}$$

式中，q_1为冲洗液用量，m^3；Q_k为临界流量，m^3/s。

冲洗液的最大用量不超过 250m 环空高度。

2）使用冲洗液和隔离液时：

$$q_2 = 10Q_k(60) \tag{4-9}$$

式中，q_2为冲洗液和隔离液总量，m^3。冲洗液和隔离液的体积比为 2∶11，冲洗液和隔离液总量不超过 300m 环空高度。

3）紊流隔离液用量按冲洗液标准。

4）使用黏性隔离液时：

$$q_3 = L_e V_e \tag{4-10}$$

式中，q_3为隔离液用量，m^3；L_e为隔离井段长度，取 150~200m；V_e为井眼单位长度的平均容积，m^3/m。

5）尾管注水泥：环空容积较小时，最小用量应不小于 1.6m^3；环空容积较大时，最小环空高度不小于 100m。

6）当井深超过 3000m 后，深度每增加 300m，应在前置液设计总量中附加 0.2~0.3m^3。

四、注水泥浆设计

设计内容包括干水泥用量、用水量、前置液类型及用量、替钻井液量、替钻井液及碰压流变学计算、外加剂、固井时间。

各层套管水泥塞高度准则：管内高度+口袋长度。

表层套管(未装单流阀)管内水泥塞高度一般应不小于 10m，口袋长度一般为 0.5~1m。表层套管、技术(中间)套管、油层套管装有回压阀，水泥塞高度等于单流阀以下管柱长度+口袋长度(一般取 1.5~5m)。

1. 水泥用量计算

水泥用量按式(4-11)计算：

$$N = \frac{V_1 + V_2 + V_3}{V_4} \tag{4-11}$$

式中，N 为水泥用量，袋；V_1为封固段环空容积，m^3；V_2为水泥塞容积，m^3；V_3为附加量(包括地面和管汇损耗及井眼误差)，m^3；V_4为袋水泥配制水泥浆的容积，m^3/袋。

先通过电测井径曲线求出各井段平均井径 D_m，则 V_1和 V_2的计算方法如式(4-12)、式

(4-13)所示。

$$V_1=7.85\times10^{-5}(D_m^2-d^2)h \tag{4-12}$$

$$V_2=7.85\times10^{-5}d_i^2h_0 \tag{4-13}$$

式中，D_m为电测平均井径，cm；d 为套管外径，cm；d_i为套管内径，cm；h 为水泥浆返高，m；h_0为水泥塞高度，m。

V_3与地区、钻头尺寸及不同的套管层次有关，对于表层套管 $V_3=(0.5\sim1.0)(V_1+V_2)$；对于技术套管和油层套管 $V_3=(0.2\sim0.4)(V_1+V_2)$。

2. 用水量计算

用水量按式(4-14)或式(4-15)计算：

$$V_w=\frac{Nbm}{10^{-3}\rho_w} \tag{4-14}$$

或：

$$V_w=\frac{\rho_xV_x-V_c\rho_c}{\rho_w} \tag{4-15}$$

式中，b 为每袋水泥质量，取 50kg/袋；m 为水灰比，取 0.4~0.6；ρ_w为水的密度，g/cm³；ρ_c为水泥密度，g/cm³；ρ_x为水泥浆密度，g/cm³；V_x为水泥浆体积，m³；V_c为水泥体积，m³；V_w为水的体积，m³。

3. 替钻井液量计算

替钻井液量按式(4-16)计算：

$$V_m=7.85\times10^{-5}d_i^2(L_s-L_o)K_P \tag{4-16}$$

式中，V_m为钻井液用量，m³；d_i为套管内径，cm；L_s为套管下入井深，m；L_o为回压阀以下套管长度，m；K_P为泥浆压缩系数，取 1.03~1.05。

4. 替钻井液终泵压计算

1）替钻井液要求。

① 水泥浆在高速紊流和低速塞流时能有效驱替钻井液，因此在进行正常井眼环空流变学设计时，按紊流顶替设计，对于井眼扩大或大环空间隙采用塞流顶替。

② 具有浮力效应。当钻井液密度和水泥浆密度差在 0.12g/cm³ 以上时，才具有较好的浮力效应，即：

$$\rho_x-\rho_m>0.12\text{g/cm}^3 \tag{4-17}$$

③ 套管居中度不能低于 67%，居中度由式(4-18)求得：

$$\delta_m=\frac{100\varepsilon}{R_h-R_c} \tag{4-18}$$

式中，δ_m为套管居中度,%；ε 为套管与井眼形成的窄边间距，cm；R_h为井眼半径，cm；R_c为套管外半径，cm。

2）完成钻井液顶替对应的泵压 p_1。

$$p_E=p_1+p_c \tag{4-19}$$

$$p_1=0.00981(h-h_0)(\rho_x-\rho_m) \tag{4-20}$$

式中，p_E为套管内外流体静压差，MPa；h 为水泥返高，m；h_0为水泥塞高度，m；ρ_x为水泥浆密度，g/cm³；ρ_m为钻井液密度，g/cm³；p_c为循环压耗，MPa。

3）计算钻井液与水泥浆流变参数。

对于塑性流体：

$$\eta=(\varphi600-\varphi300)\times10^{-3} \tag{4-21}$$

$$\tau_0=0.479(2\varphi300-\varphi600) \tag{4-22}$$

对于幂律流体：

$$n=3.321g\frac{\varphi600}{\varphi300} \tag{4-23}$$

$$K=\frac{0.510\times\varphi300}{(511)^n} \tag{4-24}$$

式中，η 为塑性黏度，Pa·s；τ_0 为动切力，Pa；n 为流性指数，无量纲；K 为稠度系数，Pa·s；$\varphi600$ 为旋转黏度计 600r/min 的读数；$\varphi300$ 为旋转黏度计 300r/min 的读数。

4）环空临界流速 V_k 的计算。

塑性流体：

$$V_k=\frac{100\eta+10\sqrt{100\,\eta^2+2.52\times10^{-3}\rho\tau_o(D-d)^2}}{\rho(D-d)} \tag{4-25}$$

式中，V_k 为临界流速，m/s。

幂律流体：

$$V_k=0.0051\left[\frac{20451Kn^{0.387}}{\left(\frac{D-d}{2.54}\right)^n\rho}\right]^{\frac{1}{2-m}} \tag{4-26}$$

临界排量 Q_k：

$$Q_k=0.0785(D^2-d^2)V_k \tag{4-27}$$

5）循环压耗 p_c 由环空压耗 p_∞ 和管内压耗 p_{ci} 组成。

$$p_c=p_\infty+p_{ci} \tag{4-28}$$

环空压耗 p_∞：

$$p_\infty=32.4\frac{f_o\rho LQ^2}{(D-d)^3+(D+d)^2} \tag{4-29}$$

管内压耗 p_{ci}：

$$p_{ci}=32.4\frac{f_i\rho LQ^2}{d_i^5} \tag{4-30}$$

式中，p_{ci}、p_∞ 为管内、环空流体流动压耗，MPa；L 为套管或环空计算长度，m；Q_k 为排量，L/s；D、d、d_i 为井眼直径及管柱外径、内径，cm；f、f_o 为管内和环空流体摩阻系数，无量纲。

摩阻系数在层流及紊流情况下的计算公式如下：

层流：

$$f_i=16/Re,\ f_o=24/Re \tag{4-31}$$

紊流：塑性流体

$$f_o=0.0791/Re^{0.25} \tag{4-32}$$

幂律流体

$$f=a/Re^b \tag{4-33}$$

$$a=(\lg n+3.93)/50 \tag{4-34}$$

$$b=(1.75-\lg n)/7 \tag{4-35}$$

其中，Re 表示雷诺数，其计算公式如下：

塑性流体：管内

$$Re=\frac{10d_i\overline{V}\rho}{\eta\left(1+\frac{\tau_o d_i}{600\eta\overline{V}}\right)} \tag{4-36}$$

环空

$$Re=\frac{10(D-d)\overline{V}\rho}{\eta\left[1+\frac{\tau_o(D-d)}{800\eta\overline{V}}\right]} \tag{4-37}$$

幂律流体：管内

$$Re=\frac{10\times 800^{1-n}d_i^n\overline{V}^{2-n}\rho}{K\left(\frac{3n+1}{4n}\right)} \tag{4-38}$$

环空

$$Re=\frac{10\times 1200^{1-n}(D+d)^n\overline{V}^{2-n}\rho}{K\left(\frac{2n+1}{3n}\right)^n} \tag{4-39}$$

5. 碰压泵压计算

碰压泵压 $p_{碰}$ 计算公式如下(碰压附加值宜控制在 3～5MPa)：

$$p_{碰}=p_E+(3\sim5) \tag{4-40}$$

6. 注水泥施工时间

注水泥施工时间是指从开始调配水泥浆至碰压完成的总时间。计算公式为：

$$T=t_1+t_2+t_3+t_4 \tag{4-41}$$

$$t_1=\frac{V_1+V_2+V_3}{xy} \tag{4-42}$$

$$t_3=V_m/V_i \tag{4-43}$$

式中，t_1 为注水泥浆时间，min；x 为注水泥浆车数，车；y 为单车每分钟注水泥浆量，L/min；t_2 为倒换阀、开挡销、顶胶塞时间，min；t_3 为替钻井液时间，min；V_i 为每分钟替钻井液量，m^3/min；t_4 为碰压时间，min；T 为水泥浆总时间，min。

7. 油井水泥选择

应根据井底静止温度确定油井水泥的类型，并将井底循环温度作为水泥浆稠化时的试验温度。井底静止温度由式(4-45)求得：

$$t_c=t_s-22 \tag{4-44}$$

$$t_s=t_{av}+\frac{HG_t}{100} \tag{4-45}$$

式中，t_c 为井底循环温度，℃；t_s 为井底静止温度，℃；t_{av} 为年平均地表温度，℃；H 为井深，m；G_t 为地温梯度，C/100m。要求水泥浆初凝时间 $t_o \geq T$，一般情况下 $t_o \geq (1.5\sim1.7)T$。

第五章 射孔设计

射孔完井是油气井的主要完井方式之一，在世界石油工业中得到了广泛应用，在石油勘探开发中的重要性越来越引起人们的关注和重视。射孔完井是指用钻头钻穿油层直至设计井深，然后下油层套管(尾管)至油层底部并注水泥固井，最后在套管(尾管)上射孔，通过射孔孔眼连通油层和直井及水平井井筒的一种完井方式(图 5-1)。我国 90%以上的油井采用套管射孔完井。由于油藏流体是通过射孔井眼与井底连通起来的，因此，要想获得理想的射孔效果，使油气井的产能达到最大，必须对整个射孔过程进行设计。优化射孔方案不仅要考虑到射孔本身的各种因素，如孔径、孔深、孔密、相位角等因素的影响，而且要研究油层岩心的物理化学性质和敏感性对射孔工艺设计的影响。

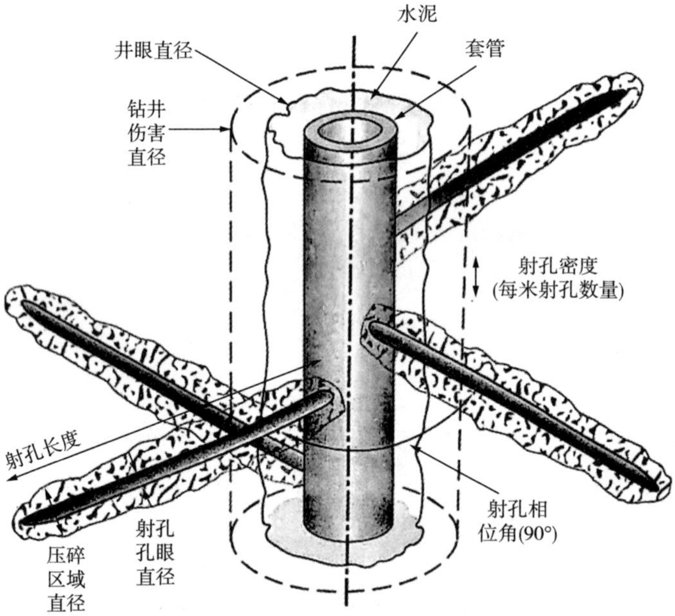

图 5-1 射孔后各参数的空间表征

聚能射孔器通常由射孔枪、聚能射孔弹、引爆线和起爆器组成。射孔枪是射孔弹的主要承载体，分为有枪身和无枪身两种，无枪身射孔枪由板式弹架和螺旋式弹架组成；有枪身射孔枪由枪头、枪身、接头盒枪尾组成一个完全密封的腔体。其作用是保护枪内的射孔弹、弹架、引爆线、传爆管和雷管等部件。有枪身射孔枪按下井方式分为电缆输送式和油管输送式两种。

在采用射孔完成的油气井中，射孔孔眼是沟通产层和井筒的唯一通道。如果采用合理的射孔工艺和正确的射孔设计，并高质量地完成射孔作业，就可以使射孔对储层的伤害降到最小，井底完善程度高，从而获得预期的产能。多年来人们对射孔工艺、射孔枪弹器材与配套设备、射孔伤害机理及检测评价方法、射孔优化设计和射孔液等进行了大量的理论、实验和矿场试验研究，使得射孔技术取得了迅速的发展。人们已经认识到，射孔是完井工程的一个关键性环节，因此，把射孔完井作为一项系统工程进行考虑，优化射孔设计，是成功完井必不可少的条件。

第一节　射孔完井设计方法及内容

本节以射孔完井方式为主，详细介绍射孔完井设计的研究内容、射孔参数优化、射孔方式及射孔液选择等。

一、射孔完井设计的主要内容

目前我国90%以上的油井都采用套管射孔完井，部分深井采用套管尾管完井，这两种完井类型是已探明油藏的主要完井方式。在射孔方案优化设计中要对射孔参数、射孔方式、射孔液和射孔负压值进行综合研究，并对各敏感性参数进行敏感性分析，获得最佳射孔方案。

射孔完井的优点有：

1）可选择性地射开产层，实现分层开采。

2）在生产井段能选择性地进行修井作业。

3）可进行各种井下增产措施。

4）可以多层完井。

5）适合多种类型油气藏完井。

射孔完井的缺点有：

1）出油面积小，完善程度较差。

2）对射孔深度要求严格。

3）固井质量要求高，水泥浆可能损害油气层。

多年来人们对射孔工艺、射孔枪弹与仪器、射孔损害机理及评价方法、射孔优化设计以及负压射孔和射孔液等进行了大量的理论、实验和矿场试验研究，射孔技术取得了迅速的发展。采用先进的理论和方法，针对储层性质和工程实际情况，把射孔完井作为一项系统工程来考虑，优选射孔工艺和优化射孔设计，是提高完井水平必不可少的基本条件。

根据地质基础、油藏工程基础和采油工程技术确定采用射孔完井的方式后，必须对油井进行射孔方案优化设计。射孔方案优化设计主要包括以下内容：

1）射孔优化设计的总体工作。

2）射孔参数优化设计。

3）射孔方式选择。

4）射孔液选择。

5）射孔枪、弹选择。

6）设计施工管柱和编写施工设计书。

二、射孔优化设计的总体工作

为实现正确、有效的射孔工艺优化设计，应做好以下几个方面的工作：

1）实弹射孔岩心靶实验。模拟实际井下温度、压力、岩石应力，获取各种射孔弹在不同射孔间隙、射孔压差下的岩心穿透深度、孔眼直径、孔密、岩心流动效率(CFE)等基本数据，并根据实际岩心射孔观察压实带厚度并反求压实程度。

2）评价钻井泥浆污染深度和污染程度。该数据对射孔优化设计、产能预测影响极大，可以通过恰当的裸眼中途测试获得。

3）分析测井解释资料和高压物性数据，确定储层和流体物性。

4）在有条件的地方，在模拟井筒中做高温高压下射孔对套管、枪的破坏实验，取得各种射孔弹所允许使用的最高孔密数据。

5）对各种地层流体建立相应的产能与射孔参数关系的分析、计算和优化设计软件。

6）根据污染参数、地层参数、流体参数，将各种可能的射孔参数组合，按照产能比的高低，优选射孔参数。预测不同参数下油气井的产能、表皮系数，进行影响因素敏感性分析。

7）优选射孔液、射孔负压差、射孔工艺，按优化设计方案进行施工。施工完毕要进行完井地层测试和效果评价。

三、射孔参数优化设计

垂直井射孔参数的优化设计主要考虑三个方面的问题：各种可能参数组合的产能比、套管伤害情况和孔眼的力学稳定性。产能比是优化目标函数，后两者是约束条件。对特殊井(压裂井、水平井等)还应作特殊考虑。

1. 射孔参数优化设计前的准备工作

在进行射孔参数优化设计前，首先要做好资料准备工作：

1）收集射孔枪、弹的基本数据。射孔弹的基本数据包括混凝土靶的孔深、孔径、岩心流动效率、压实损害参数等。全国射孔检测中心定期会公布全国各种射孔弹的基本数据。射孔枪参数包括枪外径、适用孔密、相位角、枪的工作压力和发射半径以及适用的射孔弹型号。

2）进行射孔弹穿深、孔径校正。

3）完成钻井损害参数的计算(损害深度、损害程度)，它们是影响射孔优化设计的重要参数。

2. 射孔参数的优选

要获得理想的射孔效果，取决于以下三个方面：一是对各种储层和地下流体情况下射孔井产能规律的量化认识程度；二是射孔参数、伤害参数和储层及流体参数获取的准确程度；三是可供选择的枪弹品种、类型的系列化程度。射孔参数优选是指针对特定储层条件，使产能达到最佳的射孔参数优化组合，一般是以产能比为目标函数。

(1) 射孔参数对各类油气层产能的影响

射孔参数对油气层产能的影响研究国内主要采用两种方法，一是电模拟方法，二是数学模拟方法，数学模拟方法主要采用有限元数值求解。随着计算机的不断发展，数学模拟方法已成为优选射孔参数的有效方法。在实际计算中，常常采用数学模拟与电模拟相结合的方法进行对比研究。

油气层类型不同，射孔参数对其产能影响不同。主要油气层类型包括孔隙性油气层、裂缝性油气层、泥岩层(薄层砂岩夹层)、疏松砂岩层等。射孔对各类油气层产能的影响因素分析包括：

1）射孔参数为孔深、孔径、孔密、相位角、布孔格式。

2）地层参数为渗透率、非均质程度、井半径。

3）伤害参数为钻井污染深度和程度、射孔压实厚度和程度。

(2) 射孔参数优选

射孔参数优选必须建立在对各种地质、流体条件下射孔产能规律正确认识的基础上；或者是建立起正确的模型，获得定量化的关系，并根据此定量关系，计算各种可能的孔密、相位角、射孔弹配合下的各种产能比，以及每种配合下套管抗挤能力降低系数，在保证套管抗挤能力降低不超过5%的前提下，选择出使产能比最高的射孔参数组合。

第二节 射孔工艺

根据射孔方式，射孔可分为电缆输送射孔和油管输送射孔；根据工艺，射孔可分为正压射孔和负压射孔两类。用高密度的射孔液进行高于地层压力的射孔操作称为正压射孔，相反，如果将井筒液面降低到一定程度，使井筒压力低于地层压力，建立适当负压的射孔称为负压射孔。

一、电缆输送套管枪射孔工艺(WCP)

按不同的射孔压差或井口密封方法可以将射孔工艺分为以下三种方式。

1. 电缆输送套管枪正压射孔工艺

射孔前用高密度射孔液压井，使井底压力高于地层压力。在井口敞开的情况下，利用电缆下入射孔枪。通过接在电缆上的磁性定位器测出定位套管接箍对比曲线，调整下枪深度，对准层位，在正压差下对油气层部位射孔。起出射孔枪后，下油管并装好井口，进行替喷、抽汲或气举等诱喷，以使油气井投产。

正压射孔具有施工简单，成本低和高孔密、深穿透的优点，但正压会使射孔液的固相和液相侵入储层导致较严重的储层伤害。为了减少正压对地层的伤害，要求使用优质的射孔液。

2. 电缆输送套管枪负压射孔工艺

这种工艺基本上与电缆输送正压射孔工艺相同，只是射孔前将井筒液面降低到一定深度，以建立适当的负压。这种方法主要用于中、低压薄油藏。

3. 电缆输送套管枪带压施工射孔工艺

与上述两种工艺不同的是，电缆输送套管枪带压施工射孔工艺的井口是封闭的，可以实现大直径电缆枪负压射孔，避免了正压射孔可能给油层带来的严重地层伤害，主要适用于常压或高压油藏。该工艺的关键是井口电缆的动密封和高压防喷系统设备配套，结合电缆射孔分级点火技术，可减少防喷系统的拆卸次数，从而降低劳动强度，提高作业效率。

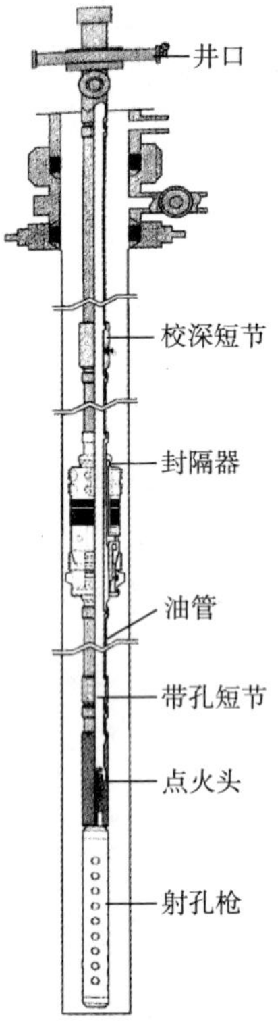

图 5-2　TCP 管柱示意图

二、油管输送射孔工艺(TCP)

油管输送射孔工艺是利用油管将射孔枪下到油层部位射孔。油管下部连有压差式封隔器、带孔短节和引爆系统，油管内只有部分液柱造成射孔负压。通过地面投棒引爆、压力或压差式引爆或电缆湿式接头引爆等方式使射孔弹爆炸并且一次全部射完油气层。图 5-2 是典型的 TCP 施工管柱。

油管输送射孔的深度一般采用较为精确的放射性测井校深方法。在管柱总成的定位短节内放置放射性同位素，校深仪器下到预置深度(约在定位短节以上 100m)，开始测一条带磁定位的放射性曲线，并在超过定位短节约 15m 时停止。将测得的放射性曲线与以前测得的校正的放射性曲线对比，换算出定位短节深度，并在井口利用油管短节进行调整。

油管输送射孔的引爆方式有很多种，其中最简单的是重力引爆。这种方式的原理是在井口防喷盒内预先装有一圆柱金属棒，射孔时释放该棒，高速下落的投棒撞击枪头的引爆器从而进行引爆。投棒有标准投棒、万向节滚轮式投棒、串联投棒以及铜质投棒等。这种引爆方式要求管柱必须通径，油管不能有弯曲，井斜不能过大。

另一种引爆是油管加压引爆。由于油管内只有部分液柱，一般需用氮气作为传压介质。为了保证射孔瞬间的负压，必须将高压氮气在引爆前释放出井口，这就要求在加压氮气和引爆射孔之间有一较长的缓冲时间以释放氮气，也称为延迟引爆。

第三种引爆是环空加压引爆(压差引爆)。利用封隔器中的转换装置或水力旁通，使环空与油管成为两个不同压力系统。通过环空加压使得环空压力与油管压力的压差增加。当压差增至预定值时，剪断活塞销钉，使活塞与钢丝绳夹板一起带动钢丝绳迅速上移，再带动点火头拉杆上移，最终使撞针释放从而引爆雷管。为了克服压力点火装置牵引钢丝绳易伸长、滑脱、拉断的弱点，现在大多使用耐高压的金属导管传递封隔器上部的环空压力，直接剪断起爆剪切销引爆雷管射孔。还有一种引爆称为电能引爆，这种方式的点火头分为电缆传送电流点火头和电池落棒点火头两种。

为了解决 TCP 中长夹层导致的传爆可靠性差、夹层枪成本高等缺陷，国内成功研制并实施了油管传输多层射孔分级起爆技术(可分级投棒起爆、投棒与压力复式起爆、压力与压力复式起爆以及增压起爆等多种分级起爆方式)、多级同时(负压)起爆技术以及隔板传爆技术(主要用于海上水平井射孔)，有效解决了长夹层导致的种种问题。

油管输送射孔具有高孔密、深穿透的优点，并且负压值高易于解除射孔对储层的伤害，一次射孔层段厚度较大。该方法特别适用于定向井、水平井和稠油井等电缆难以下入的井。由于在井口预先装好采油树，故安全性能好，非常适用于高压地层和气井。同时射孔后即可投入生产，也便于测试、压裂、酸化等和射孔协作，减少压井和起下管柱次数，减少了对油层的伤害和作业费用。

油管输送射孔要求钻井时加长井底口袋，以便存放落下的射孔枪。有时，射孔井段太长，无法将射孔枪丢在井底，应采取其他的办法。

近年来，国外针对高温深井的特殊情况又开发了新的油管和电缆输送射孔系统(TWC)，该系统综合了 WCP 和 TCP 的优点，既能实现高孔密、深穿透负压射孔，又满足了一些高温深井的特殊需求。由于很多高温高压深井大都在下入技术套管或生产套管后再采用尾管完井，而射孔层段远在下部尾管，这种井身结构使得常规的 TCP 作业很不方便。TWC 系统的高性能射孔枪是通过油管传输到设计油管深度，在井准备投产时下入电缆，将连接在油管下端的射孔枪系统解锁，并将其传送到射孔层位，利用坐封工具将射孔枪锚定在尾管上，然后取出电缆和坐封工具，通过油管加压延迟引爆射孔。图 5-3 是 TWC 工艺过程简图，自动丢枪后即转入正常生产。

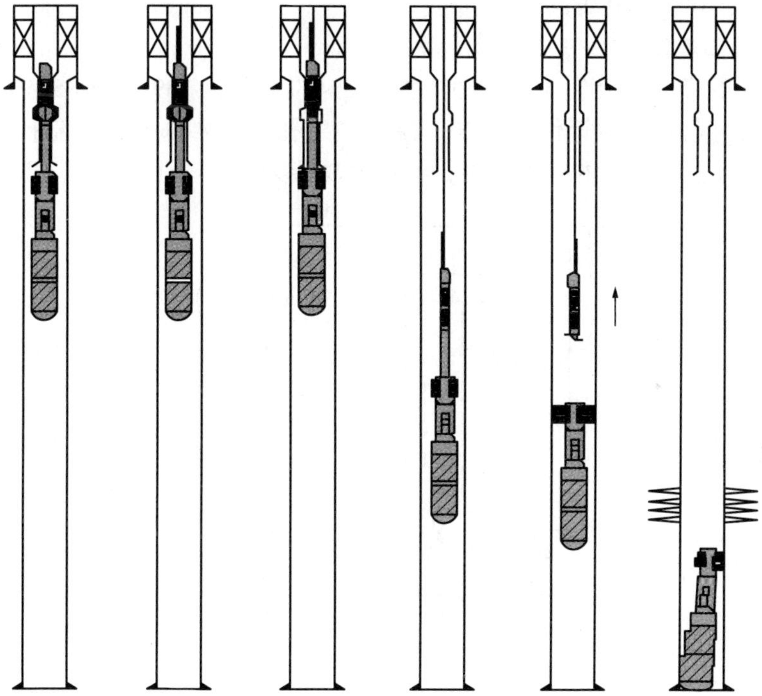

图 5-3　油管和电缆输送射孔系统示意图

该系统的主要优点在于可大大缩短射孔枪暴露于高温高压环境的时间，具有油管传输射孔的深穿透、高孔密和负压射孔等优点，安全可靠，但不足之处在于施工较复杂。

三、模块枪电缆射孔工艺

模块枪电缆射孔技术是针对地层压力大的高压油气井，利用电缆输送的方式实现油管输送式射孔完井过程，不仅达到防喷的目的，而且能够实现定方位射孔。该工艺是将模块枪用电缆分段下井，锚定在套管壁上(与上述 TWC 工艺中射孔枪的锚定相似)，引爆模块枪使其一次射开全部射孔段。悬挂器和模块枪将自动释放下落至井底，然后通过电缆防喷器，井口带压操作捞出射孔枪。该工艺的最大优点是，射孔枪不需要通过油管下入，而由电缆下送并锚定在射孔目的层位，一次射开长射孔井段并自动丢枪至井底，从而实现全通径生产完井管柱。该工艺可在负压情况下射孔，保护储层的同时，能最大限度地提高油气井生产能力。

以 KL2-7 井为例说明模块枪锚定射孔工艺的原理、技术特点和施工程序。气井深度大于4000m，井下温度100℃左右。该井具有巨厚储层、高压、超高产量等特点，完井面临几大难题：①177.8mm(7in)套管井，射孔井段长达200~300m；②地层压力系数为1.9，井底压力74.5MPa，井口压力测算高达63.5MPa；③产气量预计为300×10^4~$700\times10^4 m^3/d$；④流体中含0.2%~0.3%的CO_2，地层水含高Cl^-等腐蚀性物质；⑤射孔井段下面是水层，因此口袋短，不宜丢枪。

制定的射孔目标为：满足采气工程的需要、安全且环保、能可靠地完成长井段射孔，据此设计了相应的模块枪射孔方案。

1. 模块枪射孔工作原理

KL2-7 井井下管柱见图 5-4，管柱中井下安全阀通径为139.7mm(5½in)，有足够的通径可满足模块式射孔枪过油管作业要求。模块式射孔枪主要部件包括悬挂器、模块式射孔枪、压力延时起爆器和井口的防喷装置，各部分功能为：

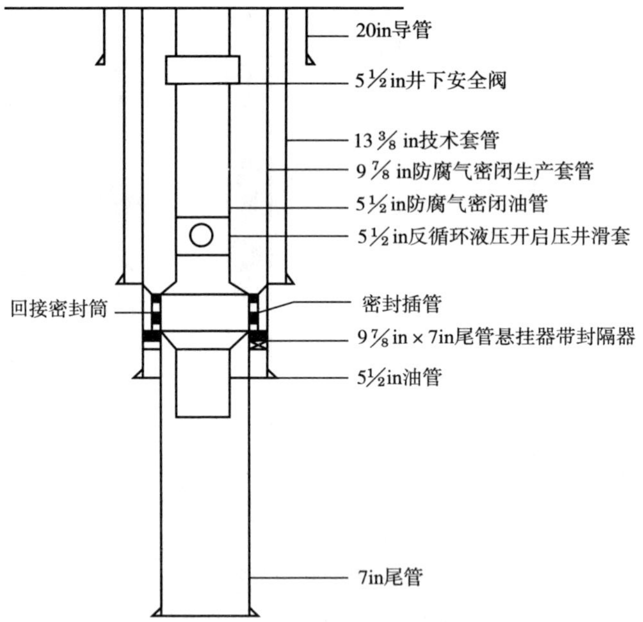

图 5-4 KL2-7 井井下管柱示意图

(1) 悬挂器

悬挂器用于给射孔枪定位，其上有一个模块插头，用来将其与下入工具、磁性定位器(CCL)和电缆相连接。通过电缆上提下放，悬挂器J形锁使卡瓦换轨张开后坐封在套管的预定位置。点火后悬挂器锥体复位，卡瓦收回，悬挂器与枪串自动释放并下落至井底。

(2) 模块式射孔枪

为了同时对长井段射孔，射孔枪被分成若干个独立的单元，每个单元即模块式射孔枪，它能在井液中实现(隔板)传爆功能。下枪步骤是：先用电缆通过下入工具将最底部射孔枪下入井中并坐在悬挂器上，然后下入其余的枪串并叠加在一起(图 5-5)，最后将压力延时起爆器与最上面的模块式射孔枪连在一起后下入井中。

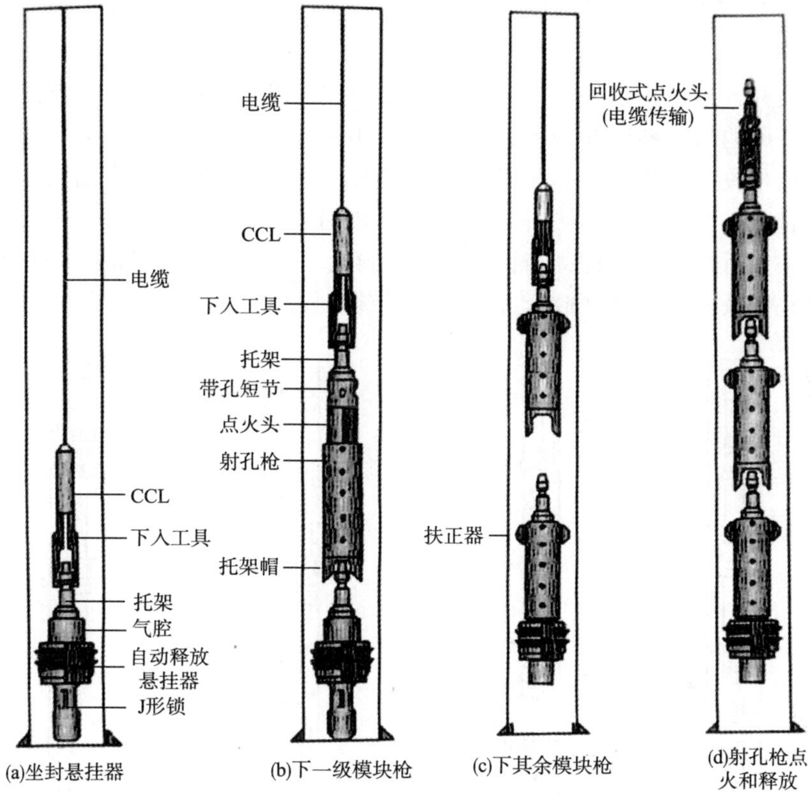

图 5-5　模块式射孔枪工作原理图

射孔枪采用了哈里伯顿 Modular Gun System 模块枪系统，其外径为 117.5mm(4⅝in)，簧片式扶正器外径为 142.5mm(5.61in)，耐压为 138MPa，孔密为 16 孔/m，相位为 60°，单模块枪长度为 7.21m，质量为 250kg。配套射孔弹为哈里伯顿公司 4in MILLENNIUM HMX SU-PER DP 深穿透弹，混凝土靶穿深为 1079.5mm，孔径为 8.9mm，额定耐温指标为 121℃/1000h(推荐使用时间不超过 500h)。

(3) 压力延时起爆器

压力延时起爆器与通常的起爆器结构相同，都是接在模块式射孔枪之上，用下井工具下入。确认整个枪串正对着射孔层段后，打压引爆起爆器，点火射孔。

(4) 防喷装置

防喷装置型号为 2FZ14-70，通径为 140mm，工作压力为 70MPa，电缆直径有三种规格，即 5.56mm、7.9mm 和 11.8mm，采用液动密封防喷盒，上面还装有双闸板阀。

2. 技术特点

该工艺技术的主要特点为：①可使用电缆、钢丝或工作管串输送悬挂器和模块式射孔枪；②模块枪系统可不用井架起下，只用专用的支架起下；③模块枪系统可在井下叠加最佳枪数并同时对长井段射孔；④可使用希望的最大负压或正压射孔；⑤射孔后悬挂器和模块枪自动落到井底；⑥可在不压井条件下将枪取出；⑦射孔枪也可不取出或部分取出；⑧可在不动管柱的情况下进行生产测井和补射孔、坐桥塞、连续油管等修井作业。

四、油管输送射孔联作工艺

1. 油管输送射孔与投产联作

国外对自喷井普遍采用这种工艺，既安全又经济，射孔与投产只下一次管柱就能完成。管柱的结构和使用的封隔器因井而异，一般都采用丢枪的方式。图5-6是美国贝克休斯公司油管输送射孔与投产联作系统。该工艺先用电缆将生产封隔器坐封在油层套管上；然后下入带射孔枪的管柱，管柱的导向接头下到封隔器位置时，循环冲洗管柱，将管柱内的积渣和污物冲洗干净；然后继续下管柱，当管柱总成坐封后，井口投棒撞击枪头的起爆器，使之射孔；射孔后射孔枪及其残渣被释放至井底，随后转入投产。

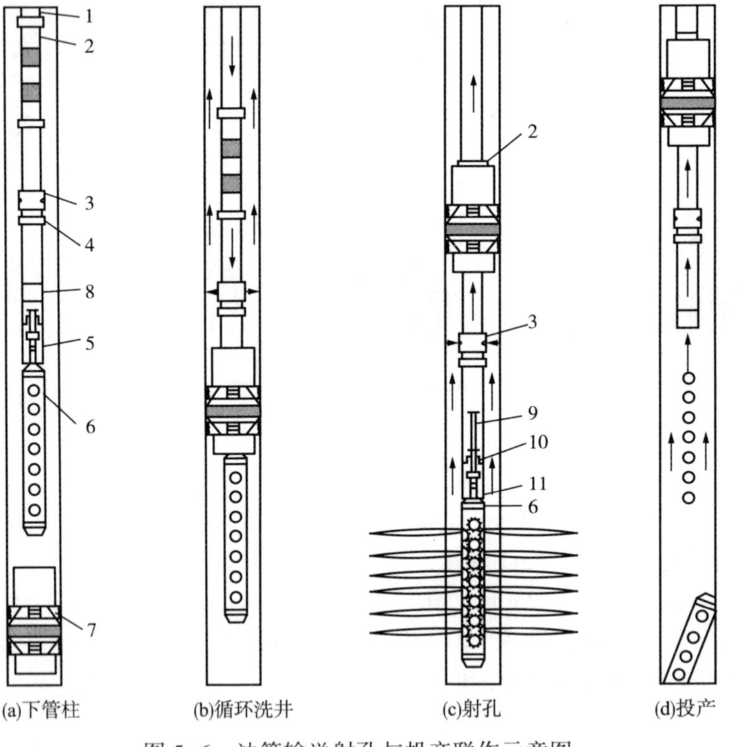

图5-6 油管输送射孔与投产联作示意图

1—生产油管；2—生产密封总成；3—盘式循环接头；4—油管接箍；5—重力引爆头与释放装置；6—射孔枪；7—生产封隔器；8—导向接头；9—投棒；10—撞击；11—起爆器

2. 油管输送射孔和地层测试联作

将油管输送装置的射孔枪、点火头、激发器等部件接到单封隔器测试管柱的底部。管柱下到待射孔和测试井段后，进行射孔校深、坐好封隔器并打开测试阀，引爆射孔后转入正常测试程序。国内基本上都采用旁通传压技术进行TCP测试联作。根据地层测试工具的不同类型可进行四种主要形式的组合，即 TCP+MFE（多流测试器）联作测试、TCP+PCT（环压控制测试器）联作测试、TCP+HST（水力弹簧测试器）联作测试、TCP+APR（全通径测试器）联作测试。

这种工艺特别适合于自喷井，可缩短试油周期，降低成本，保护储层。目前该工艺在探井、评价井中应用极为广泛，尤其在深井和超深井中应用居多，采用了环空加压引爆与 MFE 联作测试，成功率高达 90%。其工作程序是：环空压力经封隔器上面的旁通孔传递至起爆器活塞，活塞受压剪断销钉后下行，撞击起爆药饼引爆射孔；射开地层后流体经过环空由筛管进入管柱，即转入正常测试流程。其管柱示意图如图 5-7 所示。

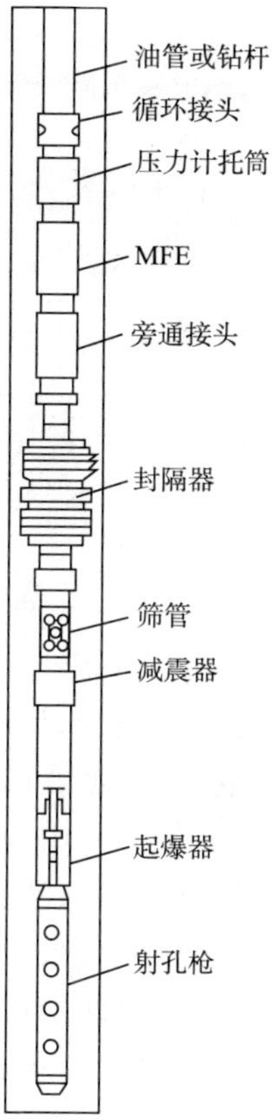

图 5-7　射孔测试联作管柱示意图

另外，对于非自喷井油管输送射孔与测试联作，美国马拉松石油公司将射流泵引入工作管柱。该管柱由射孔枪、封隔器、负压阀、自动压力计工作筒、固定阀以及配有特殊空心套筒的逆流射流泵组成。

射孔前空心套筒关闭，油管内通过部分掏空以产生负压。环空加压引爆射孔后，流体进入工作管柱，随着流体的进入，井底压力不断增加，油井停止生产。在管内压力作用下，空心套筒安全销钉被剪断从而导致套筒旋转打开，此时射流泵开始排液并进行流动测试，获得稳定产量后关井，由此可得到压力恢复测试资料。停泵后由于静水压力施加在固定阀上而使其关闭，实现了井下关井，消除了井筒储积效应，提高了数据采集质量。目前国内也成功实施了 TCP+MFE 和射流泵三联作工艺。

3. 油管输送射孔与水力压裂、酸化联作

这种工艺在我国四川气田、长庆油田获得了成功应用。完井时下一次管柱，就能完成射孔、测试、酸化、压裂、试井等工序（图 5-8）。

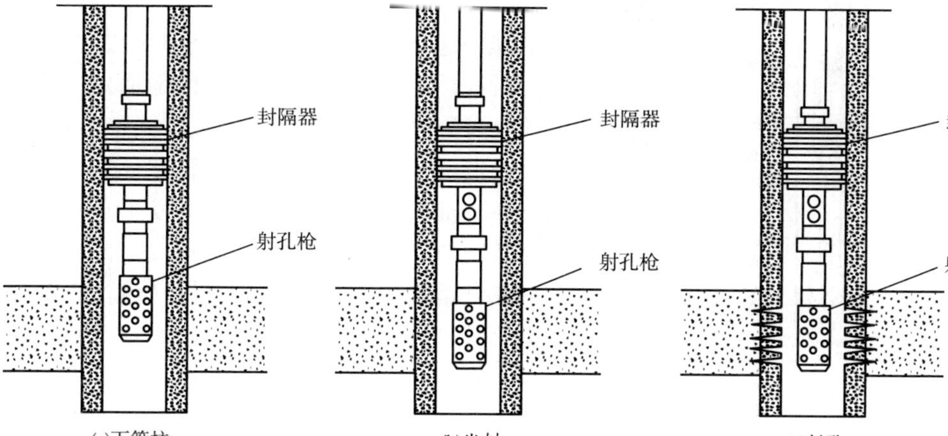

图 5-8　油管传输射孔与压裂、酸化联作示意图

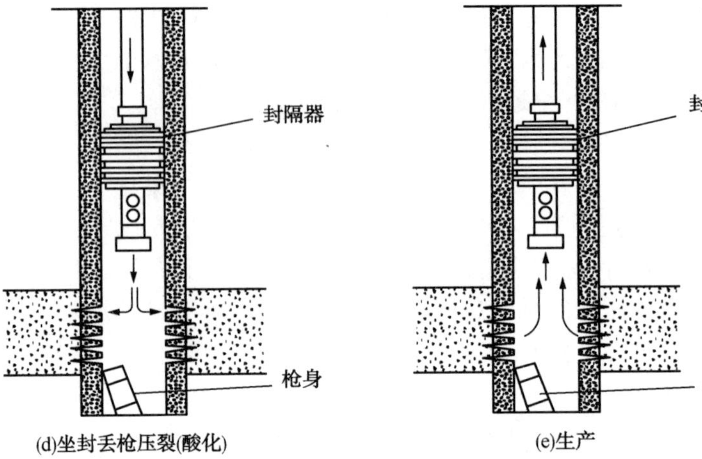

图 5-8 油管传输射孔与压裂、酸化联作示意图(续)

4. 射孔与抽油泵联作工艺

该技术根据选用抽油泵的类型采用不同的负压起爆方法。例如，杆式泵可采用投棒起爆，管式泵可采用油管内加压起爆，螺杆式抽油泵则只能采用油管外加压起爆。该工艺不仅可避免射孔后压井液对地层造成的二次伤害，还能解决环保问题，而且具有一定增产效果。大庆试油试采分公司和胜利测井公司成功进行了射孔与抽油泵联作施工。

由斯伦贝谢公司研制的采用抽油泵系统分体式压差点火头的油管传输射孔技术，简称“SRPTCP 油管传输技术”，在油田应用超过 500 井次，下井及点火成功率均达到 100%。

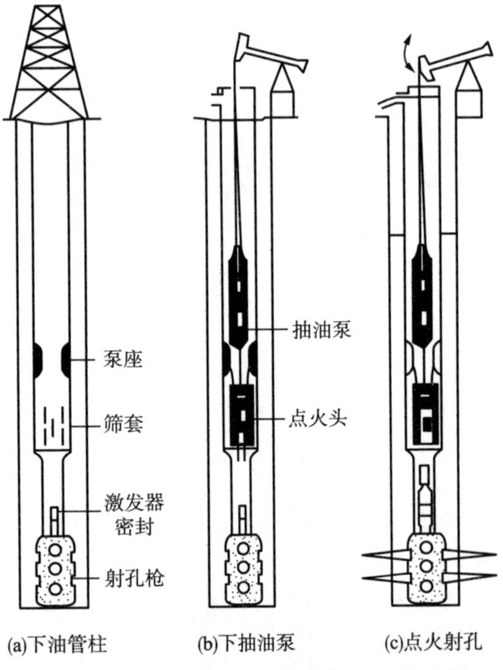

图 5-9 射孔与抽油泵联作施工原理示意图

SRPTCP 的基本原理是把一口井所需要的射孔枪全部串联在一起，并连接在油管柱的尾端，在射孔枪顶部连接点火头辅助传爆系统，在射孔枪上方连接一个抽油杆泵坐封套，坐封套和射孔枪之间接一根割缝衬管，随后下井。通过在油管内测量放射性曲线或磁定位曲线，校深并对准射孔层位，把分体式点火头起爆装置连接在抽油泵下部一起下井。抽油泵到达坐封套，锁紧并坐封好后，抽油泵开始工作。借助地面动力系统，抽油泵可以把环空中的压井液从油管中抽出，使环空中的液面下降，这样在油管和环空中就会产生压差。油管和环空中的压差激发了点火头的压力释放装置，当压差达到一个预设值时，安全销被剪断，滑套向上滑动，点火头和震击杆被释放。雷管受到冲击而引爆，进而引爆射孔枪。射孔后可以把点火头和抽油泵一起取出并送至地面。整个工作过程如图 5-9 所示。

5. 射孔与高能气体压裂联作工艺

射孔与高能气体压裂联作工艺的基本原理是在射孔弹架内装填惰性炸药(常用固体或液

体推进剂)，利用油管或电缆把射孔装置下至目的层位，通过投棒或电引爆射孔枪。由于射孔弹从引爆到形成射流的时间是毫秒级，而装填的火药从引爆到完全燃烧是秒级，利用爆速与燃速的时间差，射孔弹引爆后形成的射流首先穿透套管，在地层中形成孔眼，而延迟燃烧的枪身内的推进剂随后产生高温高压气体，对刚形成的射孔孔眼进行冲刷和延伸，并产生不受地应力控制的裂缝，裂缝长可达 2~8m，形成了较完善的井底沟通。其中，形成裂缝的条数与作用时间和峰值压力有关。

该技术一次下井可同时完成射孔和高能气体压裂两项作业，并由原来的一体式联作装置发展为分体式、对称式和袖套式射孔器。一体式射孔器又分为带卸压孔和不带卸压孔两种，主要用于近井地层的解堵和改造，特别适用于裂缝性油气藏、伤害严重油气藏、稠油油藏以及中低渗油气藏。近年来该技术得到了广泛应用，并在很多油田(如大庆、中原、大港、塔里木、辽河、胜利、长庆、青海等)进行了实施，取得了一定增产增注的效果。

6. 油管输送射孔与防砂联作工艺

对于弱、非胶结地层而言，地层极不稳定，易受外界扰动因素影响而出砂，此时可采用油管输送射孔与防砂联作工艺，一趟管柱同时实现射孔与防砂作业，减少了施工成本和作业时间，并且有利于保护储层。图 5-10 是 TCP 与管内砾石充填防砂联作示意图。它采用了带螺旋片的施工管柱，能大排量地循环清除井内砂粒而不卡枪，并有效地向孔眼进行砾石充填。其施工流程是先在套管内射孔段底部坐封封隔器，然后将上部带封隔器和下部带螺旋片射孔枪的管柱(该管柱在地面试验中能满足 8315N · m 的扭矩)下至油层底部，校深后使封隔器坐封后射孔；解封上部封隔器，然后大排量循环清洗孔眼，再在管内注入携砂液，经旋转管柱将砂液掺入孔眼，在地面可观察压力和砂液返出情况；最后旋转管柱至砂面以上，循环后再起出施工管柱。

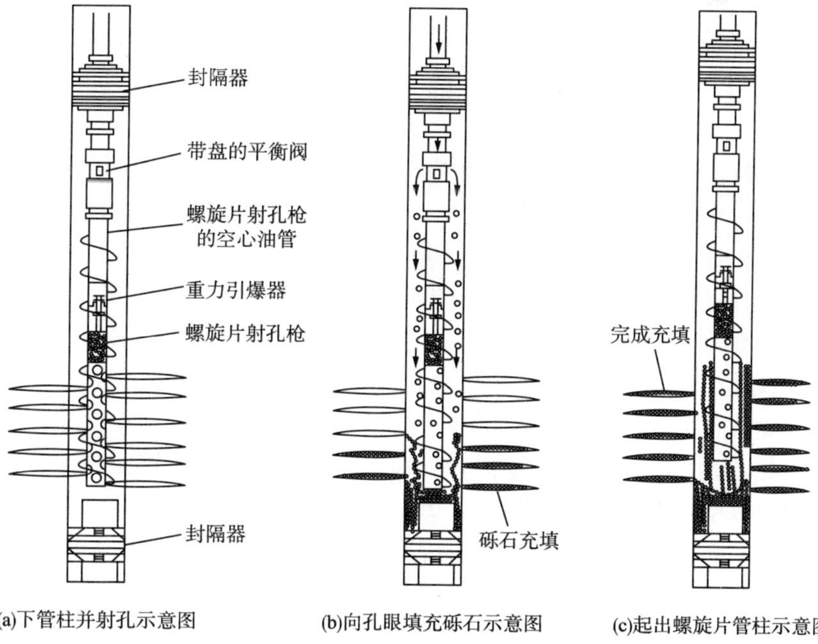

图 5-10 油管输送射孔与防砂联作示意图

为了进行有效的砾石充填作业，射孔应采用大孔径、高孔密的射孔枪。如国外公司在 Φ114mm(4½in)套管中选用 Φ73mm(2⅞in)射孔枪，孔密为 18 孔/m，孔径为 15mm，射孔弹装药量为 16g；在 Φ139.7mm(5½in)套管中选用 Φ85.7mm(3⅜in)射孔枪，孔密为 18 孔/m，孔径为 17.8mm，射孔弹装药量为 22.7g；在 Φ244.5mm(9⅝in)套管中选用 Φ177.8mm(7in)射孔枪，孔密为 40 孔/m，孔径为 25.1mm，射孔弹装药量为 70g。

五、电缆输送过油管射孔(TTP)

1. 常规过油管射孔

这是最早使用的负压射孔工艺，首先将油管下至油层顶部，装好采油树和防喷管，并将射孔枪和电缆接头装入防喷管内，准备就绪后，打开清蜡闸门下入电缆，射孔枪通过油管下出油管鞋。用电缆接头上的磁定位器测出短套管位置，调整深度使射孔枪对准储层，点火射孔。

过油管射孔具有负压射孔、减少储层伤害的优点，尤其适用于生产井不停产补孔和打开新层位，避免了压井和起下油管作业。但过油管射孔枪直径受油管内限制，无法实现高孔密、深穿透(射孔枪与套管间隙过大)，其深度难以超过 200mm，曾有一段时间油田很少采用。后来 OWEN 公司重新设计了射孔枪结构，并配套设计了 45°和 60°枪身，加大了装药量，使穿深可达 600mm 左右，因而又重新被油田采用。

常规过油管射孔一次下枪长度受防喷管高度限制，厚油气层需多次下枪，而以后几枪无法保证负压。就负压本身而言也不能过大，以防射孔后油气上冲而使电缆打结造成事故。

2. 过油管张开式射孔技术(Extended-diameter TTP)

如前所述，过油管射孔的主要缺点是枪小、弹小，从而射孔穿深受限制。为此，人们研究了过油管张开式射孔工艺。该系统最先由 Schlumberger 公司于 1992 年开发成功。国内射孔弹厂已能生产过油管张开式射孔枪、弹全套工具，完成现场试验，并取得了较好的效果。

过油管张开式射孔枪是通过电缆输送射孔枪，可在不起出油管的情况下，使大能量射孔弹通过油管，用电缆将其输送到射孔目的层后，由地面对释放雷管发出电信号，释放雷管起爆解锁后，射孔弹在弹簧拉力的作用下旋转 90°，与弹架轴线成垂直状态，然后由地面对电雷管发出起爆电信号，雷管引爆导爆索，导爆索引爆射孔弹，从而实现过油管深穿透射孔。这样就能在不取出油管的情况下相当于使用了一种大直径套管射孔枪，其弹药量不小于 23g，穿深可达到原枪的 4 倍以上，有效发挥了油气井产能。

该技术的主要特点为：①可在不起出油管的状态下对老井实施补孔作业；②对需要丢枪进行生产测井的井可大大减少口袋长度；③可采用大射孔弹对目的层实现深穿透；④主点火系统在射孔弹释放以前线路处于短路状态，更安全；⑤机械动作可靠。

表 5-1 为国产过油管张开式射孔枪性能表，混凝土靶穿深达到了 450mm。美国 OWEN 公司推出的过油管张开式射孔枪，可在各种油管内使用相应药量的射孔弹，其装药量为 11~32g，穿深可达 400~800mm，其技术参数见表 5-2。过油管射孔方式目前只能在 180°相位射孔，其示意图见图 5-11。

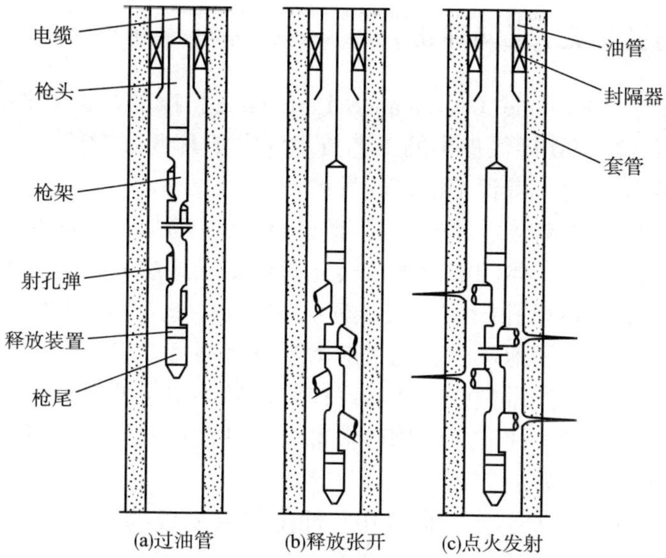

图 5-11 过油管张开式射孔示意图

表 5-1 国产过油管张开式射孔枪性能

指标	四川石油射孔器材有限公司射孔枪		川南机械厂射孔枪（张开后引爆）	指标	四川石油射孔器材有限公司射孔枪		川南机械厂射孔枪（张开后引爆）
射孔弹药量/g	23	26	24	相位/(°)	180	181	180
混凝靶穿深/mm	≥450	≥500	450	孔密/(孔/m)	13	13	14
入口孔径/mm	9	10	8. 3	枪身长度/m	3	3	—
闭合枪径/mm	48	54	48	耐压/MPa	60	80	60
张开枪径/mm	102	105	104				

表 5-2 OWEN 过油管射孔技术参数

枪径(闭合；张开)/in	$1\frac{3}{8}$；$3\frac{3}{4}$	$1\frac{11}{16}$；$3\frac{7}{8}$	$1\frac{11}{16}$；$4\frac{1}{2}$	$2\frac{1}{8}$；$5\frac{5}{8}$
油管；套管(外径)/in	$2\frac{3}{8}$；$4\frac{1}{2}$	$2\frac{3}{8}$；$4\frac{1}{2}$	$2\frac{3}{8}$；$5\frac{1}{2}$	$2\frac{7}{8}$；7
孔密/(孔/m)	16	14	13	11
相位/(°)	180	180	180	180
射孔弹型	A. P. I	A. P. I	A. P. I	A. P. I
炸药类型	HMX	HMX	HMX	HMX
药量/g	11. 0	15. 0	21. 7	32. 0
最大耐温/℃	191	191	191	191
最小外径/mm	36. 5	45. 2	45. 2	55. 5
孔径/mm	7. 6	10. 7	9. 9	12. 7
穿深/mm	406	579	665	886

六、超正压射孔工艺(正向冲击)

超正压射孔工艺(Extreme Overbalance Perforating, EOP)是国外 Orxy 能源公司的 P. J. Handren 等于 20 世纪 90 年代提出的工艺技术，由于其良好的施工效果在北美地区至少进行了 900 口井的现场应用，得到了很好的发展。

该工艺是在射孔前使用液体、氮气或混合气液柱向井筒加压，使井底压力至少等于地层破裂压力。在射孔瞬间压缩气体的能量直接转化为作用于地层的压力，加压液体以非常高的速度进入射孔孔眼。由于在射孔瞬间，聚能射孔本身作用于孔眼尖端的压力已高达上万兆帕，这样高的压力大大超过了地层岩石的主应力和抗张强度，必然在孔眼壁面产生高度的应力集中，使得孔道壁面产生大量裂纹。随后高速的流体冲击会使裂纹延伸扩展，形成有效井底沟通。射孔后继续注液氮、注酸、注携砂液都可起到增产效果；也可在射孔后继续注树脂固结地层砂从而起到化学防砂的作用。

EOP 工艺操作可分为两大类：一是射孔与冲击同时完成的工艺，二是 EOP 作为独立射孔后的泵注冲击工艺，即分为使用于未射孔和已射孔井的工艺。未射孔的井按射孔工艺还可分为三种：油管传输 EOP 工艺、过油管 EOP 工艺和电缆套管枪 EOP 工艺，具体情况如图 5-12 所示。

TCP、WCG 和 TTP 工艺管柱，最好使用有枪身射孔枪，以便射孔后的碎渣留于射孔枪内。油管传输 EOP 工艺适用于复杂地层或高压地层；电缆传输 EOP 则适用于低压储层；过油管电缆传输 EOP 工艺适用于不动生产管柱的老井打开新层或补孔作业。

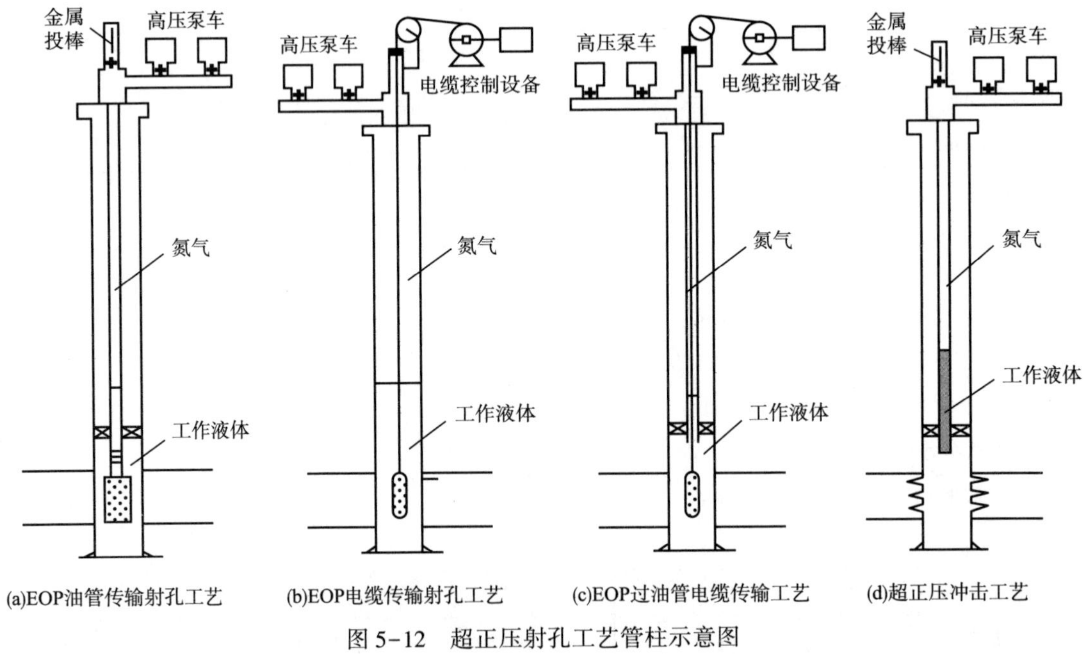

(a)EOP油管传输射孔工艺　(b)EOP电缆传输射孔工艺　(c)EOP过油管电缆传输工艺　(d)超正压冲击工艺

图 5-12　超正压射孔工艺管柱示意图

图 5-12(d)为超正压冲击工艺的示意图，它的关键点是在油管的尾部装上易碎盘(可以由玻璃、陶瓷、铸铁或其他脆性材料做成)，也可以安装阀门(该阀门由油套环空压差操作

打开，如 LPRN 阀或 APR 操作阀)。通过泵向油管中注入高压氮气进行加压，直至达到设计压力值。如果使用易碎盘，一般通过井口防喷盒释放撞击棒，通过油管撞击易碎盘使其破裂。工作液在高压氮气的作用下，快速地冲击已射的孔道，并延伸裂缝。

先后在吐哈、四川、中原等油气田进行了试验，射孔前向井内注入氮气，使其压力高于地层破裂压力再射孔，利用聚能弹产生孔眼和微裂缝，利用高压氮气的膨胀能延伸、扩展裂缝以改善近井地带的渗流能力，然后打开井口放掉氮气使井底形成负压，起到清洗孔眼和诱喷的作用。RN209 井井深为 1298～1303.9m，层厚为 5.9m，注氮压力为 30MPa，正压值为 22.8MPa，射孔后自喷产量为 34.5m^2/d，是邻井 RN205 井产量的 1.38 倍。W279 井为一口滚动评价井，估计打开层段地层压力为 32.8MPa，破裂压力为 52MPa。采用 TCP 油管传输超正压射孔工艺，油管加压引爆，酸量为 5m^3，液氮为 2m^3，设计井口压力为 40MPa，井底压力为 60MPa，射孔采用 YD102 枪，射孔相位为 90°，孔密为 16 孔/m。施工后进行完井测试，实测表皮系数约为-5，工艺效果是十分明显的。分析表明，射孔油井产能是常规负压射孔的 4 倍。

由于 EOP 工艺是高压作业，要考虑井下管柱、井口和设备的承压能力，强化安全措施。此外，液体要进入地层，必须保证完井流体与地层岩石和流体有良好的配伍性，以避免产生新的储层伤害。

EOP 工艺主要适用于：①中低渗油藏的压裂施工预处理，射孔相位为 120°/180°，低孔密；②中高渗油藏解堵，高孔密，低相位(45°/60°)；③碳酸盐岩油藏(需添加酸液)；④天然裂缝性油藏，高孔密，相位不限；⑤非均质严重油藏；⑥已射孔井的高压冲击解堵。

七、水平井射孔工艺

自 20 世纪 80 年代初水平井在油田开发中开始得到应用以来，与水平井相关的配套技术与理论也得到了长足的进步。在水平井射孔技术理论与实践方面，国外各主要石油技术服务公司和石油公司，如斯伦贝谢、西方阿特拉斯、哈里伯顿和阿莫科等都在深入广泛地开展射孔技术的研究工作。目前国内通过不断探索和研究，不仅能完成长井段、深井的定向射孔作业，而且能完成水平井的射孔与测试联作、水平井重复射孔、水平井限流压裂射孔、水平井的氮气超正压射孔等作业。水平井射孔已经逐渐变成了一项常规射孔作业。

在不易垮塌地层的水平井中，为了有效防止气、水锥进，便于分层段开采和作业，目前大都采用射孔完井方式。水平井射孔枪的传输方式一般为油管或连续油管输送，水平井射孔井下总成一般包括定位短节、引爆装置、负压附件、封隔器、定向射孔枪、扶正器和滚珠引鞋等。

由于水平井射孔层段长且跨度大，因此射孔枪起爆的安全性和传爆的质量是重点考虑的对象，一般都采用多个起爆器。水平井射孔引爆的方式虽然都采用压力引爆，但根据不同目的和用途又派生出多种形式，比如油管加压引爆、环空加压引爆、压力开孔装置+压力(延时)起爆、压差开孔装置+压差(延时)起爆、开孔枪+压力(延时)起爆、一体式压力(延时)起爆开孔装置以及隔板传爆等。

隔板传爆技术的基本原理(图 5-13)是用隔板火工件封堵夹层枪两端，将射孔枪爆轰能量通过隔板传爆装置可靠传递至夹层枪以下射孔枪，爆炸后的夹层枪两端处于密封状态，井

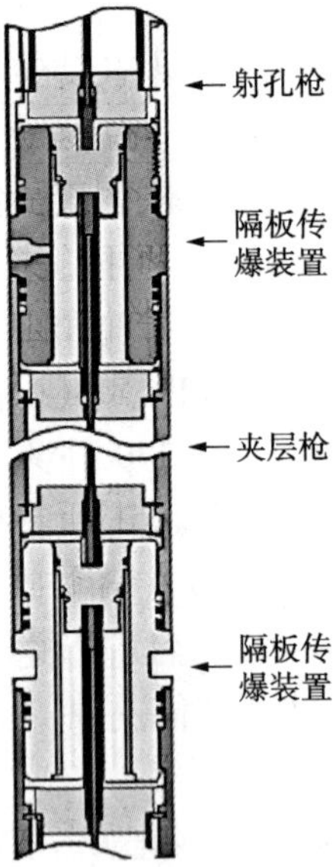

图 5-13　隔板传爆装置

液不能进入。射孔后射孔枪串提至井口，隔板传爆装置泄压阀能安全、可靠地释放夹层枪内压力，夹层枪内不憋压。其优点为：

1）适用于各类有枪身射孔作业。

2）可靠传递爆轰能量，爆轰输出稳定，耐压为 100MPa，密封可靠。

3）夹层枪内无污物，对海上油田不会造成平台、海洋污染，重复使用夹层枪时不用清洗。

4）接头上的泄压阀能可靠释放夹层枪内气体，使卸枪更安全，能有效提高拆枪速度，降低劳动强度。

5）该装置既可从上至下传爆，也可从下至上传爆，安全可靠。

该项技术已在渤海油田成功推广使用，取得了良好经济效益和社会效益。该技术的应用将大大减少环境污染，提高作业安全，提高作业效率。

水平井射孔的另一关键是选择合适的射孔枪。必须要求射孔枪能安全地送到目的层，并能安全起出，这就要求射孔枪在弯曲井段内通过时不产生塑性变形，枪身内弹架旋转自如，射后枪身变形小且孔眼处无撕裂。因此，根据实际地层情况，选用无缝钢管经热处理等特殊工艺加工而成的射孔枪，一般射孔后毛刺高度不超过 3mm，最大膨胀不超过 5mm。

水平井射孔方位有周边射孔（360°）和低边射孔（180°、120°）两类，如图 5-14 所示，其方位的选择主要取决于地层坚硬程度。如胶结疏松地层，射孔方位大都采用 120°~180°，目的是避免水平井段上部因射孔后岩屑下落而堵塞井筒。

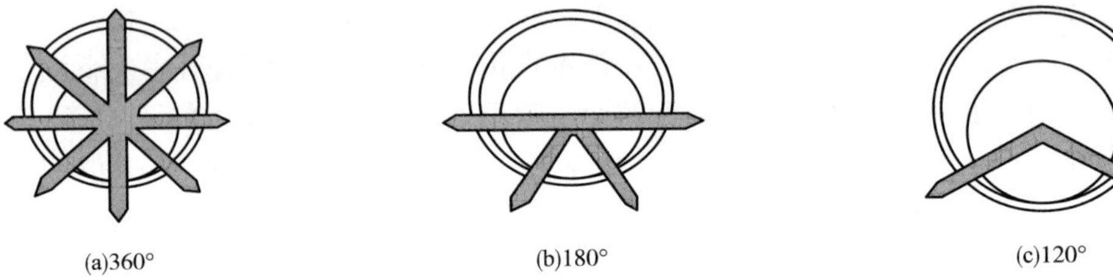
(a)360°　(b)180°　(c)120°

图 5-14　水平射孔方位图

射孔方位是通过水平井射孔枪的定向实现的。目前射孔枪的重力定向有两类，即外定向和内定向。其中外定向是采用在枪身外焊翼翅，配合转动接头，靠翼翅与井壁摩擦阻力不平衡，在偏心重力作用下实现枪串的整体转动进行射孔定位；而内定向是在枪身内通过弹架偏心设置，配合偏心支撑体，在偏心重力作用下弹架旋转实现每根枪射孔定位。由于内定向的精度高、定向效果易检测且可安装尺寸相对较大的射孔枪，因此国内目前普遍采用内定向，内定向又包括偏心旋转和配重块旋转两种方式。

目前，由 Baker Hughes 开发的水平井定向射孔系统 HOPS（Horizontal Oriented Perforating System）也采用了配重块旋转的内定向方式，如图 5-15 所示。它同旋转接头一起可以实现任意角度的定向，定向精度在±5°范围内。

采用 HOPS 射孔系统完成的创世界纪录的最大规模水平射孔是 2002 年在北海水域完

成的一口水平井。该井水平段长为 2246m，总射孔长度为 1490m。产层用 Φ177.8mm 套管固井，采用 Φ114mm TCP 枪，每支枪长为 7.11m，孔密为 16 孔/m，为了防砂采用相位为 0°～180°(垂直于最小主应力方位，如图 5-16 所示)，共装低碎屑深穿透射孔弹 23180 发，旋转接头 188 只。

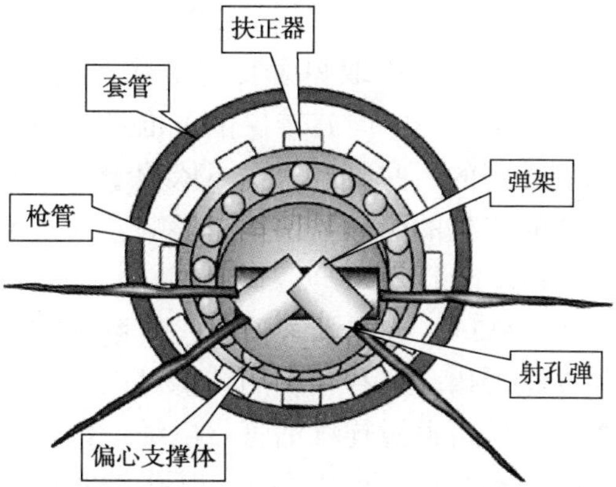

图 5-15　水平井定向射孔示意图

图 5-16　水平井中应用 HOPS 系统定向射孔示意图

由于水平井的开采效果比直井优越，水平井在国内的应用正在不断发展。水平井射孔完井也随之发展起来，并且逐渐成为水平井完井的主要手段。比如 TZ16-7、TZ16-12、TZ4-7-H23、TZ404H 等水平井都采用了射孔完井，并根据不同井况，设计了不同的水平井射孔管柱，研制了无缝钢管射孔枪、双向延时压力起爆器、滚珠引鞋等一系列适合水平段长、井深、中曲率的水平井射孔工具，并设计了相应工艺技术措施，成功在国内完成了高温高压水平井射孔施工，取得了较好的工艺效果。

图 5-17 是 TZ16-7 井射孔管柱示意图，射孔枪输送方式采用上部为 Φ88.9mm 钻杆、下部为 Φ73mm 油管的组合钻具输送射孔枪，管柱结构为：导向器+起爆器+射孔枪+双向起爆器+射孔枪+起爆器+安全枪+Φ73mm 油管+定位短节+Φ73mm 油管+Φ88.9mm 钻杆至井口。

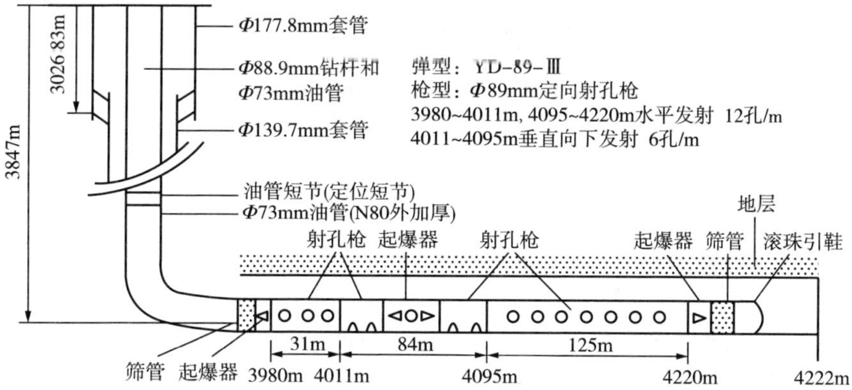

图 5-17　TZ16-7 井水平井射孔完井管柱示意图

需要特别提及的是，近年来国外水平井或大位移井连续油管输送射孔发展很快。由于连续油管(Coiled Tubing)具有施工安全、快捷和对油气藏特有的保护作用等特点，在国外油气田开发中获得了广泛的应用。

八、定方位射孔工艺

该技术主要应用于裂缝性油藏射孔、水平井射孔、预压裂井射孔和防砂射孔作业。一般对准裂缝发育方位或正交于最小水平地应力方位射孔，有利于其防砂或进行压裂施工作业，提高作业的成功率和效果。

国外定向射孔系统(直井或水平井)在大量油气田生产实践中取得了良好效果。例如，哈里伯顿公司新推出的G-Force精确定向射孔系统，该系统上的定向旋转仪位于枪身的保护性环境内，其先进性主要表现在它克服了老的定向系统受到的一些限制，如不依赖于特殊的串联翼翅、偏心短接和旋转环，所有这些都受到枪工作时产生的摩擦和扭矩的影响，导致定向精度低。

该系统设计主要用于25°以上的斜井。枪身长6.7m(22ft)，彼此紧密咬合，使系统排列成一条直线。它不需要旋转短节，其内部定向系统含在枪架内。这种紧凑的结构可以将其放置在其他枪因与套管或障碍物摩擦而不能到达的位置，系统可通过连续油管、电缆、钢丝或铰链管进行传送。由于不需要使用多个定向短节，射孔枪可在井眼内居中，射孔效率提高了90%。

国内水平井采用重力定向射孔有较多应用，除此之外，四川测井公司曾经研制的定方位仪采用加速度计作为定向系统，同时采用小直径金属保温瓶和井下自动导向系统，适用于大于等于2°的斜井，配陀螺短节后可进行直井定向。辽河测井公司也研制了采用陀螺定向的直井定向射孔仪，但要达到期望的效果还需要作大量技术攻关，如地层裂缝或主应力方位的确定、定向控制方法、配套工具开发、数据传输采集与处理以及定向监测评价技术。

第三节　射孔参数设计

当一口井完钻并选择射孔完井方式完成时，就要进行射孔方案设计。射孔方案设计是结合油气田的总体开发要求和具体井层的地质、工程实际情况并以油藏工程和采油工程为依据，将产能比作为优化目标，在保证套管和孔眼稳定性的条件下，寻求最佳的设计方案。本节以射孔完井设计为主要内容，详细阐述射孔完井方案设计方法、步骤和计算。

一、设计原则

1）基础研究是设计的依据，保证油层发挥最大产能是设计的出发点，最大限度地保护油层是贯穿设计工作始终的基本原则，经济评价是衡量设计成败的重要尺度，必须将这一观点贯彻到射孔完井设计工作的始终。

2）射孔设计是油藏工程、钻井工程和采油工程工作衔接的交汇点。必须通过设计使油藏工程的指标得到实施，并综合考虑采油工程工作中的人工举升、注水、油层改造、作业、测试等工作的需要，使得设计的完井管柱和井身结构安全、可靠，有一定的调整灵活性，满足油田开发生产全过程的需要。

3）射孔和投产措施优化设计是设计的关键环节，必须在大量物理模拟和数学模拟的基础上进行优化，充分发挥油井的自然产能。

二、基础资料的准备

1. 油藏特性及井的基本数据

油藏特性及井的基本数据主要包括油井基本情况、产层及流体特性(地球物理解释、射孔层段及特性、岩心分析、中途测试资料、地层液体性质)、邻井(相似井层)试油试采成果等。

2. 射孔参数优化设计基本数据

射孔参数优化设计基本数据主要包括混凝土靶的孔深、孔径、抗压强度、压实厚度和压实程度(K_a/K_o)，每种射孔弹岩心打靶的孔深、孔径、贝雷岩心靶长度、岩心直径和射孔岩心流动效率等。

在进行射孔参数优化设计时，还要调查射孔枪的参数。射孔枪参数包括枪外径、适用孔密、相位角、枪的工作压力和发射后外径(包括毛刺)以及适用射孔弹型号。配套使用射孔枪、弹效果最好，因为配套射孔枪能保证射孔弹炸高在合理范围内。

三、射孔孔深及校正

在射孔孔眼穿透钻井伤害带后，射孔完井的产能将有大幅度的提高。研究表明，在孔深超过 460mm 时，再靠增加孔深提高产能，其效果不再明显，而且对于疏松砂岩地层，孔眼太深还会降低孔眼的稳定性。因此，孔深的选择应以超过钻井伤害带而又不影响孔眼的稳定性为宜。

通常射孔弹的穿透深度随地层岩石抗压强度的增加而减小，或者说是随地层孔隙度减小而减小。为了获得在实际储层条件下的穿透深度，必须把地面数据转换为该井产层中的实际穿透深度。

(1) 孔隙度法折算射孔穿透

当 $\Phi_f/\Phi_b<1$ 时：

$$L_{pf}=L_{pb}\left(\frac{\Phi_f}{\Phi_b}\right)^{1.5}\left(\frac{19}{\Phi_f}\right)^{0.5} \tag{5-1}$$

当 $\Phi_f/\Phi_b=1$ 时：

$$L_{pf}=L_{pb} \tag{5-2}$$

当 $\Phi_f/\Phi_b>1$ 且 $\Phi_b<19\%$时：

$$L_{pf}=L_{pb}\left(\frac{\Phi_f}{\Phi_b}\right)^{1.5}\left(\frac{\Phi_b}{19}\right)^{0.5} \tag{5-3}$$

当 $\Phi_f/\Phi_b>1$ 且 $\Phi_b\geqslant 19\%$时：

$$L_{pf}=L_{pb}\left(\frac{\Phi_f}{\Phi_b}\right)^{1.5} \tag{5-4}$$

式中，L_{pf}为储层岩石条件下的穿透深度，cm；L_{pb}为贝雷靶穿透深度，cm；Φ_f 为储层岩石孔隙度,%；Φ_b 为射孔弹打靶测试时贝雷靶的孔隙度,%。

(2) 岩石强度法射孔穿透

如能提供地层岩石的抗压强度，也可以根据贝雷靶的抗压强度和实际地层抗压强度，直接按 Thompson 方法计算校正系数：

$$C=e^{0.0125(\sigma_b-\sigma_f)} \tag{5-5}$$

式中，C 为校正系数；σ_b 为贝雷靶的抗压强度，MPa；σ_f 为实际地层的抗压强度，MPa。

实际储层射孔穿透深度：

$$Y_f=Y_bC \tag{5-6}$$

式中，Y_f 为射孔穿透深度，mm；Y_b 为贝雷靶穿透深度，mm。

（3）渗透率法折算射孔穿透

在提供了贝雷靶岩心和实际地层的渗透率后，可采用式(5-7)计算射孔穿透深度：

$$L_{pf}=L_{pb}\left[1+A_p\left(\frac{K_f}{K_b}\right)\right] \tag{5-7}$$

式中，K_f 为实际地层的渗透率，mD；K_b 为贝雷靶的渗透率，mD。

四、孔径的选择

实验研究认为孔径对产能的影响不大，但当孔径较小时增大孔径也会使油井产能得到改善。一般情况下，对于砂岩地层，所选孔径以不超过 10mm 为宜，当孔径大于 10mm 后，产能比提高不大。但对于稠油井、高含蜡井以及出砂严重的油层，为减少摩擦阻力、降低流速、减少冲刷作用和携砂能力，应采用直径最小为 16mm 或更大的孔眼。

孔眼深度对水平井产能比的影响比对垂直井产能比的影响更显著。在低孔密和各向异性比高的条件下，孔眼深度的影响更为显著，深穿透射孔效果明显。

五、孔密的选择

孔密很小时，提高孔密的增产效果很明显，当孔密增大到某一程度时，提高孔密不再提高油井产能，而且孔密太大还会造成套管伤害，使射孔成本增大。Todd 认为，26～40 孔/m 的孔密是射孔成本最低、油井产能最大的理想射孔密度。

孔密对产能指数有显著影响，达到最优产能比的水平井射孔密度比垂直井低得多。也就是说，水平井射孔完井没有必要追求高孔密。

虽然在井底使用高孔密和深穿透射孔可以帮助获得最大的产能，但是，为了控制气水锥进，获得一致的流量剖面，在井底使用比较低的射孔密度更为合适。

六、相位角的选择

由于射孔的相位角可以人为地控制，所以选择适当的相位角对提高射孔完井的产能十分重要。在均质地层，当穿透深度较浅时，最佳相位角为 90°；在非均质性严重的地层，相位角以 120°为宜。在射孔密度较高的情况下或在疏松砂岩地层中，相位角最好为 60°，同时 60°相位角也是维持套管强度最佳的相位角。在各向异性地层中，射孔相位角对产能指数的影响尤为显著，180°相位角比 90°相位角要好；而对于各向同性地层，相位角的影响很小，可以忽略。

七、布孔方式的选择

对于螺旋、交错和简单布孔这三种布孔方式，螺旋布孔优于交错布孔，交错布孔又优于平面简单布孔。螺旋布孔是在枪身的每一平面上只射一个孔，枪身变形小，有利于施工。因此，最优的选择应是螺旋布孔。

八、射孔枪下深计算

在进行射孔枪下深计算前先定义如下几个概念：

射孔仪器零长：从射孔磁性定位仪器的记录点至电缆马龙头上界面的长度。

炮头长：从射孔磁性定位仪器的记录点至下井枪身第一发弹上界面的距离。

上提值：当采用磁性定位射孔时，磁性定位仪器的记录点对准标准接箍后，为了使射孔器对准油层，需要将射孔器上提一段距离，这段距离称为上提值。

点火记号深度：在定位射孔时，当射孔器正好对准油层时，电缆零点至套管头平面的长度。

点火记号丈量值：前一次点火记号深度与后一次点火记号深度之差。

下面对不同射孔方式射孔枪下深进行计算。

（1）电缆射孔

1）上提值计算公式。

$$S=H_b-P-(Y-\Delta H) \tag{5-8}$$

式中，S 为上提值，m；H_b 为标准接箍深度，m；P 为炮头长，m；Y 为射孔井段油层顶部深度，m；ΔH 为校正值，m。

2）电缆射孔点火记号深度计算公式。

$$D=Y+\Delta H-(P-T-Y_i) \tag{5-9}$$

式中，D 为点火记号深度，m；Y 为油层顶部深度，m；ΔH 为校正值，m；P 为炮头长，m；T 为套补距，m；Y_i 为仪器零长，m。

3）电缆射孔点火记号丈量值计算。

$$Z=D_q-D_h \tag{5-10}$$

式中，Z 为点火记号丈量值，m；D_q 为前一次射孔点火记号深度，m；D_h 为后一次射孔点火记号深度，m。

（2）油管输送射孔

1）理论短标距计算。

理论短标距是指当射孔器对准目的层时油管定位短节上接箍中点至标志层深度点的距离，其计算公式为：

$$L=Y-P-E \tag{5-11}$$

式中，L 为理论短标距，m；Y 为油层顶部深度，m；P 为炮头长，m；E 为标志层点火深度，m。

2）预下管柱长度计算公式。

$$G=Y+\Delta H-P-T+J \tag{5-12}$$

式中，G 为预下管柱长度，m；Y 为油层顶部深度，m；ΔH 为校正值，m；P 为炮头长，m；T 为套补距，m；J 为井口高(套管头至井口法兰盘面距离)，m。

3）预下管柱长度调整值计算公式。

$$L_T=F-L-G \tag{5-13}$$

式中，L_T 为调整值，m；F 为现场施工时测得的定位短节与标志层在射孔施工定位曲线上的相对位置，m，当定位短节所处位置深于标志层时，实测短标距为正值，反之为负值；L 为理论短标距，m；G 为由射孔磁性定位仪器(CCL)的记录点至伽马(GR)记录点距离，由 GR 滞后值、GR 记录道和 CCL 记录道起始点差值 3 个因素构成，m。

第四节　射孔压差设计

完井设计要求在既安全又经济的条件下保证完井段压力损失最小、产量最高。按照实施射孔时井筒压力与地层压力的关系，可把射孔作业分为负压射孔、正压射孔和超正压射孔。由于常规正压射孔时射孔液的压持效应，伤害地层的风险极大，目前很少采用。负压射孔和超正压射孔都能改善油气井的生产能力，目前已在世界范围内获得了大量应用。前者几乎成为一种工业标准，而后者则是前者的有益补充，为了保证在油气井安全的前提下，获得预期的射孔效果，必须对射孔压差进行科学设计。

一、负压射孔与超正压射孔

负压射孔(Underbalance Perforating)就是指射孔所造成的井底压力低于油藏压力。负压射孔的关键在于利用射孔瞬间负压产生的高速回流冲洗孔眼，运移由于射孔压实造成的孔眼堵塞物，以期获得较清洁、低伤害的孔眼。因此负压值是负压设计的关键。一方面要保证孔眼清洁，冲刷出孔眼周围破碎压实带中的细小颗粒，满足这一要求的负压称为最小负压；另一方面，负压值又不能超过某个值以免造成地层出砂、垮塌、套管挤毁、封隔器失效和其他方面的问题，对应的这一临界值称为最大负压。合理射孔负压值的选择应当是既高于最小负压又不超过最大负压。

负压射孔的确能有效地提高油气井产能，并且已经得到了广泛应用。但其效果与油气井的射孔工艺水平、负压设计水平和储层物性有极大关系。对于没有进行优化射孔的低渗油气藏，可能出现虽采用负压射孔，但负压选择偏低的情况，油层产能仍未充分发挥；对于低渗、严重伤害的油气藏，完全清洁孔眼要求的负压值较高，有时可能无法实现；对于层间非均质严重的地层，在同一负压下射孔，孔眼的清洁程度不同；对于油气藏欠压情形，有时会出现采用全井掏空也不能达到理想负压值的情况；对于弱胶结地层，负压能满足孔眼清洗要求但又可能造成地层出砂。因此采用负压射孔虽能改善在这些情况下井底附近的流动能力，但达不到最优值，应寻求更为有效的方法。

超正压射孔则完全避开了这些问题，它是在射孔瞬间井底压力大于地层破裂压力的条件下完成点火射孔的。射孔点火后，射孔液垫立刻在高压压缩气膨胀能的驱动下以很高的流动速度快速冲击孔眼。由于液体几乎是不可压缩的，它就像楔子嵌入岩石一样使孔眼迅速起裂，液体或其中的支撑剂将以高达 16m^3/min 的速度冲蚀地层，形成稳定、畅通的流动通道。一般情况下，当气体到达孔眼时 EOP 裂缝扩展立即终止，因为气体将迅速滤失进入地层。

EOP 作业时，井筒施加的压力必须足够大。首先它必须超过当地岩石最小主应力，其次还必须穿透孔眼中滞留的不渗透弹屑，这些弹屑在常规作业中常常会影响作业效果。研究表明，要克服这些弹屑障碍物，实施的超正压压力梯度必须足够高，通常在 30kPa/m 以上。

对实施 EOP 作业的井，孔眼(压实)伤害所导致的孔眼导流能力降低的影响是很低的，因为弹屑还来不及硬化就被冲成粉末冲入裂隙的远端，孔眼周围因岩石破碎所导致的渗透率降低已经被产生的高渗透裂缝掩盖而变得微不足道了。同时气体在通过孔眼时速度将接近声速，也会对孔眼和裂缝壁面产生冲蚀和摩擦作用，提高渗透能力。

EOP 的效果与井口施工压力、液氮用量、液垫用量以及地层物理性质密切相关，其中射孔时井口压力(或射孔压差)十分关键，相应的井底压力必须大于井底地层破裂压力，因此对射孔地层井底破裂压力的准确预测直接影响施工参数的合理选择。

二、负压设计经验方法

1. W. T. Bell 经验方法

W. T. Bell 根据全球上千口井的射孔实践经验，总结了不同产层渗透率对应的负压射孔时的负压选择值(表 5-3)。

表 5-3 不同产层渗透率对应的负压射孔时的负压选择值

渗透率 K/mD	负压 Δp 范围/MPa	
	油层	气层
$K>100$	1.4~3.5	6.9~13.8
$10<K\leqslant 100$	6.9~13.8	13.8~34.5
$K\leqslant 10$	>13.8	>34.5

2. 美国岩心公司的经验公式

$$\ln\Delta p_{\min}=5.471-0.3668\ln K \tag{5-14}$$

式中，$\Delta p_{\min}$为油井射孔最小负压，MPa；K 为油层渗透率，mD。

3. Crawford 的合理负压公式

Crawford 的合理负压公式是在 King 的最小负压公式和 Colle 的最大负压公式的基础上提出的。

1）King 的最小负压公式。

$$\Delta p_{\text{oil,min}}=17.24/K^{0.3} \tag{5-15}$$

对于气藏而言，$K<1$mD 时，则

$$\Delta p_{\text{gas,min}}=17.24/K \tag{5-16}$$

对于气藏而言，$K\geqslant 1$mD 时，则

$$\Delta p_{\text{gas,min}}=17.24/K^{0.18} \tag{5-17}$$

式中，$\Delta p_{\text{oil,min}}$为油层最小负压，MPa；$\Delta p_{\text{gas,min}}$为气层最小负压，MPa；$K$ 为产层渗透率，mD。

2）Colle 的最大负压公式。

Colle 根据委内瑞拉和海湾地区的射孔经验分别提出了通过声波时差和相邻泥岩体积密度计算最大负压射孔公式。

① 声波时差法计算公式：

$$\Delta p_{\text{oil,max}}=24.132-0.0399\Delta T_{\text{as}}(\Delta T_{\text{as}}\geqslant 300\mu\text{s/m}) \tag{5-18}$$

$$\Delta p_{\text{gas,max}}=33.095-0.0524\Delta T_{\text{as}}(\Delta T_{\text{as}}\geqslant 300\mu\text{s/m}) \tag{5-19}$$

$$\Delta p_{oil,max}=\Delta p_{tub,max}(\Delta T_{as}<300\mu s/m) \tag{5-20}$$

② 相邻泥岩体积密度法计算公式：

$$\Delta p_{oil,max}=16.13\rho_{as}-27.58(\rho_{as}\leqslant 2.4g/m^3) \tag{5-21}$$

$$\Delta p_{gas,max}=20\rho_{as}-32.4(\rho_{as}\leqslant 2.4g/m^3) \tag{5-22}$$

$$\Delta p_{oil,max}=\Delta p_{tub,max}(\rho_{as}\leqslant 2.4g/m^3) \tag{5-23}$$

式中，Δp_{max}为最大负压，MPa；ΔT_{as}为相邻泥岩声波时差，μs/m；ρ_{as}为相邻泥岩体积密度，g/cm^3；$\Delta p_{tub,max}$为井下管柱或水泥环最大安全负压，MPa。

3）Crawford 的合理负压公式。

Crawford 综合 King 和 Colle 的最小负压和最大负压公式，给出了产层出砂和不出砂的计算合理负压的公式。

① 产层出砂合理负压计算公式：

$$\Delta p_{rec}=0.8\Delta p_{min}+0.2\Delta p_{max} \tag{5-24}$$

② 产层不出砂合理负压计算公式：

$$\Delta p_{rec}=0.2\Delta p_{min}+0.8\Delta p_{max} \tag{5-25}$$

4. Tariq 最小负压公式(用于油井)

Tariq 假设负压射孔足以造成非达西流动，且压实半径 r 处的雷诺数达到临界值 Re，根据 Forchheimer 二项式得到了最小负压公式：

$$\Delta p_{oil,min}=\frac{130.8\mu_o^2 Re_c r_{cz}}{K_{cz}^{0.4}}\left[\ln\left(\frac{r_{cz}}{r_p}\right)+Re_c r_{cz}\left(\frac{1}{r_p}-\frac{1}{r_{cz}}\right)\right] \tag{5-26}$$

式中，μ_o 为原油黏度，mPa·s；Re_c 为油井射孔清洁孔眼临界雷诺数，一般取0.05；r_{cz}为压实带半径，cm；r_p 为射孔孔眼半径，cm；K_{cz}为压实带渗透率，mD。

式(5-26)使用说明：$Re_c=0.05$ 是在 $\mu_o=0.7\sim1.2$mPa·s 条件下通过 King 提供的数据拟合得到的，它并不代表高黏度下的情况。

5. 西南石油大学气井射孔最小负压计算公式

西南石油大学根据以下典型数据拟合了 King 的最小负压曲线：地层平均压力$\overline{p_r}$=20MPa，气体平均黏度$\overline{\mu_g}$=0.03mPa·s，地层平均温度$\overline{T_r}$=373K，气体压缩因子$\overline{Z}$=1，r_{cz}=1.78cm，r_p=0.51cm，气体相对密度 r_g=0.6。按照 Forchheimer 二项式和气体状态方程，导出了气井最小负压公式：

$$\overline{p_r}^2-p_{wf}^2=75.088\frac{\overline{\mu_g}^2\overline{Z}\overline{T_r}Re_{cg}r_{cz}}{r_g C_{cz}^{0.8}K_{cz}^{0.4}}\left[\ln\left(\frac{r_{cz}}{r_p}\right)+Re_{cg}r_{cz}\left(\frac{1}{r_p}-\frac{1}{r_{cz}}\right)\right] \tag{5-27}$$

$$Re_{cg}=\sqrt{0.061p_{\bar{r}}K_r^{0.4}-0.571}-0.251 \tag{5-28}$$

式中，$\overline{p_r}$为地层平均压力，MPa；p_{wf}为射孔时井底压力，MPa；K_r 为储层渗透率，mD；$\overline{Z}$为地层平均压力和平均温度下的气体压缩因子；$\overline{\mu_g}$为地层平均压力和平均温度下的气体黏度，mPa·s；r_{cz}为压实带半径，cm；r_p 为射孔孔眼半径，cm；C_{cz}为压实伤害程度(K_{cz}/K)；ρ_o 为原油密度，g/cm^3；K_{cz}为压实带渗透率，mD；Re_{cg}为气井射孔清洁孔眼临界雷诺数，一般取 0.05；$\overline{T}_r$为地层平均温度，K；r_g 为气体相对密度。

6. 负压射孔相关参数图解法

贝尔曼(Behrmann，1996)通过量化半球形射孔流量和阻力效应，利用贝雷岩心测试数据，通过公式(5-29)确定了最佳欠平衡压力。

$$\Delta p = \frac{560.81 \Phi D^{0.2}}{K^{1/2}} \tag{5-29}$$

对于渗透率范围为 100~200mD，相对较窄的数据，贝尔曼引入了渗透率小于 100mD 的另一公式(5-30)确定最佳欠平衡压力。

$$\Delta p = \frac{260.32 \Phi D^{0.2}}{K^{1/2}} \tag{5-30}$$

式中，Φ 为产层孔隙度,%；D 为射孔的孔眼直径，mm；K 为产层渗透率，mD。

图 5-18 显示了使用贝尔曼方法的 4 个例子，虚线代表修改后的渗透率低于 100mD。为了让对比更加明显，King 的数据和 Tariq 的分析方法也显示在图 5-18 的下方。对于低渗透地层，特别是那些正常压力或枯竭的地层，最佳欠平衡压力可能大于储层压力，因此无法获得。

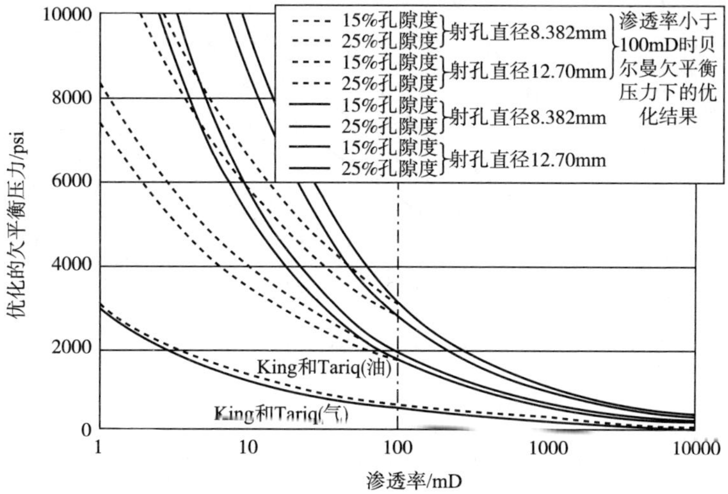

图 5-18 用贝尔曼准则优化的欠平衡压力

三、保证孔眼清洁的最小负压设计理论方法

前面几种方法的优点是简单、方便，缺点是考虑因素不全面，基本上只依靠渗透率、声波时差两个参数确定最小和最大负压。另外，方法多是区域性经验统计意义上的，缺乏理论根据，不一定对任何油气层都适用。近年来国内外在此方面进行了理论研究，下面简单介绍几种新的方法。

1. Tariq 的最小负压计算方法

Tariq 方法最根本的依据是当孔眼处流动达到非达西状态时，清洗孔眼堵塞物质的拖曳力与流速的二次方成正比，此时很容易清除孔眼压实带伤害。因此建立了射孔后负压作用下不稳定渗流的有限元数值模拟程序，模型中流动遵循 Forchheimer 非达西渗流规律。通过计算可知压力、流速与位置、时间、负压差、孔眼尺寸、压实程度、地层渗透率、流体黏度等参数有关。Tariq 的模拟计算表明，当无量纲时间 t_D($t_D=\frac{k_t}{\varphi\mu c_t r_{cz}^2}$，其中 r_{cz} 为压实带半径)达到 0.1 时，负压的影响将达到或超过压实带外边界。负压越大，速度越大，非达西效应越显著。Tariq 对模型假定不同的负压 Δp，计算出不同压实带渗透率下 $t_D=0.1$ 时压实带边界的雷诺数 Re。

$$Re=\frac{\beta K\rho v_c}{\mu} \tag{5-31}$$

式中，β 为非达西紊流系数，1/cm；K 为地层渗透率，mD；ρ 为流体密度，kg/m^3；v_c 为 $t_D=0.1$ 时压实带外边界流速，m/s；μ 为流体黏度，Pa·s。

图 5-19 是 Tariq 作出的油井(原油黏度 $\mu=1$mPa·s)渗透率 K 与负压 Δp 和雷诺数 Re 的曲线。

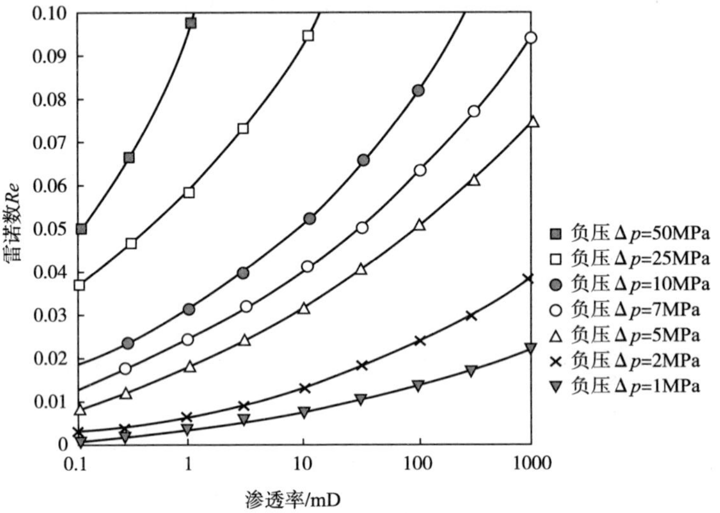

图 5-19　渗透率、负压与压实带边界雷诺数的关系($t_D=0.1$)

为了获得清洁孔眼所需要的临界雷诺数 Re，Tariq 将图 5-19 按给定雷诺数 Re 读出对应的负压 ΔP 和渗透率 K，并绘制在 King 的现场统计图版上。对于油井，Tariq 发现当 $Re=0.05$ 时其 ΔP–K 关系刚好落在 King 的最小负压曲线上，故得到油井临界雷诺数 $Re_c=0.05$。对于气井，Tariq 得到临界雷诺数为 0.1。

在实际计算中，数值模拟方法要求输入流体参数、地层参数、射孔及伤害参数，反复假设负压 ΔP 值，计算 $t_D=0.1$ 时压实带外边界雷诺数 Re，当 Re 达到 Re_c 时，所假设的 ΔP 即为最小负压。

因此这种方法实质是以 King 的现场数据为准，但当实际流体物性(如黏度 μ)和地层压力 p_r 与 King 的统计井平均值相差很大时，必然会导致误差甚至错误。Tariq 的油井临界雷诺数 $Re_c=0.05$ 适合 μ_o 在 0.7～1.2mPa·s 范围内的计算；而气井雷诺数 Re_c 应该是随渗透率变化的。尽管如此，Tariq 在定量化理论计算最小负压方面所做的开创性工作仍具有重要意义。

2. 油井射孔最小负压解析公式

Tariq 认为在 $t_D=0.1$ 时负压影响已超过压实带外边界，可近似假设此时压实带半径 r_c 处压力为 p_r，孔壁 r_p 处压力为 p_{wf}。假设负压 Δp 足以造成非达西流且 r_c 处雷诺数达到临界值 Re_c，则此负压即为最小负压 Δp_{min}。利用 Forchheimer 二项式方程，积分 r_p 到 r_c，经推导 Tariq 得出了计算 $\Delta p_{oil,min}$ 的解析方程。

$$\Delta p_{oil,min}=130.82\mu_o^2 Re_c r_{cz}/K_{cz}^{0.4}\rho_o\left[\ln\frac{r_{cz}}{r_p}+Re_c r_{cz}\left(\frac{1}{r_p}-\frac{1}{r_{cz}}\right)\right] \tag{5-32}$$

式中，μ_o 为原油黏度，mPa·s；Re_c 为油井射孔清洁孔眼临界雷诺数，取0.05；r_{cz} 为压实带半径，cm；r_p 为孔眼半径，cm；ρ_o 为原油密度，g/cm^3；K_{cz} 为压实带渗透率，$10^{-3}\mu m^3$。

由于 $Re_c=0.05$ 是在 $\mu_o=0.7\sim1.2$mPa·s 下通过拟合 King 的现场数据获得的，它基本可以代表低黏度下真实情况。例如式(5-32)中，当 μ 为 2mPa·s 时，负压 $\Delta p_{oil,min}$ 将为 $\mu_o=1$mPa·s 时的 4 倍，μ_o 为 8mPa·s 时的负压为 $\mu_o=1$mPa·s 时的 64 倍，太不合理。为此，建议在使用 Tariq 公式时，若 $\mu_o>1.2$mPa·s，将 μ_o 取为 $\mu_o=1.2$mPa·s。

可见，油井射孔最小负压除了与地层渗透率有关外，还与原油物性、孔眼尺寸、压实半径和压实伤害程度有关。

3. 西南石油大学气井射孔最小负压计算公式

Tariq 按与油井类似的公式也曾导出过气井 $\Delta p_{gas,min}$ 的解析公式，但计算发现 Tariq 公式与其由此作出的曲线差别很大，其公式无法使用。Tariq 的气井射孔最小负压临界雷诺数太小且为常值是不正确的。通过假设以下典型数据拟合 King 的最小负压曲线：地层平均压力 $\overline{p_r}=20$MPa，气体平均黏度 $\overline{\mu_g}=0.03$mPa·s，地层平均温度 $\overline{T_r}=373$K，气体压缩因子 $\overline{Z}=1$，$r_{cz}=1.78$cm，$r_p=0.51$cm，气体相对密度 $r_g=0.6$。按照 Forchheimer 二项式和气体状态方程，最终导出了以下计算气井最小负压的公式：

$$\overline{p_r}^2-p_{wf}^2=75.088\frac{\overline{\mu_g}^2\,\overline{T_r}r_{cz}Z}{C_{cz}^{0.8}r_g}\cdot\frac{Re_{cg}}{K_{cz}^{0.4}}\left[\ln\left(\frac{r_{cz}}{r_p}\right)+Re_{cg}r_{cz}\left(\frac{1}{r_p}-\frac{1}{r_{cz}}\right)\right] \tag{5-33}$$

$$Re_{cg}=(0.061\,\overline{p_r}K_r^{0.4}-0.571)^{0.5}-0.251 \tag{5-34}$$

式中，$\overline{p_r}$ 为地层平均压力，MPa；$\overline{T_r}$ 为地层平均温度，K；p_{wf} 为射孔时井底压力，MPa；K_r 为射孔渗透率，$10^{-3}\mu m^3$；$\overline{\mu_g}$ 为平均压力 p_r 和平均温度 $\overline{T_r}$ 下的气体黏度，mPa·s；Z 为平均压力 $\overline{p_r}$ 和平均温度 $\overline{T_r}$ 下的气体偏差系数；r_g 为气体相对密度；C_{cz} 为压实伤害程度(K_{cz}/K)；r_{cz} 为压实带半径，cm；r_p 为孔眼半径，cm；Re_{cg} 为气井射孔最小负压临界雷诺数。

如果 $\overline{p_r}K_r^{0.06}\leqslant15$ 或计算出的 $p_{wf}<0$，则说明地层无足够能量保证获得最小负压，此时可取 $\Delta p_{min}=\overline{p_r}$。

式(5-33)可通过编程计算。输入已知参数，初步假设 μ_g、Z，由式(5-33)计算 p_{wf} 值和平均压力 $\overline{p_r}$（简单地可按 p_{wf} 与 $\overline{p_r}$ 的算术平均进行计算），按相关公式校正 μ_g、Z 并计算一个新的 p_{wf} 值。多次迭代计算后得到准确的 p_{wf} 值，则最小负压为：

$$\Delta p_{gas,min}=\overline{p_r}-p_{wf} \tag{5-35}$$

四、防止地层出砂的最大负压设计理论方法

根据弹塑性力学观点，出砂即为孔眼结构的稳定性遭到破坏，该过程可以这样描述：负压射孔瞬间，由负压而产生的高速流体立刻作用于孔眼及围岩，使孔眼附近地带应力急剧变化。在应力作用下，孔眼首先发生弹性变形，弹性变形完毕后接着产生塑性变形，如果应力足以使孔眼周围岩石变形超过其临界塑性变形值，将引起孔眼结构破坏，导致大量出砂。有研究表明：标准的达西流动与非达西流动相比，非达西流动将大大增加孔眼的不稳定性，可以采用弹塑性力学原理，以等效塑应变估计孔眼的稳定性。因此可以综合利用流体的非达西渗流模型和应力应变模型计算孔隙压力分布和孔眼应力分布，预测孔眼的稳定性以确定最大允许负压差。

1. 莫尔-库仑屈服准则

油气井射孔完成后，孔眼处于一个复杂的三向应力状态，这里从简化的模型出发，考虑单个孔眼的情形(公式变量单位全采用 SI 制)。假设孔眼围岩具有良好的塑性，由莫尔-库仑屈服准则可以得出：

$$f=\sigma_\theta-\sigma_r N^2+(N^2-1)p-2S_o N=0 \tag{5-36}$$

$$N=\tan\left(\frac{\pi}{4}+\frac{\varphi}{2}\right) \tag{5-37}$$

式中，σ_r 为孔眼径向应力，MPa；σ_θ 为孔眼切向应力，MPa；p 为孔隙压力，MPa；S_o 为岩石的黏聚力，Pa；φ 为岩石的内摩擦角，rad。

2. 塑性区应力模型

在弹塑性边界 r_c 上，莫尔-库仑屈服准则同样成立。根据力学稳定性、对称性，可将它简化为平面应变轴对称问题，即认为孔眼为圆柱形孔眼，力平衡微分方程为：

$$r\frac{\partial\sigma_r}{\partial r}+\frac{\sigma_r-\sigma_\theta}{r}=0 \tag{5-38}$$

将式(5-38)代入式(5-36)，根据应力应变虎克定律得到塑性区应力分布表达式为：

$$\sigma_r=(1-N^2)r^{N^2-1}\int_{r_p}^{r}pr^{-N^2}\mathrm{d}r+\frac{2S_0N}{1-N^2}\left(\sigma_{ri}+\frac{2S_0N}{N^2-1}\right)\left(\frac{r}{r_p}\right)^{N^2-1} \tag{5-39}$$

$$\sigma_\theta=N^2(1-N^2)r^{N^2-1}\int_{r_p}^{r}pr^{N^2}\mathrm{d}r+\frac{2S_0N}{1-N^2}+N^2\left(\sigma_{ri}+\frac{2S_0N}{N^2-1}\right)\left(\frac{r}{r_p}\right)^{N^2-1}+(1-N^2)p \tag{5-40}$$

$$\sigma_\theta=(1-N^4)\nu r^{N^2-1}\int_{r_p}^{r}pr^{-N^2}\mathrm{d}r+\frac{2S_0N}{1-N^2}+(N^2+1)\nu\left(\sigma_{ri}+\frac{2S_0N}{N^2-1}\right)\left(\frac{r}{r_p}\right)^{N^2-1}+(1-N^2)p\nu+(1-2\nu)\beta p \tag{5-41}$$

式中，r_p为孔眼半径，cm；σ_{ri} 为孔道内壁径向应力，MPa；ν 为泊松比；β 为地层岩石压缩率。

3. 弹性区应力模型

考虑孔隙介质中流体压力的影响，多孔介质的弹性变形位移方程由式(5-42)描述：

$$(\lambda+2G)\frac{\mathrm{d}}{\mathrm{d}r}\left(\frac{\mathrm{d}u}{\mathrm{d}r}+\frac{u}{r}\right)+\beta\frac{\mathrm{d}p}{\mathrm{d}r}=0 \tag{5-42}$$

式中，λ、G 为拉梅常数；u 为变形位移，cm；r 为半径，cm；β 为地层岩石压缩率。

根据应力与应变的关系，并结合下面的边界条件：

$$\sigma_r \big|_{r=r_p}=\sigma_{ri},\ \sigma_r \big|_{r=r_o}=\sigma_{ro} \tag{5-43}$$

可推得弹性区应力分布表达式：

$$\sigma_r=\sigma_{rc}+(\sigma_{ro}-\sigma_{rc})\frac{1-(r_c/r)^2}{(r_c/r_o)^2}-\frac{1-2\nu}{1-\nu}\cdot\frac{\beta}{r_c}\int_{r_c}^{r}p_r dr+\frac{1-(r_c/r)^2}{(r_c/r_o)^2}\cdot\int_{r_c}^{r}p_r dr+2\beta(p-p_c)-2\beta(p_o-p_c)\frac{1-(r_c/r)^2}{(r_c/r_o)^2} \tag{5-44}$$

$$\sigma_r=\sigma_{rc}+(\sigma_{ro}-\sigma_{rc})\frac{1+(r_c/r)^2}{1-(r_c/r_o)^2}-\frac{1-2\nu}{1-\nu}\cdot\frac{\beta}{r^2}\int_{r_c}^{r}p_r dr+\frac{1+(r_c/r)^2}{1-(r_c/r_o)^2}\cdot\frac{1-2\nu}{1-\nu}\cdot\frac{\beta}{r^2}\cdot\int_{r_c}^{r}p_r dr-2\beta p_c-2\beta(p_o-p_c)\frac{1+(r_c/r)^2}{1-(r_c/r_o)^2}+\frac{1-\nu}{\nu}\beta p \tag{5-45}$$

$$\sigma_z=\nu(\sigma_r+\sigma_\theta)-(1-2\nu)\beta p \tag{5-46}$$

式中，σ_{rc}为弹塑性边界半径处的应力，MPa；σ_{ro}为孔眼外界半径处的应力，MPa；p_c 为弹塑性边界半径处的压力，MPa；p_o 为孔眼外界半径处的压力，MPa；r_c 为弹塑性边界半径，由式(5-36)、式(5-37)、式(5-38)共同确定，cm。

4. 临界等效塑性应变

为了预测孔眼稳定性，引入等效塑性应变(ε_{er}^{p})的概念，定义为：

$$\varepsilon_{er}^{p}=\left\{\frac{2}{3}\left[(\varepsilon_{rr}^{p})^2+(\varepsilon_{\theta r}^{p})^2\right]\right\}^{\frac{1}{2}} \tag{5-47}$$

临界等效塑性应变是为保证孔眼稳定所能承受的最大等效应变，即等效塑性应变，超过其临界值时孔眼将不稳定，对应于临界等效塑性应变下的压差即为射孔最大负压差。临界等效塑性应变定义为：

$$\varepsilon_{ec}^{p}=B_0+B_1[2S_0N(1+\nu)] \tag{5-48}$$

为了保证孔眼稳定，必须满足 $\varepsilon_{er}^{p}\leqslant\varepsilon_{ec}^{p}$。

5. 孔眼周围压力分布计算

在负压射开地层的瞬间，由于突然施加的压差使流体流经孔眼周围处的流速非常大，在短时间内该流场是非达西非定常状况，而且压力波的传播也是非常快的，可以假定孔眼周围的流动为非达西拟稳定流动，只考虑单个孔眼的情形，由 Forchheimer 方程可以得到压力分布。

$$p(r)-p_{wf}=\frac{184.2Q\mu}{KL_P}\ln\left(\frac{r}{r_p}\right)+\frac{3.393\times10^{-7}\beta\rho Q^2}{L_P}\left(\frac{1}{r_p}-\frac{1}{r}\right) \tag{5-49}$$

式中，$p(r)$为半径 r 处的孔隙压力，MPa；β 为流体的紊流系数，1/cm；ρ 为流体的密度，g/cm^3；μ 为流体的黏度，mPa·s；L_P 为孔深，cm；Q 为产量，cm^3/s；r_p 为孔眼半径，cm。

式(5-49)中 r_p、L_P、K 等参数可由射孔参数优化设计软件得出，需特别指出的是 L_P。应根据所选射孔弹的贝雷靶穿深和地层孔隙度校正而得出。由式(5-49)可求得任意半径 r 处的孔隙压力。

6. 最大无砂测射孔负压的计算步骤

1）根据岩石力学参数求得临界等效塑应变。

2）通过渗流方程计算孔隙压力分布 $p(r)$，需先假定井底压力，求出假定负压下孔隙压力分布。

3）根据应力应变模型计算该假定负压下的等效塑应变。如果等效塑应变大于临界等效塑应变，则应减小负压差，反之增加负压差。

4）如果满足给定的精度，表示对应于临界等效塑应变下的射孔最大负压差已经获得，若不满足重复步骤2)~3)。

5）也可在求出不同假设井底压力下的等效塑应变后，作出等效塑应变随负压差变化的关系图，利用临界等效塑应变与该曲线的交点求取最大负压。

五、合理射孔施工压差确定

1. 负压射孔施工压差设计

在按照前面讨论的方法设计出最小负压 Δp_{min} 和最大的负压 Δp_{max} 之后，还必须设计出射孔施工所采用的施工负压差 Δp_{rec}。经过对各种因素的综合考虑，制定出确定合理射孔负压 Δp_{rec} 的方法。

（1）合理负压的限制条件

由于前面所研究的 Δp_{min}、Δp_{max} 并未考虑井下套管的安全因素，因此必须要求 $\Delta p_{rec} \leqslant 0.8\Delta p_{tub,max}$。其中，$\Delta p_{tub,max}$ 为井下管柱能够承受的最大安全负压。

对于低压油层，有时甚至全井掏空也达不到所要求的负压值，为此必须要求 $\Delta p_{rec} \leqslant p_r$。

（2）最佳负压的选择方法

1）若 $\Delta p_{max} \geqslant \Delta p_{min}$，此时若无出砂史，则：

$$\Delta p_{rec} = 0.8\Delta p_{max} + 0.2\Delta p_{min} \tag{5-50}$$

若有出砂史或者含水饱和度 $S_w > 50\%$，则：

$$\Delta p_{rec} = 0.2\Delta p_{max} + 0.8\Delta p_{min} \tag{5-51}$$

2）若 $\Delta p_{max} < \Delta p_{min}$，这种情况在某些时候也是有可能出现的，因为 Δp_{max} 是指防止出砂允许的最大负压，完全有可能小于保证孔眼清洁所需的最小负压 Δp_{min}，绝不能单从符号上理解为 Δp_{max} 一定会大于 Δp_{min}。此时 Δp_{max} 实际上成为采用负压的制约条件，为安全起见取 $\Delta p_{rec} = 0.8\Delta p_{max}$。

2. 超正压射孔施工压力设计

氮气加压井口施工压力是EOP工艺的关键参数之一，原则上以最大限度地强化射孔效果，不损伤井筒和不带来新的伤害为标准。射孔点火瞬间井筒压力的关系如式(5-52)所示：

$$p_{wf} = p_{压井液} + p_{氮气柱} + p_{井口} \tag{5-52}$$

EOP 工艺要求井底压力 p_w 高于地层破裂压力并低于油管和套管最低抗挤毁压力，即有 $p_{破裂} < p_{wf} < p_{挤毁}$。在这一范围内，井口施工压力 p_{wf} 可以确定。大量实践经验表明，井底压力梯度要求在22~70kPa/m范围内，这与实际地层破裂压力有关。该值的优化设计应该根据预期的施工效果，通过在不同井底压力、液氮用量、液体用量条件下动态模拟地下裂缝的扩展以及产能分析综合确定。

3. 施工压差设计的安全限制

不论是负压射孔、超正压射孔还是射孔与测试联作，施工压差的安全性都是施工操作中比较重要的参数之一，它应在满足施工安全、井底结构安全的前提下，能获得相对最佳结果的施工压差。不同施工目的对施工压差的要求是不一样的，如在射孔与测试联作情况下，施工压差还必须同时满足射孔与测试的要求。压差过小可能导致地层流体流不出来或产出量小，使测试资料反映不出油藏特性；压差过大可能在井筒附近形成水锥或气锥从而伤害地层，威胁测试管柱、封隔器和地面流程的安全工作。一般情况下，施工时对压力的要求有以下几个方面。

（1）油管安全压力

油管安全压力包括抗内挤、抗外压以及剩余拉力。油管下入井中后，都承受管内外介质的压力作用。每种规格的油管都可从手册中查到对应的抗内压强度、抗外挤强度以及抗拉强度。油管的剩余拉力则指油管抗拉强度减去油管下部管串拉力所剩余的抗拉能力，它与管柱串的结构密切相关，特别要注意在进行封隔器解封、坐封操作时其与套管的摩擦作用产生的影响。对一些特别的井(如高压深井)还应考虑管柱的抗压能力。

（2）套管安全压力

套管安全压力计算从概念上讲与油管安全压力计算是相似的，不同之处在于套管始终受到外部围岩的径向挤压作用。从薄弱环节上讲，井底部分套管受到的外挤压力和内部压力最大，是最弱环节，必须注意薄弱点允许的最大和最小套压。

（3）有效性测试工作压力要求

对于射孔测试联作，为了能获得有效数据方便解释和减小解释误差，测试压差应满足避免多相流动和临界流动要求，同时避免流动过程中的速敏伤害。

（4）超正压射孔安全要求

超正压射孔与增产措施过程中必须把安全因素放在首位。除了上述油管、套管的安全压力要求外，还应该注意封隔器、射孔枪系统及采油树、封隔工具与防喷管、部件的承压以及使用液体的安全，这是保证施工安全的基础。

第五节　不同工况下射孔优化设计步骤

对于具体的储层特征，要想获得完善的井底沟通条件，必须对射孔进行优化设计。正确而有效的射孔设计取决于以下几个方面：一是在各种储层和地下流体情况下，射孔井产能规律的量化认识程度；二是射孔参数、伤害参数和储层及流体参数获取的准确程度；三是可供选择的枪弹品种、类型的系列化程度；四是射孔工艺和射孔液的选择与特定储层的匹配程度。这里谈到的射孔设计是指在现有条件下针对特定储层，使其井产能达到最高的射孔参数、射孔工艺以及射孔液优配组合，还涉及实现这些参数的工艺要求。其中，产能比是目标函数。

一、射孔参数分类

对于不同的井身类型(主要为直井、大位移水平井)射孔设计所包含射孔参数是不同的，为了明确射孔参数的功能和用途，把射孔参数分为三类。

第一类射孔参数：实施射孔作业所选的枪型和弹型。不同的弹型有其各自的穿透几何参数(2 个，分别为孔深和孔径)、射孔压实伤害参数(2 个，分别为压实程度和厚度)，不同的枪型有不同的孔密、布孔方式、相位参数(3 个)。枪、弹参数对油气井的产能有较大的影响，为第一类参数(共计 7 个)。

第二类射孔参数：对于水平井，在相同的第一类射孔参数前提下，打开位置不同，产率比不同；打开程度不同，产率比也不同；射孔方位不同，产率比也不同。孔眼分布参数直接影响射孔水平井的产能，为第二类参数(共计 3 个，打开位置、打开程度、射孔方位)。射孔方位的选择主要分 2 种，即 360°的周边射孔和≤180°的低边射孔。

第三类射孔参数：射孔压差对于获得完善的井底沟通条件至关重要，为第三类参数(1 个)。包括负压射孔时合理负压差或超正压射孔时合理施工压力的确定。

如何根据具体的储层特征、井身条件(直井、水平井)进行合理设计、分析和优选三类参数，是射孔优化设计的主要内容。在进行射孔设计时对于压裂井、注水井、防砂井、稠油、非达西渗流等情况，还要进行特殊考虑。

二、砂岩油气井射孔优化设计

这里主要讨论常规直井的射孔参数优化设计(一类射孔参数)。主要考虑 3 个方面的问题：各种可能参数组合的产能比、套管伤害情况和孔眼的力学稳定性。其中，产能比是优化目标函数，后两者是约束条件。

1. 射孔弹性能数据准备

全国射孔检测中心定期都会公布全国各种射孔弹的基本数据，主要包括混凝土靶的穿深、孔径、抗压强度等。由于贝雷岩心靶源越来越少且价格昂贵，所以其打靶数据越来越少，在近年公布的 API RP 19B 中也不是必作测试。由于射孔弹市场变化较大，应采用每年新公布的射孔弹性能数据。国内已将国内外绝大多数射孔弹性能数输入“油气井射孔优化设计软件”的数据库内，用户可随时修改、添加和调用。

在进行优化设计时需要知道射孔弹的压实伤害参数 CZH 和 CZC，应根据每种射孔弹岩心打靶的孔深 L_P、孔径 d_P、贝雷岩心靶长度 L_c、岩心直径 d_c 和射孔岩心流动效率 C_{FE} 计算压实参数。

根据前面的讨论，压实厚度 CZH 在 10~17mm，其值对设计和预测影响不大，故可以统一取各射孔弹 CZH 为 12.5mm，也可以在孔径为 10mm 时取 CZH = 10mm；孔径为 20mm 时取 CZH = 17mm，并按线性关系估计某一孔径所对应的 CZH。

压实程度 CZC(K_{CZ}/K_O)对射孔优化设计有重要影响。可使用射孔弹穿透贝雷岩心靶的各项数据(孔深、孔径、流动效率等)通过射孔岩心靶有限元分析软件计算出压实伤害程度 CZC。国内的“油井射孔优化设计软件”已编入上述方法，可以快速、准确地计算各种射孔弹的压实伤害程度 CZC。

在进行射孔参数优化设计时，也要调查射孔枪的参数。射孔枪参数包括枪外径、适用孔密、相位角、枪的工作压力和发射后外径(包括毛刺)以及适用射孔弹型号。配套使用射孔枪、弹效果最好，因为配套射孔枪能保证射孔弹炸高在一个合理的范围内。

2. 射孔弹孔深与孔径校正

射孔弹厂家公布的射孔弹性能数据目前大都是混凝土靶数据，它并不表示地下实际情况的穿透数据，只有地下实际情况下的穿透数据才能用评价射孔井的动态。因此，在针对特定地层条件进行射孔优化设计时必须进行射孔弹性能参数校正。

在此之前，通过大量的实验，已经获得了贝雷砂岩靶的校正方法。针对目前大量使用混凝土靶的现状，必须进行混凝土靶的校正方法研究。方法之一是寻找混凝土靶与贝雷砂岩靶的转换方法；其二是研究将混凝土靶数据直接校正为实际地层穿透数据的校正方法。

（1）将混凝土靶穿透数据转换为贝雷岩心靶数据

一些油田建立了简易的混凝土靶以检验射孔弹性能。若将混凝土靶穿透数据折算为贝雷岩心靶数据，那么这个数据对优化设计、产能预测和动态分析是有用处的。根据大庆检测中心近年来公布的数据，分析发现混凝土靶和贝雷砂岩靶穿透数据之间有较明显的关联性(与API RP43 第五版的结论相同)。图 5-20、图 5-21 为国内计算关系图，由此可估算贝雷砂岩的穿深和孔径。

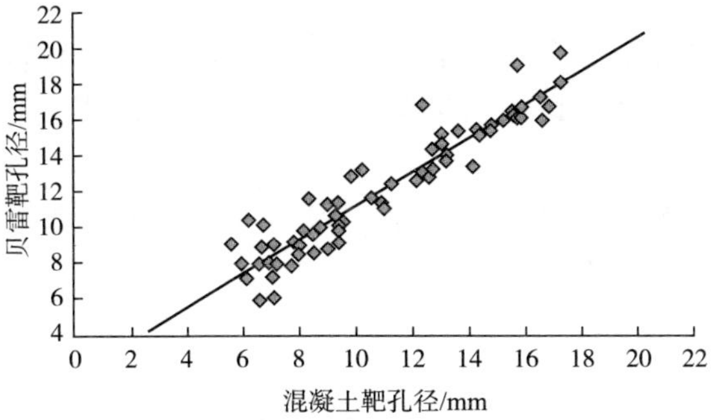

图 5-20　将混凝土靶孔径折算为贝雷靶孔径

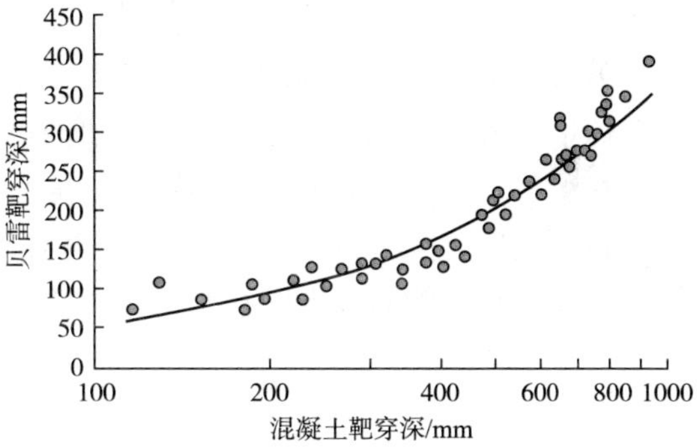

图 5-21　将混凝土靶孔深折算为贝雷靶穿深（横坐标为对数）

（2）射孔弹井下穿深和孔径的校正

虽然根据混凝土靶可以近似得到贝雷靶数据结果，但在实际井下条件下，穿深和孔径与地面贝雷砂岩靶的数据可能会有很大的不同。由贝雷靶向实际地层的校正应该包括 6 个方面，即枪套间隙、套管级别和层数、岩石抗压强度、射孔液垫压力、下井时间和井下温度、射孔弹存放环境和时间等。下面是具体的经验校正方法。

1）枪与套管的间隙 δ 校正。最佳间隙为 0～13mm。若 $\delta=16\sim24$mm，应将地面穿深、孔径数据乘以 0.95；若 $\delta>25$mm，应再乘以 0.95。枪套间隙对穿深的影响要小于对孔径的影响，设计时若需要大孔径弹，则枪套间隙的影响最好通过实验确定。图 5-22 是射孔不能居中时间隙对孔径的影响结果。

2）下井时间和井内温度校正。常用炸药都存在耐温与耐时问题，如果射孔环境超过炸药的耐温、耐时极限，射孔弹炸药将会降解，严重影响射孔弹性能。若可能超过耐温、耐时范围，应将地面穿深乘以 0.85～0.95。实际设计时，最好根据实际井下环境，利用射孔弹炸药的耐温、耐时曲线，选择合适的炸药类型。图 5-23 是常见 RDX、HMX、HNS 和 PYX 的耐温、耐时曲线。

3）射孔液静水压力校正。苏联格里戈和美国 L. A. Berhrman 等的研究表明，射孔液压增大会使穿深和孔径减小。这是由于聚能射流在穿过液层时会在液体中形成空腔，射孔液压力越大，空腔收缩回原始状态的时间就越短，最终导致穿透能力下降。

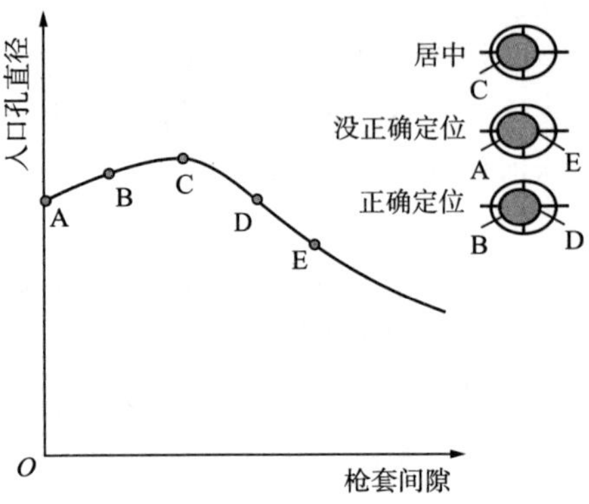

图 5-22 射孔枪位置对孔眼直径的影响

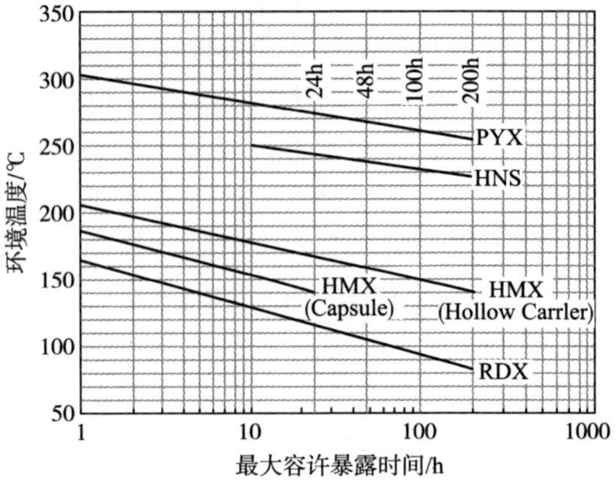

图 5-23 常用炸药耐温、耐时关系曲线

因目前国内岩心靶测试是在井下压力为 10.5MPa 条件下进行的，若实际井下压力不同则需校正。若 p_{wf}<10.5MPa 时，应将地面穿深和孔径乘以 1.05；若 p_{wf} = 15～24MPa 时，应乘以 0.95；若 p_{wf}≥25MPa 时，应再乘以 0.95。

4）产层套管级别和层数校正。套管强度对孔眼尺寸有直接影响，对于高速射流深穿透射孔弹，不同套管钢级下的孔眼大小可由式(5-53)计算：

$$\frac{d}{d_r}=\left(\frac{2250+4.2x_r}{2250+4.2x}\right)^{0.5} \tag{5-53}$$

式中，d 为实际井下套管的孔眼直径，cm；d_r 为地面打靶套管的孔眼直径，cm；x 为实际井下套管的布氏硬度；x_r 为地面打靶套管的布氏硬度。

套管的布氏硬度参见表 5-4。

对于油层含多层套管的情形，孔径在第二层或第三层套管中的变化随弹型的不同而不同。对深穿透射孔弹，一般估计第二层套管的孔径比第一层套管的孔径小 10%～30%；第三层套管孔径比第二层套管孔径小 10%。遇到这种情形最好采用地面打靶实验进行确定，特别是有特殊用途(防砂或砾石充填等)的大孔径聚能射孔弹。

表 5-4 套管级别及其物理性质

套管级别	HRB“B”	HRC“C”	HB	屈服强度/MPa
J55	81～95	—	152～209	379
K55	93～102	14～25	203～256	379
C55	93～103	14～26	203～261	517
L80	93～100	14～23	203～243	552
N80	95～102	16～25	209～254	552
C95	96～102	18～25	219～254	655
S95	—	22～31	238～294	655
P105	—	25～32	254～303	724
P110	—	27～35	265～327	758

穿深的校正可根据套管类型经验确定。若为 N80 套管，地面穿深应乘以 0.95；若为 P110，地面穿深应乘以 0.90。双层套管时，地面穿深应乘以 0.6；三层套管时，地面穿深应乘以 0.4。

5）岩石孔隙度校正。射孔弹的穿透能力随岩石孔隙度减小（抗压强度增大）而减小。国内根据诺模图利用回归分析方法给出了以下校正关系。用 φ_f 表示地层孔隙度（百分数），φ_b 表示贝雷砂岩靶的孔隙度（百分数），C 表示校正系数，则校正方法如下：

若 $\varphi_f/\varphi_b<1$，则：

$$C=\left(\frac{\varphi_f}{\varphi_b}\right)^{1.5}\left(\frac{19}{\varphi_f}\right)^{0.5} \tag{5-54}$$

若 $\varphi_f/\varphi_b=1$，则 $C=1$。

若 $\varphi_f/\varphi_b>1$，$\varphi_b<19\%$时，则：

$$C=\left(\frac{\varphi_f}{\varphi_b}\right)^{1.5}\left(\frac{\varphi_b}{19}\right)^{0.5} \tag{5-55}$$

若 $\varphi_f/\varphi_b>1$，$\varphi_b\geqslant19\%$时，则：

$$C=\left(\frac{\varphi_f}{\varphi_b}\right)^{1.5} \tag{5-56}$$

如能提供地层岩石的抗压强度，校正系数 C 可根据贝雷靶的抗压强度和实际地层抗压强度按式（5-57）计算：

$$C=e^{0.0125(\sigma_r-\sigma_f)} \tag{5-57}$$

注意，公式（5-57）不能直接用于混凝土靶到地层的转换。此外，射孔弹的存放时间和存放环境对其透穿性能也有影响。

3. 钻井伤害参数的计算

钻井伤害主要表现为固相侵入和滤液侵入，并由此引起物理和化学伤害，使产层在一定径向深度的范围内渗透率降低。就射孔而言，钻井伤害参数（伤害深度、伤害程度）是影响射孔优化设计的两个重要参数。目前确定钻井伤害参数的方法有裸眼中途测试方法、测井方法、反求法、经验法以及根据实际测试资料进行拟合等。若条件允许就采用裸眼中途测试法测定或借用同一地层相同钻井条件的邻井中途测试资料。若无中途测试条件可根据钻井数据用经验法确定，国内的射孔优化设计软件已提供经验计算方法。

4. 射孔参数优化设计

射孔参数优化必须建立在对各种地质、流体条件下射孔产能规律的正确认识基础上，或者说必须建立起正确的模型，获得定量化的关系。前面已讨论过各种储层条件下射孔参数对产能的影响（单因素分析）、诺模图以及解析方法，国内也推出了有关砂岩油井、砂岩气井、砂岩注水井、孔隙裂缝性油藏等射孔优化设计软件。

实际在针对具体储层进行参数优选时，可以根据上述方法或工具软件，计算各种可能的孔密、相位、射孔弹组合下的产能比，并计算出每种组合下套管抗挤能力降低系数。在保证套管抗挤毁能力降低不超过 5%的前提下，选择使产能比最高的射孔参数组合。

对于水平井，除了需要进行第一类射孔参数的优选外，第二类和第三类射孔参数也十分重要。射孔参数优选步骤如下：

1）建立各种储层和产层流体条件下的射孔完井产能关系数学模型，获得各种条件下射孔产能比定量关系。

2）收集本地区、邻井和设计井有关资料和数据，用于修正模型和优化设计。

3）调查射孔枪、弹型号和性能测试数据。

4）校正各种射孔弹的井下穿深和孔径。

5）计算各种射孔弹的压实伤害参数。

6）计算设计井的钻井伤害参数。

7）计算和比较各种可能参数组合下的产能比和套管抗挤毁能力降低系数，优选出最佳的射孔参数组合。

8）计算所选方案的产量及表皮系数。

9）计算最小和最大负压，推荐施工负压。

10）选择合适的射孔工艺和射孔液。

11）设计施工管柱和编写施工设计书。

上述各项计算的工作量很大，查诸模图的精度也有限，而国内研究的射孔优化设计软件可以方便、快速、较准确地进行优化设计。

5. 射孔工艺的合理选择

在本章第一节中已经详细讨论了不同的射孔工艺，每种射孔工艺都有各自的优缺点和使用条件，具体的选择应当根据各种射孔工艺的特点，结合实际的储层地质特征、开发需求和工程需求综合确定，选择满足要求的最佳射孔工艺。

6. 射孔液优选

目前常规射孔液体系主要有无固相清洁盐水射孔液、聚合物射孔液、油基射孔液和酸基射孔液。而高密度、耐高温完井液/射孔液体系主要有高密度清洁盐水射孔液（溴盐盐水射孔液、非溴盐盐水射孔液、有机酸盐盐水射孔液）、水基无黏土射孔液、改性钻井液/完井液/射孔液等。

随着油气勘探开发的重点已由浅层转向深层，射孔液的适用温度和密度向着超高温及高密度方向发展。同时为满足环境保护的严格要求，完井液/射孔液中的各种添加剂又必须具有无毒或低毒和易生物降解的性能。因此射孔液的设计应包括：①能够有效控制地层压力，实现密度可调；②具有与储层岩石和流体良好的配伍性，防止黏土膨胀和结垢等；③低腐蚀性，有利于保护油管、套管及设备；④在地面和井下具有良好的稳定性；⑤清洁环保；⑥成本低廉、货源广等。

射孔液的合理选择必须结合具体的储层潜在伤害机理，通过大量的室内实验优化射孔液配方，使射孔液尽量具有与储层良好的配伍性、环保性，保证最佳的射孔效果。

三、水平井射孔优化设计

为了优化水平井射孔完井设计，完善水平井流动动态，必须认清在不同情况下影响水平井射孔完井流动动态的主要因素，并采用相应的技术措施消除不利因素的影响。研究表明，钻井伤害、射孔伤害以及流体流入孔眼的流线汇聚引起的附加表皮是影响水平井产能的主要因素，这些都与上述三类参数的选择直接有关。

1. 第一类射孔参数优化

第一类射孔参数主要指射孔打开段的射孔枪、弹参数的优化。其数据准备和基本步骤和砂岩直井优化过程类似，一般是在下述第二类射孔参数优化结果(宏观优化)的基础上进行局部打开段的射孔优化(局部优化)，或将二者结合直接进行优化设计计算与选择。

根据国内外研究结果，射孔枪、弹参数的选择及其产能比评价应遵循以下设计原则：

1）孔密对产能指数有显著的影响，达到最优产能比的射孔密度比垂直井低得多，也就是说水平井射孔完井没有必要追求高孔密。

2）孔眼深度对水平井产能比的影响比对垂直井更为显著；在低孔密和各向异性比高的条件下，孔眼深度的影响更为显著，深穿透射孔效果明显。

3）在各向异性地层中，射孔相位角对产能指数的影响尤为显著，180°相位比90°相位要好；对于各向同性地层，相位角的影响很小，可以忽略。

4）限制钻井伤害深度，以便它能够被射孔所穿透对于提高产能是非常重要的。如果射孔未能穿透伤害带，那么伤害带渗透率和地层渗透率的比值将对井产能产生严重影响。因此，严重的钻井伤害要求进行深穿透射孔。

5）在井底使用高孔密和深穿透射孔可以帮助获得最大产能。相反，为了控制气水锥进，获得一致的流量剖面，在井底使用比较低的射孔密度才是合适的。

6）对于油井，非达西流的影响可以忽略；而对于气井，非达西流动影响十分明显，必须考虑其对产能的影响。

2. 第二类射孔参数优化

(1) 打开程度和打开位置

根据水平井射孔完井产能规律的研究结果可知，在井筒的流动动态和油气藏渗流的共同作用下，射孔打开程度、打开段的位置和分布直接影响水平井的生产能力。水平井打开位置和打开程度优化，是通过耦合产层流入动态和水平井筒的多相流动模型，利用数值方法或格林源函数法求解完成的，它必须结合实际油藏和井身数据进行分析。

图 5-24 是射孔完成水平井分段打开与全部打开的流量分布结果示意图，从图中可以看出分段打开时单段的流量贡献比全部打开对应井段的流量贡献要高，如果打开程度合适，分段打开和全部打开时水平井产能相差不会很大。合理的打开程度必须结合具体油气藏进行相应的分析计算。

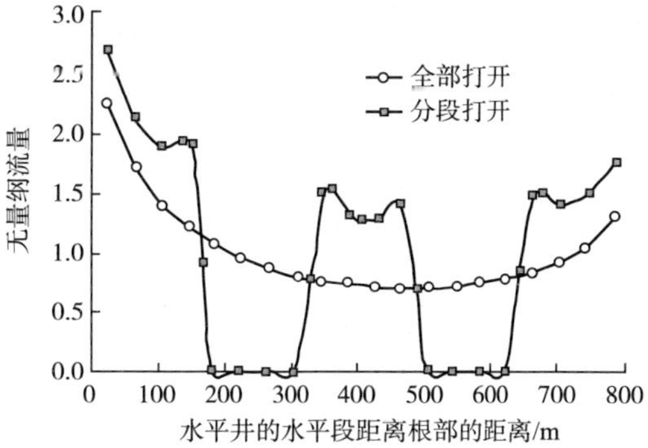

图 5-24　水平井打开方式与流量贡献分布

从图 5-24 中同样可以看出，水平井根端的打开段流量贡献最大。因此，如果选择分段打开，在给定打开程度下分多少段、各段位置也必须根据具体油气藏情况、井身轨迹、钻遇情况和测井解释等进行相应的模拟器计算，并结合射孔工艺的实施情况综合决定。打开段离水平井根端越近，产能相对越高。

打开程度和打开位置优化是在假定不同射孔局部打开表皮因子的基础上进行的。

(2) 打开方位

水平井和垂直井射孔优化设计的不同点除了射孔打开位置和程度两个方面，还在于地层非均质性和孔眼方位对水平井的影响与垂直井完全不同。研究表明，如果孔眼方向与地层最小渗透率一致，那么油气井射孔完井的表皮系数将最低。也就是说，对于大多数各向异性地层，孔眼最好是垂向 180°定向射孔。

对于各向异性地层，60°、90°或 120°相位确实没有 180°相位有效，但是如果提高孔密，也可能获得与 180°相位相似的结果，并且这种方法对精确定向要求不高，有利于施工。

对于需要防止地层出砂和孔眼坍塌的情况，采用低边更具实际意义。

3. 第三类射孔参数优化选择

这里指射孔压差的确定，主要根据选择的射孔工艺结合前面第三节的方法进行设计。

四、其他特殊井射孔设计原则

前面讨论了常规直井、水平井射孔优化设计方法。对于一些特殊井，比如欲压裂井、防砂井、高温高含 H_2S 井、注水井、稠油井等，对于它们的射孔设计是有不同要求的。

1. 压裂井射孔参数设计

射孔参数的选择对水力压裂、酸压和基质酸化的施工质量有重要影响。压裂井射孔参数优化的目的是尽可能地降低在压裂施工时以及油气井投入生产时的近井筒压力区域损失。压裂井射孔参数设计一方面要使射孔参数的选择有利于裂缝启裂，减少砂堵的可能性；另一方面要求射孔参数能满足携砂液良好的携砂能力、低的孔眼摩阻，保证孔眼与地层最佳的沟通能力。因此，压裂井射孔参数设计的出发点与常规射孔井追求最高产能比是有差别的。

(1) 孔眼直径

当为压裂井选择射孔弹时，穿深和孔眼尺寸必须协调。保证足够大的孔眼尺寸对于防止脱砂、防止孔眼和孔眼附近区域支撑剂桥堵十分重要。过早脱砂会大大降低裂缝长度和支撑剂体积。

Gruesbeck 和 Collins 进行的一系列实验表明，当孔径是支撑剂颗粒直径的 6 倍以上时，可以增大支撑剂浓度，不会有桥堵的危险。但在施工中，为防止脱砂，射孔孔径通常按式(5-58)考虑：

$$d=(8\sim10)d_z \tag{5-58}$$

式中，d 为射孔孔眼直径，m；d_z 为压裂支撑剂直径，m。

(2) 孔眼密度

水力压裂的地面施工功率限制了所能提供的最大施工流量，与裂缝相连的孔眼数目决定了通过每一孔眼的平均流量。对于 0°相位和 180°相位射孔，每个孔眼都能与裂缝沟通(定向射孔的情形)；对于 120°相位射孔，只有 2/3 的孔眼能与裂缝沟通；而对于 60°相位射孔，可能只有 1/3 的孔眼能与裂缝沟通。

最小的射孔密度依赖于每个孔眼所需的注入量、井口压力、流体性质、完井油管、套管尺寸、允许的射孔孔眼摩阻压力和孔眼入口直径。

对于限流压裂，孔密设计有特殊的考虑。一般是根据各层段破裂压力、地应力的差别计算出单孔必须达到的孔眼摩阻，再根据孔眼几何参数与压裂施工排量确定总孔数，进而根据各层段的打开净厚度确定各层的孔眼数目。

(3) 射孔相位

大量研究表明，理想的压裂施工条件是孔眼和储层的最大主应力方向一致，这是因为从孔眼处启裂的裂缝将沿着最小阻力的最大水平主应力平面扩展。

对于已知裂缝平面的情况，采用180°相位定向射孔，可以大大减少射孔孔眼摩阻和提高压裂施工处理效果。如果不能保证定向射孔精度，孔眼和最大水平主应力平面夹角最好不要超过30°。如果裂缝平面方位未知或射孔枪定向不具备条件时，推荐使用60°相位角。

(4) 孔眼深度

压裂井射孔不必考虑深穿透的问题，因为裂缝一般是在接近砂面孔眼的部分启裂并逐渐向最大水平主应力平面扩展，射孔枪的穿透性能与套管上孔眼直径尺寸相互制约。

射孔完井后或者在地面开始泵入施工流体后可能会产生微环隙。这里微环隙指携砂液沿套管周围形成的环状路径，即水泥环与砂面的交界面。微环隙存在与否直接关系到射孔参数对裂缝启裂的影响。如果存在微环隙，裂缝的启裂则同裸眼井压裂类似，初始裂缝的发育受射孔相位的影响不大，只有当孔眼方位与最优裂缝面的最大水平主应力平面夹角在30°以内时，裂缝才会在孔眼处启裂。

通过对射孔参数的合理选择，不仅可以降低破裂压力，减少裂缝弯曲摩阻，还可以提高压裂的成功率。

对大斜度井，裂缝的启裂、雁行裂缝的连接以及裂缝的重定向直接与射孔参数关联，射孔参数的选择更加关键。如果井筒正好位于最大水平主应力平面，那么采用垂向180°相位或者180°定向到井筒最小周向压应力方向定向射孔最佳。井筒方位和最大水平主应力平面夹角越大，井筒与最大水平主应力平面交集越小(夹角呈90°时最小)，此时斜井压裂井段的射开厚度也应随之减小，以减少孔眼处启裂的雁行裂缝因无法连接而形成多裂缝(国外推荐射开3m)。

对于大位移水平井(井倾斜角大于75°)，如果井筒走向与最大水平主应力平面夹角较大，推荐采用分段集中高孔密多相位射孔，每段集中在1m范围内，通过有效层段封隔工具，可以实现水平井多裂缝系统生产。对于超正压射孔作业，射孔参数的选择与井筒不存在微环隙的情况相似。

2. 防砂井射孔参数设计

对于弱胶结、非胶结砂岩地层，出砂是影响油气井正常生产的主要障碍。常用的防砂技术措施分为两类：无筛管防砂和有筛管防砂。前者主要包括压裂充填防砂、化学固砂和射孔防砂；后者则是井底安装机械防砂装置，包括常用割缝衬管、各种绕丝或预充填筛管、管内砾石充填、裸眼砾石充填等。

(1) 射孔防砂

这里是指通过合理选择射孔参数，来保证射孔孔眼的长期稳定，在能够承受的最小出砂量前提下，能够避免因生产压差变化、地层压力枯竭、含水率上升而导致的油井大量出砂风险。地层出砂首先是孔眼失稳破坏导致骨架砂脱落，然后才是砂的运移。生产压差和地层压力枯竭引起的孔眼周围应力变化是孔道破坏的主要原因，流体的流速是砂运移的动力。大量的理论研究、数值模拟、室内和现场试验研究表明，要实现射孔防砂，射孔参数(主要指穿深、孔密、相位)的优化选择十分重要。

1）穿深：最好选择深穿透射孔弹，因为对于单个孔眼的稳定性，深穿透弹孔眼深而孔径较小，其力学稳定性比大孔径弹的孔道要好得多。

2）相位和孔密：除了考虑单个孔眼的稳定性外，必须考虑孔眼之间的相互作用对稳定性的影响。也就是说，孔眼间距离必须足够大，才能避免生产时孔眼附近弹塑性应力区的相互搭接或重叠，防止因单一孔眼的坍塌破坏引起连锁反应，而导致整个射孔井段的坍塌出砂。

孔眼间的间距受孔密和相位的直接影响(图 5-25)，孔密越小孔距越大，虽然孔眼间相互干扰小，但单孔流量增大会导致砂运移而出砂。因此，一般是将孔密固定在一个合理的范围内，通过优化射孔相位实现孔距最大化。

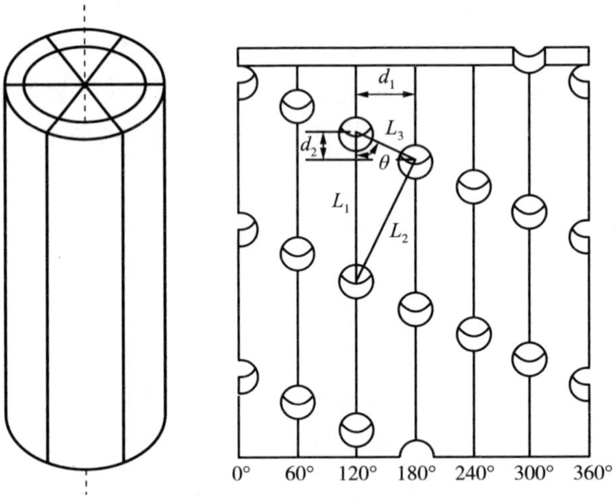

图 5-25　60°相位孔眼间距展开图

为了使孔间距最大，对于给定的井径和孔密，最佳的相位应满足 $L_1=L_2=L_3$。但对于螺旋布孔，三者相等是不可能的。因此，只要满足 L_1、L_2 和 L_3 中有一对相等的相位，即为最佳相位。它们的几何关系为(单位用 SI 制)：

$$d_1=\frac{1}{km} \tag{5-59}$$

$$d_2=\frac{\pi}{180°}\cdot\alpha R_{\min} \tag{5-60}$$

$$L_1=\frac{360°}{\alpha}\cdot d_1 \tag{5-61}$$

$$L_2=\sqrt{L_1^2+L_3^2-2L_1L_3\cos\theta} \tag{5-62}$$

$$\theta=\arctan(d_2/d_1) \tag{5-63}$$

$$L_3=\sqrt{d_1^2+d_2^2} \tag{5-64}$$

式中，km 为孔密，孔/m；α 为相位角，(°)；$R_{\min}$ 为射孔枪中点到储层面的最短距离(射孔枪居中时即为井筒半径)，cm。

如果给定 R_{min} 和 α，也可以通过优化射孔密度实现孔距最大化。

3）定向射孔：对于地层垂向应力、水平最大主应力、水平最小主应力相差较大的情形，为了提高孔眼的稳定性，最好采用定向射孔，定向方位与最大主应力方向一致，偏差不超过15°~25°为宜。

如果无法实现定向射孔，现有器材也不能调整以适应孔间距的最大化要求。根据 1989 年 N. Morita 等人的研究，如图 5-26 所示，在低孔密时，90°相位比 60°相位具有更高的临界压差；在高孔密度时（>20 孔/m），60°相位的孔眼稳定性明显优于 90°相位，即使孔密增加到 40 孔/m，孔眼稳定性都不会降低。

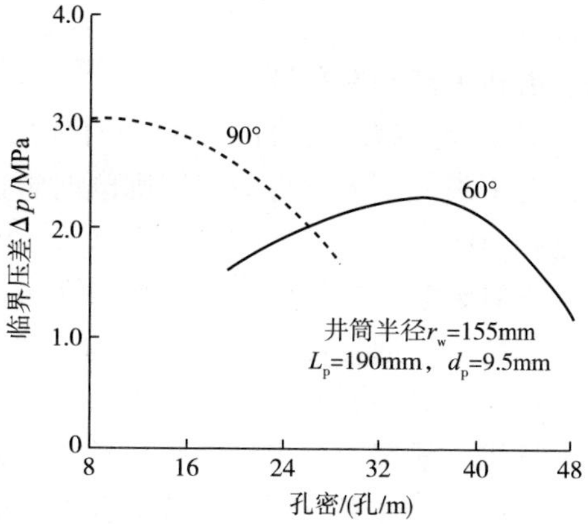

图 5-26　临界出砂压差与孔密、相位角的关系（N. Morita）

4）射孔负压：射孔负压以清洗孔眼时不至于引起孔眼坍塌为标准。

（2）套管砾石充填防砂（IGP）

仅靠合理选择射孔参数防砂，其作用是有限的，因为有时为了防止出砂不得不降低生产压差、牺牲产量，所以大多数油公司不采用这种方法。很多油气井采用了套管砾石充填防砂，既可以实现挡砂，也可以采用较大压差生产，以满足实际生产需要。

管内砾石充填防砂井射孔参数的选择主要是为砾石充填施工服务，同时保证充填完毕后套管和水泥环处充填孔眼内的流动压力损失很低。如果在生产时没被遮挡住的地层砂沿孔眼流入井底又无法通过井筒排出，从而滞留在孔道中，那么充填孔眼的流动能力将大大降低。

一般情况下，此时射孔设计的根本是采用大孔径射孔弹，尽量提高井筒可供流动的面积，又保证了砾石充填的效率。射孔相位一般采用 60°或 45°低相位。孔密常用高孔密，如 36 孔/m、48 孔/m，甚至 64 孔/m。

对于压裂充填（FRAC-PACK）或高速水充填（HRWP），射孔参数的选择与套管砾石充填类似。而对于不下砾石充填筛管的压裂充填作业，即在压裂充填前对地层或充填后对充填裂缝进行环氧树脂胶结处理，这样可以有效防止支撑剂回流并形成挡砂屏障。由于施工后井筒、套管和水泥环处孔眼没有砾石存在，射孔参数的选择与常规 IGP 或压裂充填的考虑就不同了。除了射孔为保证孔径必须要满足的压裂砂充填要求是相同的之外，应该避免不必要的孔眼（即不直接与充填裂缝相连的孔眼）存在，这样可以减少地层出砂的可能性和风险。对于这类施工，推荐采用 0°或 180°相位，最好定向到 PFP 平面，射开厚度也要尽可能小。

渤海油田大量现场应用表明，砾石充填要求孔径大于 18mm，为了避免砾石充填形成死区应采用多相位，枪套间隙以 1in 最为理想，最小不得低于 0. 5in，最大不得大于 1. 5in。对于 9⅝in 套管，在马来西亚 290 个层砾石充填表明，使用 6in 和 7½in 枪效果都很好，但由于负压射孔可能会引起填充砂返吐，因此选择 6in 射孔枪最安全。

3. 碳酸盐岩气层射孔参数设计

碳酸盐岩的岩石类型主要是石灰岩和白云岩，且大部分碳酸盐岩属于储气层，如我国四川气田和长庆气田等，其特点是储层裂缝相对较发育，基岩的渗透率很低。这类储层的射孔设计应重点考虑与天然裂缝网络的沟通和气层保护问题，影响的因素包括孔密、孔径、孔深、射孔工艺和射孔液。

对于天然裂缝发育的碳酸盐岩气层，理想的选择是中等孔密、深穿透和尽可能大的孔径；对于裂缝不太发育的气层则倾向于选择高孔密、深穿透；对于相位没有特别要求，一般可选择90°。

正对碳酸盐岩气层，在选择射孔参数的基础上，可以通过选择合理的射孔工艺来提高井筒与裂缝的沟通程度，如可以选择射孔与高能气体压裂联作、氮气超正压射孔+酸液的方式，可大大提高井底完善程度，有效发挥气层产能。

气层一般都对外来液体很敏感，因此射孔液对气层的伤害是不容忽视的，应采用与储层配伍的射孔液体系，通过负压射孔的方式以减轻射孔液和射孔弹的压实伤害。

需要特别强调的是，必须注意气井射孔的安全问题，特别是高温、高压、高含腐蚀性气体的碳酸盐岩气层，在管柱结构、传输方式、射孔器材的选择上应予以特殊考虑。

4. 稠油油藏射孔参数设计

目前稠油油藏开采的主要技术有两大类，即稠油热采和稠油冷采。稠油热采的方法主要包括蒸汽吞吐(CSS)、蒸汽驱、蒸汽辅助重力驱(SAGD)等，由于大多数稠油油藏是由疏松砂岩组成的，因此开采过程出砂很严重，一般都需采用防砂完井设计，此时射孔设计应结合具体防砂工艺进行。对于套管砾石充填防砂，射孔设计原则同前，即应采用高孔密、大孔径、低相位(如60°)。

稠油冷采的原理是激励地层砂随油藏流体一同产出，通过蚯蚓洞网络机理、溶解气驱机理，经砂岩的高渗孔道产出泡沫油流(泡沫油机理)。这种方法生产成本低，产量高。此时射孔设计的主要目标是减少孔眼堵塞、强化初期产砂和稳定后期产油。稠油冷采通常采用大孔径、高孔密、低相位、平衡或负压射孔、全部射开产层的射孔方法。

最新的研究结果表明，稠油冷采时应重视上覆页岩层脱落、上覆页岩层坍塌、套管伤害、产砂困难以及底水问题，因此推荐射孔密度不要太高、孔径不能太大，采用中等穿透。生产时应缓慢增加生产压差，并尽量维持在定压差生产(直到近井筒蚯蚓洞网络已形成并远离井筒)，这样有利于地层砂体稳定，能够支撑上覆岩层应力。

5. 高温、高压深井射孔参数设计

射孔参数的选择和常规井相似。这里强调的是射孔系统的安全。

高温是设计主要考虑的因素，同时应注意在较高的静水柱压力、井口压力以及电缆负荷急剧增加的情况下所引起的施工问题。随着温度的增加，所产生的主要负面影响有：系统部件的性能迅速恶化，金属合金的强度大幅降低、腐蚀速度增加，电动或电子设备的可靠性降低，弹性橡胶失去应有的性能，高爆炸药降解。

高温下系统的性能取决于暴露时间。一般射孔系统都有温度和暴露时间额定指标，在不得不考虑温度影响时，不要高估系统的性能，因为系统总体性能是由系统中最薄弱的部件决定的。

对于密封弹性橡胶，应使用更好的材料(如氟化橡胶)替代常规标准材料(如氯丁橡胶)。注意需要加强密封套防止挤压破坏。系统电子元件线路的绝缘、接头应置于真空密闭容器以延长使用寿命。

射孔枪、配件及电子设备外筒在高温环境下会使强度降低并且变得易于被腐蚀。枪强度的降低可达到15%，建议试验下井前进行模拟试验，推荐选用可多次使用的射孔枪，这样可保证枪身具有持久的强度和抗压能力。

高爆炸药性能随温度和暴露时间的增加迅速恶化，其结果是性能降低甚至自爆。因此射孔弹的炸药类型、导爆索、点火头选择必须满足井下高温要求。

如果在负压环境下射孔，高温高压深井常常有较高井口压力，那么井口必须使用高压井口装置。虽然电缆输送套管枪正压射孔已经在很多高温深井中得到应用，施工方便快捷，但必须注意电缆的负荷。最好采用油管输送射孔。

6. 高含硫化氢井射孔参数设计

高含硫化氢井射孔参数没有特别要求，射孔设计与非硫化氢井一样，这里的主要问题是人身安全以及射孔系统设备潜在的失效问题，主要危害是设备的腐蚀。对于硫化氢浓度<2%的情况，应在暴露元件的表面涂上防硫抑制剂；对于硫化氢浓度>2%的情况，则需要使用专用设备，比如采用防硫化氢的合金电缆、采用低强度合金钢压力控制元件、使用氟化橡胶等。

五、射孔液选择

对射孔液总的要求是保证其与油层岩石和流体配伍，防止射孔过程中和射孔后对油层的进一步伤害，同时又能满足下列性能要求。

1）密度可调节：为在套管枪射孔时有效地控制井喷，射孔液的密度必须适合油层压力，既不能过大也不能过小，过大易压死油层，过小易发生井喷。

2）腐蚀性小：要求射孔液减少对套管和油管的腐蚀，同时还要减少产生不溶物，防止不溶物进入射孔孔道，对产层造成伤害。

3）高温下性能稳定：采用聚合物配制的射孔液，要求在高温下聚合物不降解且保持性能稳定；采用盐水配制的射孔液，要防止其随温度的变化而产生结晶。

4）无固相：防止堵塞孔道。

5）低滤失：降低对油层的伤害。

6）成本低：配制方便。

目前有多种射孔液体系可供选择，射孔液应根据油藏和流体特性、地层伤害、地层敏感性、漏失等状况进行合理选择。射孔液的主要体系有：无固体清洁盐水射孔液、聚合物射孔液、油基射孔液、酸基射孔液。

六、射孔表皮系数

1981 年，Locke 采用有限元方法研究了一种基于图表的射孔性能评价方法，但 Locke 的方法有相位角受限等不足。Karakas 和 Tariq（1991）提出了一种半解析射孔表皮系数评价方法，该方法具有较好的适应性，被业界普遍采用。其具体步骤如下：

1）无量纲参数定义。

$$h_D = \frac{h}{l_p}\sqrt{\frac{K_h}{K_v}} \tag{5-65}$$

$$r_{pD}=\frac{r_p}{2h}\left(1+\sqrt{\frac{K_p}{K_h}}\right) \tag{5-66}$$

$$r_{wD}=\frac{r_w}{r_w+l_p} \tag{5-67}$$

式中，h 为两个射孔的间距，mm；h_D 为两个射孔的无量纲间距；l_p 为射孔长度，mm；K_h 为水平渗透率，mD；K_v 为垂直渗透率，mD；r_p 为射孔半径，mm；r_{pD} 为无量纲射孔半径；r_w 为裸眼半径，mm；r_{wD} 为无量纲裸眼半径。

2）射孔表皮系数。

$$S_p=S_h+S_{wb}+S_v+S_c \tag{5-68}$$

式中，S_p 为射孔表皮系数；S_h 为水平表皮系数；S_{wb} 为井筒表皮系数；S_v 为垂直表皮系数；S_c 为压碎区表皮系数。

3）分解的表皮系数由下列各式分别计算。

① 水平表皮系数。

除 0°相位角以外的水平表皮系数计算公式为：

$$S_h=\ln\left[\frac{r_w}{\alpha(r_w+l_p)}\right] \tag{5-69}$$

式中，α 为相位角校正系数(表 5-5)。

0°相位角的水平表皮系数计算公式为：

$$S_h=\ln\left(\frac{4r_w}{l_p}\right) \tag{5-70}$$

② 井筒表皮系数。

$$S_{wb}=C_1 e^{C_2 r_{wD}} \tag{5-71}$$

式中，C_1、C_2 为实验常数(表 5-5)。

③ 垂直表皮系数。

$$S_v=10^a h_D^{b-1} r_{pD}^b \tag{5-72}$$

$$a=a_1\lg r_{pD}+a_2 \tag{5-73}$$

$$b=b_1\lg r_{pD}+b_2 \tag{5-74}$$

式中，a_1、a_2、b_1、b_2 为实验常数(表 5-5)。

表 5-5　Karakas 和 Tariq 模型的射孔常数

相位角/(°)	a	C_1	C_2	a_1	a_2	b_1	b_2
0	N/A	1.6×10^{-1}	2.675	-2.091	0.0453	5.1313	1.8672
180	0.5	2.6×10^{-2}	4.532	-2.025	0.0943	3.0373	1.8115
120	0.648	6.6×10^{-3}	5.320	-2.018	0.0634	1.6136	1.7770
90	0.726	1.9×10^{-3}	6.155	-1.905	0.1038	1.5674	1.6935
60	0.813	3.0×10^{-4}	7.509	-1.898	0.1023	1.3654	1.6490
45	0.860	4.6×10^{-5}	8.791	-1.788	0.2398	1.1915	1.6392

④ 压碎区表皮系数。

$$S_c = \frac{h}{l_p}\left(\frac{K}{K_c}-1\right)\ln\left(\frac{r_c}{r_p}\right) \tag{5-75}$$

式中，K_c 为压碎区域的渗透率，mD；r_c 为射孔周围压碎区域半径，mm。

计算综合表皮系数应考虑伤害和射孔两个因素的影响，这时由于钻井伤害区所形成的表皮系数 S_{dp} 可表示为：

$$S_{dp} = \left(\frac{K}{K_d}-1\right)\ln\left(\frac{r_d}{r_w}\right)+\left(\frac{K}{K_d}\right)(S_p+S_x) \tag{5-76}$$

式中，K 为地层渗透率，mD；K_d 为受伤害地层渗透率，mD；r_d 为伤害区域半径，mm；S_x 为边界效应的修正系数，当射孔相位为 180°时，采用表 5-6 中的系数，其他情况下忽略不计。

表 5-6 边界修正系数

$r_d/(r_w+l_p)$	S_x	$r_d/(r_w+l_p)$	S_x
18	0	1. 5	-0. 024
10	-0. 001	1. 2	-0. 085
2	-0. 002		

4）经过修正的射孔表皮系数。

$$S_{dp} = S'_h+S'_{wb}+S'_v+S'_c \tag{5-77}$$

除 0°相位角以外的水平表皮系数计算公式为：

$$S'_h = \ln\left[\frac{r_w}{\alpha(r'_w+l'_p)}\right] \tag{5-78}$$

0°相位角的水平表皮系数计算公式为：

$$S'_h = \ln\left(\frac{4r_w}{l'_p}\right) \tag{5-79}$$

其中：

$$l'_p = l_p-\left(1-\frac{K_d}{K}\right)l_d \tag{5-80}$$

$$r'_w = r_w+\left(1-\frac{K_d}{K}\right)l_d \tag{5-81}$$

通常油井的产能略低于未受损的垂直裸眼井，略高于同等受损程度的裸眼井。图 5-27 显示了射孔长度和伤害层渗透率的敏感性。如果射孔伤害的数量较多，通过伤害区域的临界状态，在渗透率较高的破碎带，通常会出现负表皮系数。图 5-28 显示了射孔密度以及地层各向异性对表皮系数的影响，在较小的各向异性（与射孔的大小相同）范围内，较高的射孔密度更有利，当射孔密度为 40 孔/m 时，各向异性对射孔表皮系数没有明显影响，但仍会有一些小偏差。相位角对射孔表皮系数的影响要小得多，只要避免 0°和 180°相位角就可以了。有时，在增产等应用中，0°相位是有保证的。优化相位以避免射孔重叠，从而延迟出砂，对产能有所提高。从图 5-29 中可以看出，45°、60°、90°和 120°相位角对射孔表皮系数的影响相差不大。

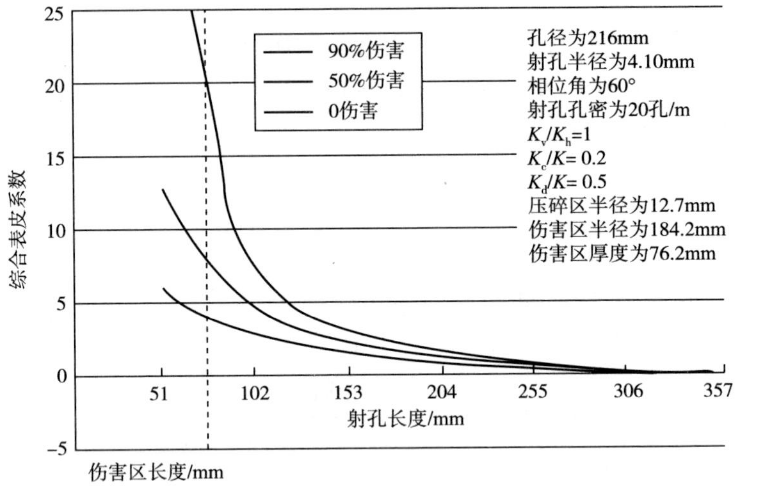

图 5-27　射孔长度对射孔表皮系数的影响(Karakas 和 Tariq)

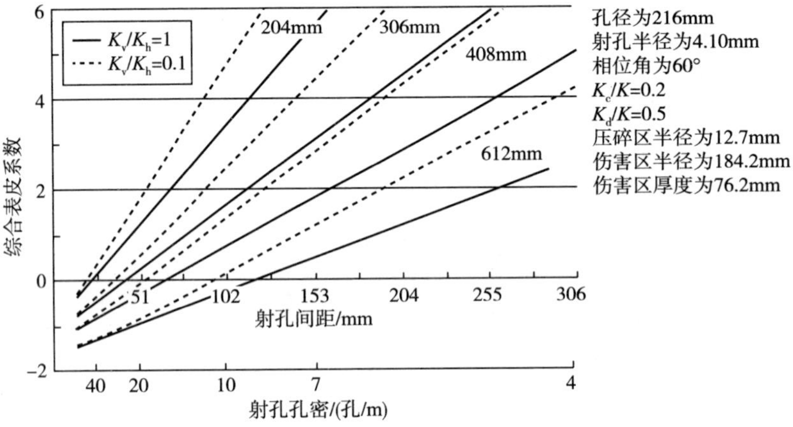

图 5-28　射孔孔密对射孔表皮系数的影响(Karakas 和 Tariq)

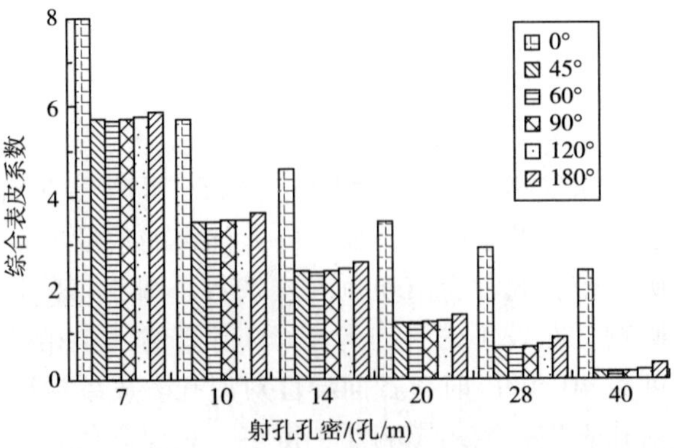

图 5-29　射孔相位角对射孔表皮系数的影响(Karakas 和 Tariq)

七、射孔工程设计书

射孔工程设计书是现场实施和指导现场操作的核心文件。在完成一口井的射孔设计后，必须通过有关技术部门和领导的审核、批准方能实施。现场施工队伍和技术人员必须严格按照设计书的要求进行各种操作实施。因此，作为一名从事完井工程设计的技术人员，除了需要完成完井工程的各种计算、设计外，还必须形成一个书面材料，即射孔工程设计书，作为现场实施的指导性文件。

射孔工程设计书的内容主要包括：

1）油井基本数据。

2）产层及流体特性。

3）邻井(相似井层)试油试采成果。

4）射孔方案设计。

5）射孔工程设计要求。

6）安全及质量要求。

7）费用预算。

8）井身结构示意图。

在目前的石油行业标准中，还没有完全统一的射孔工程设计书标准，各油田都是根据本地区的情况、要求形成书面材料，虽然在书写格式上有所区别，但其主要设计内容和技术要求基本相同。

第六节　射孔井产能影响规律分析

在影响油气井产能的射孔参数中，射孔枪以及射孔弹性能(包括孔密、孔深、孔径、压实伤害)与地层岩石和流体参数对射孔后油气井产能的影响十分明显。为了科学地评价射孔过程对地层的伤害，预测不同射孔条件下的射孔井产能，需要利用室内实验、理论方法以及现场试验等手段针对不同储层类型、不同流体类型以及不同井的类型，结合相应的射孔工艺进行研究，弄清不同条件下射孔参数与油气井产能的关系，科学合理地指导施工。

一、砂岩油气藏射孔井的产能规律

影响射孔完井产能的因素很多，主要有孔密、孔深、压实伤害程度、地层非均质性、压实厚度、相位、孔径、钻井伤害程度、钻井液污染厚度、井筒半径、渗透率、生产压差和布孔格式等因素，要综合考虑每个单因素的影响，分清这些因素的影响主次，并进行正交分析和显著性检验。

国内外用电模拟及有限元数模研究了射孔参数对砂岩油气层产能的影响。研究表明，孔眼能否穿透污染带，各种影响因素的重要度是不一致的，结果如表 5-7 所示。

可见同一射孔参数(特别是孔密、孔深、孔径、钻井伤害和压实伤害参数)，对油藏和气藏的影响都是不一样的，下面分析不同影响因素对油气井产能的影响规律。

表 5-7　油气井射孔诸因素相对重要度排列顺序

影响因素	砂岩油井		砂岩气井	
	未射穿伤害区	已射穿伤害区	未射穿伤害区	已射穿伤害区
孔深	2	2	2	7
孔密	3	1	3	1
孔径	8	8	4	2
相位角	6	6	8	10
压实厚度	9	9	11	11
压实程度	5	3	5	9
伤害深度	7	5	10	12
伤害程度	1	7	1	3
各向异性	4	4	7	4
渗透率	无影响	无影响	12	8
井筒半径	10	10	6	5
生产压差	无影响	无影响	9	6

注：表中数字越小表示越重要。

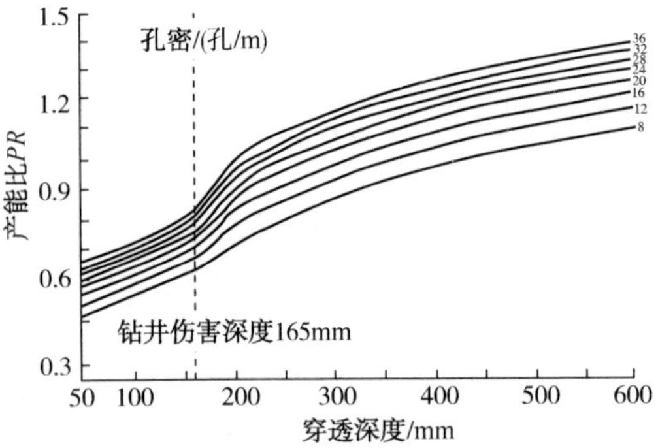

图 5-30　孔深、孔密与油井产能比曲线

1. 射孔参数对油气层产能的影响规律

（1）孔隙性油藏

1）孔深、孔密的影响：如图 5-30 所示，油井产能比随着孔深、孔密的增加而增加，但提高幅度逐渐减少，即靠增加孔深、孔密提高产能应该有一个限度。从经济角度讲，在孔深达到 800mm，孔密达到 24 孔/m 以前，增加孔深、孔密的效果比较明显。目前我国射孔弹混凝土靶穿深最大在 1080mm 左右（折算成贝雷靶穿深大约为 750mm），但对于中低渗透储层，射孔弹砂岩穿深在 500mm 左右，孔密也多为 16 孔/m 或 20 孔/m，发展深穿透射孔弹和高孔密射孔工艺仍有很大的潜力，特别是不同枪型的深穿透和高孔密射孔枪系列化和国外差距还很大。当然，在实践中应综合考虑成本、对套管的破坏程度、工艺和井下情况等约束性条件，科学地选择孔深和孔密。

从图 5-30 还可以看出，孔深穿过的地层伤害区，产能比有明显上升，故应尽量控制钻井液伤害深度，如采用屏蔽暂堵技术等。

研究表明，在各向异性不严重时（$0.5 \leq K_v/K_h \leq 1.0$），若无法穿透伤害区，则孔深比孔密更重要（图 5-31），此时宜采用深穿透、中等孔密（16 孔/m 左右）；若地层伤害区浅可以保证穿透，则孔密比孔深更重要，此时宜采用高孔密（22 孔/m 以上）。

在各向异性严重时（$K_v/K_h<0.5$），高孔密的效果非常明显。无论能否穿透伤害区，都应

采用高孔密(20 孔/m 以上)，如图 5-31 所示。

2）布孔相位角的影响：各向异性与相位角之间存在交互作用关系，如图 5-32 所示，在各向异性不严重时($0.7 \leqslant K_v/K_h \leqslant 1.0$)，90°相位最好，0°相位最差。按照产能比由高到低的顺序，相位角依次为 90°、120°、60°、45°、180°、0°；在各向异性程度为中等时($0.3 < K_v/K_h < 0.7$)，产能比最高的相位角为 120°，0°相位最差；在各向异性严重时($K_v/K_h \leqslant 0.2$)，按产能比高低依次为 180°、120°、90°、60°、45°、0°，故将 120°、180°称为高相位。各向异性严重时高相位射孔产能比较高，这是因为当孔密一定时，高相位同一方向的两相邻孔眼的纵向距离减小，使得各向异性的影响可以最大限度地减小。而均质时，同向相邻两孔纵向距离并不是主要矛盾，主要矛盾为平面分流，故此时低相位的 90°、60°优于 180°(低相位可以沿平面在多方向上布孔)。由此可知，高相位角(如 180°)情况下各向异性影响不大，而低相位角(如 90°、60°)情况下各向异性影响比较严重。从图 5-32 可知各向异性对射孔井产能比有很明显的影响，因此必须根据各向异性高低优选射孔相位角。

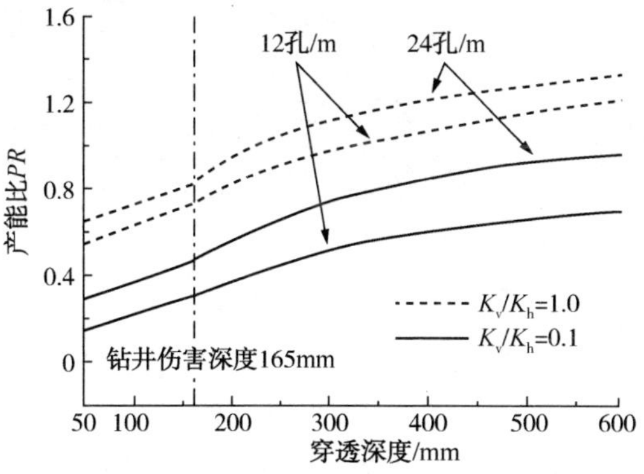

图 5-31 各向异性和孔密对产能比的影响

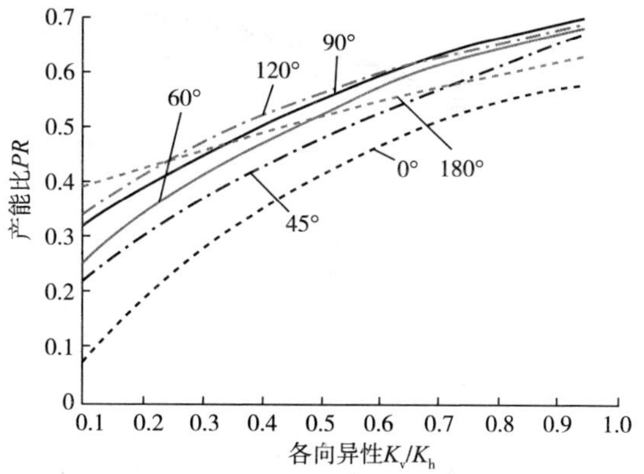

图 5-32 相位角和各向异性对产能比的影响

3）孔径的影响：如图 5-33 所示，孔径相对而言是不太重要的影响因素，一般保证孔径在 10mm 以上即可。

在以上单因素分析中，基本参数为：孔深 $L_p = 100$mm，孔密 = 20 孔/m，孔径 $d_p = 10$mm，相位角 $\varphi = 90°$，压实厚度 CZH = 12.5mm，压实程度 CZC = 0.2，伤害深度 $D_H = 165$mm，伤害程度 $D_C = 0.5$，各向异性 $K_v/K_h = 1.0$。不同参数下的产能比高低会有变化，但上述规律不变。

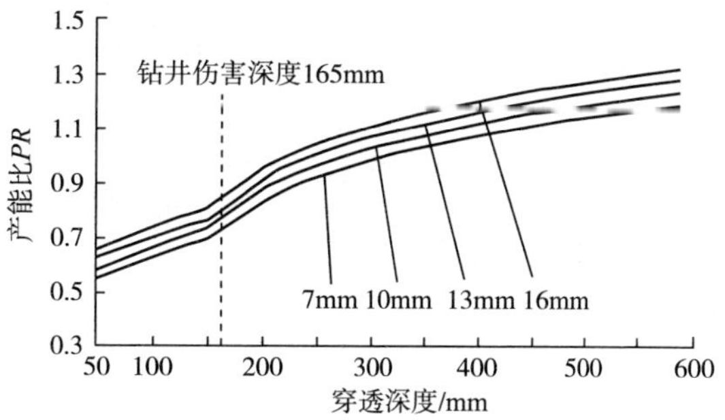

图 5-33 孔径对油井产能比的影响

（2）孔隙性气藏

由于气体的高速渗流会发生非达西效应，并且射孔井和裸眼井由于气体渗流速度的差异会导致不同的紊流效应。地层渗透率和生产压差这些明显影响渗流速度的因素，也会对气井射孔产能比有所影响。图 5-34 是气井产能比与地层渗透率的关系。随着气藏渗透率的增加，射孔井紊流效应越来越明显，产能比逐渐下降，并且导致孔深的影响减弱。除此之外，增大生产压差也会使产能比下降。

1)孔深、孔密的影响：图5-35是气井产能比与孔深、孔密关系。在未射穿钻井伤害区时，孔深影响明显；而射穿伤害区后，孔深影响不明显(尤其是低孔密)。但孔密的影响不论穿透伤害区与否都很明显，尤其是穿过伤害区后，即使孔密高达40孔/m，增加孔密仍然能使产能比有较大幅度提高。因此，气井高孔密射孔的效果会比油井更好。

2)孔径的影响：图5-36表明孔径对产能比的影响很明显(尤其是射穿钻井伤害区以后)，这是气井与油井不同的地方。

3)生产压差的影响：生产压差对产能比的影响与油井是明显不同的，气井产能比对压差也很敏感。从图5-37中可以看出，压差越大产能比越低，主要原因是井底附近的非达西紊流系数增加，从而引起附加表皮，因此增大生产压差不能成倍增加气井产量。

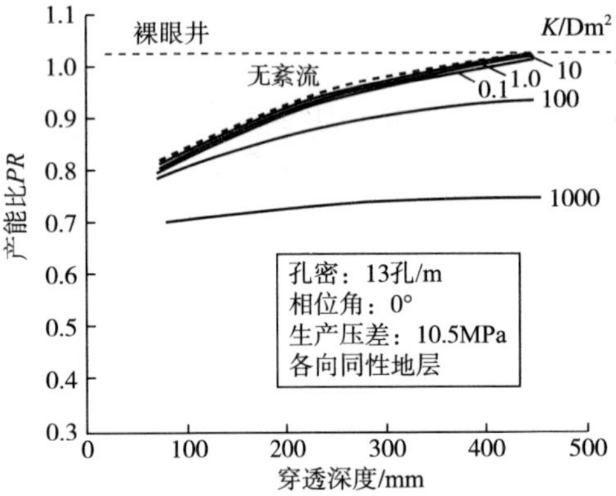

图5-34　气井产能比与渗透率的关系

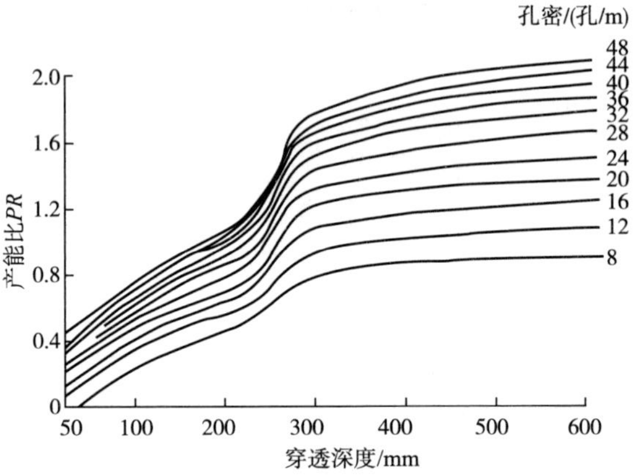

图5-35　孔深、孔密对气井产能比的影响

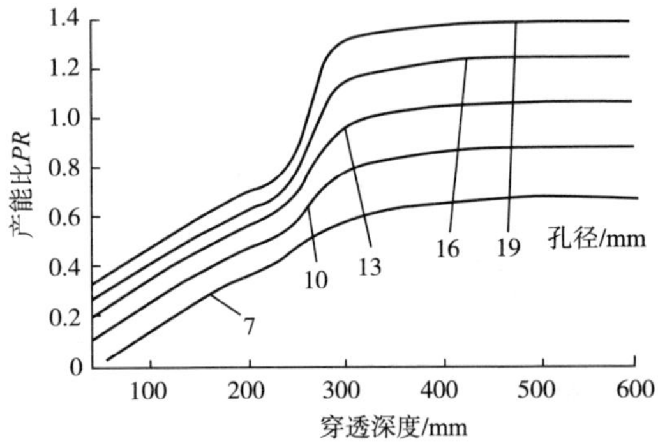

图5-36　孔眼直径对气井产能比的影响

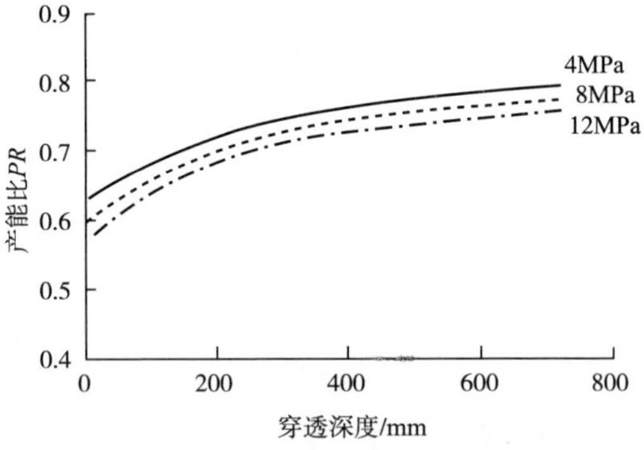

图5-37　生产压差对气井产能比的影响

4)相位角的影响：相位角与产能比的关系不仅与各向异性有关，还与生产压差大小、是否穿透伤害区有关。表5-8是在给定某些参数条件下相位角与产能比的关系。给定参数为：孔径 $d_p=13$mm，孔密 $K_m=20$ 孔/m，孔深 $L_p=200$mm 或 300mm，伤害深度 $D_H=250$mm，伤害程度 $D_C=0.5$，压实厚度 CZH=12mm，压实程度 CZC=0.2。

表 5-8 不同条件下射孔相位角与产能比的关系

序号	生产压差 Δp/MPa	K_v/K_h	是否穿透钻井污染带	相位角从高到低的次序（括号内为其产能比 *PR*）				
1	5	1	未穿透	180°(0.953)	120°(0.807)	90°(0.725)	60°(0.637)	0°(0.433)
2			穿透	180°(1.415)	120°(1.401)	90°(1.336)	60°(1.232)	0°(0.907)
3		0.525	未穿透	180°(0.686)	120°(0.622)	90°(0.599)	60°(0.564)	0°(0.420)
4			穿透	120°(1.175)	90°(1.164)	60°(1.115)	180°(1.080)	0°(0.898)
5		0.1	未穿透	120°(0.463)	99°(0.459)	180°(0.454)	60°(0.449)	0°(0.410)
6			穿透	90°(1.007)	60°(1.006)	120°(0.970)	0°(0.887)	180°(0.777)
7		0.01	未穿透	90°(0.425)	60°(0.423)	120°(0.422)	0°(0.400)	180°(0.397)
8			穿透	60°(0.974)	90°(0.965)	120°(0.917)	0°(0.875)	180°(0.704)
9	10	1	未穿透	180°(0.827)	120°(0.708)	90°(0.640)	60°(0.565)	0°(0.399)
10			穿透	180°(1.351)	120°(1.337)	96°(1.272)	60°(1.168)	0°(0.843)
11		0.525	未穿透	180°(0.656)	120°(0.619)	90°(0.592)	60°(0.559)	0°(0.389)
12			穿透	120°(1.110)	90°(1.099)	60°(1.050)	180°(1.015)	0°(0.833)
13		0.1	未穿透	60°(0.439)	90°(0.436)	0°(0.380)	120°(0.376)	180°(0.355)
14			穿透	90°(0.941)	60°(0.940)	120°(0.904)	0°(0.821)	184°(0.711)
15		0.01	未穿透	0°(0.370)	60°(0.365)	90°(0.354)	120°(0.337)	180°(0.285)
16			穿透	60°(0.910)	90°(0.901)	120°(0.853)	0°(0.810)	180°(0.640)
17	20	1	未穿透	180°(0.669)	120°(0.605)	90°(0.564)	60°(0.517)	0°(0.368)
18			穿透	180°(1.272)	120°(1.259)	90°(1.194)	60°(1.090)	0°(0.765)
19		0.525	未穿透	120°(0.396)	90°(0.396)	60°(0.390)	180°(0.379)	0°(0.360)
20			穿透	120°(1.031)	90°(1.020)	60°(0.970)	180°(0.936)	0°(0.754)
21		0.1	未穿透	0°(0.350)	60°(0.306)	90°(0.276)	120°(0.240)	180°(0.149)
22			穿透	90°(0.864)	60°(0.863)	120°(0.826)	0°(0.744)	180°(0.634)
23		0.01	未穿透	0°(0.340)	60°(0.281)	90°(0.243)	120°(0.199)	180°(0.101)
24			穿透	60°(0.832)	90°(0.823)	120°(0.774)	0°(0.733)	180°(0.562)

2. 油气层伤害对射孔井产能的影响规律

射孔完井的油气层伤害包含射孔本身的压实伤害和钻井伤害，它对油气井产能影响明显。

(1) 射孔压实伤害

聚能射孔时的高温、高压冲击波会在孔眼周围产生压实带(Crushed or Compacted Zone)。图 5-38 是 R. J. Saucier 描述的射孔贝雷岩心靶孔眼周围压实带的微观结构，将压实带用三层结构表示，其压实带渗透率大约为原始渗透率的 10%，这种渗透率极低的压实带将大大降低射孔井的产能，目前工艺尚无法全部消除它的影响。

1991 年 Asedi 和 Preston 利用扫描电镜(SEM)和图像分析(IAS)研究射孔岩心发现，孔道周围主要是小孔道，往外才是原始大孔道，如图 5-39 所示。压汞法测孔隙度也表明孔眼周围孔隙度没有减少，但压汞法测出的孔隙尺寸分布曲线表明，尽管孔隙度不变，孔隙尺寸分布却大大改变了(图 5-40)。此时，大孔道已经遭到破坏，小孔隙增加，导致了渗透率的明显下降。

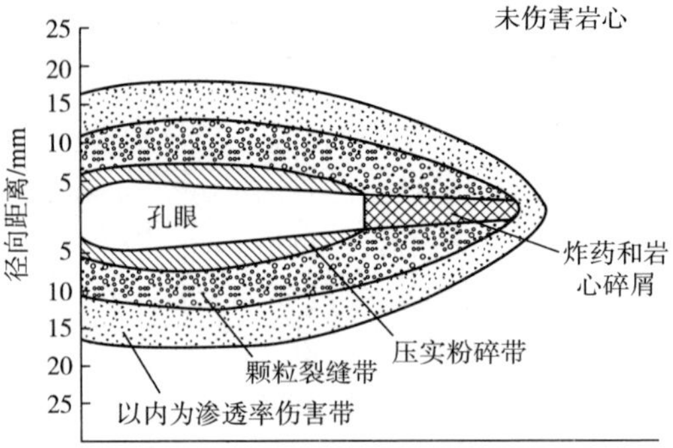

图 5-38　射孔压实带微观结构示意图

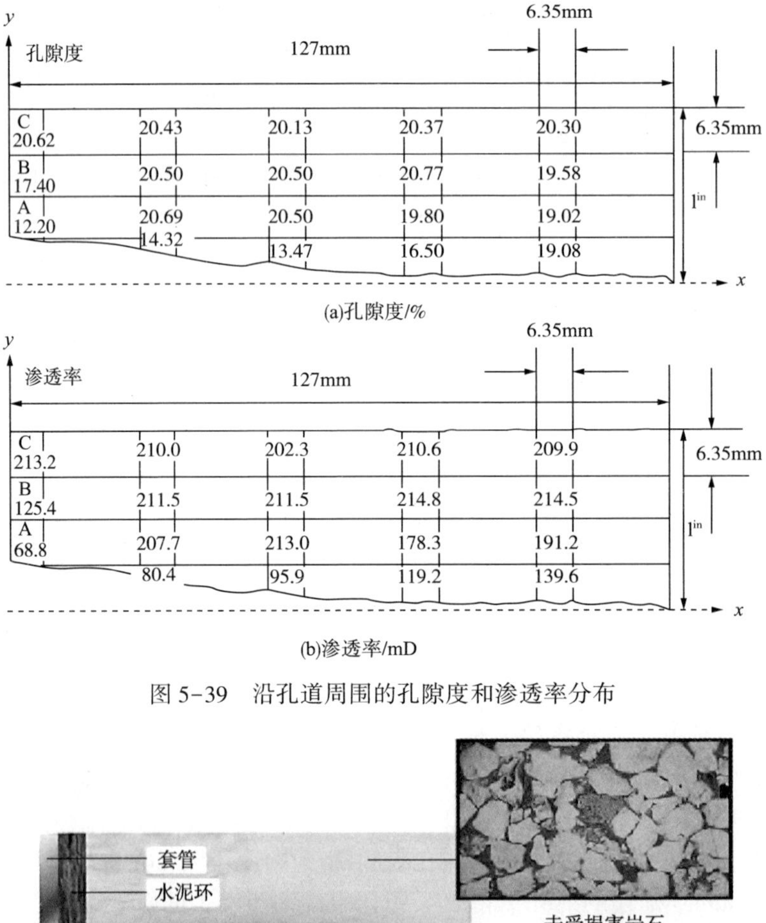

图 5-39　沿孔道周围的孔隙度和渗透率分布

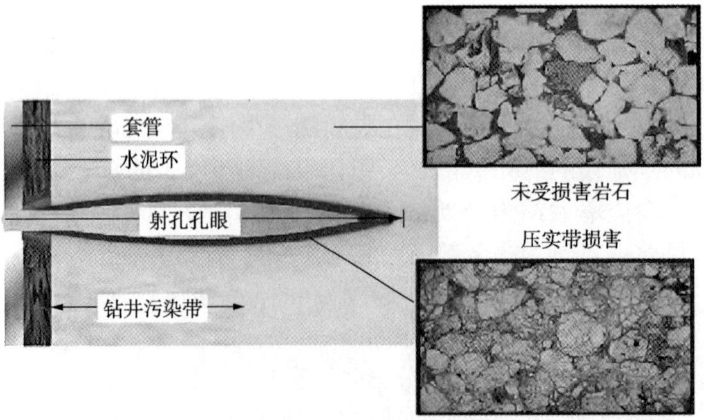

图 5-40　射孔前后孔道对比示意图

国内对射孔压实带影响射孔完井产能进行了研究，结果表明：压实带厚度增加会使产能比降低。华北油田与西南石油学院曾进行岩心靶测试，实验表明，压实厚度在 10～17mm 之间(与国外报道的 0.5in 左右接近)。压实伤害程度 CZC(K_{cz}/K_o)对产能的影响则比较明显，尤其是孔眼穿透钻井伤害区以后，其影响将显著上升，如图 5-41 所示。因此选择流动效率(CFE)高的射孔弹很有必要。

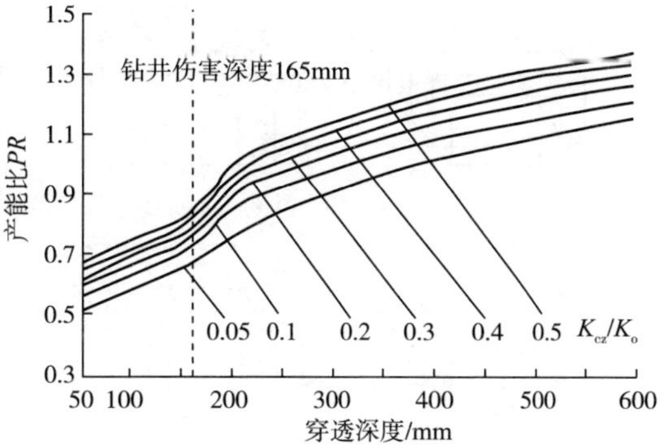

图 5-41　射孔压实程度与产能比的关系

(2) 钻井伤害

钻井伤害包含两个指标：一是钻井伤害深度，二是钻井伤害程度 DC(K_d/K_o)。图 5-42 是钻井伤害程度对产能比的影响。当孔眼穿透伤害区时(A 线)，伤害程度影响很小；反之，当孔眼未穿透伤害区时(B 线)，伤害程度影响要严重得多。图 5-43 则是钻井伤害深度对产能比的影响。当孔眼未穿透伤害区时，虽然总产能较低，但伤害深度影响较小；当孔眼穿透伤害区时，总产能较高。因此，钻井过程中保护好储层对于充分发挥油气井产能具有重要意义，同时在选择射孔弹时，应尽量选用能穿透钻井伤害区的射孔枪。

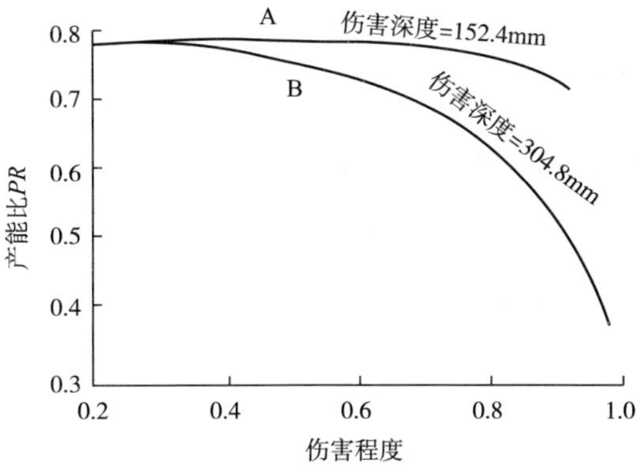

图 5-42　钻井伤害程度对产能比的影响

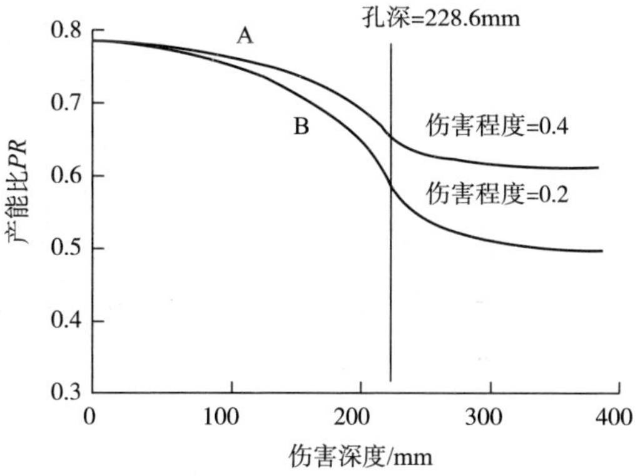

图 5-43　钻井伤害深度对产能比的影响

二、裂缝性油藏射孔井的产能规律

天然裂缝孔隙性油藏射孔井的生产能力，完全取决于射孔孔眼与近井区域裂缝体系的水力连通性。也就是说，裂缝孔隙性油藏射孔完井后的产能主要受天然裂缝类型、分布密度以及孔深、孔径和相位等因素控制。要弄清裂缝孔隙性油藏射孔参数与油井产能的关系，必须是在较好地认识油藏裂缝特征基础上，建立相应渗流物理模型及数学模型，通过有限元求解分析，研究不同射孔参数对裂缝孔隙性油藏射孔井产能的影响，为射孔设计提供理论基础。

裂缝网络从宏观上讲是十分杂乱、无序的，而从相对微观的概念上讲，裂缝系统则是有序的。例如，裂缝系统在给定的范围内由具有彼此平行的裂缝组成。这样一个相对较小的井筒附近区域的裂缝系统可以认为是较规则的，并且裂缝特征参数可以从钻井、取心和测井资

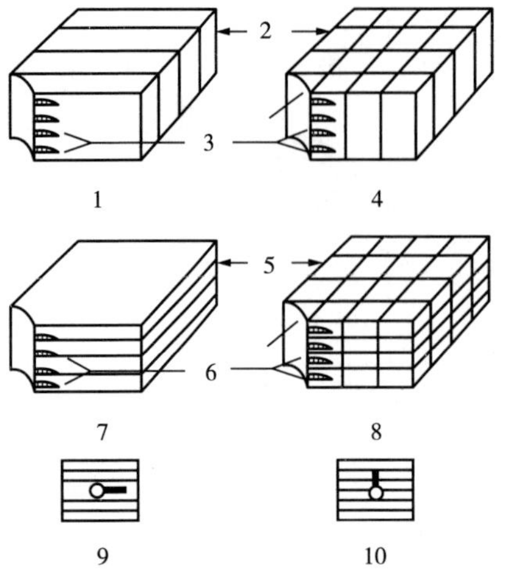

图 5-44　裂缝—基岩类型(S. M. Tariq)
1—组垂直裂缝；2，5—裂缝；3，6—射孔孔眼；4—两组相互垂直的垂直裂缝；7——组水平裂缝；8—正交裂缝；9—与裂缝面平行的射孔孔眼；10—与裂缝面直交的射孔孔眼

料中相对真实地获取。因此，在井筒附近区域将裂缝系统简化为四种情况(图 5-44)，即一组垂直裂缝、两组互相正交的垂直裂缝、一组水平缝和三组相互正交的裂缝。

S. M. Tariq 和西南石油学院研究了这四种情况下油井产能与射孔参数的关系，获得了相应的规律性认识。模型考虑的三类特征参数包括：①地层裂缝系统，包括裂缝类型、裂缝密度、裂缝及基质渗透率、孔隙度；②射孔参数，包括射孔布孔格式、相位、孔深、孔密、孔径；③伤害特征参数，钻井伤害深度及程度、射孔伤害带厚度及程度。不同的特征参数使物理模型具有不同的几何特征，它们对流体渗流也将产生不同程度的影响。图 5-45 是一组垂直缝 90°相位螺旋布孔格式下沿井圆周方向上的压力分布，图中呈凹陷的地方或等压线分布较密集的地方就是孔眼的所在位置。

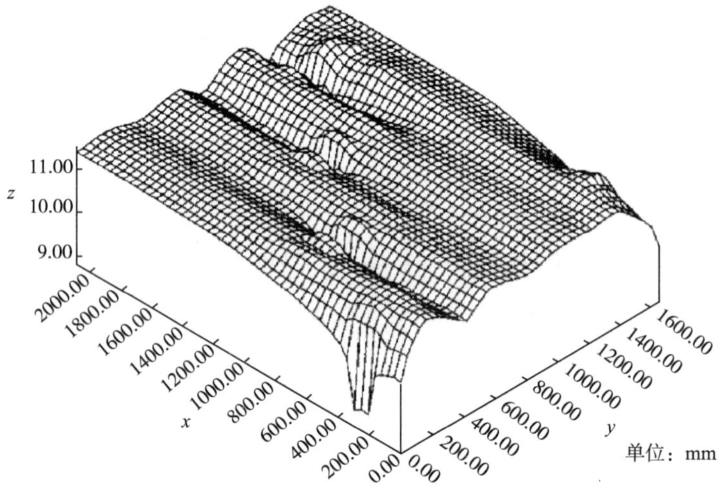

图 5-45　一组垂直缝 90°相位螺旋布孔井圆周向压力分布图

1. 不同裂缝网络类型对油井产能的影响

若裂缝网络物理模型的类型不同，同一射孔参数对油井产能的贡献是不一样的。同时，每一裂缝类型的裂缝参数(如缝宽、缝密)对油井的产能也会产生不同程度的影响，如表 5-9 所示。

从表 5-9 可以看出，具有两组垂直裂缝和三组正交裂缝的油藏，在同一射孔参数下的表现优于其余两种情况，其中三组正交裂缝的流动效率最高。在一组垂直裂缝的情况下，射孔深度是最重要的因素，它与裂缝密度交互作用，从而影响油井产能；在两组垂直裂缝的情况下，孔深和裂缝密度仍是最敏感的因素，孔密的影响次之；在一组水平裂缝的情况下，孔密和裂缝密度交互作用是影响油井产能的重要因素之一；在三组相互正交裂缝的情况下，孔深和裂缝密度交互作用的影响较为显著，孔密影响次之。

表 5-9 不同裂缝网络模型对油井产能分析

类型	孔密/(孔/m)			孔深/mm			裂缝密度/(条/m)		
	40	24	16	450	300	100	10	5	1
一组垂直缝	0.7945	0.7577	0.7364	0.7684	0.7438	0.5201	0.7807	0.7633	0.0723
二组垂直缝	1.0519	1.03	1.0162	1.0418	0.9808	0.7789	1.19	1.069	0.788
一组水平缝	0.8918	0.8796	0.7667	0.8787	0.8492	0.659	0.935	0.8923	0.8012
三组正交缝	1.224	1.2053	1.1932	1.2003	1.1557	0.8182	1.4301	1.2601	0.8652

注：孔密、孔深、裂缝密度的基准参数分别为 24、400、4。

2. 射孔参数对裂缝性油藏产能的影响分析

（1）一组垂直裂缝网络模型

一组垂直裂缝网络模型存在两种极限情况：最好的情况是射孔孔眼方向与裂缝方向垂直，并穿透裂缝；最坏的情况是射孔孔眼方向与裂缝走向平行，无论穿透深度多大都无法与裂缝相遇。

如果孔眼方向与裂缝方向平行，那么孔眼是不能与裂缝相遇的，因而射孔井的产能偏低，产能大小主要取决于基质与裂缝间的传导能力。图 5-46 是相同裂缝密度和孔密情况下产能比与孔眼深度的关系(两组)。从图中可以看出，油井产能随孔深增加而增加，但增加到一定程度后，孔深的增加对产能贡献不大，尤其在裂缝密度较小时，这种趋势更为明显，并且在孔眼深度较小时，裂缝密度越大，油井产能随孔深增加的幅度也越大。结果表明，如果孔眼方位与裂缝方位平行，油井的产能总体较低，同时孔深是影响油井产能的重要因素，孔密和裂缝密度影响不大。如果孔眼方向与裂缝方向垂直，那么孔眼能否与裂缝相遇并获得较高产能取决于孔眼的穿透深度和裂缝密度的大小。

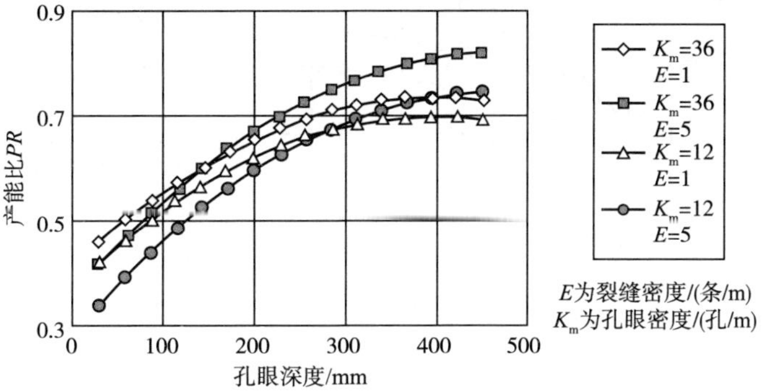

图 5-46 孔眼深度对油井产能的影响(一组垂直裂缝)

（2）两组垂直裂缝网络模型

对于存在两组垂直裂缝网络模型的油藏，油井的产能与射孔相位的关系不大，主要取决于孔眼是否与裂缝相连，即孔眼的深度是否与裂缝密度相适应。从图 5-47 可以看出，油井产能随孔深的增加而增加，但是如果裂缝密度很小，且孔眼不足以穿透裂缝，那么油井产能很低。

如果孔深与裂缝密度的配合能穿透裂缝，那么油井产能将大大提高。从图 5-47 可以得出，油井产能随裂缝密度的增加而增加，但孔密的影响很小，这与存在一组垂直裂缝网络模型中孔眼方向与裂缝方向垂直时的情形十分相似。

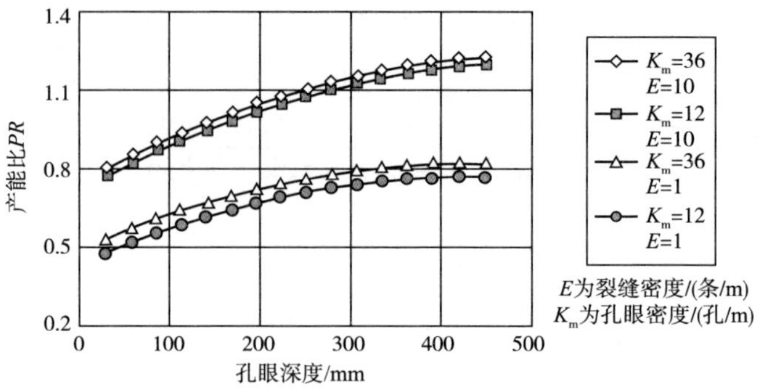

图 5-47 孔眼深度对油井产能的影响(两组垂直裂缝)

(3) 一组水平裂缝网络模型

对于存在一组水平裂缝网络模型的油藏，油井产能主要取决于射孔密度和裂缝密度。射孔密度越高，裂缝密度越大，孔眼与裂缝相遇的机会越多。图 5-48 是油井产能与孔眼密度的关系曲线，油井的产能在给定孔密和裂缝密度的前提下随孔深增加而增加，但增加的幅度随孔深的增加而大大减小。同时也反映出在不同孔密和裂缝密度情况下，油井产能有较大差异。如图 5-49 所示，在孔深和裂缝密度较大时，油井产能随孔密增加而大大增加，可获得较高产能；但在孔深和裂缝密度较小时，随着孔密的增大油井产能反应不敏感，影响不大。以上现象说明，对于存在一组水平裂缝网络模型的油藏，油井产能主要受孔密和孔深的影响，高孔密与深穿透可以获得较高产能。

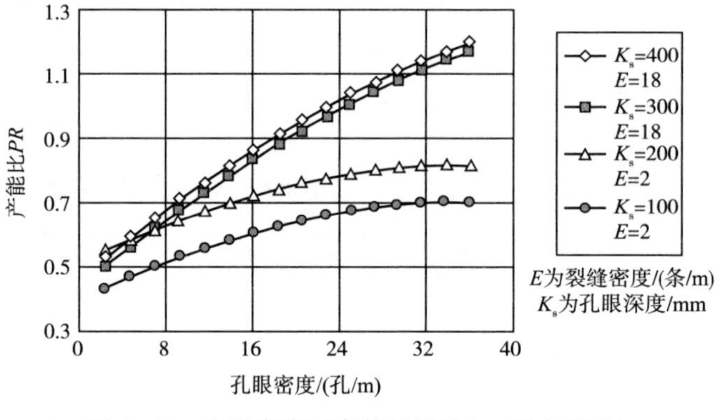

图 5-48 孔眼密度对产能的影响(一组水平缝)

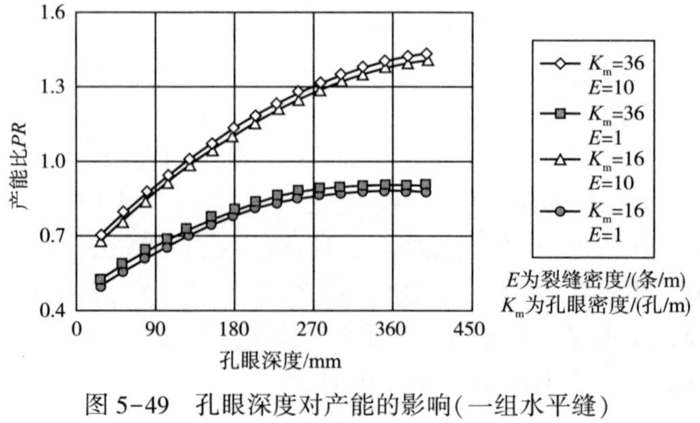

图 5-49 孔眼深度对产能的影响(一组水平缝)

（4）三组正交裂缝网络模型

对于存在三组正交裂缝网格模型的油藏，由于裂缝网络相互连通，在水平、垂直方向裂缝都具有较高的传导能力，一旦孔眼与裂缝相连，油井就可以获得较高产能，所以孔深对油井产能影响很大。

图 5-50 表示在不同孔密和缝密情况下，油井产能与孔眼深度的关系曲线。由图可知，随着孔深增加，油井产能不断增加。在缝密较大的情况下，无论孔密大小，油井都会获得极高的产能，油井产能随孔眼深度增加而大大增加；但在缝密较小的情况下，由于未穿透任何一条裂缝，无论孔密多大，随孔深增加油井产能的增加幅度很小，且产能比始终小于 1，只有当孔深增加到足以穿透裂缝时，产能才有可能大幅度增加。图 5-50 也反映出不论孔眼是否穿透裂缝，产能比都对孔密不太敏感。

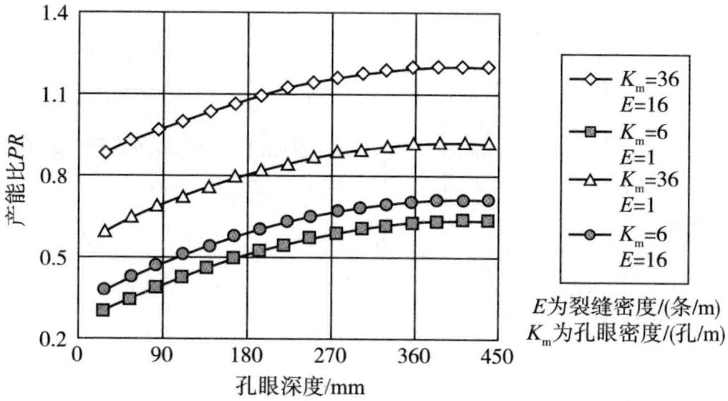

图 5-50　孔眼深度对产能的影响（三组正交裂缝）

图 5-51 是油井产能与裂缝密度的关系曲线，说明油井产能随裂缝密度增加而增加，且孔深越高，PR 增加的幅度越大；在相同缝密和孔深情况下，孔密越高，油井产能越大，但差别不大；在相同缝密和孔密情况下，孔深越高，产能越高，且差别较大。以上说明，在存在三组直交裂缝网络的情况，射孔穿透深度是最重要的因素，其次是裂缝密度，再次是孔密。

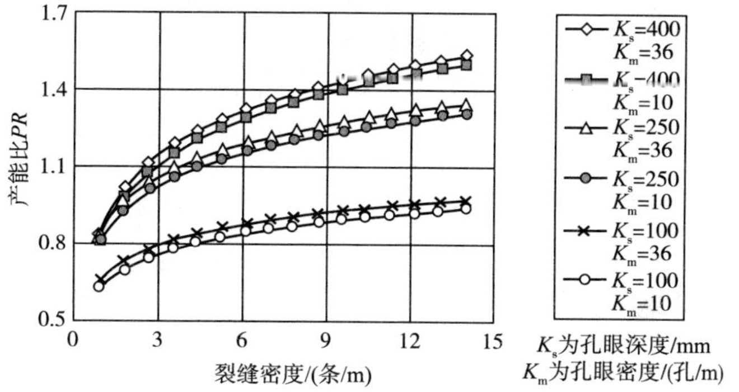

图 5-51　裂缝密度对产能的影响（三组直交裂缝）

三、水平井射孔完井的产能规律

水平井的主要完井方式分为四种，即裸眼完井、割缝衬管完井、衬管管外分段封隔完井（套管外封隔器）和套管固井射孔完井。随着水平井完井工具的革新、技术的进步以及对产层控制的实际需要，水平井套管固井射孔完井逐渐成为主要的完井方式。

水平井与垂直井不同，由于井身很长，油气井井筒的干扰井不仅作用于井筒附近的区域，而且影响到整个油气藏。射孔打开程度、打开段的位置和分布以及局部射孔参数的选择不仅影响生产能力，而且影响水平井的水动力条件。研究表明，水平井的产能与以下四方面的因素有关：油藏的生产能力、水平井的多相流动、油藏与井筒的相互作用和射孔完井参数的选择。

1. 射孔打开位置和打开程度对水平井产能的影响

水平井打开位置和打开程度优化的模拟方法是耦合产层流入动态和水平井筒的多相流动模型，考虑井筒压降对水平井动态的影响。具体打开段的射孔参数影响，则通过局部打开段的射孔表皮系数描述。假定射孔参数一定，分析射孔打开位置和射孔打开程度对油气层产能的影响。

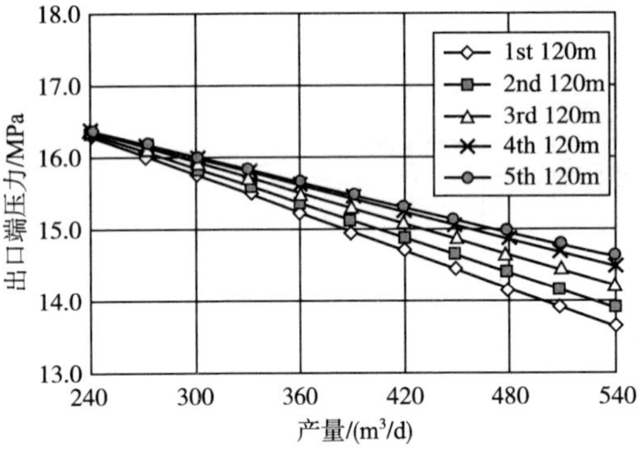

图 5-52　射孔打开段位置对水平井动态的影响

(1) 水平井射孔打开位置

图 5-52 是在水平井长度为 600m(只打开一段共 120m)和地层渗透率为 300mD 情况下模拟不同射孔段位置对井动态的影响结果，其中 1st 表示打开段位置位于水平井的底端，5th 表示打开段位于水平井的根端(或称根部)。

图 5-52 可以看出在其他参数一定时，射孔段位置对井动态有明显影响，这种影响随水平井水平段套管管径的减小更加明显。因此，射孔打开段离水平井底端越远越好。出现这一结果的主要原因是水平井筒的多相流动能量损失对油藏流动的干扰。

(2) 水平井射孔打开程度

射孔打开程度表示水平井实际打开长度与总水平井长的百分比率。图 5-53、图 5-54 是模拟在不同井筒半径和水平井长度条件下射孔打开程度对井动态的影响。研究表明，在其他参数一定时，射孔打开程度对油井产能有较大影响。不论水平井长度和管径如何，打开程度

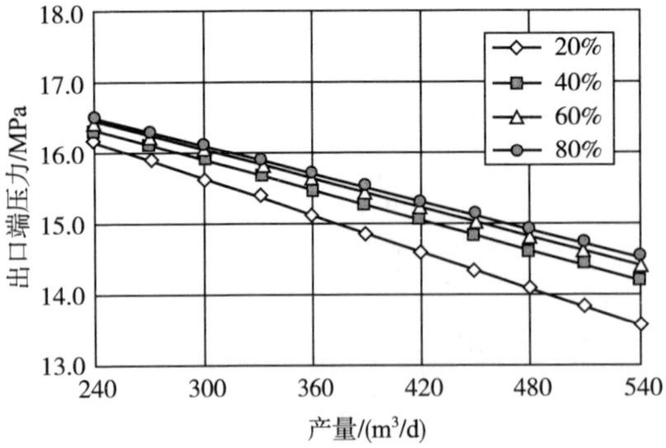

图 5-53　射孔打开程度对水平井动态的影响(300m)

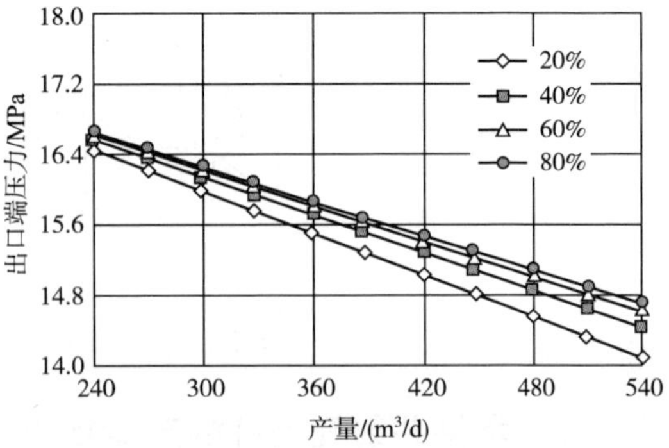

图 5-54　射孔打开程度对水平井动态的影响(600m)

越大，水平井动态越好。但随着打开程度的增加，水平井产能增加的幅度明显减小。从经济角度讲，水平井不宜完全打开，具体打开程度应根据实际井况优化。需要注意的是，这些结论只适用于各向同性储层，如果沿水平井筒地层的渗透率变化很大，则必须根据实际井况进行评价。

根据对水平井长度的敏感分析发现，油气井产能并不是随井长度的增加而无限制增加的，而是存在一个最佳长度。除此之外，油层渗透率对水平井的动态影响也很大。

2. 射孔参数对砂岩油藏水平井产能的影响

为了研究孔密、相位、孔深以及射孔压实和钻井伤害对砂岩油藏水平井产能的影响，这里假定水平井长度为300m，地层厚度为20m，水平井距离底界7m，地层水平渗透率和垂向渗透率分别为6mD、1500mD，原油黏度为1.5mPa·s，地层压力为16MPa。采用地层达到拟径向流时的产量作为计算产能和产能比的依据。

（1）孔密

图5-55表达了在孔眼深度近似为零的情况下，产能比随孔密增加而增加，当孔密增加到一定程度时，孔密的增加不会明显增加水平井产能。从图中可以看出当孔密达到一个较大的值时，射孔井的产能将达到裸眼井的产能。需要特别注意的是，在相对较低的孔密下，水平井的产能比与垂直井相比要高得多，也就是说水平井射孔完井在较低孔密下就能获得期望的产能比。

（2）孔深

图5-56是孔深和孔密对水平井产能比的影响，产能比随孔眼深度的增加而增加。在孔密较小时，孔眼深度对产能比的影响十分明显；在孔密较大时，随着孔深的增加产能比也不断增加，但当孔深增加到一定程度时（>200mm），水平井产能比增加的幅度明显变缓，说明在低射孔密度下孔深对产能比的影响更大。

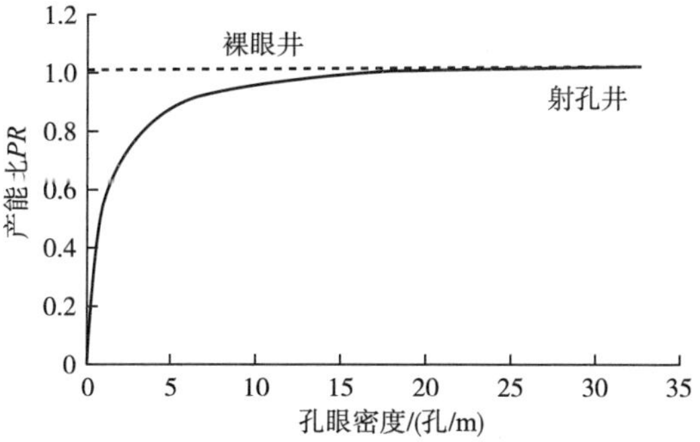

图5-55　孔密对水平井产能比的影响

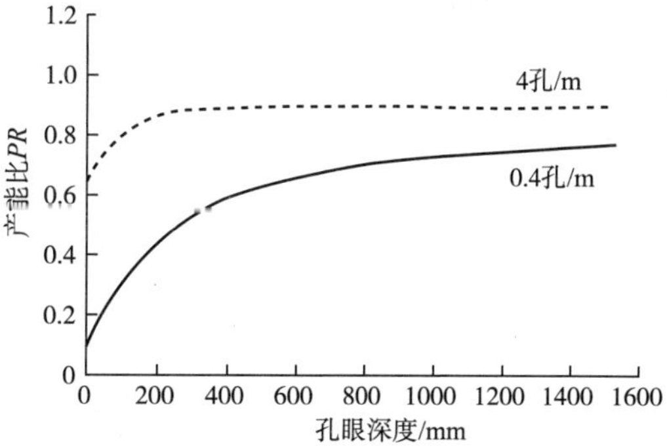

图5-56　孔眼深度对水平井产能比的影响

（3）相位角

图5-57是各向异性严重（$K_V/K_H=0.01$）时相位角对水平井产能比的影响。结果表明，相位角对产能比的影响非常明显，而且180°相位时产能比最大，90°和45°相位时产能比较小，这与直井射孔完井的研究结果是不同的。研究表明，在各向异性严重的地层，且在孔眼密度和孔眼穿透深度较小的情况下，相位角对产能比的影响更为显著；在均质地层中，相位角的影响要弱得多。

(4) 非均质程度

图 5-58 是非均质程度(K_v/K_h)对水平井产能比的影响。结果表明，在孔眼深度很大时，非均质程度越严重产能比越大，但在孔眼深度较小时，非均质程度越严重产能比越小。同时也说明在非均质程度严重时相位角对产能比的影响较大，而在非均质程度较轻时，相位角对产能比的影响较小，甚至可以忽略。研究表明，在非均质严重时采用深穿透、中高孔密、180°相位垂向布孔将有利于提高油井产能。

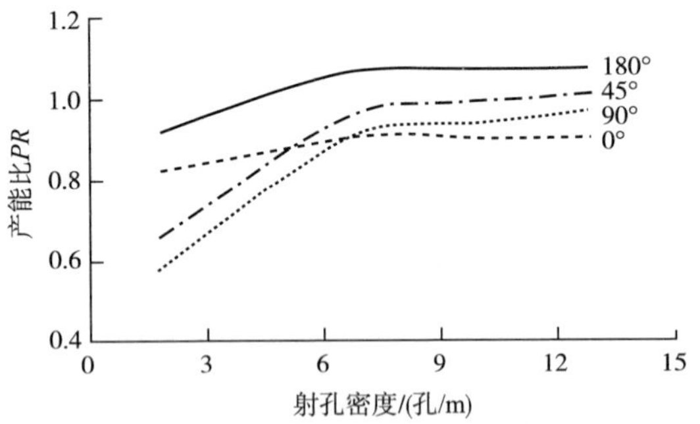

图 5-57 相位角和孔密对产能比的影响

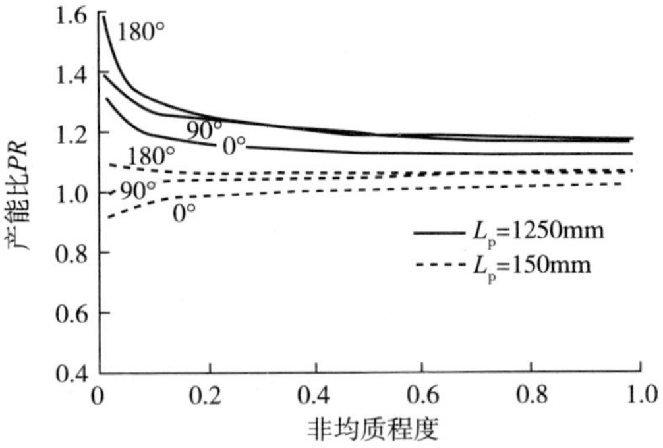

图 5-58 地层非均质程度对产能比的影响

3. 射孔参数对砂岩气藏水平井产能的影响

由于气体膨胀，气井的流量分布和压降主要集中在井筒根端。对于高渗透气井，主要的压力降也出现在井筒的根端。从井筒的底端到根端气体的膨胀和加速都一直存在，动量改变对压力梯度有显著影响。因此，必须考虑井筒流体动力学对气井产能的影响。

下文分析中的基础参数：射孔孔深为 300mm，孔径为 18mm，孔密为 2 孔/m，相位角为 180°，射孔压实程度为 0.2，钻井伤害程度为 0.4，伤害半径为 150mm。

(1) 孔眼深度

图 5-59 为孔深对气井产能比的影响结果，随着孔深的增加，气井产能比不断增加，特别是未穿透污染带以前，产能比随孔深的变化更明显。

(2) 孔密

图 5-60 为孔密对气井产能比的影响结果，随着孔密的增加，气井产能比不断增加。与油井相似的是在孔密较小的情况下就能获得期望的产能比，这与直井的情况是不同的。

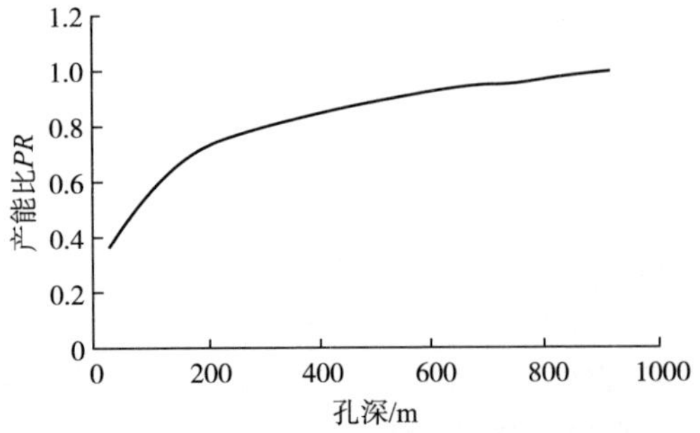

图 5-59 孔眼深度对气井产能比的影响

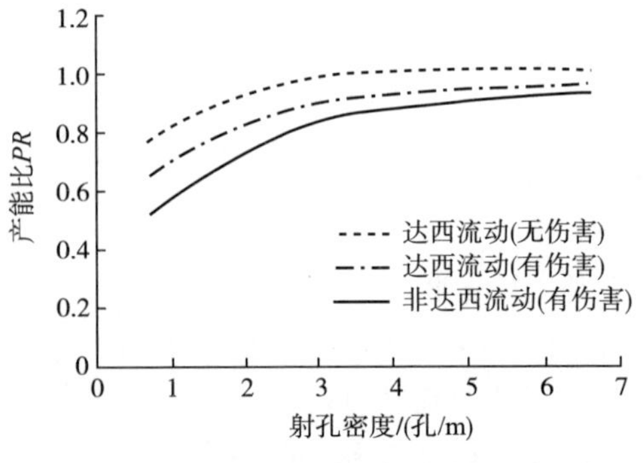

图 5-60 射孔密度对气井产能比的影响

(3) 非达西效应

图 5-60 还表明了非达西流动和地层伤害都会减小射孔气井的产能，尤其是在射孔孔眼长度短和孔密小的情况下。为了得到真实的预测结果，应该考虑非达西流动的影响。

4. 地层伤害对水平井产能的影响

地层伤害可以用表皮系数表达，它对水平井和垂直井产能比的影响程度不一样。假设地层非均质系数为 1，如图 5-61 所示，随着表皮系数的增加，不论是水平井还是垂直井，油井的产能比都会降低。相同表皮系数下垂直井的产能比比水平井要低，并且水平井产能比的降低百分比比垂直井要小得多，也就是说地层伤害对水平井产能比的影响程度比垂直井要小。需要特别注意的是，由于水平井产量数值比垂直井大，所以由此引起的产量绝对损失量会比垂直井大得多。

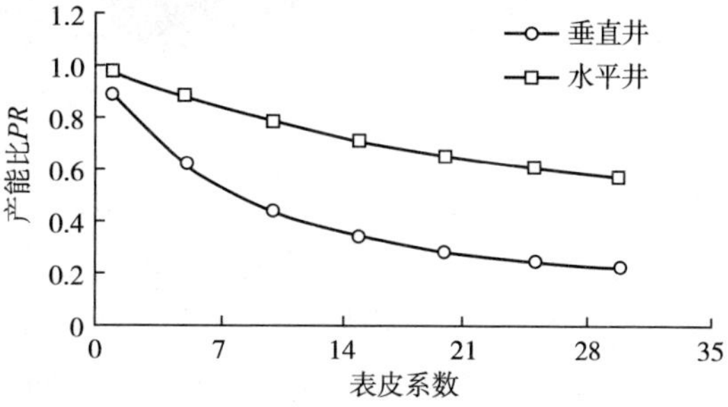

图 5-61 油层伤害对垂直井和水平井产能比的影响对比

下面分别考虑射孔压实伤害和钻井伤害的影响。

(1) 射孔压实伤害

图 5-62 是射孔压实伤害对产能比的影响结果。从图中可以看出如果 $K_c/K>0.2$，则射孔伤害对产能比的影响不大。这表明由射孔导致的渗透率的轻微降低对于水平井是可以接受的。可以通过使用高质量的聚能射孔弹、负压射孔和合理的射孔液避免严重的射孔伤害。

(2) 钻井伤害

图 5-63 是钻井伤害对产能比的影响结果。结果表明，钻井伤害程度对产能比的影响要大于伤害带深度对其的影响。从图中可以看出，钻井伤害程度越大，产能比越小。当伤害厚度大于孔眼深度时，随着伤害深度的增加产能比的减小变得缓慢。因此，通过控制钻井伤害半径使射孔能够穿透是非常重要的，这与垂直井结论相同。

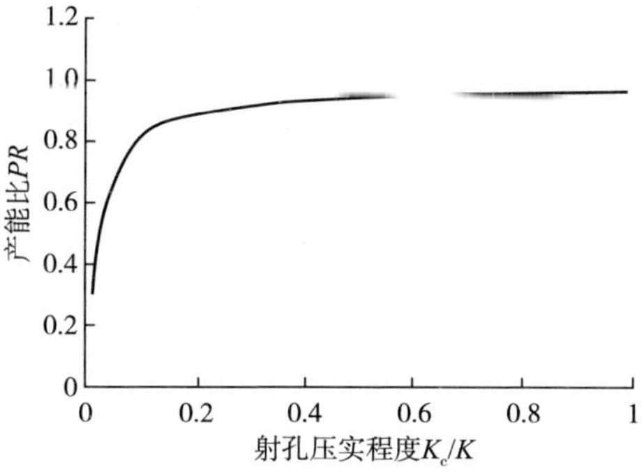

图 5-62 射孔压实程度对气井产能比的影响

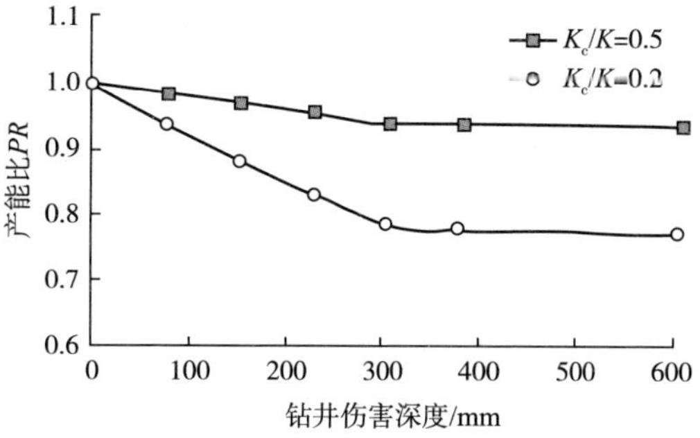

图 5-63 钻井伤害对水平井产能比的影响

第六章 压裂设计

第一节 压裂设计方案概要

水力压裂是油气井增产、水井增注的一项重要技术措施。水力压裂设计是指导压裂施工的重要依据，它的目的是根据地层条件和设备能力优选出经济、可行的增产方案。由于地下条件的复杂性以及受目前理论研究的水平所限，压裂设计结果(效果预测和参数优选)与实际情况还有一定的差别。随着压裂设计的理论水平不断提高，对地层破裂机理和流体在裂缝中流动规律认识的进一步深入，压裂设计方案对压裂井施工的指导意义将会逐步改善。

20 世纪 80 年代以前，压裂井的设计单纯以提高单井产量为目的，因此压裂优化设计是以所压裂井为目标，以单井产量或经济净现值为准则的优化设计，没有考虑压裂对油藏整体(区块)的影响。压裂设计是根据油井储层特性和设备能力，以获取最大产量(增产比)或经济效益为目的，在优选裂缝几何参数的基础上，设计合适的加砂方案。

一、压裂方案设计的目的

压裂设计的原则是最大限度地发挥油层潜能和裂缝作用，使压裂后的生产井和注入井达到最佳状态，同时还要求压裂井的有效期和稳产期长。但水力压裂要取得好的增产效果，油层是基础，选层是关键。在水力压裂选井、选层工作中，最重要的是认真分析油井低产、减产的原因，并采取相应措施。在没有弄清楚油井低产、减产原因之前，不应随意采取压裂措施。

水力压裂是利用地面高压泵组，以超过地层吸液能力的排量将压裂液泵入井内使井底产生高压，当该压力超过井壁附近地应力并达到岩石抗张强度，使地层产生裂缝时，继续注入压裂液使水力裂缝延伸，随后注入带有支撑剂的混砂液，使水力裂缝继续延伸并在缝中充填支撑剂。停泵后，由于支撑剂对裂缝壁面的支撑作用，地层中形成了满足储层需求的填砂裂缝，从而实现了常规油气井增产、注水井增注，以及非常规储层的有效开发。

水力压裂的目的是针对低渗透和非常规储层，在油气井无自然产能或自然产能达不到经济开发需要的情况下，通过水力压裂改善近井地带的油气渗流条件，沟通非均质油气储集区，扩大供油面积，提高单井产量，提高储量动用程度和采收率。此外，通过水力压裂也可实现储层的再认识，进而调整油气田开发的相关参数，最终实现低渗透和非常规储层的经济、有效开发。

1952 年，国内第一次在延长油矿开展了水力压裂试验，之后经过了单井压裂、整体压裂、开发压裂、直井多层压裂、水平井多段压裂和体积压裂等发展阶段，水力压裂方案编制也从单井压裂方案设计发展到当前的地质工程一体化方案设计。简而言之，就是围绕提高平均单井产能，以地质—储层综合研究为基础，在油气藏勘探开发的不同阶段，开展方案设计和作业实施，对钻井、压裂等工程技术方案不断进行调整和完善，实现提产增效的中长期目标。因此，压裂方案设计的编制应首先与地质储层相结合，在储层评价的基础上，开展大量室内研究，最终形成一个完整的压裂方案。

二、水力压裂选井、选层

1. 油气井低产原因

要确定油气井是否适合水力压裂，必须找出油气井低产的原因，如果是新井则应根据油层和井的资料确定油气水含量及油层压力的大致数值。通常油气井低产可能由下面的一种或几种因素造成：

1）近井地带渗透率严重下降。流体进入井内必须经过近井地层，当井筒附近的渗透率下降时，即使储层内仍有大量可采原油，井也会失去开采价值。

2）油层内虽有大量可采油气，但由于地层渗透率低，用一般完井方法不能获得有经济价值的油气产量。

3）井间地带油层压力都已枯竭，即油层剩余能量不足以驱替更多石油。

4）地层原油黏度高，流体流动困难。

油气井是否适合进行水力压裂，关键在于确定上述低产原因。常用的判断方法是分析压力恢复资料。

2. 油气井压裂应具备的条件

（1）压裂井的储层地质条件

任何成功的压裂作业必须具备两个基本的地质条件：储量和能量，前者是压裂改造的物质基础，后者是增产有效期较长的保证。选井、选层一般是根据以前的压裂经验，利用不稳定试井、岩心分析及邻井资料确定压裂井层。原则上那些有足够油气储量、地层能量高但油井供油能力差的井层，才能用水力压裂方法获得有经济价值的增产。压裂候选井应具备以下条件。

1）地层渗透率：渗透率越低，越要优先压裂，越要加大压裂规模。

2）地层系数：一般要求 K_h>0. 5mD · m。

3）含油饱和度：含油饱和度一般应大于 35%。

4）孔隙度：孔隙度一般为 6%~15%才值得压裂，若储层厚度大，孔隙度最低为 6%~7%。

5）高污染井：由于钻井、完井、修井等作业过程对地层造成伤害使近井地带严重堵塞的井。

6）遮挡层条件：小型压裂应有 5m 以上的遮挡层，大型压裂应有 15m 以上的遮挡层。

此外，油气井是否适合压裂或以多大规模压裂，还应考虑与边水、底水、气顶、断层的距离，并结合天然裂缝原则、最大水平主应力和油水井不相间原则、井网与最大水平主应力有利原则等考虑压裂工艺。压裂下述情况井可能有很大的风险：

1）压裂层与气、水层间页岩夹层厚度小于 6m。

2）压裂裂缝可能穿过附近气、水的接触面。

3）高气油比井或高含水井不宜压裂，除非出气、出水可以控制。

（2）适合压裂井的井筒条件

对于压裂井，井筒必须满足以下条件：

1）套管强度符合压裂设计要求的井。

2）标准套管头完成井。

3）固井质量合格的井。

4）井底无落物的井。

3. 不同类型油井的选井条件

（1）生产井选井条件

1）油层要有充足的油气储量。油层厚度、孔隙度、含油饱和度、供油面积要尽可能大一些。

2）油层要有一定的能量和注水井连通。

3）根据油井历史，分析油井低产、减产原因，原因分为以下三种。

① 井壁及产层受污染：对于这种井采取小规模压裂，就能使油井产量恢复。

② 油层属于低渗透：对于这种井应采用深度穿透的大型压裂改造才能有效恢复油井产量。

③ 油层压力已经枯竭：对这种井进行压裂以后，除非有明显的重力驱油情况，否则不会取得好效果。

4）压裂井选井参考条件：本井生产历史，邻井生产历史，油-气-水界面，气层、水层和断层情况。

（2）注水井选井条件

1）对达不到配注要求以及不吸液井段，应进行分层压裂。

2）对前次压裂未压开井段，应进行分层压裂。

（3）探井选井条件

探井测试或试油结果与钻井、录井、地球物理测井的油气层解释资料不符的油层，应考虑进行压裂，重新认识油层真实面貌。

三、压裂方案设计的技术路线

压裂方案设计是在满足地质、工程和设备能力等条件下，优化得到的最佳方案。一般而言，形成一个完整的压裂方案设计需要以下步骤：

1）收集地质方案、开发方案、实验数据、钻完井数据等资料，录取储层基本参数（物性、含油气性、温压系统、岩石力学、地应力等参数）及油气井参数。

2）根据油气藏类型、储层地质条件优选压裂层段。

3）根据储层参数、地质模型及以往井措施与生产数据等资料，进行生产动态历史拟合，准确认识储层参数。

4）根据生产动态拟合的储层参数建立油藏数值模型或校正已有的地质模型，设计合理的优化参数组合，开展不同裂缝参数下的产量预测，从而优选满足储层需求的裂缝段数、裂缝长度、裂缝导流能力等参数。

5）根据油藏数值模拟确定的水力裂缝参数，应用经典的裂缝延伸模型或成熟的商业化压裂优化设计软件进行裂缝扩展模拟，从而确定优化的排量、前置液量、支撑剂量、支撑剂浓度、顶替液量和压裂泵注程序等施工参数。

6）对优化的裂缝参数和施工参数进行经济评价，确定满足经济要求的施工参数。

7）根据优化结果、储层特征等参数优选适宜的压裂液体系和支撑剂类型。

8）根据开发层系、开发方式、开发井网、井眼轨迹、井筒条件和地质要求优选分层/分段压裂工艺与射孔方式，优选结果需满足能够有效实施、操作简便、安全环保、便于压裂后生产作业的要求。

9）根据选择的分层/分段压裂工艺要求、施工压力、套管条件等优选压裂管柱、工具和井口装置，并进行强度校核，以确保施工安全。

压裂方案设计的技术路线如图 6-1 所示。

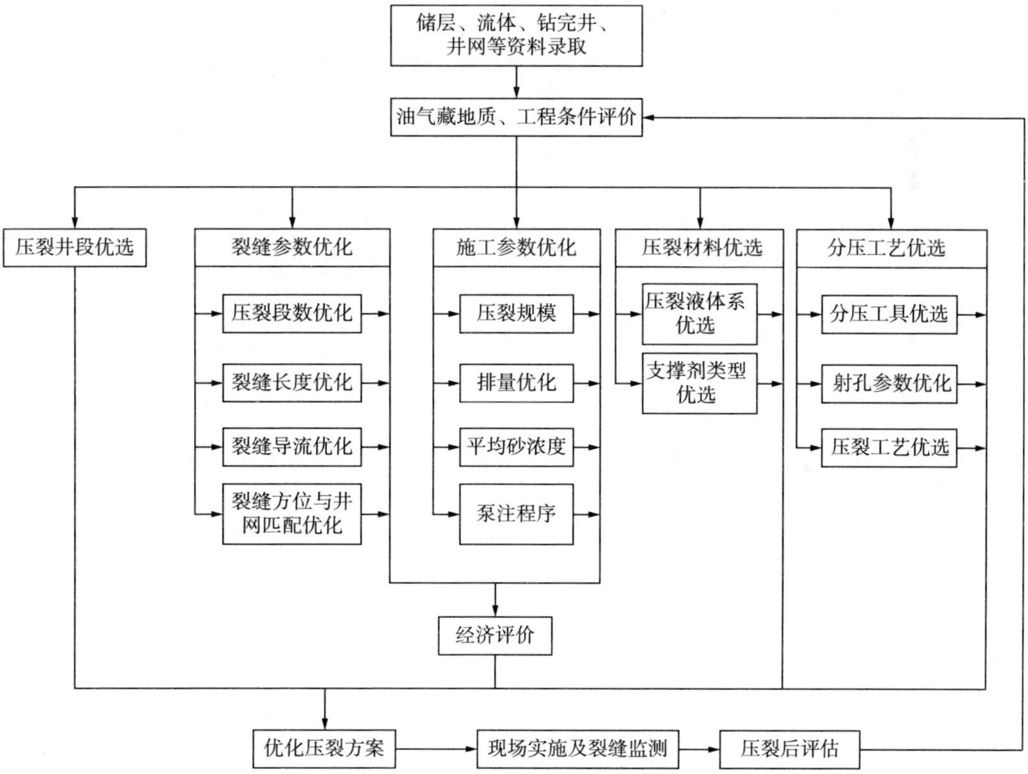

图 6-1　压裂方案设计的技术路线图

第二节　压裂前储层评估参数

压裂前储层评估是围绕压裂开展对储层构造、层位、岩性、物性等油藏特征的描述，除充分应用一般的油藏描述资料外，还应重点研究有效就地应力场，为压裂优化设计提供必要的油藏背景与输入数据，使压裂设计时由水力裂缝数值模拟的预测裂缝几何具备可信度。所用的方法主要包括地质研究、测井分析、岩石力学试验、不稳定试井，还应使用油藏模拟进行综合性的历史拟合分析。

一、压裂设计前地层资料和生产资料的收集

资料的收集包括收集施工井的完井资料、地质资料、采油历史、井下作业史、试井资料，若以前曾压裂过，还应收集以前压裂的施工情况、压裂后的生产情况、油井分析及压裂目的。

此外，压裂设计前还应准备以下数据：油井数据、油层数据、岩石力学数据(压裂目的层及顶、底岩层的岩石力学参数)、地应力数据(地应力剖面数据、裂缝方位数据)、岩心分析数据(岩心高压物性数据、岩性、压裂目的层的岩心压裂液伤害室内试验报告)、压裂液数据(压裂液的流变参数及摩阻数据、滤失系数、黏度、密度等)、压裂支撑剂数据(所选支撑剂的裂缝导流能力及渗透率图版，所选支撑剂的砂比、密度、粒度对照表)。表 6-1 给出了一些具体参数的求取方法和用途。

表 6-1　压裂设计主要输入参数一览表

项目	参数名称	获取方法	用途
储层参数	地层压力	试井、生产分析、邻井对比	选井选层、选压裂液、预测效果
	闭合压力	注入—返排试验，注入—关井试验	选择支撑剂、压力降落解释
	延伸压力	阶梯式注入试验、经验公式	模拟裂缝三维延伸
	破裂压力	理论计算、试验测试、测井	确定管柱结构、井口装置、裂缝形态
	储层温度	井温测井、经验估计	选择压裂液与添加剂，影响压裂液参数
	有效渗透率	试井、生产分析、岩心测试、数值模拟	确定压裂规模、滤失、支撑剂参数，预测产量
	孔隙度	岩心测试、测井解释	计算滤失，预测产量
	饱和度分布	岩心分析	评价压后效果
	储层厚度	岩心资料分析、试油与测井解释	选井选层、评价压裂效果
	伤害半径	试井	评价压后效果
	伤害渗透率	试井	评价压后效果
	水平主应力	ASR、DSCA、LSDS、压裂测试、有限元	影响裂缝几何尺寸，决定裂缝形态
	杨氏模量	岩心实验、长源距声波测井，由岩性估	影响裂缝几何尺寸
	泊松比	计岩心实验	影响裂缝几何尺寸
	断裂韧性值		影响裂缝几何尺寸
	天然裂缝	测井	影响裂缝方位和最优缝长
	流体黏度	PVT 分析、经验相关式	试井解释、计算滤失、预测生产动态计算滤失
	体积系数	PVT 分析、经验相关式	计算滤失
	压缩系数	PVT 分析、经验相关式	预测生产动态
	岩石硬度	PVT 分析、经验相关式	
压裂液参数	密度	密度计	计算井筒静液压力，影响支撑剂沉降
	稠度系数	Fann 系列或 RV 系列旋转黏度计	影响裂缝尺寸、支撑剂的沉降运移
	流态指数	Fann 系列或 RV 系列旋转黏度计	影响裂缝尺寸、支撑剂的沉降运移
	滤失系数	滤失仪	影响裂缝尺寸和施工规模
	初滤失	滤失仪	影响裂缝尺寸和施工规模
	减阻率	实验	计算井筒摩阻
	降解温度	实验	选择压裂液，压后压力分析解释
	排量	设计值(受多种因素影响)	计算裂缝几何尺寸和支撑剂运移分布

续表

项目	参数名称	获取方法	用途
支撑剂参数	密度	常规方法	影响支撑剂输送
	粒径	筛分	影响支撑剂输送与裂缝导流能力
	球形度	目测法、图像比较法	影响支撑剂输送
	加砂浓度	设计值	影响砂堤剖面和导流能力
	导流能力	设计值	影响增产效果

二、评估参数

1. *油气藏参数*

油藏地质参数决定了压裂实施前后油藏的生产反应，这些参数包括：

1）储层有效渗透率、孔隙度、含油饱和度与有效厚度在垂向及平面上的分布。

2）储层目前的地层压力(或静压力)与温度。

3）储层油水的相对渗透率关系。

4）储层流体性质，包括密度、黏度(地下)、压缩系数与总矿化度等。

5）储层(含遮挡层)就地应力的垂向分布(就地应力剖面)及最小(或最大)水平主应力方位。

6）遮挡层的岩性、厚度与就地应力值。

7）油藏的试油、开发生产与生产测试等资料数据。

2. *地质力学参数*

1）储层地应力场，地应力大小、方向。

2）储层天然裂缝发育情况，天然裂缝方向、密度等。

3）岩石力学参数，如杨氏模量、泊松比、抗张强度、抗压强度、断裂韧性、脆性指数等。

3. *井筒参数*

1）井眼轨迹、钻遇率。

2）井径、井下管柱(套管、油管)与井口装置的规范、尺寸及压力定额。

3）储层层段的固井质量。

4）射孔井段的位置、长度、射孔方式、弹型、相位角、孔密与孔眼尺寸。

5）井下工具的名称、规范、尺寸、压力定额、承受温度与位置。

三、关键参数获取方法

1. *岩石力学参数*

（1）岩石弹性模量与泊松比

岩石弹性模量是指岩石在受到拉应力或压应力时产生变形，当负荷增加到一定程度后，应力与应变呈线性关系，此时应力与应变的比值被称为岩石的弹性模量，记为 E，计量单位为 MPa。岩石泊松比则指岩石在受到压应力时，在弹性范围内岩石的侧向应变与轴向应变的比值，记作 ν，无量纲。

岩石弹性模量与泊松比是压裂设计中的重要参数，前者反映了岩石的致密程度与造缝宽度及压裂压力有关。弹性模量值越大，储层岩石越致密坚硬，造缝宽度变窄，施工的净压力将有所提高。一般砂岩的弹性模量为 $1\times10^4\sim4\times10^4$MPa。泊松比则是确定地应力大小的主要依据，对于砂岩，该值一般为 0.15~0.35。

采集这些岩石力学参数的可靠方法是，使用岩心借助实验室三轴应力装置进行实验，或使用长源距声波测井与密度测井资料求取。

(2) 抗张强度与抗压强度

岩石的抗张强度是指岩石发生破裂所需的张应力。施加应力时，岩石通常首先产生可逆的弹性变形，再发生塑性变形，最后破裂。这一特性对水力压裂很重要，为了使岩石破裂，必须克服抗张强度。岩石的破裂梯度通常由上覆岩层负荷产生的应力和岩石的抗张强度两部分组成。抗压强度是指岩石发生破裂的最小压缩载荷。由于岩石常常在几个方向上同时受到压缩，因此破裂机理更为复杂。一般而言，岩石受压时比受拉时要坚固得多，水力压裂就是利用了这一有利因素。

(3) 断裂韧性

岩石断裂韧性用于衡量具体岩石中使裂缝尖端延伸所需的能量。容易裂开的地层应该是脆性的，具有较低的表观断裂韧性；需要较大的能量才能使岩石裂开的特性称为塑性，即具有较高的表观断裂韧性。

(4) 脆性指数

脆性指数的定义为描述岩石脆性及岩爆倾向的脆性系数。目前，国内常用的储层脆性评价方法有岩石力学参数法和岩石矿物分析法两种，都是通过经验公式进行脆性表征，且仅针对页岩储层。对于其他非常规储层，如致密油和致密气，该方法不具备可推广性和应用价值。

岩石力学参数法：脆性指数$=[(E-1)/(8-1)+(\nu-0.4)/(0.15-0.4)/2]\times100$。

岩石矿物分析法：脆性指数=(石英含量+碳酸盐岩成分)/(石英含量+碳酸盐岩含量+黏土矿物含量)。

根据岩石的受力特征分析，利用全应力-应变曲线，将描述岩石形变过程的破坏程度和抗变形能力相结合，提出了通过有理论基础的综合评价指数表征岩石脆性的新方法。该方法描述了“脆”与“破坏”的关系，对不同的岩性更具有普适性，如图 6-2 所示。

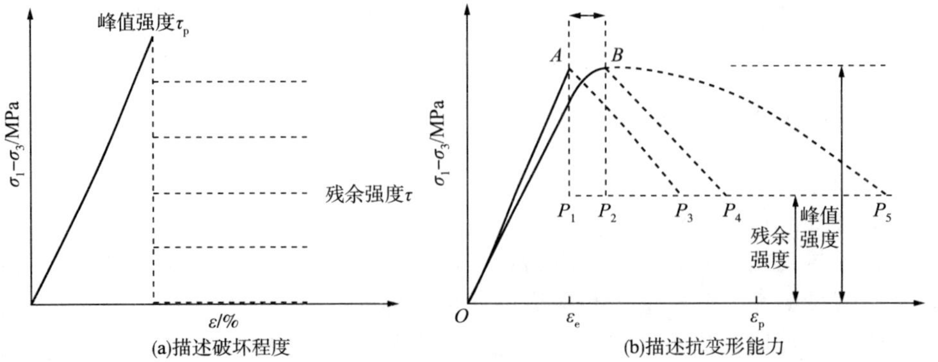

图 6-2 考虑应力-应变的脆性曲线

残余强度与峰值强度差异越大，表明岩石越脆；稳定残余强度下的形变与弹性峰值强度下的形变差异越小，表明岩石越脆。

应用该方法对页岩、致密砂岩与石灰岩等岩性储层脆性进行评价，获得的综合评价指数与实验观察的岩心破碎状态十分吻合(图6-3)。页岩岩心的脆性特征极其明显，致密砂岩与石灰岩脆性次之。理论和实践均验证了该方法的合理性和可靠性。

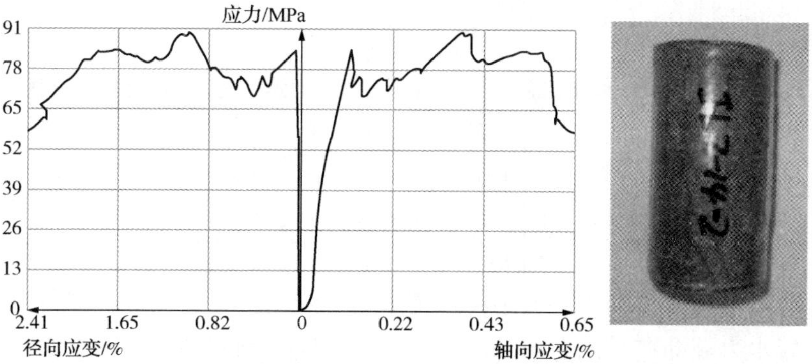

(a)单轴抗压条件下砂岩表现为单剪切裂缝破坏

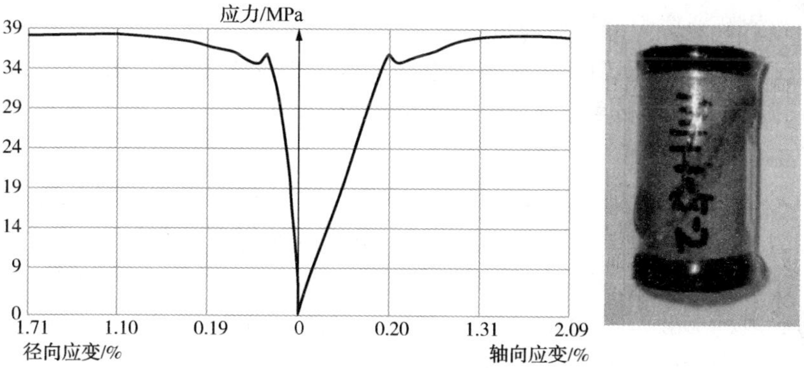

(b)单轴抗压条件下页岩表现为劈裂或完全破碎

图6-3　不同岩性岩心全应力-应变实验结果

2. 地应力大小

(1) 地应力大小

地应力记作 σ，计量单位为MPa。地应力通过垂向应力和最大、最小水平主应力表征(图6-4)。作用在单元体上的垂向应力来自上覆层的岩石重量，它的大小可以根据密度测井资料计算：

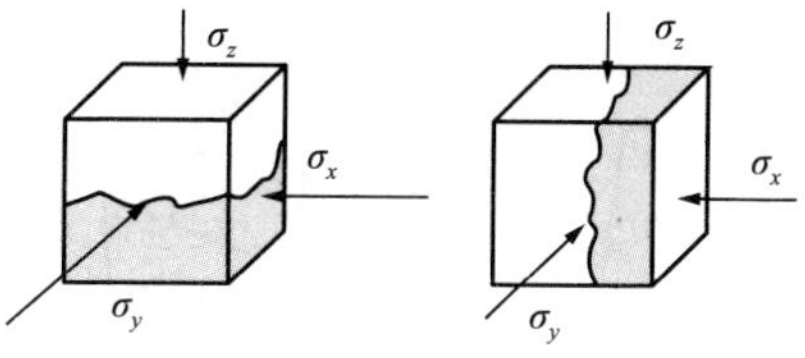

图6-4　三向应力不同状态下形成的裂缝形态

$$\sigma_z = 9.8\int_0^H \rho_s(z)\,dz \tag{6-1}$$

由于油气层中有一定的孔隙压力(即油藏压力或流体压力)，故有效垂向应力可表示为：

$$\overline{\sigma_z} = \sigma_z - p_s \tag{6-2}$$

岩石处于弹性状态，垂向应力与水平主应力的关系为：

$$\varepsilon_{x1} = \frac{1}{E}\overline{\sigma_x} \tag{6-3}$$

$$\varepsilon_{x2}=-\frac{1}{E}\overline{\sigma_y} \tag{6-4}$$

$$\varepsilon_{x3}=-\frac{1}{E}\overline{\sigma_z} \tag{6-5}$$

$$\varepsilon_x=\varepsilon_{x1}+\varepsilon_{x2}+\varepsilon_{x3}=0 \tag{6-6}$$

$$\sigma_x=-\frac{\nu}{1-\nu}\overline{\sigma_z} \tag{6-7}$$

实际上岩石不一定都处于弹性状态，根据研究，最大、最小水平主应力与垂向应力的关系为：

$$\sigma_{\mathrm{Hmax}}=\frac{1}{2}\left[\frac{\xi_1 E}{1-\nu}-\frac{2\nu(\sigma_z-\alpha p_s)}{1-\nu}+\frac{\xi_2 E}{1+\nu}\right]+\alpha p_s \tag{6-8}$$

$$\sigma_{\mathrm{Hmin}}=\frac{1}{2}\left[\frac{\xi_1 E}{1-\nu}-\frac{2\nu(\sigma_z-\alpha p_s)}{1-\nu}-\frac{\xi_2 E}{1+\nu}\right]+\alpha p_s \tag{6-9}$$

垂向应力与水平主应力的相对大小决定了水力裂缝的形态与方位；储层与其上下岩层的地应力差控制着水力裂缝在垂向上的延伸高度；而地应力剖面则是在压裂设计中确定分压层段、选择分压方法的主要依据。

采集地应力值及地应力剖面可通过：

1）现场进行不加砂的小型测试压裂，直接求取最小水平主应力值。

2）使用长源距声波与密度测井资料，求取地应力剖面。

（2）水平主应力差

水平主应力差是指水平方向两个主应力的差值，当诱导应力大于水平主应力差时，裂缝即可发生转向。两向应力差可通过测井数据计算获得或通过实验获取。

1）测井数据计算：以川中大安寨段储层为例，根据该区块 GS1 井测井曲线(图 6-5)进行计算，目的层段(2354.2~2358m)的水平两向应力差值为 8~11MPa。该块在进行水平井分段设计时，计算不同缝内净压力下(12MPa、18MPa)两条缝间的应力场变化(图 6-6)，当净压力大于 12MPa、缝间距小于 50m，诱导应力大于该层段的水平主应力差 8MPa 时，就会导致缝间应力转向，有利于实现转向以形成复杂缝。

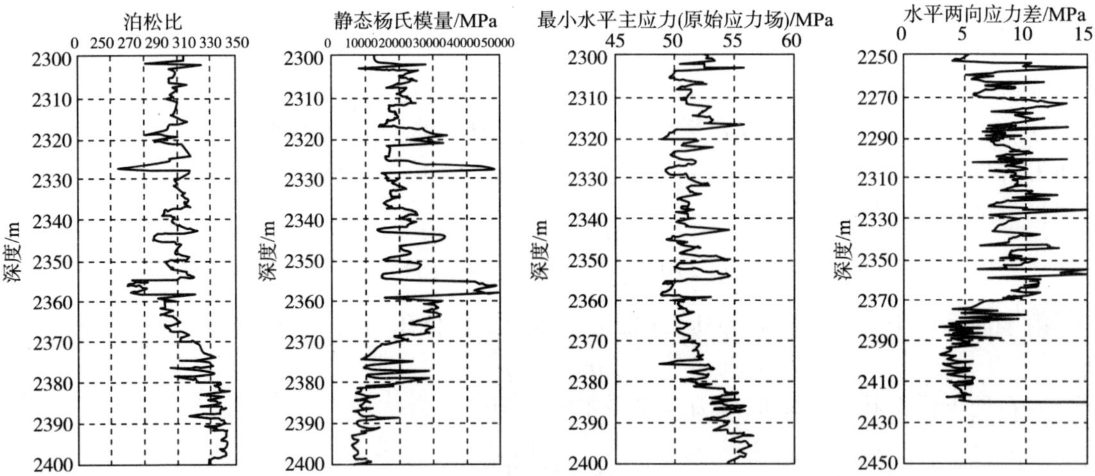

图 6-5　GS1 井测井曲线解释的力学参数结果

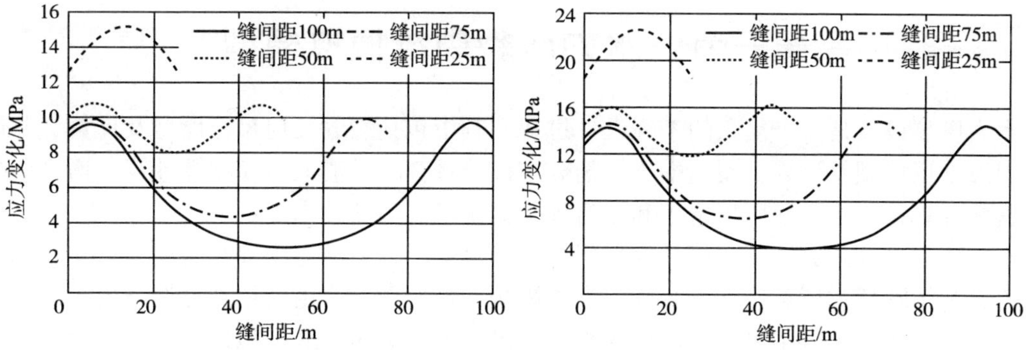

图 6-6　不同缝内净压力下(12MPa、18MPa)两条缝间的应力场变化

2）实验测试：实验采用岩石三轴应力测试系统 4010、SAMOS 声发射检测系统和岩石测试系统。岩心的基本数据见表 6-2。实验分析结果(表 6-3)表明，所取岩心的两向应力差约为 9.2MPa。

表 6-2　岩心的基本数据

井号	取心角度/(°)	长度 L/cm	直径 D/cm	质量 M/g	密度 ρ/(g/cm³)
J174 (3142.77m)	0	5.202	2.530	62.1	2.372
	45	5.067	2.527	60.5	2.377
	90	5.072	2.530	59.7	2.338

表 6-3　地应力解释结果

井号	σ_H/MPa	σ_h/MPa	σ_v/MPa
J174(3142.77m)	56.561	47.353	55.385

3. 地应力方向

由于水力裂缝总是沿着最大水平主应力方位延伸，因此，研究地应力方位的目的在于掌握水力裂缝方位。水力裂缝方位与开发井网方位的匹配关系直接影响油井的泄油面积和采出程度；水力裂缝的方位与水平井井筒方位的匹配关系同样影响水平井的改造体积和采出程度。因此，在压裂设计中确认地应力方位是至关重要的。

国内采集地应力方位的主要方法如下：

1）使用地层倾角测井资料，通过对井筒椭圆度长、短轴的比较确定主应力的方位。

2）在进行压裂作业时，同步进行地面电位监测或微地震波的现场测试。前者通过地面电位的变化，后者以接收岩石破裂信号判断水力裂缝的延伸方位。

3）借助实验室装置，使用岩心进行差应变法分析。同时，结合古地磁法确定主应力相对地理北极的方位加以认定。

4）依据应力测量资料，借助弹性力学有限元模型进行数值模拟，可得出地应力的大小和方位。模拟结果的可靠性取决于采用资料的准确度与测量技术的精度。需要注意的是，国内外至今尚无法仅用一种方法即可获得准确可靠的地应力值、地应力剖面及地应力方位，需要多种测试结果相互比较才能取得正确的认识。

第三节　水力压裂裂缝模拟模型

水力压裂设计是一个复杂的工程设计过程，其中包括裂缝几何尺寸模型及计算、井筒和裂缝内温度场模型及计算、裂缝中支撑剂分布设计计算、导流能力模型及计算、增产效果预测。这些计算结果为指导压裂施工和压后评估提供了有力的技术支持。

水力压裂设计的关键之一就是模拟裂缝延伸过程、计算动态裂缝几何尺寸。它受储层参数、岩石力学性质、压裂液性能和施工参数影响，经历了一个由简单到复杂，由二维向三维逐步完善的过程。本节主要介绍经典的裂缝二维延伸水力压裂缝模拟模型，并概述三维裂缝延伸模拟模型。

目前矿场上使用的裂缝几何尺寸计算模型主要有二维(PKN、KGD)、拟三维(P3D)和真三维模型，它们的主要差别是裂缝的扩展和裂缝内的流体流动方式不同。二维模型假设裂缝高度是常数，流体仅沿缝长方向流动；拟三维模型和真三维模型认为缝高沿缝长方向是变化的，不同的是前者认为裂缝内仍是一维(缝长)流动，而后者认为在缝长、缝高方向均有流动(即存在压力降)。国内已研制了拟三维和真三维模型，在地应力和岩石力学资料比较齐全的情况下，应尽可能选用拟三维或真三维模型进行设计，地层条件比较单一时可采用二维模型。

一、径向压裂模型

由线弹性理论可推导出定压状态下径向长度为 L_r 的静态扁平裂缝的宽度 b_{cr}，b_{cr} 可用式(6-10)表示：

$$b_{cr}=\frac{8p_nL_r}{\pi E'}\sqrt{1-\left(\frac{r}{L_r}\right)^2} \tag{6-10}$$

椭圆裂缝的体积可表示为：

$$V=\frac{29.95L_r^3}{E'}p_n \tag{6-11}$$

式中，p_n 为净压力，通常指缝内压力与阻止裂缝张开的应力之差，Pa；r 为半径，m；V 为体积，m^3；L_r 为径向长度，m；E' 为平面模量，Pa。

平面模量 E' 定义如下：

$$E'=\frac{E}{1-\nu^2} \tag{6-12}$$

式中，E 为杨氏模量，Pa；ν 为泊松比。

Sack 发现定压下径向长度为 L_r 的裂缝扩展所需的净压力为：

$$p_n=1025\sqrt{\frac{\pi\gamma_F E'}{L_r}} \tag{6-13}$$

式中，γ_F 为裂缝比表面能，J/m^2。

裂缝比表面能与临界应力强度因子 K_{Ic} 有如下关系：

$$K_{Ic}=\sqrt{2E'\gamma_F} \tag{6-14}$$

式中，K_{Ic}为临界应力强度因子，Pa · $m^{1/2}$。

式(6-10)和式(6-11)是由线弹性理论导出的，而式(6-13)是从线弹性断裂力学中得到的。式(6-13)的出发点是裂缝扩展时产生裂缝表面积所需的能量，必须与缝中压力使缝宽增大所做的功相等。Perkins 和 Kern(1964)将式(6-11)和式(6-13)合并得到径向裂缝扩展的净压力为：

$$p_n=8090.50\left(\frac{\pi^3\gamma_F^3E'^2}{V}\right)^{1/5} \tag{6-15}$$

因此，如果裂缝体积已知，即可计算出p_n，当压裂泵注排量恒定，裂缝中无摩擦压降且无滤失时，通过式(6-16)可确定L_r：

$$L_r=0.0161\left(\frac{E'q_i^2t^2}{\pi\gamma_F}\right)^{1/5} \tag{6-16}$$

式中，t为时间，s；q_i为泵注排量，m^3/s。

在没有滤失的情况下，可解得缝长和缝宽如下：

$$L(t)=0.032\left(\frac{E'q_i^3}{\mu}\right)^{1/9}t^{4/9} \tag{6-17}$$

$$b_w=100.39\left(\frac{\mu^2q_i^3}{E'^2}\right)^{1/9}t^{1/9} \tag{6-18}$$

式中，b_w为裂缝宽度，m。

高流体滤失情况下，径向裂缝缝长为：

$$L_r=0.135\left(\frac{q_i^2t}{C_L^2}\right)^{1/4} \tag{6-19}$$

式中，C_L为滤失系数，$m/s^{1/2}$。

二、KGD 模型

Khristianovich 和 Zheltov(1955)推导出了这种水力裂缝延伸的解，经 Geertsma 和 de Klerk(1969)改进后，就是大家熟知的 KGD 模型，其几何模型如图 6-7 所示。KGD 模型成立的基本假设：①离开井筒任意距离时缝宽与垂向位置无关，缝高远大于缝长；②固定高度的裂缝只在油层中扩展；③缝内流速恒定，除缝端没有流体穿透(即没有压力)外，缝中的压力以定压近似。

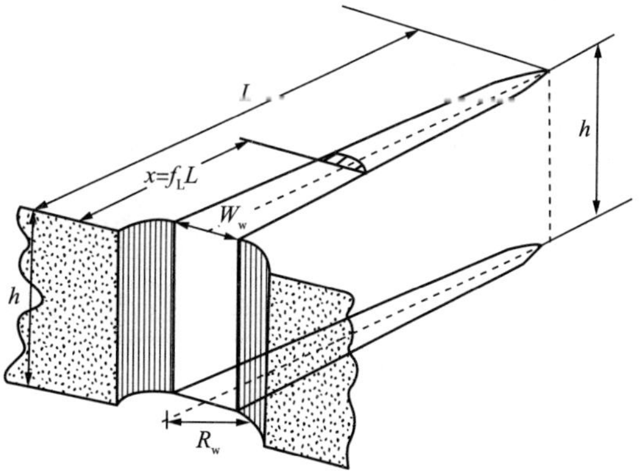

图 6-7 KGD 模型裂缝几何形态

流体滞后的概念一直是缝端力学问题中的重要组成部分，已经在现场得到证明(Warpinski，1985)。如果缝端无流体穿透区很小(约为总缝长的百分之几)，那么在主体中沿整个缝的压力几乎等于井中的压力，只是在靠近缝端时剧减。

根据 Khristianovich 和 Zheltov“缝端区域很小”的结论，Geertsma 和 de Klerk 对于该问题给出了更简单的解。缝端区域很小且无流压情况下的水力裂缝缝宽剖面，与整个裂缝净压力恒定条件下得到的裂缝剖面相近。Sneddon 和 Elliot(1946)指出这样的裂缝在形状上表现为椭圆形，最大宽度为：

$$b_{w}=\frac{8}{E'}Lp_{n} \tag{6-20}$$

式中，b_w为井筒处的裂缝宽度，m；L 为裂缝半长，m。

他们使用这种几何形状的裂缝横截面，以及平行板之间的流体流动方程，计算出的裂缝净压力和井壁处裂缝宽度如下：

$$p_{n,w}\approx 70.12\left(\frac{\mu q_{i}}{\pi h_{f}L^{2}}E'^{3}\right)^{1/4} \tag{6-21}$$

$$b_{w}=280.52\left(\frac{\mu q_{i}L^{2}}{\pi E'h_{f}}\right)^{1/4} \tag{6-22}$$

式中，μ 为流体黏度，Pa·s；h_f为裂缝高度，m；L 为裂缝半长，m。

在无滤失的情况下，缝长和缝宽表示如下：

$$L(t)=0.0059\left(\frac{E'q_{i}^{3}}{\mu h_{f}^{3}}\right)^{1/4}t^{2/3} \tag{6-23}$$

$$b_{w}=17.05\left(\frac{\mu q_{i}^{3}}{E'h_{f}^{3}}\right)^{1/6}t^{1/3} \tag{6-24}$$

PKN 模型的高滤失解也适用于 KGD 模型，但 Geertsma 和 de Klerk 没有给出高滤失情况下 KGD 模型明确的缝宽关系。

Geertsma 和 de Klerk 按照 Carter(1957)的方法同样将模型推广到包括流体滤失的情况，流体滤失是在假设它对裂缝形态或压力分布没有影响的条件下加以考虑的。一个两翼 KGD 裂缝的体积为：

$$V_{f}=\frac{\pi}{2}h_{f}Lb_{w} \tag{6-25}$$

运用体积平衡和与 Carter 相似的解法，得到：

$$L=2.79\times10^{-3}\frac{q_{i}b_{w}}{C_{L}^{2}h_{f}}\left[e^{s^{2}}erfc(s)+\frac{2s}{\sqrt{\pi}}-1\right] \tag{6-26}$$

式中，C_L 为滤失系数，m/s$^{1/2}$；s 为无量纲量。

C_L和 s 定义如下：

$$C_{L}=6.897\times10^{3}\ \frac{p^{*}\beta_{s}}{r_{p}\sqrt{t_{p}}E'}\begin{cases}h_{f} & \text{PKN}\\ 2L & \text{KGD}\\ \dfrac{32}{3\pi^{2}}L_{r} & \text{径向}\end{cases} \tag{6-27}$$

$$s=\frac{8C_{L}\sqrt{\pi t}}{\pi b_{w}} \tag{6-28}$$

式中，p^*为 G 函数图的斜率；r_p为可渗透面积与裂缝面积的比；t_p为累计注入时间，s；β_s为关井期间的宽度系数。

β_s的定义如下：

$$\beta_s \approx \begin{cases} \dfrac{2n+2}{2n+3+a} & \text{PKN} \\ 0.9 & \text{KGD} \\ \dfrac{3\pi^2}{32} & \text{径向} \end{cases} \tag{6-29}$$

式中，n 为液体流变指数；a 为从井筒到裂缝端由于热效应和剪切梯度造成的流体黏度的减少程度，对于定常剖面，$a=0$，对于线性变化的剖面，$a=1.0$（对应裂缝顶端的黏度为 0）。为了囊括瞬时滤失 S_p 的影响，应该以 $b_w+\dfrac{8}{\pi}S_p$ 代替 b_w。

三、PKN 模型

PKN 模型最早由 Perkins 和 Kern（1961）提出，后经 Nordgren（1972）完善，形成了如今的 PKN 模型，其几何模型如图 6-8 所示，基本假设：①裂缝高度为常数，且缝长大于缝高，垂直于缝长方向的横截面为椭圆形；②与裂缝垂直的截面内压力恒定；③沿裂缝长度某一点处的应力状态与其他位置的压力分布无关；④裂缝延伸前缘，流体压力等于地层最小水平主应力；⑤压裂中泵注排量保持定流量。

Perkins 和 Kern 假设高度固定的裂缝在封闭很好的储层内延伸，即上下隔层的应力足够大使裂缝不会突破产层。对于缝高 h 不变和无限大（即平面应变）裂缝，其最大宽度为：

$$b=\frac{2p_n h_f}{E'} \tag{6-30}$$

裂缝的形状为椭圆形，平均缝宽为 $\bar{b}=(\pi/4)b$。

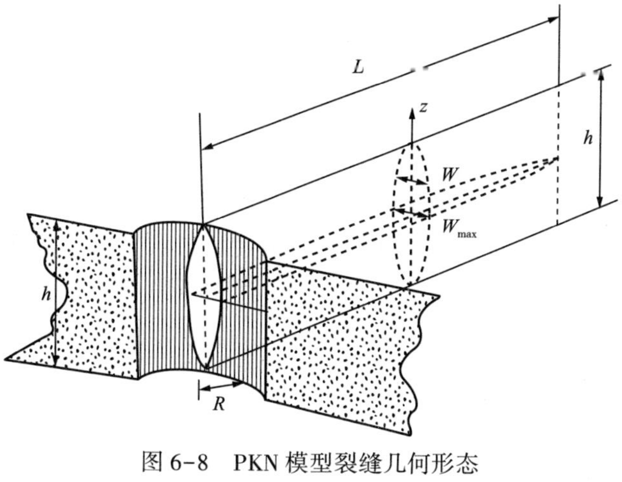

图 6-8 PKN 模型裂缝几何形态

图 6-8 中，L 为裂缝半长，m；W 为裂缝宽度，m；W_{max} 为裂缝最大宽度，m；h 为裂缝高度，m；R 为井筒半径，m；z 为垂直地层方向。

在假设裂缝的横截面是椭圆形的前提下，横截面的最大宽度与该点处的净压力成正比，而与其余点的宽度无关(即垂向平面应变)，结合流体流动方程，可得到裂缝的净压力和某点处的宽度为：

$$p_n = 185.3\left(\frac{\mu q_i E'^3}{\pi h_f^4}L\right)^{1/4} \tag{6-31}$$

$$b_x = 277.96\left[\frac{\mu q_i (L-x)}{E'}\right]^{1/4} \tag{6-32}$$

式中，x 为沿裂缝方向的距离，m；L 为裂缝半长，m。

井壁($x=0$)处的缝宽为：

$$b_w = 35.21\left(\frac{\mu q_i L}{E'}\right)^{1/4} \tag{6-33}$$

对于该模型，平均缝宽为井筒裂缝缝宽的 $\pi/4$(约为 80%)。对于牛顿流体模型，缝宽与裂缝高度无关。

Perkins 和 Kern 忽略了缝内流体的滤失和存储影响，认为可以用其他方法计算缝长。因此，引入 Carter 方法，当裂缝宽度不变时，裂缝缝长为：

$$L = 0.022\frac{q_i b_{fc}}{\pi h_f C_L^2}\left(e^{s^2} erfc(s) + \frac{2s}{\sqrt{\pi}} - 1\right) \tag{6-34}$$

式中，b_{fc}为固定的缝宽，m；C_L为滤失系数，m/s$^{1/2}$；s 为无量纲量。

s 的定义如下：

$$s = \frac{2C_L\sqrt{\pi t}}{b_{fc}} \tag{6-35}$$

式中，t 为时间，s。

Harrington 和 Hannah(1975)将式(6-34)简化为式(6-36)形式：

$$L = 0.089\frac{\left(\dfrac{q_i t}{b_{fc} + 2C_L\sqrt{2t}}\right)}{h_f} \tag{6-36}$$

Nordgren 将裂缝的滤失和存储引入 Perkins 和 Kern 的模型，得到了新的 PKN 模型。Nordgren 以无量纲的形式对方程进行数值求解，得到了与时间有关的缝宽和缝长。

由于 Nordgren 的解最后是通过数值分析得到的，不可能用解析解表示，然而，在一些高效和低效情况下可以得到大致的裂缝几何形状的解析解。Nordgren 导出了两种极限条件下的近似解，但是要注意，这两种极限解过高地估算了缝长和缝宽(一个忽略了流体滤失，另一个忽略了流体的存储效应)。

存储占主导地位时($\eta \to 1$)方程的解为：

$$L(t) = 0.0026\left(\frac{E' q_i^3}{\mu h_f^4}\right)^{1/5} t^{4/5} \tag{6-37}$$

$$b_w = 241\left(\frac{\mu q_i^2}{\pi^3 E' C_L h_f}\right)^{1/4} t^{1/8} \tag{6-38}$$

高滤失时方程近似为：

$$L(t)=\frac{0.089q_{i}t^{1/2}}{\pi C_{L}h_{f}} \tag{6-39}$$

$$b_{w}=57.82\left(\frac{\mu q_{i}^{2}}{E'h_{f}}\right)^{1/5}t^{1/5} \tag{6-40}$$

一旦裂缝宽度由式(6-38)和式(6-40)确定，压力就可以由式(6-31)确定。这些表达式有益于对裂缝特性进行进一步的了解，例如，当滤失较高时(或低效时)，长度的表达式表明缝长可由滤失与流入裂缝流体的质量平衡简单确定，即裂缝长度增加得足够快，使得滤失速率可以平衡缝内流体的流入。在PKN模型的基础上，将幂律流体和效率介于0~1之间的显性边界条件考虑在内，可以得到PKN模型更进一步的解析式。

需要强调的是，即使对于仅在储层延伸的裂缝，PKN模型的解只有当缝长远大于缝高时才是适用的。通常情况下，如果缝高小于总缝长的1/3，由平面应变所造成的误差可以忽略不计。

四、Carter压裂模型

Carter(1957)考虑了液体滤失条件，在缝宽已知的情况下推导出了裂缝面积公式，可求出压裂过程中的水平裂缝半径和长度，其基本假设：①压裂液沿裂缝壁面垂直线性地渗入地层；②缝壁上某点的滤失速度取决于此点暴露于液体中的时间；③忽略流体压缩性；④缝壁上各点的速度函数是相同的；⑤裂缝内各点压力相等，等于井底延伸压力。

裂缝面积公式如式(6-41)所示：

$$A(t)=\frac{Qw}{4\pi C^{2}}\left(e^{x^{2}}\cdot erfc(x)+\frac{2x}{\sqrt{\pi}}-1\right) \tag{6-41}$$

式中，Q为压裂液注入排量，m^3/s；w为裂缝宽度，m；C为综合滤失系数，$m/s^{1/2}$。

$$x=\frac{2C\sqrt{\pi t}}{\omega} \tag{6-42}$$

$erfc(x)$为x的误差补偿函数(余误差函数)，可按式(6-43)近似计算。

$$\begin{aligned}erfc(x)=&0.254829592y-0.284496736y^{2}+1.42143741y^{3}-\\&1.453152027y^{4}+1.061405429y^{5}\end{aligned} \tag{6-43}$$

$$y=\frac{1}{1+0.3275911x} \tag{6-44}$$

对于垂直对称双翼裂缝，若已知缝高H_f，则单翼缝长为：

$$L_{f}=\frac{A(t)}{2H_{f}} \tag{6-45}$$

对于水平裂缝，裂缝半径为：

$$R=\sqrt{\frac{A(t)}{\pi}} \tag{6-46}$$

表6-4对比了PKN与KGD两种裂缝延伸模型的主要特征，由于压裂裂缝中高宽比很大，裂缝形状并不是两种模型的重要差异。由于考虑的因素不同，计算裂缝几何尺寸的公式

有很多种，Carter 面积公式常与 PKN 模型或 KGD 模型联合使用，构成模拟裂缝二维延伸的解析方法。

表 6-4　PKN 模型与 KGD 模型特征比较

项目	PKN 模型	KGD 模型
几何形状	垂直剖面为椭圆形，水平剖面为 $2n+2$ 次抛物线形，裂缝长而窄	垂直剖面为矩形，水平剖面为椭圆形，裂缝短而宽
应变	平面应变发生于垂直剖面，层间无滑动，裂缝张开在垂直剖面求解	平面应变主要发生于水平剖面，层间有滑动，裂缝张开在水平剖面求解
压力行为	井底压力随时间增加而升高，随缝长增加而增加 $p(t)\propto t^e$，$\frac{1}{4n+4}<e<\frac{1}{2n+3}$	井底压力随施工时间逐渐降低，随缝长增加而递减 $p(t)\propto t^e$，$\varepsilon=-\frac{1}{3}$

二维裂缝延伸模型模拟计算实例，计算所需的基础数据见表 6-5。

表 6-5　基础参数

参数类型	参数值	参数类型	参数值
弹性模量 E/Pa	2.07×10^{10}	黏度 μ/(mPa·s)	1.00
剪切模量 G/Pa	8.28×10^{9}	缝高/m	50
泊松比 ν	0.25	最小水平主应力/Pa	4.00×10^{6}
排量 Q/(m³/s)	1.65×10^{-3}		

分别计算无滤失状态的 PKN 模型与 KGD 模型，计算结果对比如图 6-9~图 6-11 所示。

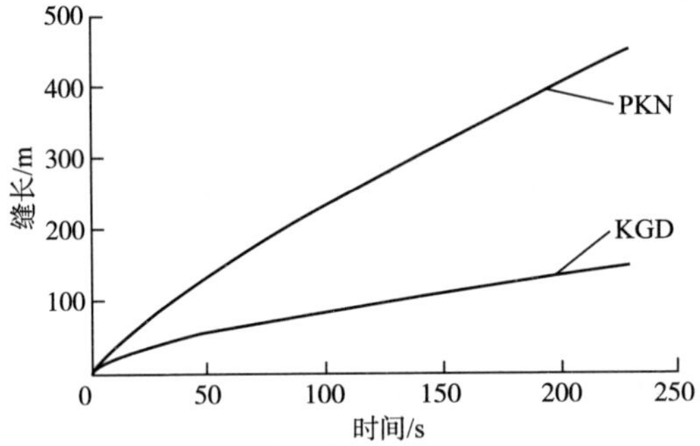

图 6-9　裂缝缝长计算结果对比图

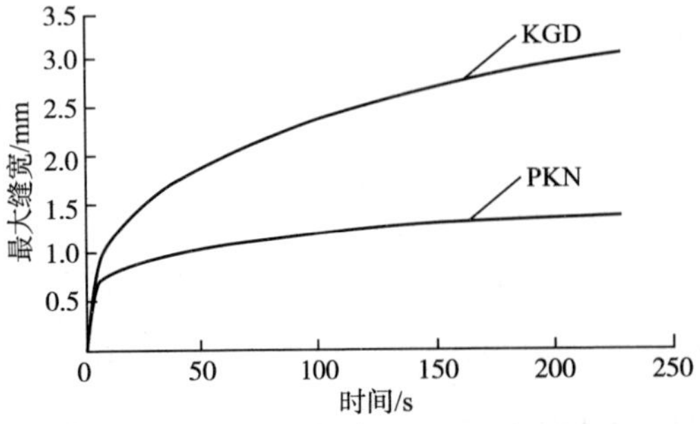

图 6-10　裂缝最大缝宽计算结果对比图

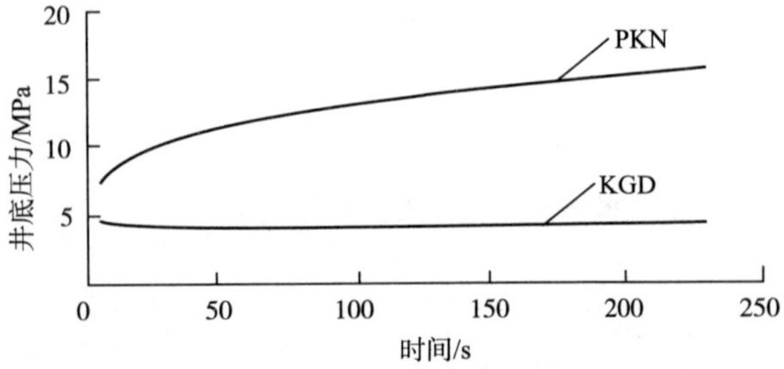

图 6-11　井底压力计算结果对比图

1. 选择二维裂缝延伸模型的一般原则

1）根据井底压力的变化趋势：在正常施工阶段，如果裂缝在垂向上的扩展受到抑制，并且裂缝长度的延伸速度比裂缝高度的延伸速度快得多时，随着施工时间的延长，井底压力将不断增加，这种现象符合 PKN 模型预测的情况，宜选用 PKN 模型；如果垂向增长的趋势与径向扩展的速度大致相等，井底压力将不断下降，这种现象更适合于 KGD 模型的假设，选用 KGD 模型为宜。

2）根据压裂层的埋藏深度：PKN 模型和 KGD 模型的主要区别之一是压裂目的层与上下岩层之间有无滑移。对于浅层，作用在压裂层面上的上覆压力与产生滑移时必须克服的摩擦阻力比深层要小得多，更有可能发生层间滑移效应，所以浅层的压裂设计选用 KGD 模型，深层选用 PKN 模型较好。

3）根据压裂层与上下岩层的地应力差：压裂层的地应力值如小于上下岩层，且地应力差大于 13.8MPa，则裂缝高度仅扩展到边界界面。此时，PKN 模型和 KGD 模型都适用。如果情况相反，或地应力差小于 13.8MPa，且薄层目的层上下有泥岩作遮挡层的井，选择 PKN 模型较好；对块状厚层或射孔井段较长的井，最好选择 KGD 模型。

2. 二维裂缝几何尺寸计算方法

从二维裂缝几何尺寸计算公式可以看出，在计算缝长的公式中包含缝宽，同时，计算缝宽的公式中又包含缝长这个参数。所以，在计算中采用的方法是先初定缝宽，代入计算缝长的公式中，再把求出的缝长代入缝宽公式中求出缝宽，迭代计算，直到缝宽的计算结果满足一定精度为止。

1）假设一个平均缝宽 W 和缝长 L。

2）若是非牛顿压裂液，计算表观黏度。

3）采用 PKN 模型或 KGD 模型，计算动态缝宽。

4）迭代计算，对比第 1)步与第 3)步 W 的值，直到二者几乎相等为止。

5）用 Carter 面积公式求动态裂缝长度。

6）对比第 1)步与第 5)步的 L 值，直到二者几乎相等为止。

五、拟三维裂缝延伸模型

拟三维模型发展于 20 世纪 80 年代，Simonson 等人建立了对称三层裂缝高度延伸模型模拟裂缝高度由低应力区进入高应力区随压力的变化。拟三维模型分为集总模型和基于单元的模型两大类(Adachietal，2007)。在集总模型中，每个时间步裂缝的几何形态包含上下两个半椭圆，这两个半椭圆相会于裂缝长度方向的中心线。缝长、上半椭圆和下半椭圆在每个时间步都会更新(图 6-12)。流体沿着预先确定的流线从射孔处流向椭圆边缘(沿裂缝长度方向一维流动)。在基于单元的模型中，沿缝长划分一系列类似于 PKN 模型的单元，每个单元都有自己的计算高度。拟三维模型的一个基本假定是储层弹性性质分布是均匀的，可以对包含裂缝高度在内的所有层的弹性参数取平均值(图 6-13)。在计算缝宽时，围压应力对弹性性质起主导作用，因此这一假定在很多情况下是成立的。在层间物性变化比较剧烈时，拟三维模型精度会下降。

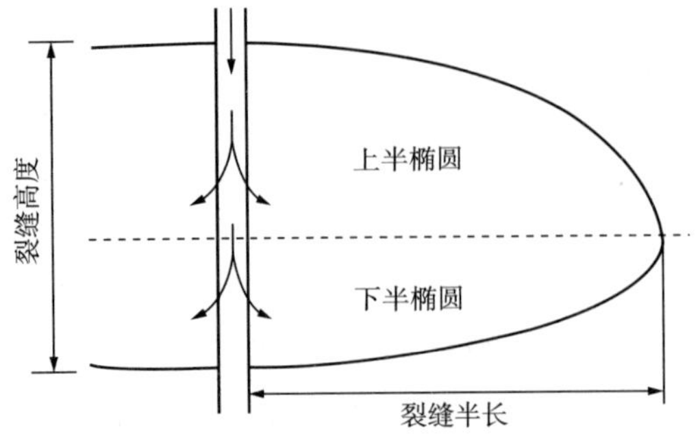

图 6-12　拟三维基于单元模型裂缝形态示意图

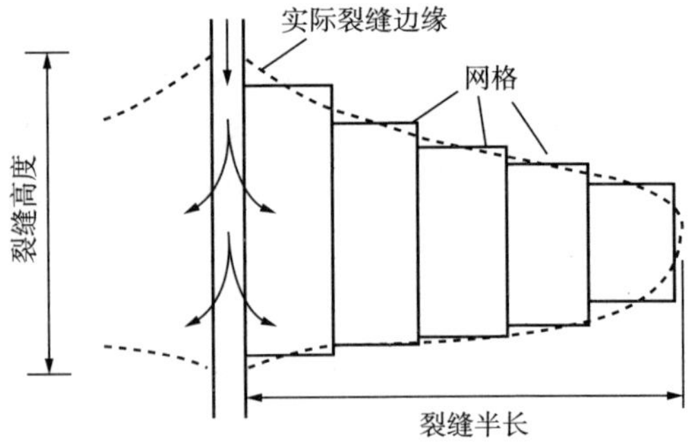

图 6-13　拟三维集总椭圆模型裂缝形态示意图

六、全三维裂缝延伸模型

从 20 世纪 80 年代到 20 世纪末平面三维模型迎来显著的发展。模型假定裂缝轮廓以及耦合的流体方程可用二维网格描述，通过移动三角形网格(图 6-14)(Van-dammetal，1989)或固定长方形网格(图 6-15)(Barree，1983)使其形成一个垂直的平面，采用全三维弹性方程描述裂缝宽度作为流体压力的函数。平面三维模型相对于拟三维模型更精确，但是计算量更大。平面三维模型适合模拟层间应力、物性变化比较大的地层，以及裂缝高度不受隔层控制的情形。除此之外，若层状储层会形成沙漏形状裂缝轮廓(例如三层介质系统中间层相对上下层更硬，中间层的缝宽就相对缩小)，这种情况宜采用平面三维模型模拟。

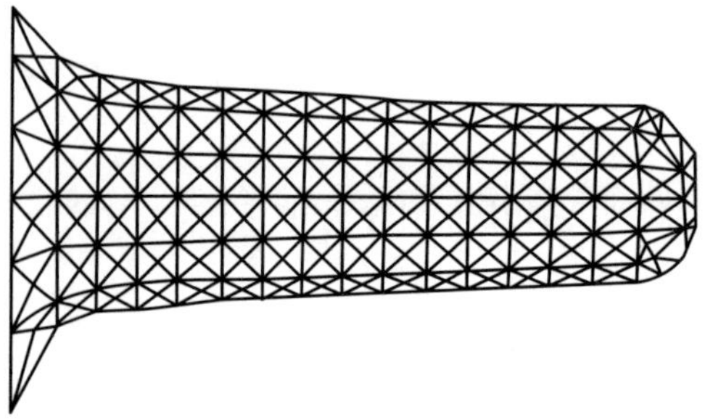

图 6-14　移动网格系统平面三维模型示意图

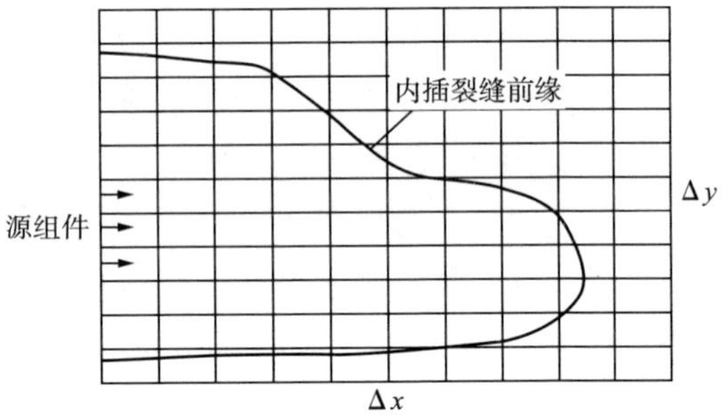

图 6-15　固定网格系统平面三维模型示意图

对于非平面缝、多缝扩展、应力阴影问题，需要采用全三维模型模拟水力压裂，如图 6-16 所示。相比平面三维模型，全三维模型裂缝尖端不只承受 Ⅰ 型应力奇异性，而是 Ⅰ 型、Ⅱ 型和 Ⅲ 型应力奇异性的组合，因此全三维模型的求解更复杂。全三维模型基于边界元方法求解通过建立在裂缝面上的积分方程提高计算效率，裂缝面被划分为一系列三角形或四边形单元，同时这些单元随着裂缝前缘的发展而做出调整，即使如此，全三维模型的求解也非常耗时且经常面临数值解不稳定性问题，因此全三维模型更多用于研究性工具，而非工程设计软件。目前，拟三维、平面全三维与非平面全三维裂缝延伸模型均有成熟的商业化压裂优化设计软件，在实际研究与工程设计工作中，可以根据储层特征针对性地选择使用。

三维模型中考虑了缝高随注入压裂液量的增加而发生变化这一因素。三维模型分为真三维和拟三维模型，基本方程包括：

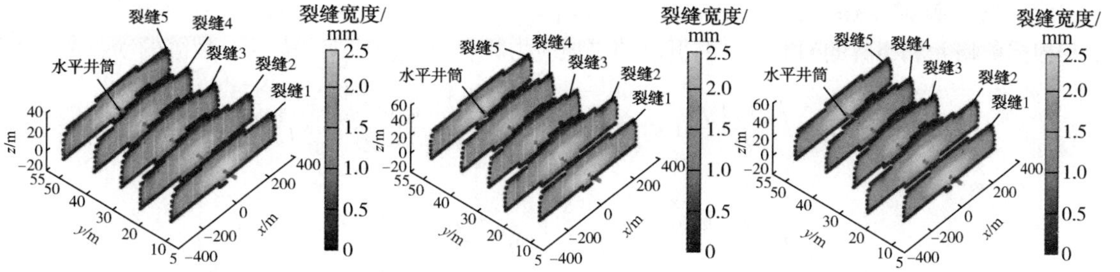

(a)各簇射孔数分别为8，9，8，8，8 (b)各簇射孔数分别为8，10，8，8，8 (c)各簇射孔数分别为8，11，8，8，8

图 6-16 三维裂缝扩展模型算例

1）表征缝面上压力与裂缝宽度之间关系的弹性方程。

2）表征缝内液体流动与液体内部压力梯度之间关系的液体流动方程。

3）破裂准则，表征缝端前面应力强度状态与岩石破裂时所必需的临界应力强度之间的关系。裂缝的扩展受线弹性断裂力学中断裂准则控制，也就是说，在裂缝扩展期间，缝端各点处的应力强度因子基本保持与岩石的临界应力强度因子相等。

真三维模型虽然能精确地预测裂缝几何尺寸，但是由于其设计所需参数较多，模拟计算时间长，因此在实际应用中受到了一些限制。为此，人们在对真三维模型进行简化后，提出了能够应用于现场施工设计的拟三维(P3D)模型。拟三维模型具有真三维模型的一些优点，它考虑了裂缝沿垂向高度的变化，有效弥补了二维模型的不足。这里仅介绍拟三维模型及其求解方法。

1. 拟三维数学模型

拟三维数学模型包括连续性方程、缝中流体流动的压降方程、裂缝宽度方程和裂缝高度方程。

（1）连续性方程

连续性方程也就是质量守恒方程。假设压裂液不可压缩，那么注入裂缝中的压裂液一部分用于填充裂缝，另一部分滤失于地层。按照质量守恒定律，有如下关系：

$$Q_t = V_f(t) + V_1(t) \tag{6-47}$$

式中，Q_t 为地面注液排量，m^3/min；t 为注液时间，min；$V_f(t)$ 为注液 t 时的裂缝体积，m^3；$V_1(t)$ 为注液 t 时压裂液滤失体积，m^3。

（2）缝中流体流动的压降方程

假设压裂液为不可压缩流体，则由兰姆的研究成果可知，压裂液以裂缝中某一垂直剖面的压降为该剖面的宽度、高度、流量和压裂液流变参数的函数，具体表达式为：

$$\frac{dp}{dx} = -\frac{32K_p}{3\pi}\left(\frac{2n+1}{n}\right)^n \frac{1}{H^n(x)W_0^{2n+1}(x)}\left[\frac{q(x)}{60}\right]^n \tag{6-48}$$

$$q(x) = q_0\left(1-\frac{2}{\pi}\sin^{-1}\frac{x}{L}\right) \tag{6-49}$$

式中，$W_0(x)$ 为缝中 x 处的最大缝宽，m；$H(x)$ 为缝中 x 处的高度，m；K_p 为压裂液的稠度系数，$kPa \cdot s^n$；n 为压裂液的流态指数，无量纲；$q(x)$ 为缝中 x 处的液体流量，m^3/min；q_0 为缝口处的流体流量，m^3/min；p 为压裂液流动所具有的压力，kPa。

(3) 裂缝宽度方程

根据英格兰和格林的研究，在上下遮挡层地应力相等及平面应变条件下，裂缝的动态宽度为：

$$W(x,\ \eta)=\frac{4(1-\nu)}{G}p(x)l(x)\left\{\sqrt{1-\eta^2}-\left[\frac{2\Delta S}{\pi p(x)}\sqrt{1-\eta^2}\cos^{-1}f_1-\right.\right.$$

$$\left.\left.f_1\ln\left(\frac{\sqrt{1-\eta^2}+\sqrt{1-f_1^2}}{\sqrt{|f_1^2-\eta^2|}}\right)+\eta\ln\left(\frac{f_1\sqrt{1-\eta^2}+\eta\sqrt{1-f_1^2}}{\sqrt{|f_1^2-\eta^2|}}\right)\right]\right\} \tag{6-50}$$

$$\eta=y/l(x) \tag{6-51}$$

$$\Delta S=S_2-S_1 \tag{6-52}$$

$$p(x)=\begin{cases}p_f-S_1, & |y|\leqslant\dfrac{h}{2}\\ p_f-S_2, & |y|>\dfrac{h}{2}\end{cases} \tag{6-53}$$

式中，$p(x)$为缝中x处的净压力，kPa；$l(x)$为缝中x处的裂缝长度，m；G为岩石的剪切模量，kPa；ν为岩石的泊松比，无量纲；ΔS为生产层与遮挡层的地应力差，kPa；S_1为生产层的净压力，kPa；S_2为上下遮挡层的地应力，kPa；p_f为缝内压裂液流动所具有的压力，kPa；h为产层厚度，m；f_1为缝中x处的无量纲厚度。

对于式(6-50)，令$\eta=0(y=0)$可得到沿缝长方向任一位置x处裂缝中心的最大宽度：

$$W_0(x)=\frac{2(1-\nu)}{G}p(x)l(x)\left\{1-\frac{2\Delta s}{\pi p(x)}\left[\cos^{-1}f_1-f_1\ln\left(\frac{1+\sqrt{1-f_1^2}}{f_1}\right)\right]\right\} \tag{6-54}$$

(4) 裂缝高度方程

缝内净压力分布方程为：

$$p(x)=\frac{K_{Ic}}{\sqrt{\dfrac{\pi H}{2}}}+\frac{2\Delta S\cos^{-1}f_1}{\pi} \tag{6-55}$$

式中，K_{Ic}为应力强度因子的临界值(断裂韧性)，kPa · $m^{1/2}$。

裂缝高度方程为：

$$\frac{dH}{dx}=\frac{32K}{3\pi}\left(\frac{2n+1}{n}\right)^n\frac{q^n(x)}{H^{n-1}(x)W_0^{2n+1}(x)\left(\dfrac{K_{Ic}}{\sqrt{2\pi H(x)}}-\dfrac{2\Delta Sf_1}{\pi\sqrt{1-f_1^2}}\right)} \tag{6-56}$$

2. 拟三维数学模型求解方法

求解裂缝延伸的拟三维数学模型的实质是联立求解连续性方程、缝中流体流动的压降方程、裂缝宽度方程和裂缝高度方程。模型的求解步骤如下：

1) 给定一个时间t，估算与该时间对应的裂缝长度L。初始缝长可采用二维(PKN 或 KGD)模型估算。

2) 将裂缝沿缝长方向划分成长度为Δx的N个长度单元，利用流量方程(6-49)求得各个长度单元上的流量分布$q(x_i)$。

3）求解缝高方程(6-56)得到每个长度单元上的缝高 $H(x_i)$。将式(6-56)看作常微分方程，然后从裂缝前缘尖端开始向井筒方向在每个长度单元上利用龙格-库塔法对该微分方程进行数值求解，从而得到每个长度单元所在位置处的缝高。缝高初值 h_0取值稍大于生产层有效厚度。

4）利用公式(6-55)求解缝中压力分布 $p(x_i)$。

5）利用公式(6-50)求解裂缝剖面的缝宽分布 $W(x_i,\ y_i)$。在每个 x_i处的裂缝横剖面上将裂缝半高划分成长度为 Δy 的 M 个单元，然后求解每个$(x_i,\ y_i)$处的缝宽。

6）检验以上计算的裂缝几何尺寸是否满足连续性方程(6-54)，若不满足，则重新假设缝长，重复第 2)至第 6)步，直到满足给定精度要求为止。

7）改变时间 t，重复第 1)至 6)步，可以得到不同时刻下裂缝的动态几何尺寸。

七、温度场模型及计算方法

在现场压裂施工设计中，温度分布主要有两个温度场，即井筒压裂液温度分布和裂缝中压裂液的温度分布。关于这两种温度分布，有许多种计算方法，但可以归结为两种计算模式：一种是把井筒周围地层或裂缝周围地层划分为若干个单元体，从而建立进行温度数值计算的差分方程组；另一种计算方法是对一些地层因素进行简化，建立温度分布的解析方程。这里仅介绍解析法。

1. 井筒温度分布模型及计算

井筒温度分布采用如下解析方程：

$$T=T_{\mathrm{s}}e^{-a_{\mathrm{f}}Z}+\left(T_{\mathrm{A}}-\frac{w}{a_{\mathrm{f}}}\right)(1-e^{-a_{\mathrm{f}}Z})+wZ \tag{6-57}$$

$$T_{\mathrm{R}}=T_{\mathrm{A}}+wZ \tag{6-58}$$

$$a_{\mathrm{f}}=\frac{2\pi r_{\mathrm{w}}}{\rho_{\mathrm{f}}c_{\mathrm{p}}Q}\sqrt{\frac{\rho_{\mathrm{a}}\tau_{\mathrm{f}}c_{\mathrm{pf}}}{\pi t}} \tag{6-59}$$

式中，T 为计算的井筒温度,℃；T_{R} 为原始地层温度,℃；T_{A} 为地表温度,℃；T_{s} 为压裂液地面温度,℃；Q 为施工排量，$\mathrm{m^3/s}$；t 为注入时间，s；ρ_{f} 为压裂液密度，$\mathrm{kg/m^3}$；c_{p} 为压裂液比热容，kJ/(kg·K)；c_{pf}为地层岩石比热容，kJ/(kg·K)；τ_{f} 为地层岩石传热系数，$\mathrm{W/(m^2 \cdot K)}$；ρ_{a} 为地层岩石密度，$\mathrm{kg/m^3}$；Z 为深度，m；w 为地温梯度,℃/m；r_{w} 为井眼半径，m。以上公式适用于施工时间较短的情况，对于施工时间较长的情况，应用 Squire 提供的公式。

2. 裂缝中温度分布模型及计算

裂缝中温度分布可应用以下解析公式计算。

$$\frac{T-T_{\mathrm{R}}}{T_{\mathrm{R}}-T_1}=\left(1-\frac{x}{L}\right)^{a_{\mathrm{v}}} \tag{6-60}$$

$$a_{\mathrm{v}}=\frac{4HL}{i\rho_{\mathrm{f}}c_{\mathrm{p}}}\sqrt{\frac{\rho_{\mathrm{a}}\tau_{\mathrm{f}}c_{\mathrm{pf}}}{\rho_{\mathrm{f}}t}} \tag{6-61}$$

缝内平均流体温度定义为：

$$\bar{T}=\frac{1}{L}\int_0^L T\mathrm{d}x \tag{6-62}$$

将式(6-60)代入式(6-62)可得到下列近似式：

$$\overline{T} \doteq \frac{a_v T_R + T_1}{1+a_v} \tag{6-63}$$

式中，T 为待求温度,℃；T_R 为油层温度,℃；T_1 为裂缝入口处温度,℃；$\overline{T}$ 为缝内平均温度,℃；i 为压裂液注入速度，m^3/s；t 为压裂施工时间，s；c_{pf}为地层比热容，kJ/(kg · K)；H 为裂缝高度，m；L 为裂缝长度，m。

八、裂缝中支撑剂分布设计方法

支撑剂在裂缝中的分布设计主要有两种方法，一种是沉降型布砂设计，另一种是悬浮型布砂设计。这里仅介绍悬浮型布砂设计方法，关于沉降型布砂设计请参阅相关的采油工程书籍。悬浮型布砂设计方法如下：

1）假设压裂过程中在井筒周围形成双翼垂直对称裂缝，缝宽为 W，高为 H，且缝宽不随时间变化，压裂施工排量 Q 恒定。设注入单翼缝中前置液体积 V_{pad}、携砂液体积 V_{slurry}，将 V_{pad}、V_{slurry} 等分为体积为 $V^{(0)}$ 的若干均等单元，则前置液和携砂液的单元段数 S_p、S_T 以及注完 $V^{(0)}$ 体积所需时间分别为：

$$S_p = \frac{V_{pad}}{V^{(0)}},\quad S_T = \frac{V_{slurry}}{V^{(0)}},\quad \Delta t = \frac{V^{(0)}}{Q} \tag{6-64}$$

式中，S_p 为注前置液的单元数；S_T 为注携砂液的单元数；Δt 为注入每一单元所需要的时间，min；Q 为施工排量，m^3/min。

显然，地面第 S 段携砂液($S=1, 2, \cdots, S_T$)泵入裂缝后，随着时间的增加，滤失使携砂液体积逐渐减少，记 $V_s^{(1)}$，$V_s^{(2)}$，…，$V_s^{(m)}$，…，$V_s^{(n)}$ 为停泵时该段在裂缝中的体积，$m=1, 2, \cdots, n$，其中，$n=S_T-S+1$。

2）第 S 段携砂液在 Δt 时间内的滤失体积分数 i_s的计算公式为：

$$i_s = \frac{2C\Delta t}{\overline{w}\sqrt{\left(s_p + \frac{S+S_T}{2}\right)\Delta t}} \tag{6-65}$$

3）停泵时地面第 S 段携砂液在缝中的体积 $V_s^{(n)}$ 的计算公式为：

$$V_s^{(n)} = \frac{V_s^{(0)}}{(1+i_s)^{S_T-S+1}} \tag{6-66}$$

4）停泵时，地面第 S 段携砂液的砂浓度 C_s。设地面第 S 段砂浓度 $C_s^{(0)}$ = 支撑剂质量/$V_s^{(0)}$，则停泵时在裂缝中的支撑剂浓度 C_s 可按物质平衡关系推得：

$$C_s = C_s^{(0)}(1+i_s)^{S_T-S+1} \tag{6-67}$$

或：

$$C_s = \frac{I}{\overline{w}} \tag{6-68}$$

式中，C_s 为停泵时裂缝内第 S 段砂浓度，kg/m^3；I 为裂缝内铺砂浓度，kg/m^2；$C_s^{(0)}$ 为地面第 S 段砂浓度，kg/m^3；$\overline{w}$ 为动态平均缝宽，m。

求得裂缝内砂浓度 C_s 后，就可利用式(6-69)求得从第一批加砂到最后一批加砂时的地面加砂浓度，即：

$$C_s^{(0)}=\frac{C_s}{\left[1+\frac{2C\Delta t}{\overline{W}\sqrt{(S+S_p)\Delta t}}\right]^{S_T-S}} \tag{6-69}$$

5）裂缝闭合后的单翼填砂缝长 L_f 和缝宽 W_f：

$$L_f=\frac{V_{slurry}}{\overline{W}H+\frac{2HC\Delta tS_T}{\sqrt{\left(S_p+\frac{S_T}{2}\right)\Delta t}}} \tag{6-70}$$

$$W_f=\frac{V_{st}}{2L_fH} \tag{6-71}$$

式中，$\overline{W}$ 为平均缝宽，m；H 为裂缝高度，m；C 为综合滤失系数，m/min^5；V_{st} 为总加砂量，m^3；W_f 为支撑缝宽，m；L_f 为填砂缝长，m。

如果 L_f 与设计缝长不相符，则应改变总液量、排量、滤失等参数，重新计算，直到相符为止。

九、导流能力的计算

采用休斯公司提供的经验公式计算裂缝中任意位置的导流能力：

$$F_{RCD}=0.06246\,\overline{C}M\left(\frac{17500}{145p_c+\alpha}\right)^8\left(1+\frac{\beta}{e^{M-1}}\ln \mathrm{BHN}\right) \tag{6-72}$$

$$M=W_f\rho_z(1-\phi) \tag{6-73}$$

式中，F_{RCD} 为裂缝的导流能力，D·m；M 为砂子层数；ρ_z 为支撑剂颗粒密度，kg/m^3；ϕ 为支撑剂堆积孔隙度；$\overline{C}$ 为单位面积上的单层砂重，kg/m^2；p_c 为闭合应力，MPa；BHN 为岩石布氏硬度，MPa；α、β 为常数，其值见表 6-6。

表 6-6　常数值

粒径/mm	$\overline{C}$/(kg/m^2)	α	β
1.68～2.32	3.144	11700	0.6
0.84～1.68	1.855	12700	0.7
0.42～0.84	0.854	14600	1.1

十、压裂井产量预测

压裂井产量预测的方法很多，可以归纳为增产倍数法、典型曲线法和数值模拟法。

1. McGuire & Sikora 图版法计算增产倍数

增产倍数是压裂前、后油气井采油指数的比值(J_f/J_0)，它与油层和裂缝参数有关。对垂直缝压裂井，压裂后的增产倍数可通过反映增产倍数与裂缝导流能力、裂缝长度关系的(McGuire & Sikora)图版进行预测(图 6-21)，其中裂缝参数(L_f、K_f 和 W_f)可由压裂设计和支撑剂导流能力实验确定，地层参数(r_e、r_w、K_0 及 A)可由试井和开发数据确定。在这些参数确定后，可查图求出增产倍数。

在图 6-21 中，横坐标为相对导流能力：

$$x=\frac{K_f W_f}{K_0}\sqrt{\frac{40}{2.471\times10^{-4}A}} \tag{6-74}$$

纵坐标为无量纲增产倍数：

$$y=\frac{J_f}{J_n}\left[\frac{7.13}{\ln(0.472r_e/r_w)}\right] \tag{6-75}$$

式中，A 为井控制面积，m^2；$K_f W_f$ 为裂缝导流能力，mD · m；K_0 为地层渗透率，mD；r_e 为供油半径，m；r_w 为井半径，m；J_f/J_n 为增产倍数。

根据不同穿透比曲线(L_f/r_e)和确定的裂缝导流能力，查图 6-21 可求得增产倍数。

2. Raymond & Binder 公式法

圆柱形泄油面积中具有有限导流能力的污染井，压裂后在拟稳态下的增产倍数为：

$$\frac{J_f}{J_0}=\frac{\frac{K_0}{K_d}\ln\left(\frac{r_d}{r_w}\right)+\ln\left(\frac{r_e}{r_d}\right)}{\frac{K_0}{K_d}\ln\left[\frac{r_d+\frac{W}{\pi}\left(\frac{K_f}{K_d}-1\right)}{r_w+\frac{W}{\pi}\left(\frac{K_f}{K_d}-1\right)}\right]+\ln\left[\frac{L_f+\frac{W}{\pi}\left(\frac{K_f}{K_0}-1\right)}{r_d+\frac{W}{\pi}\left(\frac{K_f}{K_d}-1\right)+\ln\left(\frac{r_e}{L_f}\right)}\right]} \tag{6-76}$$

式中，K_d 为污染带渗透率，mD；r_d 为污染带半径，m；r_w 为井筒半径，m；K_f 为裂缝渗透率，mD；r_e 为泄油半径，m。当 $L_f/r_e\leqslant0.5$ 时，式(6-76)的计算结果比较准确。

3. 水平缝压裂井增产倍数计算

水平缝压裂井增产倍数可以用下面两种方法计算。

（1）相当于扩大的井径

假设压裂后油井稳定生产能力相当于井径扩大到裂缝半径处，此时增产倍数为：

$$\frac{J_f}{J_0}=\frac{\ln(r_e/r_w)}{\ln(r_e/r_f)} \tag{6-77}$$

式中，r_f 为裂缝半径，m。

（2）相当于在地层中存在不连续的径向渗透带

增产倍数可近似表示为：

$$\frac{q_f}{q_0}=\frac{K_a}{k_0} \tag{6-78}$$

$$K_a=\frac{\ln(r_e/r_w)}{\frac{1}{k_1}\ln\left(\frac{r_f}{r_w}\right)+\frac{1}{k_0}\ln\left(\frac{r_e}{r_f}\right)} \tag{6-79}$$

式中，q_f 为压裂后产量，m^3/d；q_0 为压裂前产量，m^2/d；K_a 为平均渗透率，mD；k_1 为裂缝半径内有效水平渗透率，mD。

$$k_1=\frac{k_0H+K_fW}{H} \tag{6-80}$$

式中，H 为缝高，m；W 为缝宽，m。

4. 数值模拟计算方法

针对水力压裂后的裂缝-油藏系统分别建立流动介质的流动方程，结合辅助方程、内外边界条件以及初始条件，采用有限差分方法求解数学模型，预测压裂后井的生产动态。

第四节　压裂液评价与优选

一、储层特征对压裂液的要求

压裂液是压裂工艺技术的重要组成部分，其主要功能有两个：一是压开储层，形成人工的水力裂缝；二是将支撑剂携带进裂缝中使之成为具有导流能力的(有效)支撑裂缝。压裂液除在裂缝中具有设计要求的黏度外，还应具有低摩阻、低滤失、低成本、彻底破胶、快速返排、操作简便等特性。

不同储层特征和不同工艺目的对压裂液性能的要求虽不相同，但总的来说，所选用的压裂液应把对储层的伤害和支撑裂缝的伤害降至最低，同时需实现工艺要求，便于现场配制和施工。

1. 储层地质特征对压裂液性能的要求

1）低孔隙度、低渗透率：压裂液应具有低伤害特性，选用优质稠化剂，尽可能降低压裂液不溶物残渣对储层带来的伤害，或优化清洁压裂液体系。在高渗透储层中，压裂液的滤失量增大，一般使用高黏度或含有降滤剂的压裂液。

2）埋藏深：使用具有延迟交联性能的交联剂，确定合理的延迟交联时间，降低施工摩阻。

3）中高温：耐温、耐剪切性能好，交联、携砂能力强。水基压裂液可以在任何温度段上使用，而油基压裂液、泡沫压裂液和乳化压裂液的上限温度一般为120℃。

4）储层黏土矿物含量高：应选择优质高效黏土稳定剂，防止黏土膨胀与微粒运移，减少储层伤害。

5）压力系数低：压裂液破胶性能、助排性能好，施工后压裂液能够快速、彻底破胶，及时返排；一般在储层压力系数小于0.7时，考虑使用泡沫压裂液或采取必要的助排措施。

6）储层敏感性：在非强水敏地层中，尽可能优先考虑使用水基压裂液，并考虑加入适量的防膨剂或黏土稳定剂以减少压裂液对储层的伤害；在强水敏地层中，主要考虑使用油基压裂液、乳化压裂液和泡沫压裂液；在酸敏地层中考虑使用 CO_2 泡沫压裂液；在碱敏地层中一般使用中性水基压裂液；在具有盐敏上下限的储层中选择水基压裂液时，应考虑压裂液与储层流体矿化度的匹配。

2. 储层流体性质对压裂液性能的要求

1）储层流体(油、水、气)不与压裂液出现乳化现象，应适当加入破乳剂。

2）储层流体(油、水、气)不与压裂液发生反应形成沉淀，所有添加剂应与储层流体配伍。

3. 压裂工艺对压裂液性能的要求

1）降滤失、造长缝：压裂液冻胶黏度高，携砂能力强。

2）大排量：剪切速率高，压裂液耐剪切性能好。

3）低施工摩阻：较低的管路沿程摩阻压降，延迟交联，具有良好的剪切恢复性能。

4）高导流裂缝：破胶彻底，低残渣、低残胶。

5）现场配制要求：配制简单，易于操作，配液时间短，劳动强度低，工作时效高。

6）经济因素要求：综合性能好，货源广，成本低，可操作性强。

二、压裂液类型

压裂液是储层改造技术三大重要环节(液体、工艺、工具)之一，特别是在目前各种复杂油气藏大规模开发的情况下，压裂液的作用显得尤为突出。其主要功能是造缝并沿张开的裂缝输送支撑剂，并将支撑剂铺置在裂缝内的目标位置处。最初的压裂液为油基压裂液，20世纪50年代末，瓜尔胶开始作为增稠剂并逐渐普及。21世纪以来，随着压裂液技术的不断进步以及储层的日渐复杂，压裂液种类也日益繁多。

按泵注顺序和所起作用的不同，压裂液可分为前垫液、预前置液、前置液、携砂液和顶替液。其中，前置液和携砂液是整个压裂工作液的主要部分。

1）前垫液：一般为防膨液。可对水敏性地层起到防止黏土水化膨胀，稳定黏土矿物的作用。前垫液需单独泵注，若设计井无此要求，可省去此工序。

2）预前置液：一般为未胶连的原胶。其作用是冷却地层、预造缝。若设计井无此要求，可省去此工序。

3）前置液：为冻胶液。其作用是压开地层、冷却地层、延伸裂缝以及为携砂液进入裂缝提供空间。

4）携砂液：为冻胶液。其作用是携砂入裂缝，铺设具有一定导流能力的裂缝。根据压裂设计要求完成支撑缝长的输砂需要，并使裂缝内支撑面达到铺设浓度。

5）顶替液：一般为防膨液或清水。其作用是将井筒中的携砂液顶入裂缝，顶替液不进入裂缝或地层。因此，顶替液用量按井筒容积计算，用量不应超过井筒容积。

压裂液按配制材料和液体性状，可分为水基压裂液、油基压裂液、乳化压裂液、泡沫压裂液、醇基压裂液、无水压裂液等。其中，水基压裂液适用于各类储层，是发展最快、最全面的一种压裂液体系，目前90%以上的压裂技术使用的是水基压裂液。

1. 水基压裂液

水基压裂液以水为分散介质，添加各种处理剂，形成具有压裂工艺所需的多种性能的工作液，包括添加降阻剂的简单滑溜水体系、加入各种添加剂的复杂线性胶体系，以及在线性胶基础上添加某些化学剂(如交联剂)后形成的具有较强黏弹性能的交联冻胶体系。水基压裂液具有添加剂安全清洁、易操作、易泵送、低成本、有利于增产稳产的优点。缺点是易引起黏土膨胀、迁移，易在近井地带形成油水乳化液、在储层深处形成水锁，某些稠化剂中水不溶物和破胶后的残渣会对储层造成伤害。

水基压裂液除少数低压、油润湿或强水敏储层外，适用于大多数储层和不同规模的压裂改造，如目前的致密油气、页岩气的大规模体积改造适合选择滑溜水压裂液体系；高砂比、大砂量、造宽缝、深穿透的高难度压裂作业适合选择冻胶压裂液体系。

2. 油基压裂液

油基压裂液是以油为溶剂或分散介质，加入各种添加剂形成的压裂液。最普遍采用的油基压裂液是铝磷酸酯与碱的反应产物，典型的为有机脂肪醇与无机非离子氧化物 P_2O_5 生成磷酸酯，将其均匀混入油基中，用铝酸钠进行交联，形成磷酸酯铝盐的网状结构，称为油冻胶。铝磷酸酯凝胶改善了原油的稠度，提高了温度稳定性。油基压裂液有利于避免形成水锁、乳蜡等伤害。缺点是携砂能力弱，不利于压裂后增产稳产，滤失大，摩阻高，不易产生长缝、宽缝，成本高，添加剂选择范围小，施工安全性差，现场配制及质量控制困难。油基压裂液适用于低压、偏油润湿、强水敏储层。

3. 乳化压裂液

乳化压裂液是两种不相溶的分散体系，如用表面活性剂稳定的水中油或油中水。油外相乳化液的黏性与基油十分相似，所以油外相乳化液产生与油的高黏度相联系的高摩阻。水的黏度较低，水相中加入聚合物也可以降低摩阻，因此水外相具有相对油外相较低的摩阻，但也高于一般常用交联压裂液。通常水相由添加聚合物稠化剂和表面活性剂的淡水或盐水配制而成，油相可以是原油或柴油。根据表面活性剂(即乳化剂)性质不同，可以形成水包油或油包水两种类型的压裂液。乳化压裂液含水量少，稠化剂用量低，同时在地层中乳化剂被地层吸附而自动破乳，具有低伤害、易返排的特点。不足之处在于高摩阻、高成本以及稳定性相对较差。乳化压裂液适用于低压、低渗透、强水敏储层。

4. 泡沫压裂液

泡沫压裂液就是一种液包气乳化液，用表面活性剂可使这种乳化液稳定。气体通常为 N_2 和 CO_2。当泡沫质量超过 53%(即气体体积达到 53%)时，泡沫之间相互干扰，体系黏度呈指数增长，直到质量达到 90%；当气液界限开始模糊时，黏度又急剧下降。生产中常用的典型泡沫质量一般限定为 70%~80%，以减小由于高黏度造成的摩阻影响。当使用 CO_2 泡沫时，泵入液态 CO_2 以代替干燥的气体，在混合时并未形成气液泡沫，储层条件下液态 CO_2 转化为气态时，乳化液才转变为泡沫；使用 N_2 时只要干度在 60%~90%，就会形成真正的泡沫。基液一般为含有起泡剂的淡水、盐水或聚合物水溶液，起泡剂多为非离子型表面活性剂。泡沫压裂液具有易返排、低滤失、高黏度、强携砂能力、低储层伤害等优点。缺点在于温度稳定性差，施工中注入压力高，需要特殊装备，施工难度大。泡沫压裂液适用于低压、低渗透、强水敏储层。

5. 液态 CO_2 压裂液

液态 CO_2 压裂液是真正的非常规压裂液，这种压裂液的提出和应用完全超越了传统的思路。通过向液态 CO_2 中加入表面活性剂，使其浓度超过临界胶束浓度，形成蠕虫状胶束，从而提高液态 CO_2 的黏度，达到增稠、提高携砂能力的目的。相比传统压裂液，液态 CO_2 黏度低、温度低、滤失高，可以进入常规水基压裂液不能进入的微裂缝，沟通裂缝网络，提高产量。优点在于无伤害、易返排、添加剂种类少；不足之处在于携砂能力低，滤失大，不易产生长缝、宽缝，成本高，需要特殊设备，施工难度大。液态 CO_2 压裂液适用于低压、低渗透、强水敏储层。

6. 无水压裂液

无水甲醇压裂液是将甲醇增稠并进行交联，用氧化破胶剂破胶。优点在于低冰点、低表面张力、高水溶解度、高蒸气压和地层配伍性，降低了地层束缚水和残余油饱和度。不足之处在于携砂能力低、滤失大、需要特殊设备、安全隐患大、成本高。无水压裂液适用于存在严重的液体吸附问题的储层。

LPG 压裂液是采用 100%液化石油气(LPG)代替水作为溶剂，该 LPG 压裂液包括丙烷、丁烷及一定比例的戊烷，压裂液体系在室温和中等压力(1.4MPa)环境下呈液态。LPG 压裂液与油基压裂液相同，稠化剂为有机脂肪醇与无机非金属氧化物 P_2O_5 生成的磷酸酯，通过在 LPG 液体中添加适当的稠化剂，用铝酸钠进行交联，形成网状结构，使得压裂液具有较好的携砂性能，并提高了温度稳定性。优点在于低伤害，不存在废液处理问题。不足之处在于携砂能力低、滤失大、需要特殊设备、安全隐患大、成本高。

三、压裂液添加剂评价与优选

一种好的压裂液体系包括对以下添加剂及性能的优选：

1）筛选基本添加剂(增稠剂、交联剂、破胶剂)，配制适合本井的压裂液体系。

2）筛选与目的层配伍性好的黏土稳定剂、润湿剂、破乳剂、防蜡剂等。

3）筛选适合现场施工的耐温剂、防腐剂、消泡剂、降阻剂、降滤剂、助排剂、pH 值调节剂、发泡剂和转向剂等。

4）对所选择的压裂液，通过在室内模拟井下温度、剪切速率、剪切历程、阶段携砂液浓度的方法测定其流变性及摩阻系数，并按石油行业标准进行全面评定。

5）深井储层温度高，应选用耐高温压裂液。对高温压裂液的要求是造缝效率高、携砂能力强、摩阻低、配伍性能好、易返排、价格适宜。

理想的压裂液应能满足以下性能：

1）滤失小(造缝效率高)。

2）携砂能力强。

3）与地层配伍性(或相容性)好，对油层伤害小。

4）稳定性好，能满足井下温度条件要求，耐剪切。

5）摩阻低，摩阻性能与清水摩阻相比，不低于清水摩阻的 30%。

6）易返排、残渣少，对裂缝渗透率伤害小。

7）价格便宜，安全，便于配制、运输和管理。

添加剂是压裂液的重要组成部分，根据功能需求不同，优选适当的添加剂，按照一定配比形成黏弹性流体。随着压裂技术的进步，压裂液技术和应用取得了重要进展，形成了 100 多种添加剂。

1. 稠化剂

稠化剂主要用于提高压裂液黏度，降低液体滤失，悬浮和携带支撑剂。稠化剂一般使用天然聚合物，如瓜尔胶、黄胞胶和纤维素衍生物。这些聚合物具有很好的水溶性和增黏作用。瓜尔胶是水基压裂液中最常用的天然聚合物，成本较低，易于改性，对水的依赖性较小，但是瓜尔胶含有一定量的水不溶物或残渣，会伤害支撑带或在裂缝壁面形成滤饼。为了降低伤害及成本，低浓度瓜尔胶压裂液技术已相对成熟并大规模推广应用。20 世纪 90 年代，无聚合物压裂液体系得到发展，使用表面活性剂与无机盐或其他表面活性剂配合形成具有黏弹性的流体，即清洁黏弹性压裂液技术，储层伤害得到大幅度降低。近十年的另一个进展就是以聚丙烯酰胺聚合物为稠化剂，形成水基冻胶压裂液技术。植物胶类及纤维素类稠化剂属于聚糖类聚合物，具有相似的结构和不同的分子构象；合成聚合物类属于聚丙烯酰胺类聚合物，具有相似的结构和不同的组成，表现出不同的物理化学性质。植物胶类稠化剂的性能包括：①增黏性能，按照压裂液行业标准，以一定浓度下的稠化剂水溶液在范式黏度计 $170s^{-1}$ 剪切速率下的黏度表示；②水不溶物含量，指的是稠化剂中不能溶解的部分，是造成压裂液残渣的主要成分，且对储层造成伤害；③交联性能。

乳化压裂液和泡沫压裂液中的水基部分采用的稠化剂与水基压裂液相同，仍然是以天然聚合物、表面活性剂及合成聚合物为主；油基压裂液及近年来发展的 LPG 压裂液技术采用的稠化剂为磷酸酯类稠化剂；无水 CO_2 压裂液技术采用的稠化剂为表面活性剂，使用浓度要大于临界胶束浓度，形成具有黏弹性的流体。

2. 减阻剂

最近，非冻胶水基压裂液或活性水压裂液重新受到关注并迅速升温，特别是在页岩气层及致密油气的大规模体积压裂中，此时就要用到减阻剂，减阻剂不仅可以降低施工摩阻，减少设备对水功率的要求，还可以避免设备因作业过程中的高速冲击而造成磨损，更重要的是还可以提高水的携砂能力。最常用的减阻剂为部分水解聚丙烯酰胺类聚合物，另外还有天然聚合物，以瓜尔胶、黄胞胶及纤维素类聚合物为主。减阻剂优选的标准包括减阻能力、对储层的伤害程度及价格等因素。

3. 交联剂

交联剂是能与聚合物线型大分子链形成新的化学键，使其联结形成网状体形结构的化学剂。聚合物水溶液因交联作用形成冻胶。随着压裂液体系的不断发展，国内外已经开发出多种交联剂，其中硼酸盐(有机硼)交联剂因无毒、易交联、价格低廉等特点，成为水基压裂液的主要交联剂。20 世纪 70 年代，开发出的有机金属交联剂(主要是有机钛和有机锆)具有延迟交联和耐高温的特点，也成为水基压裂液的重要添加剂。除此之外，还有不太常用的无机酸两性金属盐，如硫酸铝、氯化铬、氯化锆等强酸弱碱盐，水解生成羟基水合阳离子，溶液呈酸性；醛类交联剂，如甲醛、乙二醛等是聚丙烯酰胺及衍生物的有机交联剂。油基压裂液以铝酸钠为交联剂，与磷酸酯发生交联作用，形成磷酸酯铝盐的网状结构，成为油冻胶。

交联剂的优选与评价原则如下：①根据所选用稠化剂的种类和官能团的情况决定选择哪一类交联剂；②首选工业化交联剂，若交联性能和耐温性能不能满足现场施工条件，需研发新型交联剂；③交联剂的评价内容主要包括外观、密度、pH 值、可交联压裂液 pH 值、水溶性、交联时间、耐温能力等。另外，随着压裂液技术的进步，某些压裂液体系不需要添加交联剂，如清洁表面活性剂压裂液、黄胞胶压裂液体系等。

4. 破胶剂

破胶剂是压裂液完成施工作业所必须添加的第三种添加剂，它保证了在压裂作业完成之后，高分子聚合物能够尽快降解，压裂液能够返排至地面，从而减缓对储层和裂缝的伤害。

水基压裂液常用的破胶剂有生物酶、氧化剂和有机酸，强氧化剂系列中过硫酸铵(或钾)应用最多，适用于储层温度在 50℃以上、压裂液 pH 值为 3~14 的体系。对于温度较低的储层，需要加入生物酶破胶剂或在加入强氧化剂的同时加入低温催化剂，以促进破胶快速进行，保证施工后压裂液快速破胶返排。但是一般酶破胶剂具有较严苛的 pH 值、温度活性范围，不具备普遍适应性。

施工过程中要保证压裂液的黏时性、黏温性，完成大砂量、高砂比的压裂任务，施工结束后要求快速破胶，二者存在尖锐的矛盾。因此，我国于20世纪90年代研制了NBA-10胶囊破胶剂，解决了这一矛盾。其实质是将过硫酸铵包裹在一层壁厚为20~30μm的薄膜内，颗粒大小与支撑剂相当，在压裂初期泵注至裂缝中，以保证压裂液造缝期间的黏弹性能。

5. 黏土稳定剂

黏土稳定剂的作用在于防止黏土膨胀、分散和运移，主要经历了无机盐类、阳离子表面活性剂及多核聚合物类、阳离子有机聚合物黏土稳定剂3个阶段。最常用的是无机盐类，首选为氯化钾，用量为1%~2%。由于氯化钾不仅能够提供充足的阳离子防止阳离子交换，压缩使黏土膨胀的扩散双电层，而且钾离子能够进入黏土的硅氧四面体的六角空间，防止黏土膨胀、分散和运移。另外，氯化钾的加入能够提高压裂液矿化度，与地层水相匹配，所以大部分水基压裂配方中都含有氯化钾成分。多核聚合物也称为无机阳离子聚合物类黏土稳定剂，主要有羟基铝、羟基铁、氯氧化合物及环境友好型的铝/锆复合物等。

现阶段应用比较多的还有有机阳离子黏土稳定剂，且主要研究以季铵盐型、聚季铵盐型为主的黏土稳定剂。其中，季铵盐型黏土稳定剂在国内外具有广阔的发展及应用前景，包括3-氯-2-羟基丙基三甲基氯化铵、环氧丙基三甲基氯化铵和2-氯乙基三甲基氯化铵等。

6. 表面活性剂

表面活性剂常用于压裂过程中的助排、破乳、消泡、起泡和乳化。大部分水基压裂液中需要加入助排剂，以防止和处理井眼附近的水锁，利于压裂后返排。对于容易产生乳化效果的油井，还需要加入破乳剂。在配制压裂液过程中，为了防止产生大量气泡，有时也会加入消泡剂。水基泡沫压裂液中需要加入起泡剂，以保证压裂施工过程中的起泡效果。

7. 其他添加剂

根据压裂液体系及性能的需求，某些压裂液配方中需要加入杀菌剂、降滤失剂、高温稳定剂等添加剂。

杀菌剂的作用在于杀死微生物，保持基液稳定，防止生物聚合物降解以及储层内的细菌滋生繁衍；而对于聚丙烯酰胺类聚合物压裂液，通常不需要加入杀菌剂，基液不容易变质。常用的杀菌剂有甲醛、乙二醛、戊二醛及其复配物，一般浓度为0.1%~0.5%。此外，许多阳离子表面活性剂和一些杂环化合物也具有杀菌和防腐的作用。

降滤失剂用于天然裂缝发育的储层，常用的降滤失剂有固相的聚合物(如淀粉和硅粉)，液相的聚合物(如柴油和油溶性树脂)。比较而言，前者可控制压裂液初滤失，后者有利于控制造壁性的滤失，合理的防滤失剂应是二者的综合。

高温稳定剂主要用于高温或超高温储层，用来提高压裂液耐温性能，常用甲醇、硫代硫酸钠、三乙醇胺等。

四、压裂液体系配方与优化

压裂液的评价与优选离不开油藏地质条件、压裂工艺及压后增产的要求。评价与优选压裂液的方法是：

1）依据油藏温度、压力、岩性、物性、敏感性分析(以水敏为主的碱敏、酸敏和速敏分析)、地下原油性质、地层水类型及矿化度等储层特性，确认选用压裂液类型及其所属的温度段(<70℃为低温，70~120℃为中温，>120℃为高温)。

2) 在1)的前提下，结合压裂工艺要求(如高砂比或端部脱砂压裂)完善或重新研制新的压裂液配方。

3) 对诸多压裂液配方进行性能评价试验，检验它们对储层的伤害。

4) 从上述评价试验结果中选出最优的压裂液。

5) 现场试验应用，再次改进提高，直至完成压裂施工任务。

1. 基础配方体系

(1) 水基冻胶压裂液体系

作为使用最广泛的水基冻胶压裂液，其基础配方如下：

基液：水+0.1%~0.2%杀菌剂+0.2%~1.0%稠化剂+1.0%~3.0%氯化钾+0.2%~0.5%黏土稳定剂+0.2%~0.5%助排剂+0.2%~0.4%破乳剂+0.05%~0.3%pH调节剂+0.5%~1.0%降滤失剂+0.005%~0.03%破胶剂。

交联剂：硼砂、有机硼或有机锆等。

交联比：100∶(0.2~1.0)。

针对低温井，考虑在基液中加入0.1%~0.3%低温活化剂；针对高温井，可以适当加入0.3%~0.5%温度稳定剂。

(2) 滑溜水压裂液体系

滑溜水压裂液作为页岩气体积改造主要的储层改造液，具有添加剂种类少、配制方便的优点。其基础配方为：水+0.08%~0.2%减阻剂+0.2%~0.5%黏土稳定剂+0.2%~0.5%助排剂。

通常要求减阻剂可以实现在线连续混配，以满足页岩气井大规模改造的需求。

(3) 油基压裂液体系

油基压裂液以烃类(原油、柴油和煤油)为溶液介质，添加稠化剂、交联剂和破胶剂形成黏弹性流体。其基础配方为：水+交联剂($NaAlO_2$)→活化液，原油或成品油+1.0%~2.0%稠化剂+活化液→溶胶液，溶胶液+活化液+0.1%~1.0%破胶液→油基冻胶压裂液。交联比为100∶5。

(4) 乳化压裂液体系

乳化压裂液是介于水基压裂液和油基压裂液之间的流体，以烃类(原油、柴油)为内相，稠化或交联水基压裂液为外相，形成水包油(O/W)乳化压裂液，反之形成油包水(W/O)乳化压裂液。形成油包水或水包油压裂液的关键在于乳化剂的性质，HLB值低(3~6)形成油包水乳化压裂液，HLB值高(7~10)形成水包油乳化压裂液。乳化压裂液配方如下：

水相：同水基压裂液配方。

油相：柴油或轻质原油。

油相∶水相=(30~70)∶(70~30)。

(5) 泡沫压裂液体系

与水基压裂液相比，泡沫压裂液是在水基压裂液中添加起泡剂和气体介质，以水基流体为外相，气体为内相的分散体系。气体介质包括CO_2和N_2。CO_2水溶液为弱酸性，pH值为4~5，通常选择酸性水基压裂液体系，N_2水溶液为中性，水相选择常规水基压裂液即可。

水相：水基压裂液配方+起泡剂。

气相：CO_2 和 N_2。

泡沫质量：30%~70%。

（6）液态 CO_2 压裂液体系

液态 CO_2 压裂液体系采用的添加剂与水基压裂液中的黏弹性表面活性剂压裂液类似，首先将一定量表面活性剂添加到液态 CO_2 中，然后加入有机盐类形成黏弹性流体。该体系添加剂种类少，易控制。其基础配方为：0.5%~1.0%稠化剂+0.5%~1.0%有机盐类+0.2%~0.5%破胶剂。

（7）LPG 压裂液体系

近年来发展的 LPG 压裂液体系，严格意义上讲属于油基压裂液的范畴，稠化剂、交联剂及破胶剂与油基压裂液类似。其基础配方为：0.4%~0.8%稠化剂+0.5%~0.8%交联剂+0.2%~1.0%破胶剂。

2. 评价方法与主要参数

压裂液是由多种添加剂根据功能要求和协调效应按照一定配比和顺序组成的黏弹性流体，根据储层条件确定压裂液类型后，要对压裂液进行全方位评价，判断是否能够满足压裂施工的需求。

1）首先判断各添加剂之间的配伍性，若出现沉淀、分层、颜色变化或产生气泡等，都是不配伍现象，需要重新筛选添加剂。

2）压裂液性能主要参数的评价。依据《水基压裂液性能评价方法》(SY/T 5107—2016)对水基压裂液进行基础评价，主要包括基液黏度、交联延迟时间、黏温性、流变参数、滤失系数、残渣含量、破胶液性能、伤害率和摩阻等。

其他类型压裂液体系的评价方法参考《水基压裂液性能评价方法》(SY/T 5107—2016)。

3. 压裂液优化设计

（1）压裂液基础配方详细优化过程

1）压裂液类型的确定。

随着非常规储层的大规模开发，压裂液体系呈现出多样化趋势。首先根据储层的类型确定压裂液类型，再采用 X 射线衍射分析、扫描电镜分析确定储层矿物敏感性，也可以进行岩心薄片浸润实验和毛细管吸附时间实验测试。其中，X 射线衍射分析用于定量评价，确定矿物种类和矿物含量；扫描电镜用于观察岩石特征，探明控制储层物性的因素，揭示成岩作用的细节及复杂机理；浸润实验是用最短的时间筛选压裂液体系可能的基液类型，并定量确定各种液体对岩心片的影响；毛细管吸附时间实验用以确定岩心样品对潜在压裂液体系的敏感性。根据以上实验结果的综合分析，确定压裂液类型。

2）压裂液配方的优化。

根据压裂液评价方法对压裂液配方进行筛选和优化，要求添加剂相互之间、添加剂与储层之间配伍性好，添加剂性能满足储层要求。压裂液流变性能和黏温、黏时性能主要应用旋转黏度计、高温高压流变仪及管路黏度计进行检测。压裂液滤失、破胶、破胶液表(界)面张力可以按照压裂液行业标准进行检测。

压裂液进入地层后通过物理或化学作用引起地层渗透率下降，按压裂液作用位置可分为地层基质伤害和支撑裂缝伤害；根据流体性质不同，伤害可分为液体伤害和固体伤害。压裂液伤害可以用支撑裂缝导流能力变化、残渣含量测定、乳化及破乳实验、助排实验、防膨实验等多种方式进行评价。

(2) 基于温度场变化的压裂液优化设计(分时段优化)

在压裂改造过程中，随着压裂液的注入，井筒和裂缝温度场实时发生变化。施工初期，进入储层的流体很快升温至储层温度，随着裂缝的延伸，不同的施工阶段进入裂缝中的流体所接触的环境温度不同，前期进入的流体在整个施工过程中所接触的环境温度基本保持不变，后续液体受到的温度逐渐降低，尤其是施工将要结束时进入的流体温度更低，停留时间也更短。

压裂液耐温性能评价标准最简单的办法是假设流体在裂缝的整个过程中都处于油藏温度下，或以油藏温度的80%~90%评价压裂液体系。鉴于压裂液所受温度在实时变化，为了达到降低成本、降低伤害的目的，在不同的施工阶段，可以采用不同的压裂液配方，甚至不同的压裂液体系，只要在相应的施工时间和裂缝温度条件下能够满足施工工艺要求即可。但是鉴于现场的可操作性，通常只采用一种压裂液体系。

基于温度场变化的压裂液优化具体实施如下：在不考虑多种压裂液体系的情况下，可以通过改变稠化剂、交联剂及破胶剂用量，人工追加破胶剂，目前很多油田也开始使用连续混配，这种方法更易于改变添加剂用量，最终实现低成本、低伤害储层改造。

1) 前置液：常规配方追加胶囊破胶剂，以保证压裂液的耐温性及施工结束后能够彻底破胶。随着近几年非常规油气藏、致密油气藏的大规模开发，体积改造工艺在前置液阶段采用大量的滑溜水进行造缝，大幅度降低储层伤害的同时，降低了成本。

2) 携砂液：根据施工排量及时间，逐渐降低交联剂浓度，增加破胶剂浓度，在保证耐温性能的同时也要保证压裂后快速彻底破胶。

3) 顶替液：停止加入交联剂，追加超量破胶剂，以保证井筒压裂液能够破胶。

4) 施工结束后关井，监测裂缝闭合，立即控制防喷排液。随着压裂技术的进步，有的压裂液体系中加入驱油剂，压裂后适当关井一定的时间，可以起到驱油的作用。

总之，通过压裂液的优化设计，能够获得更好的压裂效果。

第五节　支撑剂评价与优选

压裂支撑剂的作用在于填充压开的水力裂缝，使之不再重新闭合并在储层中形成一个具有一定导流能力的流动通道。自20世纪40年代末以来，支撑剂经历了半个多世纪的发展，大致可分为天然支撑剂和人造支撑剂两大类。前者以石英砂为代表，后者以电解、烧结陶粒为主。

一、储层特征对支撑剂的要求

1. 有效闭合应力

储层有效闭合应力决定了支撑剂的强度选择以及支撑剂的嵌入程度。同一种支撑剂，闭合应力越高，支撑剂的破碎情况越严重，有效缝宽减小，裂缝渗透率也会相应减小。当闭合压力达到一定值时，缝内的渗透率接近地层岩石的渗透率，此时裂缝就失效了。

2. *岩石强度*

岩石强度对导流能力的影响主要表现在支撑剂颗粒的破碎和嵌入两个方面，这两种情况都会使支撑剂填充层的有效缝宽减小，填充层的渗透率降低。当岩石弹性模量大于 2.8×10^4MPa 时，支撑剂破碎的影响是主要的，小于该值时嵌入的影响是主要的。

3. *温度*

地层温度是影响支撑剂能力的另一个重要因素。由于地层温度的影响，地层流体黏度、支撑剂强度、压裂液破胶程度都会发生变化，从而影响支撑剂的破碎率及导流能力。随着地层温度升高，支撑剂导流能力降低，而且地层温度对导流能力的影响随着闭合压力的增大而变大。

目前，常用的支撑剂为天然石英砂、人造陶粒和树脂覆膜砂。天然石英砂密度低，抗压强度低，承压超过 20MPa 后开始大量破碎，目前广泛用于浅井压裂。人造陶粒支撑剂抗压强度大，具有耐温、抗盐性能，能提供较高的导流能力和较长的有效期，可用于中深井和深井压裂井。树脂覆膜砂密度低、悬浮性好、耐热湿性能好，目前广泛用于浅井和中深井压裂。

二、支撑剂的类型

按照支撑剂的发展历史及实际应用状况，支撑剂可以大致分为石英砂支撑剂、人造陶粒支撑剂、覆膜支撑剂以及其他类型支撑剂。

应依据目的层闭合压力选择支撑剂类型，并按石油行业标准对其性能进行全面评定，通过选择支撑剂粒径、铺置浓度和加砂方式使其满足闭合压力下无量纲导流能力要求。天然石英砂与人造陶粒两种支撑剂的特点如表 6-7 所示。

表 6-7　石英砂和陶粒特性比较

类　别	石　英　砂	陶　粒
特点	① 密度低，便于泵送；100 目(0.154mm)粉砂可作为固体防滤添加剂；来源广，价格便宜 ② 抗压强度低，承压超过 20MPa 后即开始大量破碎，导流能力低，相对陶粒压后效果差	① 抗压强度高，能提供较高的导流能力和较长的有效期；具有耐温、抗盐的性能 ② 密度高，对压裂液性能和泵送条件要求高；配制用料严格，加工工艺复杂，价格较贵
适用条件	低闭合压力(<20MPa)的浅井	不同闭合压力与深度的压裂井

支撑剂基本上受闭合压力控制。因此，当闭合压力较低时，可选用石英砂作支撑剂；当闭合压力较高时，一般选用中强度陶粒甚至高强度陶粒作支撑剂。我国通常在 3000m 以上深井压裂中选用陶粒，在中深井压裂中尾追使用陶粒。

1. *石英砂支撑剂*

我国压裂用石英砂产地主要有甘肃兰州、河北承德、江西永修、福建福州、湖南岳阳等。天然石英砂因分布广、密度低及价格低而在浅井中广泛应用，但其自身也有缺点。首先就是石英砂强度较低，不能在中、高闭合压裂层中使用，如要在中深井中使用需借助表面处理技术，或与陶粒支撑剂混合在一起，尾追陶粒使用；同时，由于其强度低，破碎后大大降低了裂缝的导流能力，不利于油气增产；另外，天然石英砂圆球度较差，表面粗糙度大，这也降低了裂缝的导流能力。

2. 人造陶粒支撑剂

人造陶粒支撑剂常用的原料为铝矾土，其制备方法有熔融喷吹法和烧结法两种。熔融喷吹法是先将原料高温熔化，再经高压气体喷吹成珠而得到；烧结法则是将混料磨细经造粒机造粒后通过高温烧结而成。熔融喷吹法具有能耗高、不易控制成球且制备的陶粒强度低等缺点，因此目前使用较少。烧结法一般在回转窑中进行。

相对于石英砂支撑剂，陶粒支撑剂具有强度高、导流能力强等优点，其破碎率比石英砂低很多，导流能力的递减率也较慢，但因密度较大会增加作业成本，如对压裂液的性能(如黏度、流变性等)以及泵送条件(如排量、设备功率等)都提出更高的要求。另外，对于铝矾土，氧化铝含量越高，密度越大，强度越高，价格也越高。由于资源开采受到限制，高铝矾土质支撑剂的使用也受到限制。

3. 覆膜支撑剂

石英砂支撑剂和陶粒支撑剂最大的缺点是在使用时会发生破碎，破碎产生的微小颗粒在压裂液返排或油气生产过程中会发生运移，这样就堵塞了渗流通道，不利于裂缝导流，严重时还会使压裂液在返排过程中出现吐砂现象。为了更好地适应油层底部的复杂环境，增强支撑剂的耐酸性、强度及导流能力，覆膜支撑剂应运而生，分为覆膜石英砂和覆膜陶粒。

覆膜石英砂是将可固化或部分固化的酚醛树脂化学键合到砂子上，当此种支撑剂进入裂缝后，树脂层首先软化，然后在地层温度或活化剂作用下发生聚合反应而固化。这种做法不仅使每粒砂子均有一层均匀坚韧的外壳，而且砂粒之间也因聚合作用而键合在一起，提高了砂粒的抗破碎能力。由于每个砂粒均有一层坚韧的树脂外壳，若在一定的闭合应力下砂粒被压碎，所产生的碎屑、细粉砂就会被包覆在树脂壳内，从而防止了碎屑、细粉砂的运移。由此可知，即使在砂粒被压碎的情况下，该支撑剂仍有一定的导流能力。此外，树脂外壳可防酸蚀，并具有高温稳定性，目前正逐渐在各大油田推广使用。

将高分子树脂包覆在陶粒支撑剂外部，可以制备出密度低、强度高、圆球度高和耐酸性好的覆膜陶粒支撑剂。这种覆膜支撑剂能够有效防止支撑剂返吐、表面剥落以及减少储层微粒向支撑剂填塞带的运移。由于覆膜陶粒支撑剂成本较高，目前使用得较少。

4. 其他类型支撑剂

随着勘探的深入，为了适应复杂地层，国内外开展了高性能、高质量、高导流能力的人造支撑剂研究。低密度中强度或高强度烧结陶粒、超低密度支撑剂、自悬浮支撑剂、棒状支撑剂、纳米支撑剂等都是目前重要的发展方向。

三、支撑剂的物理性质及评价

支撑剂的物理性质包括支撑剂粒径范围、圆度、球度、酸溶解度、浊度、密度及抗压强度。它们决定了支撑剂的质量及其承压后的导流能力。以行业标准《水力压裂和砾石充填作业用支撑剂性能测试方法》(SY/T 5108—2014)进行试验评价。

1) 粒径范围：根据行业标准《水力压裂和砾石充填作业用支撑剂性能测试方法》(SY/T 5108—2014)，支撑剂粒径被分为 11 个规格，常用的有 0.212~0.425mm、0.425~0.85mm

和0.85~1.18mm 3种规格，要求至少有90%的支撑剂落在粒径规格内。支撑剂粒径选择主要考虑下述方面：

① 闭合压力 p_c：在闭合压力不太大时，大颗粒能提供更高的导流能力；而在高闭合压力下，各种尺寸支撑剂导流能力基本相同，甚至小颗粒支撑剂的导流能力更高。

闭合压力是裂缝延伸压力与地层压力之差。在选择支撑剂时，为保险起见，通常按地层破裂压力与井底流压之差计算闭合压力，即：

$$p_c = p_F - p_{wf} \tag{6-81}$$

式中，p_c 为闭合压力，MPa；p_F 为破裂压力，MPa；p_{wf} 为井底流压，MPa。

② 支撑剂填充的裂缝宽度：满足支撑剂在裂缝中自由运移的需要。

③ 输送支撑剂的要求：粒径越大，携带支撑剂越困难。在许多情况下，支撑剂输送条件(主要是压裂液表观黏度)控制了可选择的支撑剂尺寸。支撑剂通常是按粒径大小分批泵入，第一批粒径最小，向裂缝深部运移，最后一批粒径最大，沉降于井筒附近裂缝中，通过这种方法来提高关键地区渗透率。目前世界上85%的支撑剂粒径在0.45~0.90mm(20~40目)范围内。

2）圆度：圆度是指支撑剂颗粒棱角的锋利程度或颗粒的弯曲程度。行业标准SY/T 5108—2014规定，陶粒支撑剂和树脂覆膜支撑剂的圆度应不小于0.7，其他类型支撑剂圆度应不小于0.6。

3）球度：球度是指支撑剂颗粒接近球形的程度。行业标准SY/T 5108—2014规定，陶粒支撑剂和树脂覆膜支撑剂的球度应不小于0.7，其他类型支撑剂球度应不小于0.6。

4）浊度：浊度是指颗粒表面的粉尘、泥质或无机物的含量。行业标准SY/T 5108—2014规定，天然石英砂浊度不超过150FTU，陶粒支撑剂和树脂覆膜支撑剂浊度不超过100FTU。

5）酸溶解度：酸溶解度用于确定支撑剂遇酸时的适宜性。行业标准SY/T 5108—2014规定，树脂覆膜陶粒、树脂覆膜石英砂支撑剂的最大酸溶解度均应为5%，天然石英砂、陶粒支撑剂的最大酸溶解度均应为7%。

6）密度：支撑剂密度包括视密度、体积密度和绝对密度3种类型。视密度是表征不包括支撑剂之间孔隙体积的一种密度，通常用低黏度液体测量；体积密度是描述充填一个单位体积的支撑剂质量，包括支撑剂和孔隙体积，体积密度可用于确定充填裂缝或装满储罐所需支撑剂的质量；绝对密度不包括支撑剂中的孔隙以及支撑剂之间的孔隙体积。

7）破碎率：破碎率实验是在给定应力条件下确定支撑剂破碎的数量。行业标准SY/T 5108—2014规定，以支撑剂产生最大碎屑不超过10%为条件确定其承受的最高应力值，并向下圆整至最近一级的递减值(6.9MPa)，见表6-8。该值代表材料应承受的最大应力值。

表6-8　国内支撑剂9%破碎等级分类

9%破碎等级	应力/MPa(psi)	9%破碎等级	应力/MPa(psi)
2K	14(2000)	10K	69(10000)
4K	28(4000)	12.5K	86(12500)
5K	35(5000)	15K	103(15000)
7.5K	52(7500)		

注：此指标不适用于可固化树脂涂层支撑剂。

8）树脂覆膜支撑剂的灼烧耗损：用于确定覆膜支撑剂样品上可燃材料的数量。

表 6-9 列出了粒径范围为 0.425~0.85mm 的我国支撑剂物理性能的典型评价结果。

表 6-9 支撑剂物理性能典型评价结果

类别		石英砂	低密度陶粒	中密度陶粒	高密度陶粒	覆膜砂
筛析合格率/%		>90	>90	>90	>90	>90
颗粒密度/(g/cm^3)		2.66	2.65	3.11	3.38	1.73
体积密度/(g/cm^3)		1.68	1.59	1.72	1.81	1.46
圆度		0.70	0.9	0.9	0.9	0.8
球度		0.70	0.9	0.9	0.9	0.8
浊度/FTU		200.00	50	38	76	20
酸溶解度/%		5.4	6.3	6.2	4.7	2.15
破碎率/%	28MPa	24.2	—	—	—	0.7
	52MPa	—	6.3	2.5	1.8	3.01
	69MPa	—	—	6.4	3.5	7

注：粒径范围为 0.425~0.85mm。

四、裂缝导流能力评价及影响因素

1. 裂缝导流能力评价

裂缝导流能力是评价支撑剂的最终衡量指标，它综合反映了支撑剂的物理性质与支撑剂在缝中的铺置状况。裂缝导流能力评价需借助导流仪在实验室进行评价（图 6-17）。裂缝导流能力的大小为在裂缝闭合压力下裂缝支撑剂层的渗透率与裂缝支撑缝宽的乘积。

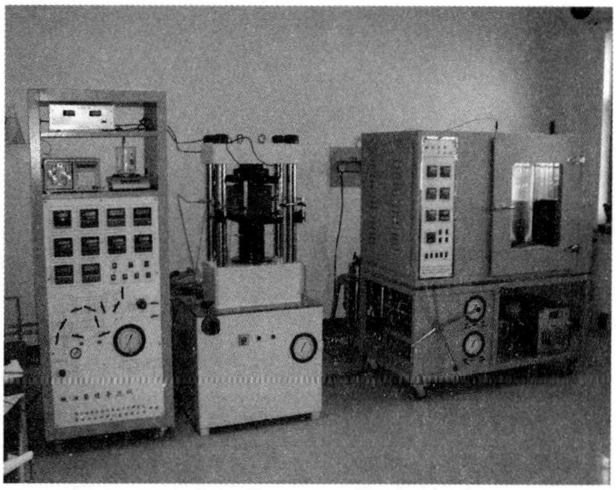

图 6-17 导流仪

2. 影响因素

支撑剂裂缝导流能力是支撑剂物理性能及其裂缝所处条件的综合反映，是支撑剂选择与优化设计中的关键参数之一。影响裂缝导流能力的因素比较多，主要包括支撑剂的物理性质、支撑剂在裂缝中的铺置浓度，以及支撑剂对岩石的嵌入、承压时间和压裂液对支撑剂裂缝的伤害等诸多因素。

（1）有效地应力作用时间

支撑剂裂缝在地层有效地应力作用下长期保持较高的导流能力是油井稳产的关键。室内实验结果表明，支撑剂裂缝在地应力的作用下 50h 内导流能力递减较快，50h 后基本趋于稳定，但随着时间推移，其导流能力逐渐降低。

（2）支撑剂物理性质

支撑剂强度、粒径分布、圆球度及密度等物理因素明显影响裂缝导流能力。支撑剂强度越高、粒径分布越均匀，圆球度越好，越能保持裂缝高导流能力。

(3) 支撑剂铺置方式

室内研究表明，不同的支撑剂铺置方式明显影响裂缝导流能力，在低闭合压力下不连续铺置比连续铺置能获得更高的导流能力(图6-18)。随着闭合压力的增加，嵌入程度、破碎程度以及本身支撑剂松散不连续铺砂对导流能力的影响远高于连续铺砂，使导流能力急剧下降。

(4) 支撑剂铺置浓度

较大的铺砂浓度可以增加支撑剂填充层的有效缝宽，裂缝导流能力随裂缝中支撑剂铺置浓度的增加而增加，闭合压力越大，这种现象越明显(图6-19)。因此，在闭合压力较高的地层，压裂施工应尽量采用大铺砂浓度。

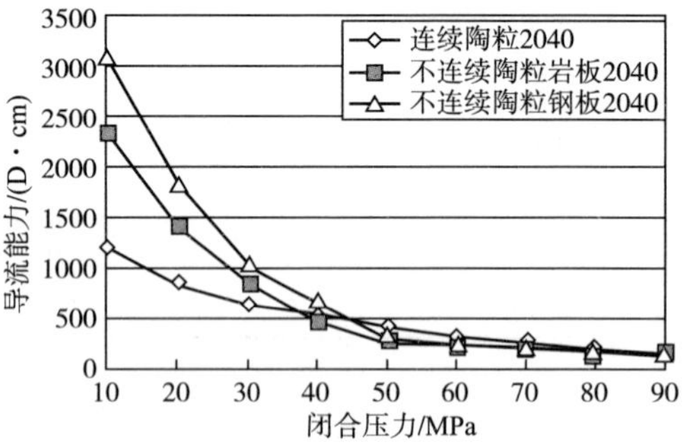

图6-18　不同铺砂方式、相同铺砂浓度导流能力对比

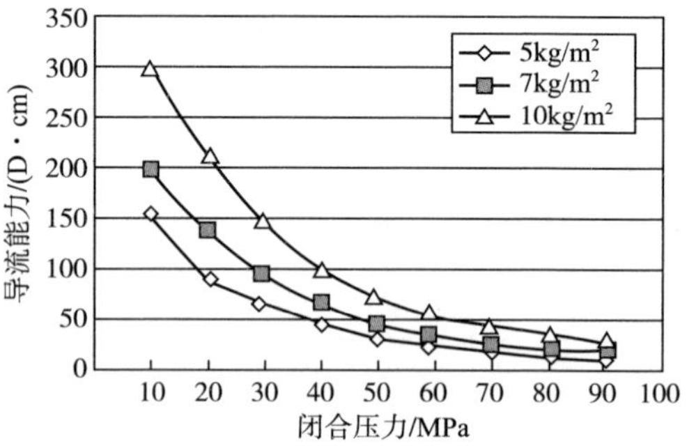

图6-19　卡博20~40目不同铺砂浓度导流能力对比

(5) 支撑剂压碎和嵌入

当裂缝闭合在支撑带上时，支撑剂颗粒将嵌入岩层或被岩石压碎，从而影响裂缝的有效缝宽和渗透率，导致裂缝导流能力下降。岩石较硬时，支撑剂颗粒以压碎为主；地层松软时，支撑剂颗粒以嵌入为主。

(6) 压裂液

压裂液返排后仍有部分破胶较差的压裂液及其残渣滞留在支撑带孔隙中，加上压裂液在裂缝壁面上的滤饼都会降低支撑剂层的渗透率。除此之外，不同类型的压裂液对保持缝中导流能力的百分数也不相同(表6-10)。

表6-10　各种压裂液对裂缝导流能力的保持系数

压裂液种类	压裂液对裂缝导流能力的保持系数/%	压裂液种类	压裂液对裂缝导流能力的保持系数/%
生物聚合物	95	油基冻胶	45~70
泡沫	80~90	线性溶胶	45~55
聚合物乳化物	65~85	羟丙基瓜尔胶交联冻胶	10~50

3. 支撑剂导流能力试验评价结果

表6-11是我国常用支撑剂导流能力(短期)试验评价结果。图6-20为陶粒和覆膜砂长期导流能力对比。从图中可以看出，覆膜砂长期导流能力早期随时间变化急剧降低，7d后变化趋缓，其值明显低于短期导流能力。由试验结果可知，支撑剂的长期导流能力更能反映油气井实际压裂效果。

表 6-11 支撑剂导流能力(短期)试验评价结果

承压/MPa	导流能力/(D·cm)				
	石英砂	低密度陶粒	中密度陶粒	高密度陶粒	覆膜砂
10	72.8	153	154	141	70.3
20	47	111	111	117	66.4
30	17	85	31	96	62.5
40	6	60	67	80	60.1
50	—	39	48	66	50
60	—	26	32	55	42.3
70	—	20	29.8	40	32.6
80	—	—	22.3	30	25

注：粒径范围为 0.425~0.85mm，铺置浓度为 $5kg/m^2$。

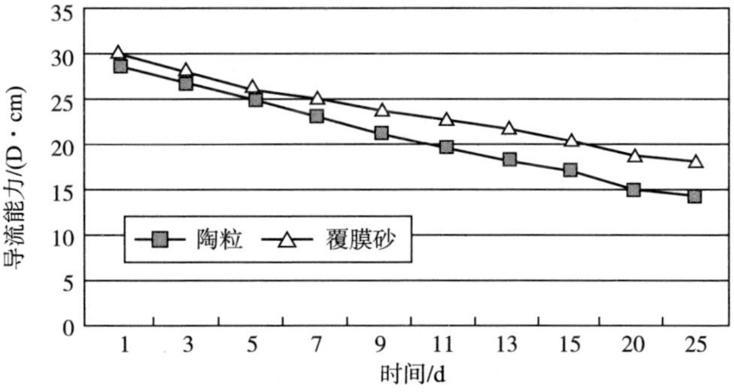

图 6-20 陶粒和覆膜砂长期导流能力对比

注：粒径范围为 0.425~0.85mm，铺置浓度为 $5kg/m^2$。

4. 依据裂缝导流能力选择支撑剂

(1) 根据 McGuire & Sikora 图版法选择支撑剂

可从两方面入手：在给定闭合压力下，从现有支撑剂的导流能力入手，得到不同穿透比所希望获得的增产倍数(压后产量)；从预期的产量出发，按照不同穿透比所需要的导流能力选择支撑剂。McGuire & Sikora 图版如图 6-21 所示，图中纵坐标为增产倍比，横坐标为相对导流能力。

(2) Cinco 准则

Cinco 准则的计算公式为：

$$C_r = \frac{F_{RCD}}{\pi K L_f} > 10 \tag{6-82}$$

式中，C_r 为 Cinco 准数；F_{RCD}为裂缝导流能力，D·m；K 为地层渗透率，mD；L_f 为支撑缝长，m。

Cinco 准数反映了支撑缝长在选择支撑剂时的作用，缝越长所需的裂缝导流能力越大，只要 $C_r>10$，压裂必然有效。在实际应用中，可近似采用下列关系。

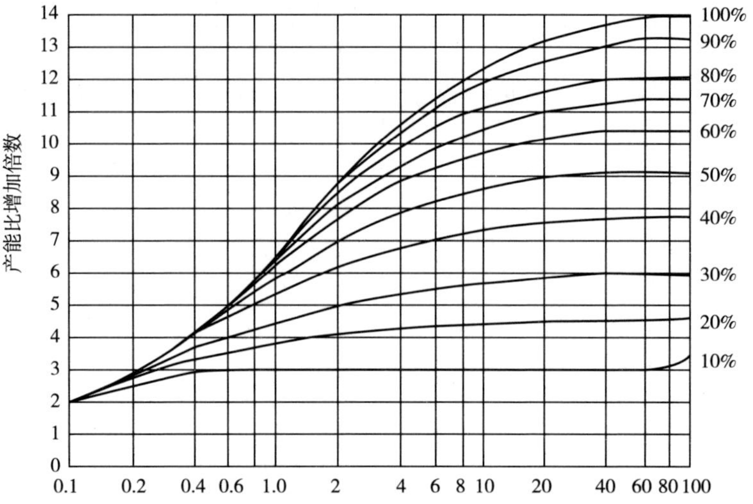

图 6-21 McGuire & Sikora 图版法压裂后增产比曲线

对于垂直裂缝：

$$\frac{F_{\mathrm{RCD}}}{KL_{\mathrm{f}}} \geqslant 30 \tag{6-83}$$

对于水平裂缝：

$$\frac{F_{\mathrm{RCD}}}{Kh} > 10 \tag{6-84}$$

式中，h 为形成水平裂缝时的地层有效厚度，m。

五、支撑剂优选

确定支撑剂类型、粒径及其在裂缝中的铺置浓度是压裂设计的重要环节，也是保证压裂后增产与提高压裂开发水平的关键。支撑剂的选择主要受预期产量条件下裂缝导流能力的影响，因此支撑剂的优选受到储层条件、工程条件及支撑剂室内评价结果等因素的共同制约。

在选择支撑剂时应考虑以下 3 个因素。

1）储层的地质条件：储层岩石弹性模量、闭合压力和储层有效渗透率是优选支撑剂的地质依据。储层有效渗透率越高，裂缝导流能力越大。

2）工程条件：水力压裂过程中，压裂液的黏度、净压力的大小、加砂方式、支撑剂的铺置方式及铺置浓度等因素是支撑剂优选中必须考虑的重要因素。

3）支撑剂的经济效益：支撑剂在压裂中是一项必需的支出，需要认真衡量。在优选支撑剂类型后，应对其可望产出的效益做出经济评价，并最终予以确认。表 6-12 给出了不同类型支撑剂在同一地质条件下、同一支撑半长和同一施工参数条件下经数值模拟得出的比较效果。由表 6-12 可见，由于使用了价格较高的陶粒，作业成本虽然随之增加，但获得的效益也是显著的。

表 6-12 相同条件下不同类型支撑剂的净收益(利润)

支撑剂类型	支撑剂用量/t	支撑剂费用/万元	净收益/10^4t
石英砂	50	2	163
低密度陶粒	50	10	341
中密度陶粒	50	12	431

支撑剂优选步骤如下：

① 用样板曲线法确定裂缝导流能力与缝长对产量的影响。

② 根据公式(6-85)确定 30d 的无量纲时间 t_D。

$$t_D=\frac{3.6Kt}{\phi\mu C_t x_f^2} \tag{6-85}$$

式中，K 为渗透率，mD；t 为时间，s；ϕ 为孔隙度；μ 为黏度，mPa·s；x_f为裂缝长度，m；C_t为支撑剂浓度，kg/m^3。

③ 根据表 6-13 确定出不同 t_D下最佳无量纲导流能力 F_D；如果计算的 t_D不在表 6-13 中，采用插值法计算。

④ 计算最佳无量纲导流能力所需要的支撑剂渗透率。

⑤ 建立常用支撑剂导流能力与闭合压力关系曲线。

⑥ 计算有效支撑剂渗透率和无量纲导流能力。

⑦ 选出可以满足要求的支撑剂类型和粒径。

表 6-13 最佳无量纲导流能力 F_D

t_D	F_D	t_D	F_D
1.0	3	0.001	50
0.1	10	0.0001	100
0.01	30	0.00001	500

如果已知一定缝宽和缝长的裂缝压裂规模，就可以把支撑剂的选择建立在经济的基础上，计算出压裂液及支撑剂数量，从而计算出施工成本。

第六节 压裂工艺优选

按照本章第一节的方案编制流程，在完成储层评估、水力裂缝参数优化、材料优选后，将进行压裂工艺的优选，即依据储层特征及以上优化结果优选直井分层和水平井分段的压裂工艺。

一、直井分层压裂工艺

早期直井分层主要采用投球法和限流法，随着技术的发展，目前广泛采用的技术主要是封隔器滑套和连续油管分层压裂工艺。本节将着重介绍技术成熟的压裂工艺技术。

1. 封隔器滑套分层压裂

封隔器滑套分层压裂是目前国内外广泛采用的一种压裂工艺技术，国内主要采用油管下入喷砂器带滑套施工管柱，并通过投球憋压方法打开滑套。该压裂方式可以不动管柱、不压井、不放喷，一次施工分压多层，对多层进行逐层压裂和投产。封隔器分层压裂关键在封隔器，选择的封隔器要能够替出井内压井液，能建立多个独立的油套环形空间将作业层段分开，使其在施工过程中互不影响。

该工艺的优点是工艺流程较简单，每个层位压裂间隔时间短，压裂后恢复井口即可排液并投产。缺点是若发生砂堵，处理较麻烦，封隔器出现窜漏现象将无法有效分层。

后期由于水平井技术的发展，套管滑套封隔器方法在水平井的应用比例逐步提高，该技术的具体使用将在水平井部分详细介绍。

2. 连续油管分层压裂

连续油管水力喷砂射孔环空加砂压裂技术目前应用最为广泛，也是目前直井分层压裂的主体技术，适合的储层条件为多薄层的油藏、气藏和煤层气藏，适合的井形为直井、斜井和水平井。地层实际垂深小于3050m，井底温度小于139℃，套管/衬管尺寸为4½in或5½in，连续油管尺寸为1⅜~2⅜in，可采用砂塞或底部单封隔器实现分层封隔。

该技术具有以下特点：①一趟管柱完成射孔及压裂，大大缩短了作业周期；②环空加砂，可以适当提高排量，最大排量可达4m^3/min，同时还减小了对连续油管的磨损；③环空加砂，可以使用较小外径的连续油管，如1½in或1¾in的连续油管；④井下工具简单，施工效率高，施工风险小；⑤作业后使用连续油管冲砂。

压裂施工基本步骤如下：①置放工具到目的层；②对第一段喷砂射孔；③压裂，通过环空注携砂液，连续油管内小排量供液；④填砂封堵已压裂层；⑤上提管柱到第二射孔层；⑥冲洗管柱，清理管内残余支撑剂，准备进行第二次射孔；⑦重复②~⑥工序，实现多层分压。施工过程中判断封堵成功的依据为：压实处理过程中井底加压至比瞬时停泵压力高7MPa，停泵后若压力损耗低于3.5MPa/min则可视为成功，反之继续重复上述步骤。

与常规压裂相比，连续油管分层压裂具有以下优势：①能够压裂常规压裂无法处理到的小层以达到增加储量的目的；②处理由于小夹层的存在而导致采用常规压裂不能充分处理的层段，从而完全覆盖完井层段；③处理由于地应力差导致缝高过度延伸、缝长不足的层段，使缝长达到优化目标。

3. 限流分层压裂

限流分层压裂技术是采取低密度射孔、大排量施工，依靠压裂液通过射孔孔眼时产生摩阻来大幅度提高井底压力，使压裂液自动转向，从而相继压开与破裂压力相近的各个目的层。

为达到一次施工同时压开多层的目的，必须在各层段限制射孔孔眼数和孔径。有限的孔眼数和孔径所产生的摩阻能使井底压力迅速提高，并超过所有层段的破裂压力和缝内净压力，从而达到同时压开每一层段的目的。限流法压裂主要依据孔眼摩阻调节各目的层之间由于最小水平主应力不同而导致破裂的不同时性，使之同时破裂并进一步延伸。由于要依靠孔眼摩阻调节达到一次施工同时压开多个层段的目的，就要求准确了解各目的层之间的最小水平主应力值，并依据最小应力剖面设计射孔孔眼位置。对于地应力较低的层段，相应的孔数要少些；对于地应力较高的层段，相应的孔数要多些。这样结合最小水平主应力剖面，适当改变每个层段的射孔数及孔眼直径，就可以达到一次压裂施工同时压开多层的目的。因此，限流法压裂对层间地应力差没有明确限制，但也不能差异太大，隔层厚度一般为20~40m最适宜。

限流压裂的特点：①多层压裂完井不采用机械分层，一次性处理多个层；②使单一厚油层在纵向上均得到处理；③提高薄油层和差油层的出油能力；④较好地控制裂缝在油层内部延伸；⑤利于保护套管、水泥环及夹层免受射孔损坏等。

限流压裂适用于地层层系多、油层薄、底水油层及夹层软的油层，对巨厚及多层油层压裂完井，可增大层内压开程度及层间压开率；限流压裂对油井完善程度没有影响，压裂后不必补孔即可投入生产。

4. 投球分层压裂

投球分层压裂是利用已压开层吸液量大的特点，在完成一个目的层施工后，用压裂液将一定量的堵塞球带入已压开层的射孔炮眼处封堵炮眼。憋起地面施工泵压，从而迫使压裂液压开另一个破裂压力更高的目的层。如此反复，直到所有目的层都被压开为止，达到一次施工压开多个目的层的目的。

（1）影响封堵效率的因素

1）液体流向孔眼所产生的对球的拖曳力必须大于球的惯性力，才能使堵塞球坐在孔眼上。

2）使球保持在孔眼的力应大于因压裂液流动而使之脱落的力，才能使堵塞球堵住孔眼。

3）压裂后，油井投产时堵塞球应从孔眼脱落。

（2）堵塞球分类及数量计算

投球分层压裂的堵塞球有两类：一类是高密度的，即球的密度比压裂液的密度大；另一类是低密度的，即球的密度比压裂液密度小，它具有明显的浮力效应。

如果使用橡胶作为堵塞球的制作材料，应采用如下经验关系式确定堵塞球与孔眼的直径关系：

$$D \geqslant 1.25D_p \tag{6-86}$$

$$n = (1.1 \sim 1.2)n_p \tag{6-87}$$

式中，D为堵塞球直径，cm；D_p为射孔孔眼直径，cm；n为堵塞球的个数；n_p为孔眼数。

（3）前置投球分压技术

常规投球分压技术的主要缺陷有：①无法准确判断压开层段的先后顺序；②支撑缝长可能与设计预期相反；③由于层间差异，很难保证投球后能压开所有层段；④如目的层的跨距较大，较高的排量可能引发缝高的过度增长；⑤难以控制层间窜流和支撑剂的干扰现象。前置投球选择性分压技术事先不必知道准确的应力剖面，不必判断哪些层先开或后开，且施工简单、适用范围广，可最大限度地提高特低渗透薄互层的压开程度，并改善其支撑剖面。

前置投球分压技术的目标是在前置液阶段将所有层依次压开，然后通过一次加砂就完成对所有层段的有效支撑。主要思路如下：

1）排量设计，排量小，需要多次投球；排量大，会造成缝高过度延伸。

2）投球时机及投球数量设计，投球时机按预期压开层需要使用的前置液量计算，投球数量按预期压开层射孔数的110%计算。

3）投球期间前置液量设计，考虑到压开层的先后顺序，先开层可适当多注入，并依次类推。

4）封堵球的各种承受力分析，封堵球能否坐住孔眼，加砂前能否按计划全部掉落井底，需要通过计算其承受的坐封力及脱落力等来确定。

二、水平井分段压裂工艺

随着低渗透、非常规资源开发的快速发展，为了最大化地扩大油藏泄流面积，在井筒和储层之间形成有良好连通能力的裂缝系统，水平井分段压裂工艺得到了大幅度发展。目前，水平井分段压裂工艺主要有桥塞射孔联作、裸眼封隔器滑套、水力喷射以及套管滑套分段压裂工艺。

1. 桥塞射孔联作分段压裂

水平井套管固井后，采用电缆传输桥塞与射孔联作工艺，实现水平井的下段封隔与上段射孔作业。桥塞与射孔枪的下入过程主要分为两个阶段：①直井段工具串依靠自重下入，在水平段采用泵注方式将带射孔枪的桥塞泵入水平段指定封隔位置；②通过分级点火装置实现桥塞坐封，并上提射孔枪到达上段射孔位置进行射孔作业。在分段压裂过程中通过逐级下入桥塞、射孔枪，实现水平井分段压裂改造。全井段改造完成后用连续油管快速钻磨桥塞，桥塞由复合式材质构成，易钻性强，同时桥塞顶部与底部的不可旋转特性可实现多个桥塞一次性同时钻探作业。该技术具有封隔可靠，改造层段精确，压裂后易钻磨的特点(图 6-22)。

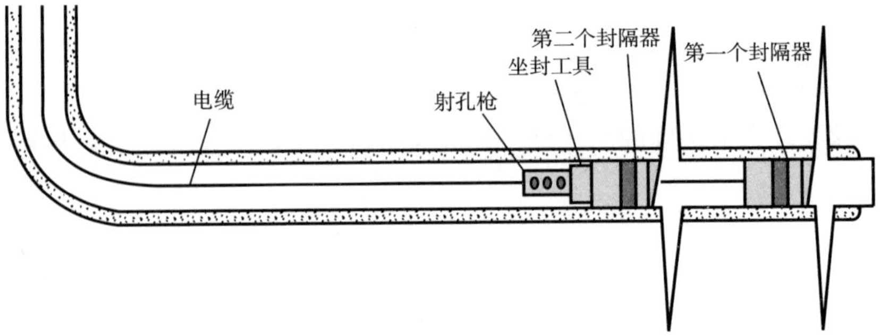

图 6-22　电缆快钻式桥塞分压工艺

该压裂方式由于在射孔枪和工具推进过程中以及坐封和射孔时井口都是带压工作，因此必须使用电缆井口防喷装置，且防喷管内径应大于桥塞外径。

2. 裸眼封隔器滑套分段压裂

水平井裸眼封隔器滑套分段压裂工艺是水平井分段压裂改造的主体技术之一，主要是利用机械封隔器进行分段压裂。按地质和工艺的需要把水平井分为若干段，在相应位置下入水力坐封式封隔器，在需要改造的对应位置下入滑套，封隔器坐封后(液压坐封)把水平段封隔开，依次投球打开滑套，最终实现分段压裂作业。这种方法一般应用于裸眼水平井，也可以应用于套管固井完井的水平井。裸眼封隔器分段压裂改造管柱结构如图 6-23 所示。

1）裸眼封隔器实现裸眼水平井分段的主要工具是一种具有双密封胶筒刚性支撑密封形式的裸眼压裂封隔器，用于封隔裸眼压裂及生产层段，防止在压裂实施时段内串通。在工具下入设计位置后，通过钻杆内打压，封隔器胶筒端面因受到两侧机械挤压而膨胀(图 6-24)。

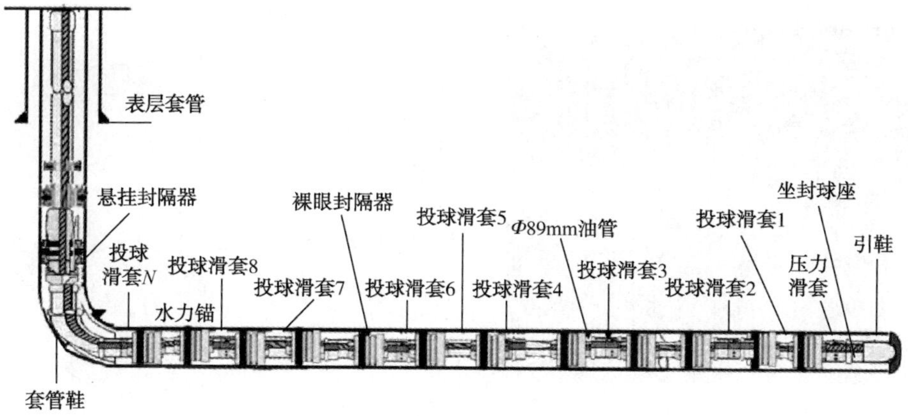

图 6-23　裸眼封隔器滑套分段压裂管柱结构图

图 6-24　永久式打压式裸眼封隔器示意图

目前，国外常用的裸眼封隔器为遇水或遇油裸眼封隔器，其胶筒采用高分子材料，在工具下入设计位置后，在环空替入水或烃类物质，反应一段时间等待胶筒膨胀坐封。

2）压力开启滑套，即利用内滑套端面积差产生的压差开启的滑套。通常将压力滑套放置在需要进行改造的最下面一段。

3）投球开启滑套，即将一个直径与投球滑套相配合的球投入井中，用压裂液或酸液将球送至投球滑套内部的球座位置，球入座后随即憋起高压，剪断固定销钉，内滑套向下滑动，使该层段的喷砂通道打开；所投的球同时封闭了油管内向下的通道。

裸眼封隔器分段完井压裂工艺不需要在水平段下套管完井，完钻后 4~5d 就能完成井筒处理、下工具及回接等工序，施工周期短，能有效缩短建井周期，节约钻井和完井的综合成本。采用投球压裂滑套方式具有以下优点：球座设计能保证密封、不卡球，球能够返回地面或就地溶解；减少作业时间和成本；各层独立作业；压裂滑套外覆复合材质铠皮，防止混入杂质；球座易磨铣。

3. 水力喷射分段压裂

水力喷砂分段压裂的技术原理是根据伯努利方程（$v^2/2+p/\rho=0$，其中 v 为流体速度，m/s；p 为截面压力，Pa；ρ 为流体密度，kg/m^3），通过高速水射流射开套管和地层，形成一定深度的喷孔，喷孔内流体动能转化为压能，当压能足够大时诱生水力裂缝。通过在环空内注入液体使井底压力刚好控制在裂缝延伸压力以下，射流出口周围流体速度最大，压力最小，环空泵注的液体在压差作用下进入射流区，与水力喷嘴喷射出的液体一起被吸入地层。在射流出口远端的流体速度最小、压力最大，高出的压力加上井底的裂缝延伸压力驱使裂缝向前延伸。压裂下一层段时，因井底压力刚好控制在裂缝延伸压力以下，已压开层段不再延伸。因此，不用封隔器与桥塞等隔离工具，就可实现自动封隔，通过控制喷嘴在水平井筒中的位置，依次压开所需改造井段，如图 6-25 所示。水力喷砂分段压裂工具主要技术指标见表 6-14。

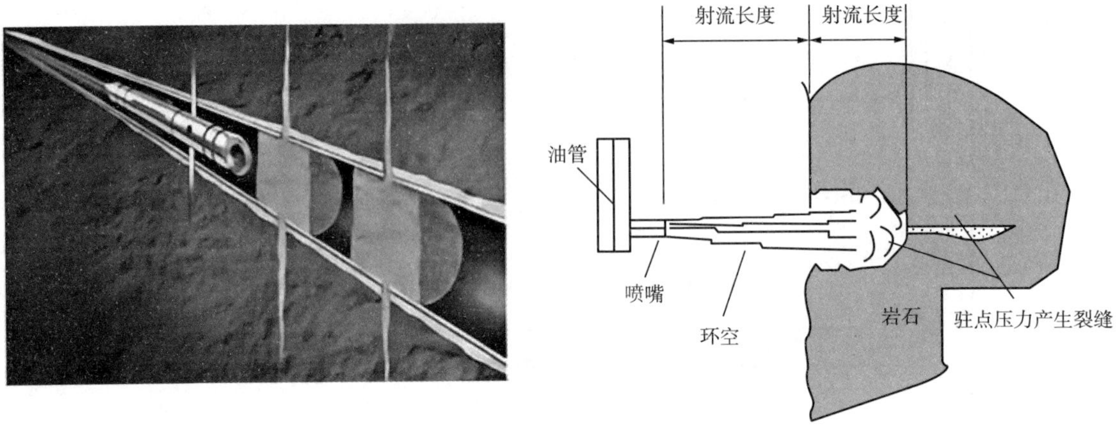

图 6-25　水力喷砂压裂原理图

表 6-14　水力喷砂分段压裂工具主要技术指标

参数	油田拖动管柱水力喷砂分段压裂工具	气田不动管柱多级滑套水力喷砂压裂工具
工作套管内径/mm	124.26	101.6
最大刚体外径/mm	105	90
最小内通径/mm	38	38
工作压差/MPa	≤60	≤70
工作温度/℃	≤90	≤120
连接扣型	2in、$2\frac{7}{8}$in UPTBG	$2\frac{3}{8}$in UPTBG 或 $2\frac{7}{8}$in、9in TBG

目前，根据油气田水平井改造的不同需要，水力喷砂分段压裂工艺主要有以下 3 种。

1）水力喷砂压裂工艺：将油管与水力喷砂工具相连接，进行喷砂射孔、加砂压裂，上提管柱再压裂后续段，如图 6-26 所示。

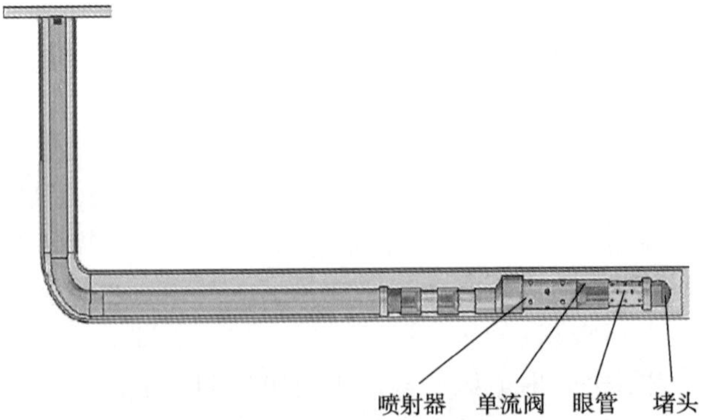

图 6-26　水力喷砂压裂管柱结构示意图

2）油田水力喷砂与小直径封隔器联作拖动压裂工艺：将油管与水力喷砂工具相连接，并与小直径封隔器联作，进行喷砂射孔、加砂压裂，上提管柱再压裂后续段，如图 6-27 所示。

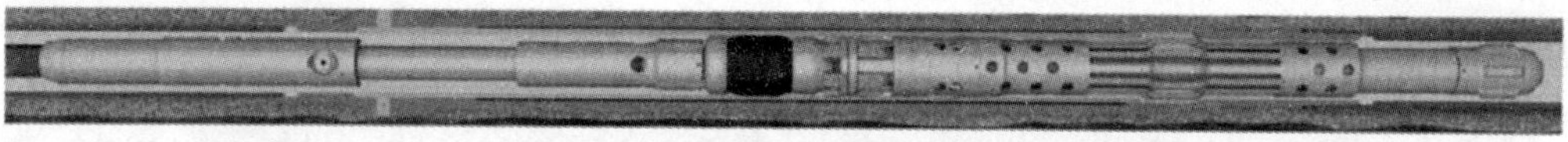

图 6-27 油田水力喷砂与小直径封隔器联作拖动压裂管柱结构示意图

3）气田不动管柱多级滑套水力喷砂压裂工艺：将压裂油管与水力喷砂工具相连接，进行喷砂射孔、加砂压裂，利用滑套开关不动管柱压裂后续段，如图 6-28 所示。

水力喷砂分段压裂工艺技术特点如下：

① 射孔、压裂、隔离一体化作业。

② 适应性强，不受储层类型、完井方式及改造方式限制。

③ 施工效率高，一天内完成一趟管柱压裂 3~4 段。

④ 井下工具串简单，安全性高。

目前，针对油气田分别形成以下 2 套工艺技术指标。

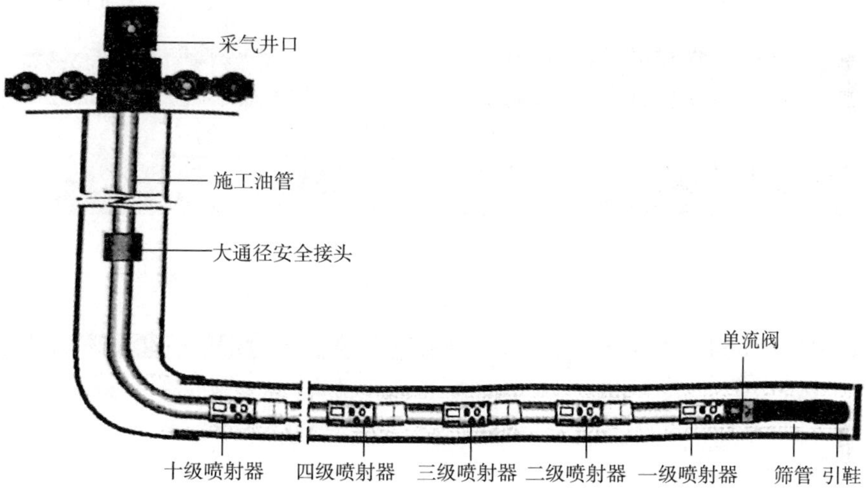

图 6-28 气田不动管柱多级滑套水力喷砂压裂管柱结构示意图

（1）油田拖动管柱水力喷砂分段压裂技术

1）工艺管柱耐温 90℃，耐压差 60MPa。

2）一趟管柱可连续压裂 4 段。

3）单喷嘴最大加砂量为 $40m^3$。

（2）气田不动管柱水力喷砂分段压裂技术

1）工艺管柱耐温 120℃，耐压差 70MPa。

2）一趟管柱可连续压裂 15 段。

3）单喷嘴最大加砂量为 $40m^3$。

现阶段，水力喷砂分段压裂工艺适用于裸眼完井、筛管完井、套管完井等新井改造，在油田中主要应用于 5½in 套管井，在气田中应用于 4½in 套管井和 6in 裸眼井。此工艺可应用于井深一般小于 5000m 的酸压或加砂压裂。

4. 套管滑套分段压裂

套管滑套无限级压裂技术，在采用套管固井完井过程中，根据测井结果确定改造井段，将套管滑套随同套管一起下入井底并固井。压裂施工时，采用连续油管打开滑套，实现定点压裂。套管滑套无限级压裂的优点包括：①裂缝只在套管滑套处启裂，裂缝位置固定；②定量控制每条裂缝的改造液体和砂量；③在分段之间连续作业耗时短，只需解封桥塞，上提管串来定位下一级滑套，再坐封桥塞开启滑套，进行下一级压裂；④压裂过后无须钻塞即可投产，并且保持井筒全通径；⑤对于出现未打开滑套或需在滑套之间新增压裂分段的情况，连续油管自带喷射射孔短节，可重新射孔并压裂，从而实现水平段无限级数的分段。

北美 NCS 公司的套管滑套(图 6-29)无限级压裂技术目前已经在 Bakken、Eagle Ford 和 Permian 盆地致密油储层中大规模应用，目前分段级数基本可达 90~110 级。该工具由套管滑套和连续油管压裂封隔管串两部分组成。套管滑套包括压裂端口、内置滑套筒和定位凹槽；连续油管压裂封隔管串主要包括喷砂射孔短节、可重复坐封桥涵和套管滑套定位器(图 6-30)。

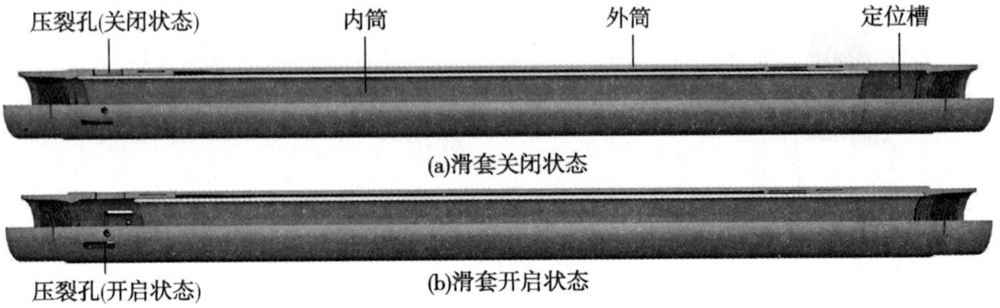

图 6-29　NCS 公司套管滑套

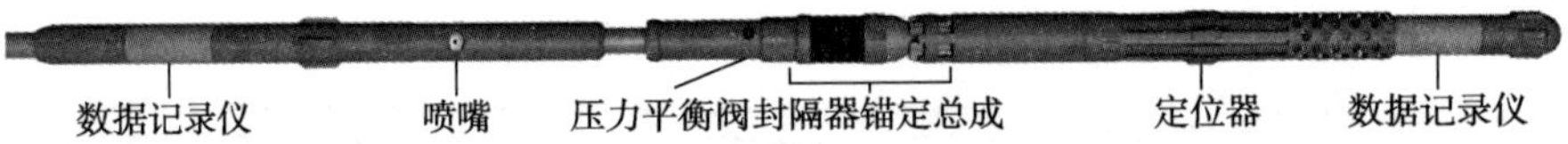

图 6-30　NCS 公司连续油管压裂封隔管串

三、其他配套工艺

1. 分簇射孔技术

分簇射孔是非常规储层水平井分段体积改造的一项重要技术。每一段内分多簇射孔，根据限流压裂原理(即高排量下通过射孔孔眼产生的摩阻来增大井底压力)期望一段内形成多条裂缝同时扩展，并利用裂缝间扩展时相互间的应力干扰使裂缝复杂化，从而达到每一段内的改造程度最大化。因此，分簇射孔技术所涉及的每段分簇数、簇间距、每簇跨度、孔眼数(孔密)、相位角等都是设计的关键参数，直接影响到每一段的改造体积。

根据作业车组能力和完井状况，每个压裂段分 3~5 簇。射孔密度主要根据施工排量和总分簇数综合考虑，一般孔密为 16~20 孔/m，所对应的每孔需要配备 0.32m^3/min 的排量，相位角为 60°或 180°。

目前，一般第一级使用连续油管传输带射孔，后续作业采用泵入式电缆传输射孔，并使用双级开关系统实现桥塞坐封工具和射孔分别点火。分簇射孔采用的关键技术为一次装弹，分簇引爆，能根据储层特征调整每一簇具体的射孔位置。

2. 控缝高技术

目前，控缝高技术有人工隔层技术、变排量压裂技术、注入非支撑剂段塞控制缝高技术、调整压裂液的密度控制缝高技术、冷却地层控制缝高技术。在水力压裂过程中，影响裂缝高度的四要素是岩石物性、地层应力差、施工参数和裂缝上下末端阻抗值。裂缝高度既随施工时间的增加而增加，又沿着裂缝长度逐渐减小，还会因为地应力的大小和分布、岩石力学性质、盖底层厚度、地层流体特性、射孔厚度和位置、施工工艺参数等因素而受到不同程度的限制。其中，地层应力差及岩石物性都是由地质结构本身决定的，不易改变，只有裂缝上下末端阻抗值可以改变，方法是制造人工隔层，将裂缝尖角钝化，从而增加裂缝末端阻抗值，遏制裂缝纵向增长，提高压裂效率。

1）人工隔层技术：通过上浮式或下沉式隔离剂在裂缝的顶部或底部形成人工遮挡层，增加裂缝末梢的阻抗，阻止裂缝中的流体压力向上或向下传播，继而控制裂缝在纵向上的延伸(图 6-31)。

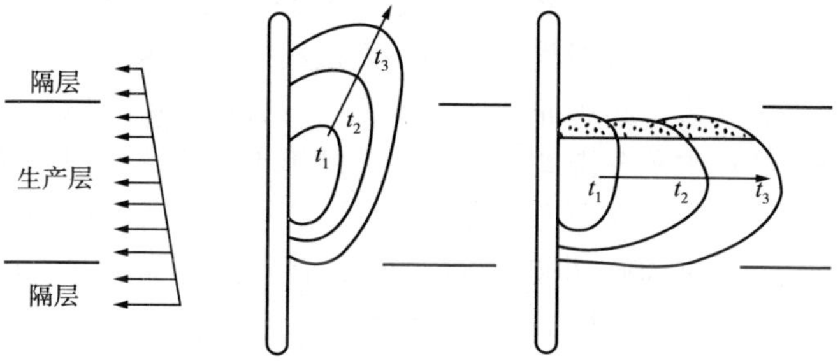

图 6-31　上浮剂控制缝高示意图

2）变排量压裂技术：采用变排量压裂技术，在控制裂缝向下延伸的同时，可增大支撑缝长，增加裂缝内支撑剂铺置浓度，从而有效提高增产效果。

3）注入非支撑剂段塞控制缝高技术：在前置液和携砂液中间注入非支撑剂的液体段塞，这种液体段塞由载液和封堵颗粒组成，大颗粒形成桥堵，小颗粒填充大颗粒间的缝隙形成非渗透性阻隔段，最终达到控制缝高的目的。

4）调整压裂液的密度控制缝高技术：如果要控制裂缝向上延伸，可采用密度较大的压裂液，使其在重力作用下尽可能向下压开裂缝；反之，如果要控制裂缝向下延伸，应使用密度较小的压裂液。

5）冷却地层控制缝高技术：此项技术是通过向温度较高的地层注入冷水，使地层产生热弹性应力，大幅度地降低地层应力，从而使缝高和缝长控制在产层范围内。

通过施工压力来降低破裂压力的原理是通过降低阻碍压力传输的不利因素，增加地面压力传输到压裂目的层段的压力值，从而增加使地层破裂的机会。由于井底地层破裂压力受地应力及岩石性质的控制，要降低地层本身的破裂压力就必须破坏地层应力。破坏地层本身应力的方法也称为压裂前预处理。广泛应用的压裂前预处理措施主要有酸化、喷砂射孔、高能气体压裂以及优化射孔参数等措施。

3. 化学胶塞暂堵技术

为适应复杂结构水平井分段压裂施工要求，液体胶塞作为一种分段改造特殊技术得到发展。化学暂堵胶塞是液体胶塞体系中的一种新型高分子聚合物体系，具有使用浓度低、强度高、可控制成胶与破胶、封堵已压层段时不用填砂并可彻底破胶水化等特点，在正常施工结束后不用进行冲砂或钻塞等作业，可直接排液求产，对地层伤害小，克服了以往液体胶塞的缺点。

化学暂堵胶塞是水平井分段压裂改造技术中的化学分隔技术，可作为一种压裂封隔工具使用。利用高强度的化学暂堵胶塞封堵不压裂井段，再对目的层进行正常压裂施工，与机械桥塞分段作用相同。当压裂施工结束后，在控制时间内胶塞破胶返排，能够起到暂时封堵的效果。

4. 钻塞技术

水平井速钻桥塞体积压裂技术已成为提高单井产量、改善开发效果和提高采收率的重要途径。大庆、长庆等低渗透油田和致密油区块开发，大部分以水平井桥塞分段压裂改造技术实现储层经济动用为主，因此，钻磨桥塞成为解决水平井分段压裂后续问题的关键技术。

常规的钻磨技术受油管外径、接箍尺寸及水平井井眼轨迹的限制，存在工具下入困难，无法带压作业等问题，而连续油管因其尺寸小、无接箍、起下速度快、管柱挠性大、钻磨工具易下入水平井段、可实现边钻磨边冲砂连续施工，具有钻压控制稳定、带压作业、施工周期短及效率高等优势，已在水平井洗井、冲砂、钻磨施工中广泛应用。在复合桥塞钻磨施工中主要应用 2in 连续油管，单台车可载连续油管长度达 5000m，进入水平井段最长可达到 1500m 以上，同时最大可提供 400～600L/min 的管内流量，可满足井下动力钻具动力传递及钻屑上返的需要。地面管线流程如图 6-32 所示。

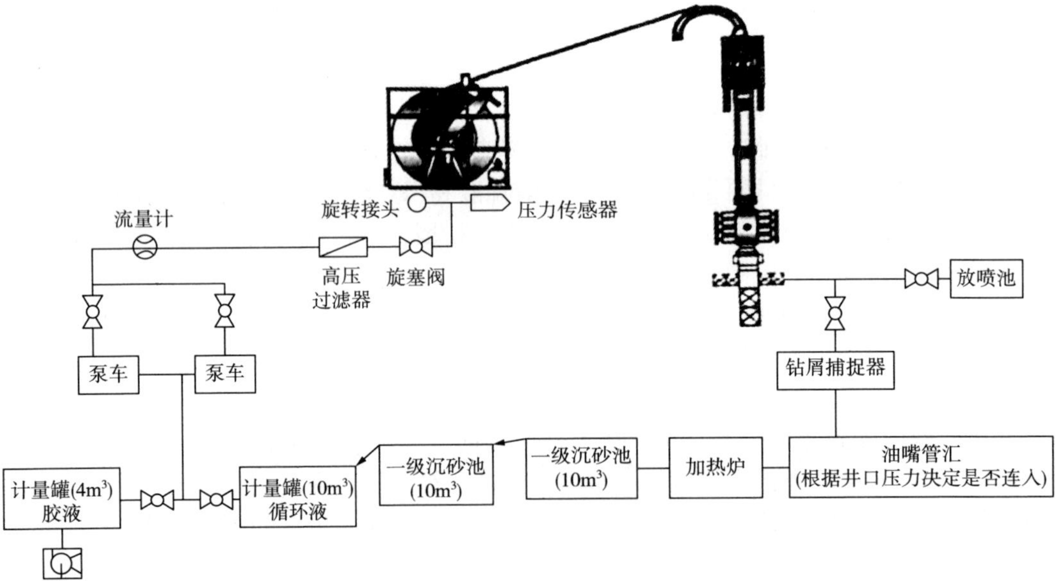

图 6-32　地面管线流程示意图

第七章 完井设计举例

第一节 井身结构设计

一、井身结构设计原则与依据

1. *井身结构设计原则*

井身结构的设计应满足以下 5 个原则：

1）有效保护油气层，避免储层污染伤害。

2）避免漏、喷、塌、卡等井下事故，安全、快速钻井。

3）采用重钻井液钻下部地层时产生的井内压力，不至于压裂上层套管鞋处的薄弱地层。

4）当实际地层压力超过预测值而发生井涌时，在一定压力范围内，具有压井处理溢流能力。

5）下套管过程中，井内钻井液液柱压力和地层压力间的压差不至于产生压差卡套管现象。

2. *井身结构设计依据*

1）以已知的地层压力数据、实钻井资料为设计依据。

2）根据《钻井手册(甲方)》进行设计。

二、孔隙压力与破裂压力剖面预测

当地层压力梯度的当量钻井液密度由 1.00g/cm³ 增加至 1.10g/cm³ 时所对应的井深 H 为 2460m。所选井名为 Y30，油藏层位为 3442~3557m。根据资料确定地层压力和破裂压力剖面(图 7-1)。

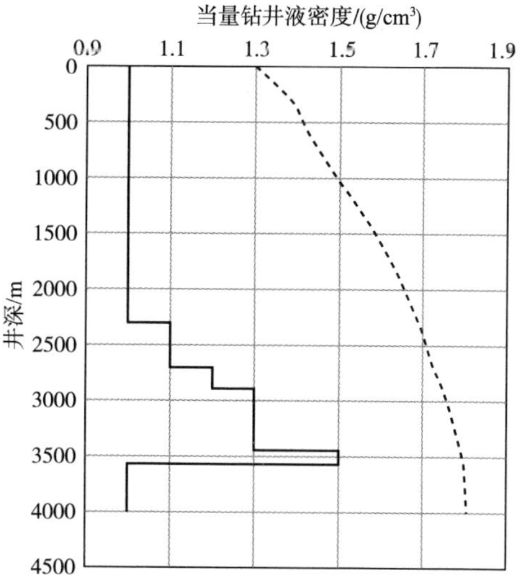

图 7-1　地层压力和破裂压力剖面图

三、井身结构设计流程与结果

1. *井身结构设计参数选择*

抽吸压力 S_b 与激动压力允许值 S_g 一般由各油田根据各自的情况确定，该区块取值为 0.05g/cm³。

地层压裂安全增值 S_f 是为了避免将上层套管鞋处地层压裂的安全增值，它与预测破裂压力值的精度有关，可以根据该地区的统计数据确定，用等效密度来表示，该区块取值为0.03g/cm³。

井涌条件允许值 S_k 是用来衡量井涌大小的数值，用泥浆等效密度差表示(用于压井计算，另一种计量方法是以进入井眼的流体的总体积表示，多用于报警)。该值可由各油田根据出现井涌的数据统计并进行分析后得出，该区块取0.05g/cm³。

压差允值(ΔP_N 与 ΔP_a)是指裸眼井段不发生压差卡套管所允许的井内液柱压力与地层孔隙压力之间的最大差值。裸眼中，泥浆液柱压力与地层孔隙压力的差值过大，除了会使机械钻速降低外，还是造成压差卡钻的直接原因，这会导致在下套管过程中发生卡套管事故，使已钻成的井眼无法进行固井和完井工作。对于压差允值的确定，各油田可以从卡钻资料中(卡点深度、当时泥浆密度、卡点地层孔隙压力等)反算出当时的压差值，再由大量的压差值进行统计分析得出该地区适合的压差允值。该区块取 $\Delta P_N=15$MPa，$\Delta P_a=20$MPa。

确定的井身结构设计系数见表7-1。

表7-1 井身结构设计有关系数

名称	S_b/(g/cm³)	S_g/(g/cm³)	S_f/(g/cm³)	S_k/(g/cm³)	ΔP_N/MPa	ΔP_a/MPa
数值	0.05	0.05	0.03	0.05	15	20
来源	理论计算	理论计算	区域资料统计	区域资料统计	区域资料统计	区域资料统计

2. 井身结构设计结果

(1) 井身结构设计计算步骤

根据地层压力和破裂压力剖面确定 $\rho_{pmax}=1.5$g/cm³，$D_{pmax}=3442$m。首先，确定技术套管下入深度的初选点 D_{21}。根据公式(7-1)：

$$\rho_f=\rho_{pmax}+S_b+S_f+S_k\cdot\frac{D_{pmax}}{D_{21}} \tag{7-1}$$

试取 $D_{21}=2500$m，得到 $\rho_f=1.6489$g/cm³。由破裂压力曲线得出 $\rho_{f2500}=1.71$g/cm³。由于两者差距较大，需再取 $D_{21}=2200$m，得到 $\rho_f=1.6582$g/cm³。此时 $\rho_{f2200}=1.67$g/cm³，$\rho_f<\rho_{f2200}$ 且接近，因此确定 $D_{21}=2200$m。

随后校核技术套管是否会被卡。根据公式(7-2)：

$$\Delta P=0.00981(\rho_{pmax}+S_b-\rho_{pmin})\cdot D_{min} \tag{7-2}$$

计算可得，技术套管不会被卡，因此确定 $D_2=2200$m。

确定生产套管下深的初选点 D_{31}。根据破裂压力曲线得出 $\rho_{f2200}=1.67$g/cm³，根据公式(7-3)：

$$\rho_{pper}=\rho_{f2200}-S_b-S_f-\frac{D_{31}}{D_2}\cdot S_k \tag{7-3}$$

试取 $D_{31}=3600$m，带入可得 $\rho_{pper}=1.5082$g/cm³，根据地层压力曲线，确定 $\rho_{pmax}=1.5$g/cm³$<\rho_{pper}=1.5082$g/cm³，所以确定初选点 $D_{31}=3600$m。根据上述公式，求得 $\Delta P=11.8701$MPa$<\Delta P_a=20$MPa，因此确定生产套管下深为3600m。

最后确定表层套管下深 D_1。根据公式(7-4)：

$$\rho_{fE}=\rho_{pmin}+S_b+S_f+\frac{D_2}{D_1}\cdot S_k \tag{7-4}$$

试取 $D_1=400m$，代入式(7-4)可得：$\rho_{fE}=1.355g/cm^3$，而 $\rho_{f400}=1.39g/cm^3$，因此可以确定表层套管下深为 400m。

(2) 套管尺寸和井眼尺寸的选择

根据采油需要确定生产套管的尺寸，再匹配钻头，按照这个流程完成套管尺寸和井眼尺寸的选择。目前国内外所生产的套管尺寸及钻头尺寸已标准系列化。套管与相应井眼的尺寸配合基本确定或在较小范围内变化。图 7-2 给出了套管和井眼尺寸的选择表，其中实线表示套管和井眼尺寸的常用配合，它有足够的空隙下入该套管及注水泥；虚线表示不常用的尺寸配合(空隙较小)。如选用虚线所示的组合，则须对套管接箍、泥浆密度、注水泥及井眼曲率大小等予以注意。

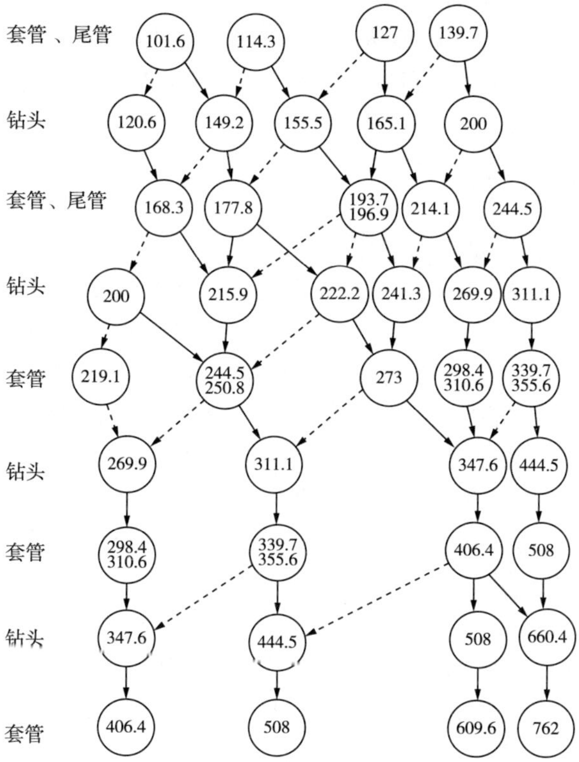

图 7-2 套管和井眼尺寸选择(单位：mm)

根据采油工程生产需要所确定的生产套管直径为 139.7mm，那么根据套管和井眼尺寸选择表，可以确定钻头尺寸及其余套管尺寸。表 7-2 确定了井身结构设计的结果。

表 7-2 井身结构设计结果

名称	套管直径/mm	下入深度/m	钻头直径/mm
表层套管	339.7	400	444.5
技术套管	244.5	2200	311.1
生产套管	139.7	3600	200

第二节　套管柱设计

一、套管柱强度设计原则

为了确定合理的套管钢级、壁厚以及每种套管井深区间，套管柱强度设计应满足以下原则：

1）满足强度要求，在任何危险截面上都应满足：套管强度≥外载×安全系数。

2）应满足钻井作业、油气开发和产层改造需要，进行一体化设计。

3）承受外载时应有一定储备能力。

4）经济性要好，多选择2~3种钢级、2~3种壁厚，但不能过多。

5）安全系数的确定，其中抗外挤安全系数为1.0；抗内压安全系数为1.1；套管抗拉强度(抗滑扣)安全系数为1.8。

二、套管柱强度设计方法

常用的套管柱设计方法主要有以下几种。

1）等安全系数法：该方法基本的设计思路是使各个危险截面上的最小安全系数等于或大于规定的安全系数。设计时，应考虑下部套管的抗外挤强度是否满足要求，通常在水泥面以上的套管还应考虑双向应力；上部套管应满足抗拉及抗内压要求。

2）边界载荷法：该方法的抗外挤强度设计与等安全系数法相同，但抗拉设计不是用安全系数设计，而是改用第一段采用抗拉设计的套管的抗拉强度和安全系数所决定的一个边界载荷为设计上部套管拉力强度的标准。其设计方法为：采用抗拉设计的第一段套管的可用强度=抗拉强度/抗拉安全系数；边界载荷=抗拉强度-可用强度；采用抗拉设计的第二段套管的可用强度=抗拉强度-边界载荷；以后均按同一边界载荷选用可用强度。

3）最大载荷法：这是美国提出的一种设计方法，其设计思路是将套管按技术套管、表层套管、油层套管等进行分类，将每一类套管的载荷按其外载荷性质及大小进行设计。其设计方法是先按内压力筛选套管，再按有效外挤压力进行强度设计。该方法对外载荷考虑细致，设计精确。

4）其余的设计方法还有AMOCO设计法、BEB设计法以及苏联的设计方法。

三、Y30井套管柱设计结果

1. 设计思路

采用等安全系数法进行套管柱设计，基本的设计思路可以总结为以下几点：

1）计算可能出现的最大内压力，筛选符合抗内压强度的套管。

2）下部套管段按抗挤设计，上部按抗拉设计，各危险断面最小安全系数要大于或等于规定值，即套管强度≥外载×安全系数。

3）水泥面以上套管抗挤强度考虑双向应力影响。

4）轴向拉力通常按套管在空气中的重力计算，当考虑双向应力时，按浮重计算。

2. 设计步骤及结果

等安全系数法设计分为以下5个步骤。

1）确定所选套管强度的安全系数，见表7-3。

表7-3 套管强度设计安全系数

安全系数名称	抗拉安全系数	抗外挤安全系数	抗内压安全系数
数值	1.8	1.0	1.1

2）计算最大外挤力，选择第一段套管。

根据公式可以求得 $p_{ocmax}=0.00981\rho_d D=0.00981\times1.55\times3600=54.74\text{MPa}$；$p_{c1}\geqslant p_{oc}S_c=54.74\times1.0=54.74\text{MPa}$。

根据生产套管直径为139.7mm，结合《钻井手册(甲方)》中的API套管规范及强度，选择N80钢级套管，其中壁厚 $t=9.17\text{mm}$，$p_{c1}=60.881\text{MPa}>54.74\text{MPa}$，满足要求。

3）选择第二段套管。

在进行第二段套管的选择时，选用相同钢级N80，低一级壁厚 $t=7.72\text{mm}$，$p_{c2}=43.299\text{MPa}$。设第二段套管可下入深度为 D_2，第一段套管长度为 L_1，那么，$D_2=p_{c2}/(0.00981\rho_a S_c)=2848\text{m}$。取 $D_2=2800\text{m}$，则 $L_1=3600-2800=800\text{m}$。由于水泥返高 $=3600-700=2900\text{m}$，而 $D_2=2800\text{m}<2900\text{m}$，需要进行双向应力强度校核。

根据钢材的管体屈服强度 $F_{s2}=1765.9\text{kN}$，可求得 $K_B=1-\dfrac{\rho_d}{\rho_s}=0.801$；$p_{cc2}=p_{c2}\left(1.03-0.74\dfrac{F_m}{F_{s2}}\right)=41.2041\text{MPa}$。

由于 $S_c=\dfrac{p_{cc2}}{p_{cc}}=\dfrac{41.204}{0.00981\times1.55\times2800}=0.9678<1$，结果不安全，因此再选择 $D_2=2600\text{m}$，同上述方法，可以确定 $S_c=1.04>1$，此时是安全的。随后计算套管抗拉安全系数，$S_t=\dfrac{F_{st1}}{F_{m1}}=1672.9/(0.2919\times1000)=5.73>1.8$，结果是安全的。所以确定了 $D_2=2600\text{m}$，$L_1=1000\text{m}$。

4）选择第三段套管。

选择N80钢级套管，$t=10.03\text{mm}$，$p_{c3}=21.305\text{MPa}$，考虑双向应力的影响，确定第三段套管的可下入深度。可依据式(7-5)进行计算：

$$S_c=\frac{p_{c3}\left\{1.03-0.74\dfrac{K_B[q_1L_1+q_2(D_2-D_3)]}{F_{s3}}\right\}}{0.00981\rho_d D_3}\tag{7-5}$$

根据式(7-5)，采用试算法，假设 $D_3=1400\text{m}$，此时 $S_c=0.9447<1$，结果不安全。当 $D_3=1300\text{m}$ 时，此时 $S_c=1.014>1$，这样是安全的。再计算第二段顶部的抗拉安全系数，$S_t=\dfrac{F_{st2}}{F_{m2}}=1565.6/(0.2919\times1000+0.2481\times1300)=2.55>1.8$，结果是安全的。因此确定 $D_3=1300\text{m}$，$L_2=1300\text{m}$。然后再计算第三段套管按抗拉要求的允许使用长度 L_3，根据公式(7-6)：

$$\frac{F_{st3}}{F_{m2}+q_3L_3}\geqslant S_t \tag{7-6}$$

计算可得 $L_3=1049$m，取 $L_3=1000$m。

5）确定第四段套管使用长度。

第四段套管的钢级与第一段套管一样。根据前文中的公式，采用抗拉校核，可以得到第四段套管许用长度 $L_4=621$m，实际距井口还有 300m，因此取 $L_4=300$m。然后进行抗挤校核，根据双向应力公式，得到 $S_c=9.27>1.0$，结果是安全的。最终结果为 $L_4=300$m，$D_4=300$m。设计的结果见表 7-4～表 7-6。

表 7-4 表层套管设计结果

序号	下入井段/m	外径/mm	内径/mm	钢级	壁厚/mm	抗内压强度/MPa	抗外挤强度/MPa	抗拉强度/kN	单位长度重量/(kg/m)	抗内压安全系数	抗外挤安全系数	抗拉安全系数
1	0～300	339.7	313.6	N80	13.06	43.644	60.881	1672.9	29.76	1.1	1.0	1.8
2	300～400	339.7	313.6	N80	13.06	30.234	21.305	2074.6	59.53	1.1	1.0	1.8

表 7-5 技术套管设计结果

序号	下入井段/m	外径/mm	内径/mm	钢级	壁厚/mm	抗内压强度/MPa	抗外挤强度/MPa	抗拉强度/kN	单位长度重量/(kg/m)	抗内压安全系数	抗外挤安全系数	抗拉安全系数
1	400～1300	244.5	224.4	N80	10.03	30.234	21.305	2074.6	59.53	1.1	1.0	1.8
2	1300～2200	244.5	224.4	N80	10.03	55.788	43.299	1565.6	25.3	1.1	1.0	1.8

表 7-6 生产套管设计结果

序号	下入井段/m	外径/mm	内径/mm	钢级	壁厚/mm	抗内压强度/MPa	抗外挤强度/MPa	抗拉强度/kN	单位长度重量/(kg/m)	抗内压安全系数	抗外挤安全系数	抗拉安全系数
1	2200～2600	139.7	124.3	N80	7.72	55.788	43.299	1565.6	25.3	1.1	1.0	1.8
2	2600～3600	139.7	121.4	N80	9.17	65.542	60.881	1672.9	29.76	1.1	1.0	1.8

四、套管柱管串设计

1. 套管柱结构

为了安全顺利地将套管下至设计井深并满足注水泥工艺要求，保证固井质量，下入井内套管柱应附装一些特殊配件。套管柱管串的结构组成一般包括浮鞋、浮箍、磁性定位短节、套管、联顶节、扶正器等。

其中套管扶正器的作用是使套管柱下至设计井深并使其居于井眼中心，以提高水泥浆顶替效果。因此，套管扶正器对于提高固井质量起着至关重要的作用。与此同时，套管扶正器还有防止黏附卡套管的作用。为保证套管管柱的顺利下入及固井施工，具体每层套管管串结构(省略扶正器)如表 7-7 所示。

表 7-7 套管柱管串设计

套管程序	管串结构
表层套管	Φ339. 7mm 可钻浮鞋+Φ339. 7mm 套管+Φ339. 7mm 浮箍+Φ339. 7mm 套管串+Φ339. 7mm 联顶节
技术套管	Φ244. 5mm 可钻浮鞋+Φ244. 5mm 套管+Φ244. 5mm 浮箍+Φ244. 5mm 套管(母扣内放阻流环)+Φ244. 5mm 套管串+Φ244. 5mm 联顶节
生产套管	Φ139. 7mm 可钻浮鞋+Φ139. 7mm 套管+Φ139. 7mm 浮箍+Φ139. 7mm 磁性定位短节+Φ139. 7mm 套管(母扣内放阻流环)+Φ139. 7mm 套管串+Φ139. 7mm 联顶节

2. 套管扶正器

刚性套管扶正器的扶正片受力之后的变形是刚性变形。刚性套管扶正器在随套管下入的过程中，扶正片与井壁接触产生扶正力，扶正力作用于井内套管，使套管在井内居中。刚性套管扶正器具有扶正力较高、启动力较低的特点，这些特点不但使套管能够顺利下入，而且能提高套管的居中度。因此本次设计各层套管均使用直条滚柱式刚性扶正器(图 7-3)。

图 7-3 直条滚柱式刚性扶正器

第三节 固井工程设计

一、固井工程基本要求

固井工程的基本要求包括以下 5 个方面：

1）水泥浆返高和管内水泥塞高度符合设计要求。

2）注水泥段环空钻井液全被水泥浆替换，无残留。

3）水泥石与套管及井壁胶结强度足够，耐酸化、压裂及冲击。

4）凝固后管外不冒油、气、水，环空内各压力体系不互窜。

5）水泥石能经受油、气、水长期侵蚀。

二、水泥量计算

1. 水泥浆总量的计算

首先是表层套管水泥浆用量计算。其中总的水泥量公式为：

$$V=V_1+V_2 \tag{7-7}$$

式中，V_1 为环空水泥浆体积，$V_1=\frac{\pi}{4}\sum(D_i^2-d_i^2)H_i$，$m^3$；$V_2$ 为管内水泥塞体积，$V_2=\frac{\pi}{4}\sum d_c^2 h_i$，$m^3$。

因此，对于表层套管，$V_1=\frac{\pi}{4}\times(0.4445^2-0.3397^2)\times400=25.82m^3$；$V_2=\frac{\pi}{4}\times0.3136^2\times5=0.39m^3$。

那么表层套管水泥浆总用量 $V_{表套}=V_1+V_2=25.82+0.39=26.21m^3$。对于技术套管，同理可得其水泥浆总用量为 $V_{技套}=64.63m^3$。生产套管水泥浆返高至 2900m，此时可得水泥浆总

用量 $V_{油套}=11.32m^3$。因此水泥浆总用量为 $V=V_{表套}+V_{油套}+V_{技套}=102.16m^3$。

2. 水泥浆其余参数的计算

根据公式(7-8)：

$$水泥浆密度=\frac{水泥浆的质量+外掺料的质量+水的质量}{水泥浆的体积} \tag{7-8}$$

其中水泥浆密度为 $1.8\times10^3kg/m^3$，那么根据水泥浆配方(G 级水泥+25%石英砂+14%微珠)，确定微珠用量 $=102.16\times1.8\times10^3\times14\%=25744kg$；石英砂用量 $=102.16\times1.8\times10^3\times25\%=45972kg$。

$$干水泥的质量+水的质量=总质量的61\% \tag{7-9}$$

$$干水泥的体积+石英砂体积+微珠体积+水的体积=总体积 \tag{7-10}$$

根据上述公式，再结合已知的干水泥密度为 $3.15\times10^3kg/cm^3$，石英砂密度为 $2.63\times10^3kg/m^3$，微珠密度为 $0.7\times10^3kg/cm^3$，可以求得干水泥量为 89981kg，配浆用水量为 22191kg，水灰比=配浆用水量/干水泥量=0.25。

三、注替设计

顶替就是利用顶替液使水泥浆达到预定位置并充满环空的过程。

1. 顶替量的计算

根据公式(7-11)：

$$V=\frac{\pi}{4}\sum K_iL_id_i^2 \tag{7-11}$$

这里在计算时选择 K_i 为 1.025，那么顶替量 $V=\frac{\pi}{4}\times1.025\times(400\times0.3136^2+1800\times0.2244^2+400\times0.1243^2+1000\times0.1214^2)=121.48m^3$。

2. 顶替时间的计算

计算顶替时间时，首先要考虑顶替排量。顶替排量的计算参考流变学设计，同时也要考虑井眼的实际条件和钻井泵的类型。首先考虑使用紊流流态进行顶替设计，如果在现有条件下不能实现紊流顶替，则考虑使用塞流顶替；在两者均无法实现的情况下，设计高速下的层流顶替，同时应充分考虑紊流前置液的使用，以弥补水泥浆不能达到紊流的缺陷。按照顶替排量计算顶替时间的公式为：

$$T=\frac{V}{Q} \tag{7-12}$$

在计算顶替时间时，首先要考虑顶替排量。

3. 顶替钻井液压力计算

典型环空液柱(按顺序由井底到井口)的组合为尾浆、前导浆、前置液、钻井液。

环空静液柱压力的计算公式为：

$$p_1=0.00981(h_1\rho_1+h_2\rho_2+h_3\rho_3+h_4\rho_4) \tag{7-13}$$

流动阻力的计算公式为：

$$p_2=0.001H+(3\sim5)MPa \tag{7-14}$$

要精确地计算套管内外流动阻力十分复杂，与顶替排量、井眼尺寸及流体的黏度、切应力等性质密切相关。

顶替钻井液的最高施工压力计算公式为：

$$p_{max}=p_1+p_2-p_c \tag{7-15}$$

由于采用了不同密度的流体使套管内外形成压差，顶替最高泵压出现在泵压前。

根据以上公式，可以大致确定所需要的泵压为20MPa。然后依据裸眼段环空返速不小于0.7m/s，不高于1.2m/s，在设计的过程中，环空中较宽的区域面积乘以最高返速可以确定最大排量，所需要的最小排量为环空中较宽的区域面积乘以最低返速。因此确定的最大排量为0.035m³/s(35L/s)，最小排量为0.020m³/s(35L/s)。

综合以上泵压和排量，选择3NB1000钻井泥浆泵，其性能见表7-8。假设确定的泥浆泵排量为0.03m³/s，那么顶替时间为1.12h。

表7-8 3NB1000钻井泥浆泵性能

缸套直径/mm	额定泵冲/(次/分)	额定排量/(L/s)	额定泵压/MPa
120	150	19.9	33.1
130	150	23.4	28.2
140	150	27.1	24.3
150	150	31.1	21.2
160	150	35.4	18.6
170	150	40.0	16.5

四、Y30井固井设计结果

1. 注水泥设计

水泥量计算那一节已经确定$V_{表套}=26.21m^3$，那么表层套管干水泥用量为23085kg，石英砂用量为11796kg，微珠用量为6606kg。同理可以求得技术套管和油层套管的用量配比，设计结果见表7-9。

表7-9 注水泥设计结果

套管类型	水泥返高/m	水泥浆总体积/m³	水泥浆密度/(g/cm³)	干水泥用量/kg	石英砂用量/kg	微珠用量/kg	水固比
表层套管	0	26.21	1.8	23085	11796	6606	0.25
技术套管	0	64.63	1.8	56925	29084	16287	0.25
生产套管	2900	11.32	1.8	9970	5094	2853	0.25

2. 水力参数设计

(1) 表层套管

对于表层套管，其环空中钻头直径为0.4445m，表层套管直径为0.3397m，依据环空返速不小于0.7m/s，不高于1.2m/s的原则，确定了环空排量的范围在37.18~57.47L/s。再考虑泵压的要求，确定了泵的具体参数，见表7-10中的“表层套管”。

（2）技术套管

对于技术套管，其环空中钻头直径为0.3111m，套管直径为0.2445m，依据环空返速不小于0.7m/s，不高于1.2m/s的原则，确定了环空排量的范围在20.34~34.87L/s。再考虑泵压的要求，确定了泵的具体参数，见表7-10中的“技术套管”。

（3）生产套管

对于生产套管，其环空中钻头直径为0.2m，套管直径为0.1397m，依据环空返速不小于0.7m/s，不高于1.2m/s的原则，确定了环空排量的范围在14.34~24.58L/s。再考虑泵压的要求，确定了泵的具体参数，见表7-10中的“生产套管”。

表7-10　水力参数设计结果

套管类型	缸套直径/mm	额定冲次/(次/分)	额定排量/(L/s)	额定泵压/MPa	数量	环空返速/(m/s)
表层套管	170	150	40.0	16.5	1	0.78
技术套管	150	150	31.1	21.2	1	1.07
生产套管	130	150	23.4	28.2	1	1.14

第四节　典型井射孔优化设计举例

一、基本情况

以典型井A井为例，该井位于准噶尔盆地南缘地区，井深为8095m，人工井底为8095m，地层温度为160.5℃，地层压力系数为2.08，地层压力为155.18MPa，射孔完井液为1.2g/cm^{3}的盐水。

1）油层套管。

油层套管尺寸及钢级见表7-11。

表7-11　油层套管尺寸及钢级

公称尺寸/in	公称尺寸/mm	壁厚/mm	内径/mm	厂家/钢级/扣型	下深/m	线重/(kg/m)	抗外挤/MPa	抗内压/MPa	抗拉强度/kN
7⅝	193.7	15.11	171.45	天钢/TP140V/TP-G2HP	0~5450	67.42	127.7	129.7	8182
6⅝	168.3	14.7		天钢/TP140V/TP-SFJ(M)	5450~6790	56.1	153.9	147.5	4449
5½	139.7	14.27		天钢/TP140V/TP-G2	6790~7100	44.2	177	164	5428
5½	139.7	15.8		天钢/TP140V/TP-G2	7100~8150	48.74	200.2	191	5936

2）油管。

油管尺寸及钢级见表7-12。

3）井深结构示意图。

井深结构示意图如图7-4所示。

4）套管程序为Φ193.7mm×15.11mm×TP140V×(0~5450m)+Φ168.3mm×14.70mm×TP140V×(5450~6790m)+Φ139.7mm×14.27mm×TP140V×(6790~7100m)+Φ139.7mm×15.8mm×TP140V×(7100~8150m)。

表 7-12 油管尺寸及钢级

油管外径/mm	钢级/扣型	壁厚/mm	内径/mm	抗拉强度/kN	抗内压强度/MPa	抗外挤强度/MPa	线重/(kg/m)	下深/mm
114. 30	P110/TP-JC	12. 70	88. 90	3074. 00	147. 50	149. 80	32. 14	1295
114. 30	P110/TP-JC	10. 92	92. 46	2689. 00	126. 83	131. 10	28. 13	2620
114. 30	P110/TP-JC	10. 92	95. 00	2407. 00	112. 1	117. 3	25. 30	5405
88. 90	P110/BGT3	9. 52	69. 86	1800. 00	142. 20	145. 10	18. 90	6746
73. 02	P110/BGT3	7. 01	58. 98	1215. 00	142. 2	145	12. 8	7292
73. 02	P110/EUE	5. 51	62. 00	886. 50	100. 10	100. 20	8. 63	7469

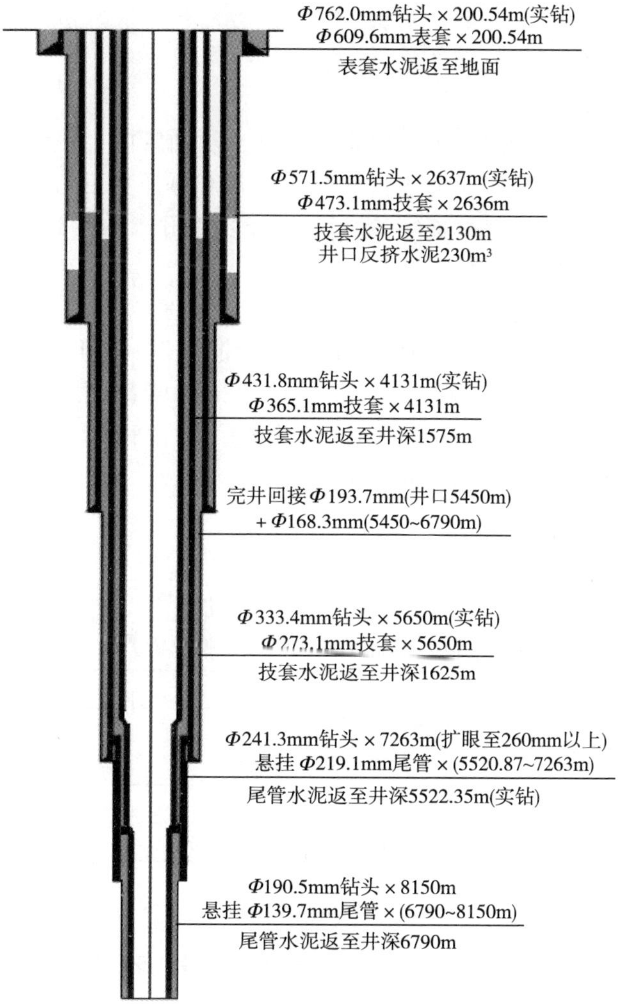

图 7-4 井深结构示意图

5）射孔井段套管尺寸为 Φ139. 7mm×15. 8mm×TP140V×(7100~8150mm)。

6）射孔枪和民用爆炸品耐高温高压，均须满足施工要求。

7）射孔井段为 7455~7468m；射孔井段全长为 13. 0m。

8）油层套管输送管柱结构为 Φ114.3mm×12.7mmTP-JC 油管(1295.43m)+Φ114.3mm×10.92mmTP-JC 油管(2620.79m)+Φ114.3mm×9.65mmTP-JC 油管(5405.35m)+Φ88.9mm×9.53mmBGT3 油管(6682.65m)+伸缩管(下深 6687.79m)+Φ88.9mm×9.53mm P110-BGT3 油管(下深 6746.11m)+Φ73.02mm×7.01mm P110-BGT3 油管(下深 7245.83m)+油管校深短节+Φ73.02mm×7.01mm P110-BGT3 油管 4 根+加强型 RD 循环阀+加强型 RD 循环阀+压力计+上安全接头+RTTS 封隔器(7291.94m)+Φ73.02mm×5.51mm P110-EUE 油管 11 根+减震器+Φ73.02mm×5.51mm P110-EUE 油管 4 根+减震器+丢枪接头+Φ73.02mm×5.51mm P110-EUE 油管 1 根+筛管+延时起爆器+射孔枪组+压力起爆器+筛管+导向头。

9）油管采用 4½in TP-JC、3½in BGT3、2⅞in BGT3、2⅞in EUE。

10）射孔完井压井液为 1.2g/cm³ 的盐水。

二、射孔施工作业方案

1）输送方式：采用油管输送。

2）起爆方式：首部采用压力延时(10min)起爆，从油管内加压激发首部压力起爆系统，要求射孔时负压为 10MPa，井口压力达到起爆器正常起爆压力后继续加压到 57.51MPa；如果首部起爆失败，启动尾部起爆系统(参数计算见下文射孔参数计算)。

3）射孔器：YD-89 型射孔器。

4）射孔工艺：油管传输射孔+减震器。

5）井下管柱结构(自下而上)：引鞋+筛管+压力起爆器+射孔枪组+枪头+压力延时起爆器+筛管+2⅞in 油管(1 根)+丢枪接头+减震器+2⅞in 油管(4 根)+减震器+2⅞in 油管(11 根)+RTTS 封隔器+压力计+加强型 RD 循环阀 2 个+2⅞in 油管(4 根)+2⅞in 定位短节+输送管柱+深度调整短节(按试油设计管柱执行)。

三、射孔系统技术指标

YD-89 超高压射孔枪设备要求见表 7-13。

表 7-13　YD-89 超高压射孔枪设备要求

项目	要求	项目	要求	项目	要求
耐温	200℃	相位	60°	射孔平均孔深	615mm
抗外挤压	180MPa	射孔器直径	Φ89mm	射孔平均孔径	8.3mm
最小抗拉强度	600kN	装药量	25g	超高温导爆索	80HNS-LS，Φ5.3mm
孔密	16 孔/m	耐温指标	180℃/150h		

YD-89 压力激发起爆器设备要求见表 7-14。

表 7-14　YD-89 压力激发起爆器设备要求

项目	要求	项目	要求
耐温	180℃/150h	对外连接螺纹	80HNS-LS，Φ5.3mm
耐压	25g	安全拉力	846kN
剪切销钉最大剪切压力	615MPa	总长	397.5mm
最大直径	8.3mm		

四、射孔参数计算

1. 起爆器起爆压力值计算(按照 1.2g/cm³的盐水)

(1) 相关数据

1) 射孔井段温度：157.35℃。

2) 首部压力起爆器位置的垂直深度：7455m。

3) 油套环空和油管中液体密度：1.2g/cm³的盐水。

(2) 首部起爆器位置深度压力计算(按照 1.2g/cm³的盐水)

1) 油管中最大静压值：$P_1=0.00981\times7455\times1.2=87.76$MPa。

2) 设计总起爆压力值：$P=87.76+40$(安全压力)$=127.76$MPa。

(3) 剪切销钉数量计算公式

$$N=P/p(1-O)(1-\Phi) \tag{7-16}$$

式中，N 为剪切销钉数量(取整数=17 个)；P 为总起爆压力设计值(122.4MPa)；p 为单个剪切销钉标称值(9.49MPa)；O 为剪切销钉温度修正系数(取正值为 16%)；Φ 为剪切销钉机械修正系数(取正值为 5%)。

(4) 井口附加压力值计算公式

$$P_{2\min}=Np(1-O)(1-\Phi)-P_1 \tag{7-17}$$

$$P_{2\max}=Np(1-O)(1+\Phi)-P_1 \tag{7-18}$$

式中，$P_{2\min}$为井口最小附加压力值($17\times7.573-87.76=40.98$MPa)；$P_{2\max}$为井口最大附加压力值($17\times8.37-87.76=54.53$MPa)。

(5) 尾部起爆器起爆压力值计算(按照 1.2g/cm³的盐水)

如果首部起爆器起爆失败，立即起爆尾部起爆器。剪切销钉数量为 20(大)+1(小)，尾部起爆器最小起爆压力 $P_{\min}=66.72$MPa；最大起爆压力 $P_{\max}=83$MPa。

2. 射孔器校深调整方法

1) 放磁组合校深方法。

① 在射孔器上方第一孔与上方深度标记之间应串接适当长度的安全管柱，一般为 50~100m(根据作业工艺要求而定)。

② 将射孔器下到预计深度位置。

③ 将放磁组合仪从油管中下至深度标记点附近进行上提或下放测量。

④ 根据裸眼或套后的 GR 曲线，选择 GR 曲线变化明显的层段进行校深测量，所测曲线与原图形态基本一致。将所测曲线与原图进行对比，其误差应在-0.2~0.2m 范围内。

校正值计算公式：

$$S=H-R-Y-Z \tag{7-19}$$

式中，S 为校正值，正为下放值，负为上提值，校正值是以油管挂坐封的法兰盘平面为零深度点；H 为油层顶界深度，m；R 为油传射孔器零长，即深度标记点至射孔器第一孔之间的距离，m；Y 为深度标记点所在深度，m；Z 为井口油管接箍端面至油管挂坐封的法兰盘平面之间的距离，m。

2) 根据以上计算结果在井口采用调整输送管柱的方法将射孔器调整到设定的射孔深度

点定位，深度误差在-0.2~0.2m范围内。

五、现场施工程序

1）作业前应用直径比射孔井段套管内小5mm的通井规通井至井底，并用清水反复洗井以保证井内无沉淀物。

2）本井待用油管在下井前应进行内外清洗，并用标准油管通管规对每一根油管进行通管检查，确保不能有任何异物被带入井中。

3）对待用油管进行清点、丈量和编号，并作好记录。

4）射孔现场作业队进入井场后在指定位置停放设备，布置射孔器材装配场地，摆放安全标识。

5）射孔队测量套管节箍，利用本井深度对电缆进行标定，在设定的深度点上做好电缆深度固定记号。

6）射孔方现场作业人员按本井次射孔设计要求完成全套射孔系统的组装，并按照射孔井段自下而上的顺序对射孔系统管柱进行统一编号，用对比度明确的油漆涂写到每一单元管柱上。

7）射孔枪和油管校深短节以下的管柱在下井前要精确丈量其长度，计算出油管校深短节以下油管的长度，并做好记录。射孔操作全过程中发生的有关技术参数，要做到射孔、试油双方意见一致方可进行下一步工作。

8）下入全套作业管柱(自下而上)：引鞋+筛管+压力起爆器+射孔枪组+枪头+压力延时起爆器+筛管+$2\frac{7}{8}$in油管(1根)+丢枪接头+减震器+$2\frac{7}{8}$in油管(4根)+减震器+$2\frac{7}{8}$in油管(11根)+RTTS封隔器+压力计+加强型RD循环阀2个+$2\frac{7}{8}$in油管(4根)+$2\frac{7}{8}$in定位短节+输送管柱+深度调整短节，要求依次将管柱连接下井，管柱具体长度以现场测量为准。

9）射孔系统下到预定深度后，按上述射孔参数计算中射孔器校深调整方法进行深度测量和校正，并完成射孔管柱的深度调整，深度误差在-0.2~0.2m范围内。

10)加压设备调整到位，安装井口和采油树，连接地面工程管线，安装环空和油管内压力观测仪表，连接井口与加压设备之间的管线，打开环空闸阀，打开油管闸阀。

11)为确保射孔系统的可靠性和安全性，从射孔系统下井开始至起爆射孔所占用的时间应控制在48h以内。

12)加压起爆：启动加压设备，用防膨液向套管内加压起爆。从起步加压开始至达到最大压力值所用时间不得大于2min。

六、应急措施

1）加压程序完成后射孔系统未起爆射孔，应观察2h以上，若井口仍无响应，应采取压井措施后才能提出射孔管柱，并通知测井公司回收射孔器材。

2）测井公司准备返工所用的射孔器材，按照甲方要求完成本井最终射孔施工作业项目。

3）其他应急项以中油测井新疆分公司第五项目部应急预案为准。

七、环保风险及控制措施

1）车辆设备漏油、漏水污染地面。

预防措施：在上井准备阶段，射孔队应严格按照十字作业法的要求对射孔设备进行检查保养（清洗、保养、紧固、润滑），避免漏油，造成环境污染。

2）测井车及工程车未按规定路线行驶，碾压植被。

预防措施：上井及返厂行驶过程中按规定路线行驶，不得自行开道，碾压植被，破坏环境。

3）装炮区域油污落地污染环境。

预防措施：装炮区域地面铺设塑料布。

4）将射孔施工产生固体废弃物丢弃在井场，造成环境污染。

预防措施：上井准备阶段时，射孔队应配备充足的垃圾袋（桶）。在施工过程中，将废旧物资进行分类，分别放入可回收垃圾袋（桶）和不可回收垃圾袋（桶）内，避免污染环境。

八、注意事项

1）射孔器材装配场地应选在距井口 20m 左右的平坦的地方，与测井车辆保持 15m 左右的距离，并用安全标识划定装配场地。

2）非射孔器材装配作业人员不得进入射孔器材装配场地或围观（除现场作业指挥小组成员需了解有关事项以外）。

3）在射孔器材装配场地 50m 范围内不得有明火或燃烧其他可燃物质，装配场地严禁烟火。

4）在射孔器材装配全过程中，在射孔器材装配场地 200m 范围内关闭所有的无线电频通信系统。

5）在射孔作业全过程中，井场不得动用电气焊。

6）所有现场工作人员必须穿戴本岗位的工作服、工作鞋、安全帽，以及其他劳动保护用品。

7）射孔器材的装配工作和井口对接工作必须在白天完成，夜间禁止装配作业。

8）下雨天、雷雨天、七级及以上的大风天气禁止进行射孔器材装配作业和井口对接工作。

9）射孔管柱在井内下放的全过程中要轻停、轻放、轻提，纯下放速度应控制在 20m/min。

10）射孔操作全过程中涉及的有关技术参数，要做到甲乙双方意见一致方可确定加压起爆。

11）作业现场的施工和管理按照 HSE 管理体系的有关作业文件执行。

第五节　压裂设计举例

一、油井基本信息

1. 井位部署

玛湖凹陷达 13 井区所在勘探领域为准噶尔盆地中央坳陷玛湖凹陷东斜坡，构造位于准噶尔盆地陆梁隆起的夏盐凸起上；地理位置位于新疆维吾尔自治区和布克赛尔蒙古自治县境内，克拉玛依市乌尔禾区东南方向 55km 处。某典型井 A 井是玛湖凹陷达 13 井区一口侧钻水平井，井口位于达 003 井东偏北 1168m，达 17 井西偏南 1756m，达 002 井北偏西 1884m 处，如图 7-5 所示，部署开发层位为 T_1b_2。

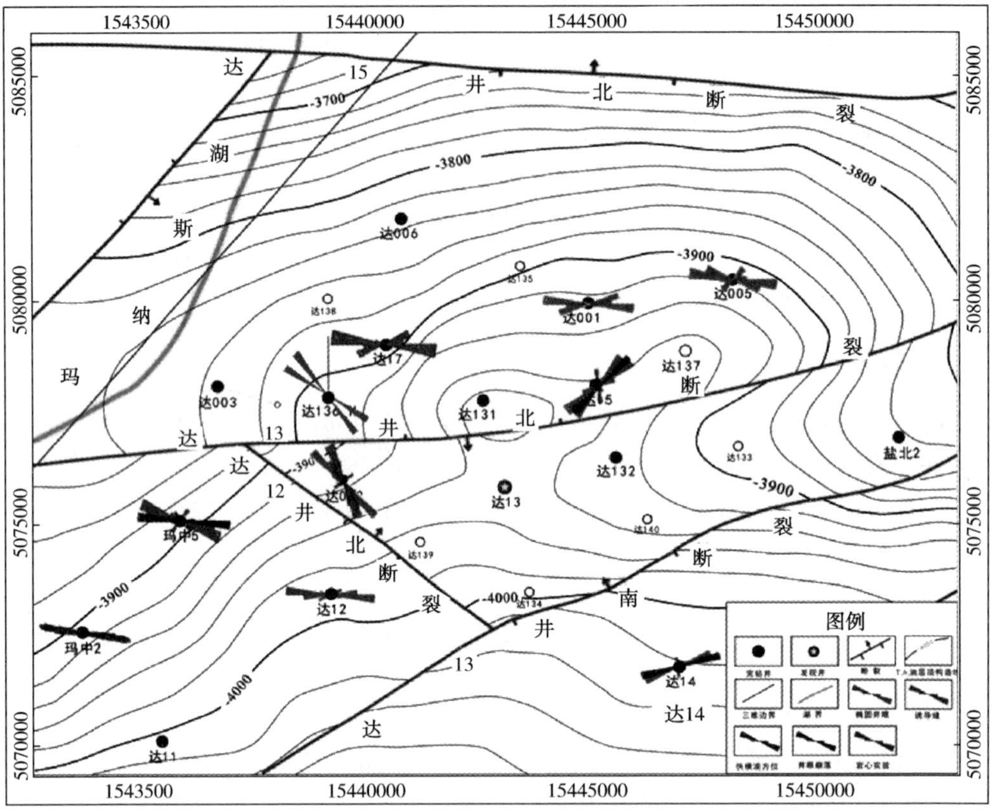

图 7-5　A 井区三叠系百口泉组井位部署图

2. 基础数据

A 井设计完钻层位为 T_1b_2，设计井斜深为 5583. 89m，垂深为 4157. 91m；实际完钻层位为 $T_1b_2^2$，实际完钻造斜点为 3865. 0m，*A* 点位置斜深为 4341. 0m，垂深为 4175. 81m，*B* 点位置斜深为 5363. 0m，垂深为 4164. 48m，水平段长度为 1022. 0m；完井井口 KY105-78/65，采用 *Φ*139. 7×12. 09mm TP125V 套管固井完井。A 井完井基础数据见表 7-15，钻井液性能见表 7-16，实钻轨迹剖面见图 7-6。

表 7-15　A 井基础数据表

<table>
<tr><td colspan="2">井口坐标</td><td colspan="4">纵坐标(X)：5，077，783. 83m　横坐标(Y)：15，493，145. 55m</td></tr>
<tr><td colspan="2">海拔高程</td><td colspan="4">补心高：10. 50m；补心海拔：257. 52m</td></tr>
<tr><td rowspan="2">设计完钻</td><td>层位</td><td>T_1b_2</td><td rowspan="2">实际完钻</td><td>层位</td><td>$T_1b_2^2$</td></tr>
<tr><td>垂深/斜深</td><td>4157. 91m/5583. 89m</td><td>垂深/斜深</td><td>4164. 48m/5363. 0m</td></tr>
<tr><td colspan="2">开钻日期</td><td>2019. 07. 09</td><td colspan="2">完钻日期</td><td>2020. 03. 26</td></tr>
<tr><td colspan="2">完井日期</td><td>2020. 05. 11</td><td colspan="2">完井方法</td><td>固井完井</td></tr>
<tr><td colspan="2">A 点(垂深/斜深)/m</td><td>4175. 81/4341. 00</td><td colspan="2">浮鞋位置/m</td><td>5353. 0</td></tr>
</table>

续表

井口坐标	纵坐标(X):5, 077, 783.83m　横坐标(Y):15, 493, 145.55m						
海拔高程	补心高:10.50m;补心海拔:257.52m						
B 点(垂深/斜深)/m	4164.48/5363.00		浮箍位置/m		5328.14		
最大井斜深度/m	4769.65		最大井斜角/(°)		92.60		
最大井斜方位/(°)	356.30		总方位角/(°)		324.06		
钻头尺寸×深度/(mm×m)	套管名称	外径/mm	壁厚/mm	钢级	抗内压/MPa	下入深度/m	水泥返深/m
Φ444.5×496.0	表套	339.73	9.65	J-55	18.8	495	11.8
Φ311.2×3846.0	技套	244.48	11.05	P110	60	2576.96	2750
Φ311.2×3846.0	技套	244.48	11.99	P110	63.1	3843.05	
Φ215.9×5363.00	油套	139.7	12.09	TP125V	124	5353	3643

表 7-16　A 井钻井液性能表

井段/m	密度/(g/cm^3)	漏斗黏度/s	井段/m	密度/(g/cm^3)	漏斗黏度/s
0~496	1.10~1.28	80~100	3745~3846	1.27~1.32	50~60
496~2707	1.10~1.17	40~50	3846~4118	1.45~1.70	50~65
2707~3745	1.17~1.27	40~50	4118~5363	1.70~1.76	50~70

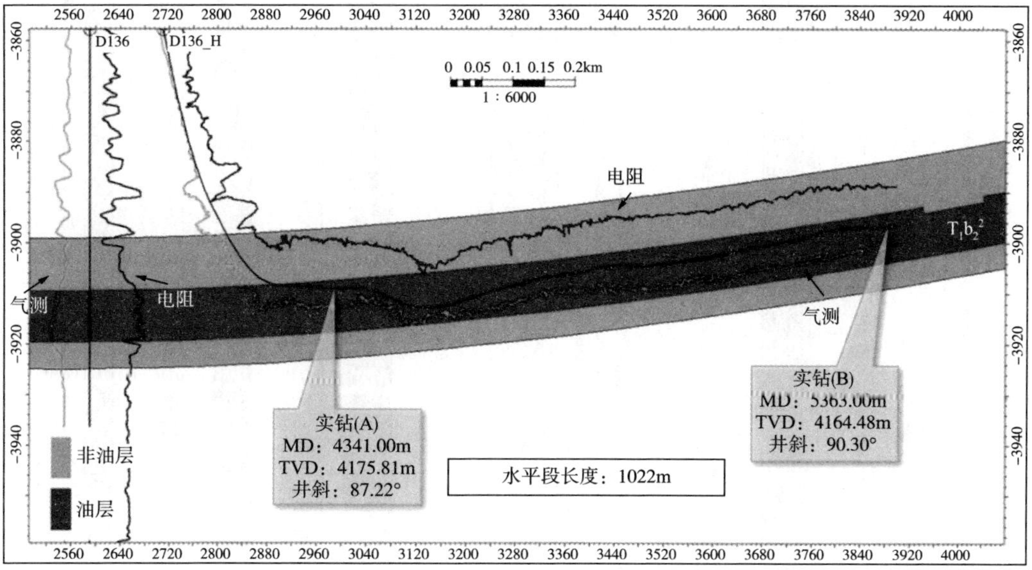

图 7-6　A 井实钻水平轨迹图

3. 录测解释

(1) 录井解释

A 井录井解释井段为 4315.0~5363.0m,岩性主要为灰色荧光砂砾岩,解释段长 1048m,油层段长 941m,油层钻遇率为 89.8%(图 7-7)。

(2) 测井解释

A 井测井解释井段为 4316.0~5257.8m,解释段长 937.8m,油层段长 812.0m,油层钻遇率为 86.6%(图 7-8)。

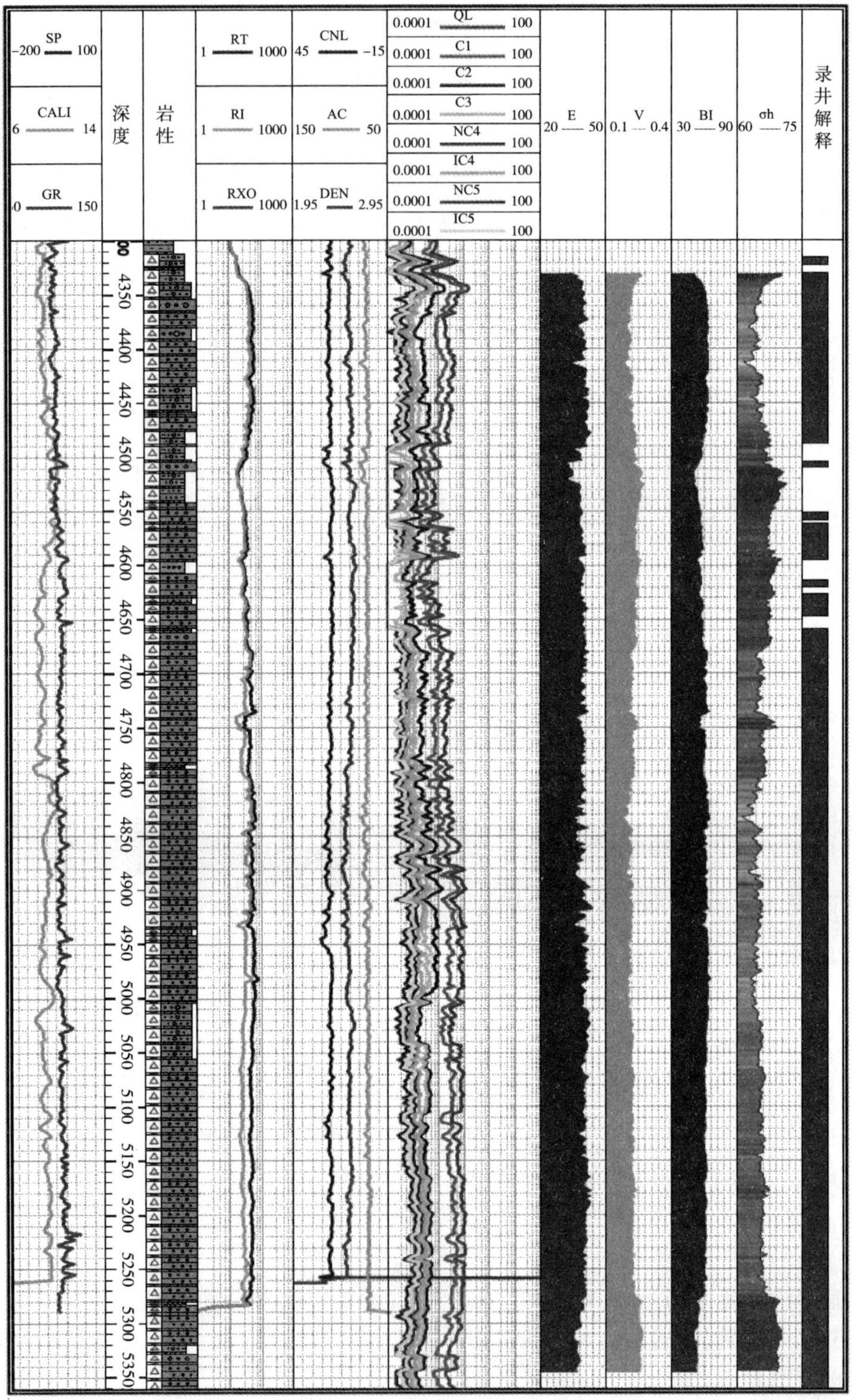
SP
-200 100
CALI
6 14
GR
0 150
深度
岩性
RT
1 1000
RI
1 1000
RXO
1 1000
CNL
45 -15
AC
150 50
DEN
1.95 2.95
QL 0.0001 100
C1 0.0001 100
C2 0.0001 100
C3 0.0001 100
NC4 0.0001 100
IC4 0.0001 100
NC5 0.0001 100
IC5 0.0001 100
E 20 50
V 0.1 0.4
BI 30 90
σh 60 75
录井解释
4350
4400
4450
4500
4550
4600
4650
4700
4750
4800
4850
4900
4950
5000
5050
5100
5150
5200
5250
5300
5350

图 7-7　A 井录井解释图

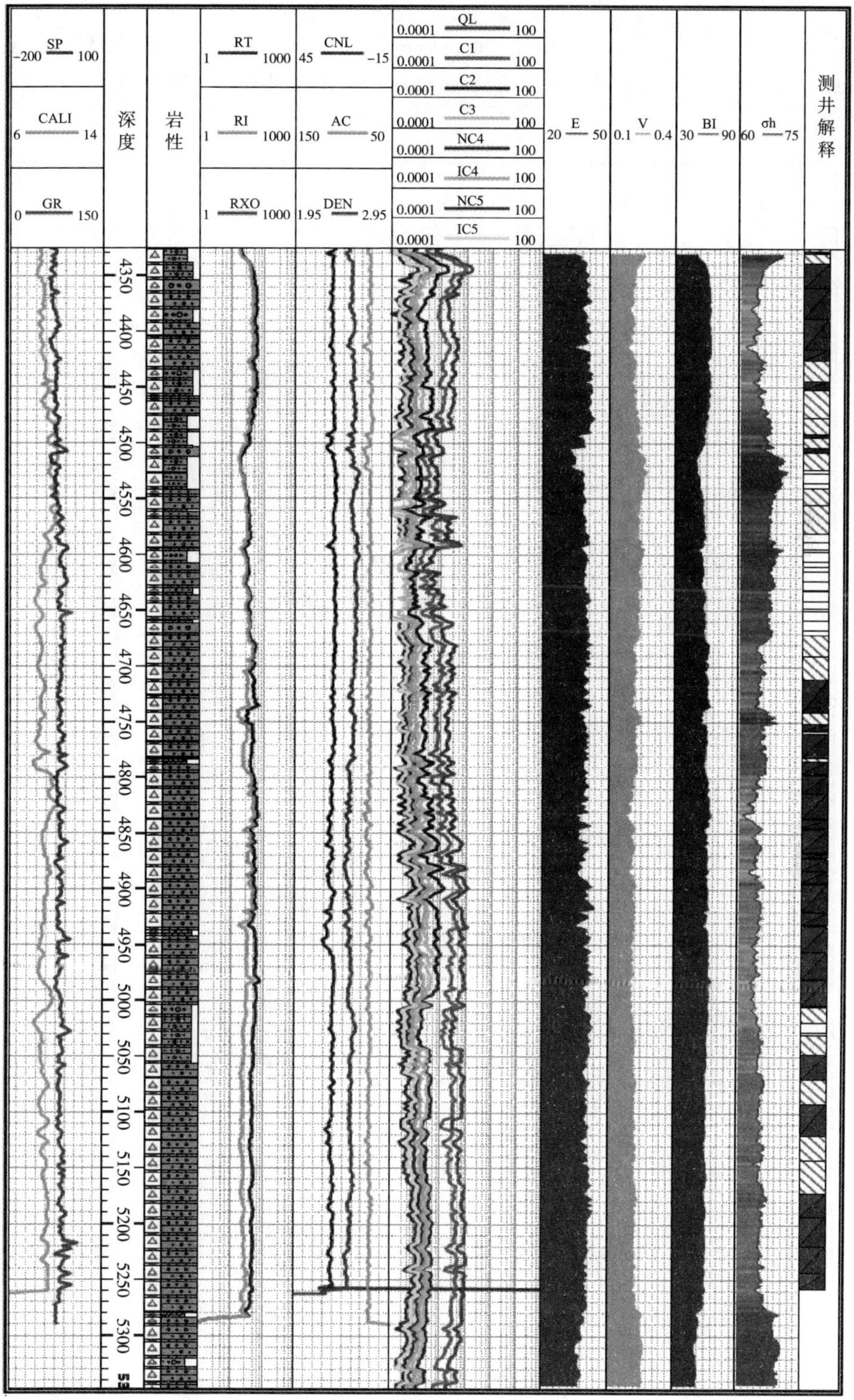
SP -200 100
CALI 6 14
GR 0 150
深度
岩性
RT 1 1000
RI 1 1000
RXO 1 1000
CNL 45 -15
AC 150 50
DEN 1.95 2.95
QL 0.0001 100
C1 0.0001 100
C2 0.0001 100
C3 0.0001 100
NC4 0.0001 100
IC4 0.0001 100
NC5 0.0001 100
IC5 0.0001 100
E 20 50
V 0.1 0.4
BI 30 90
σh 60 75
测井解释
4350
4400
4450
4500
4550
4600
4650
4700
4750
4800
4850
4900
4950
5000
5050
5100
5150
5200
5250
5300

图 7-8　A 井测井解释图

(3) 综合解释

A 井综合解释井段为 4332.5~5346.0m，解释段长 1013.5m，油层段长 926.5m，油层钻遇率为 91.4%，其中一类油层段长 242.0m，二类油层段长 379.75m，三类油层段长 304.75m(图 7-9)。

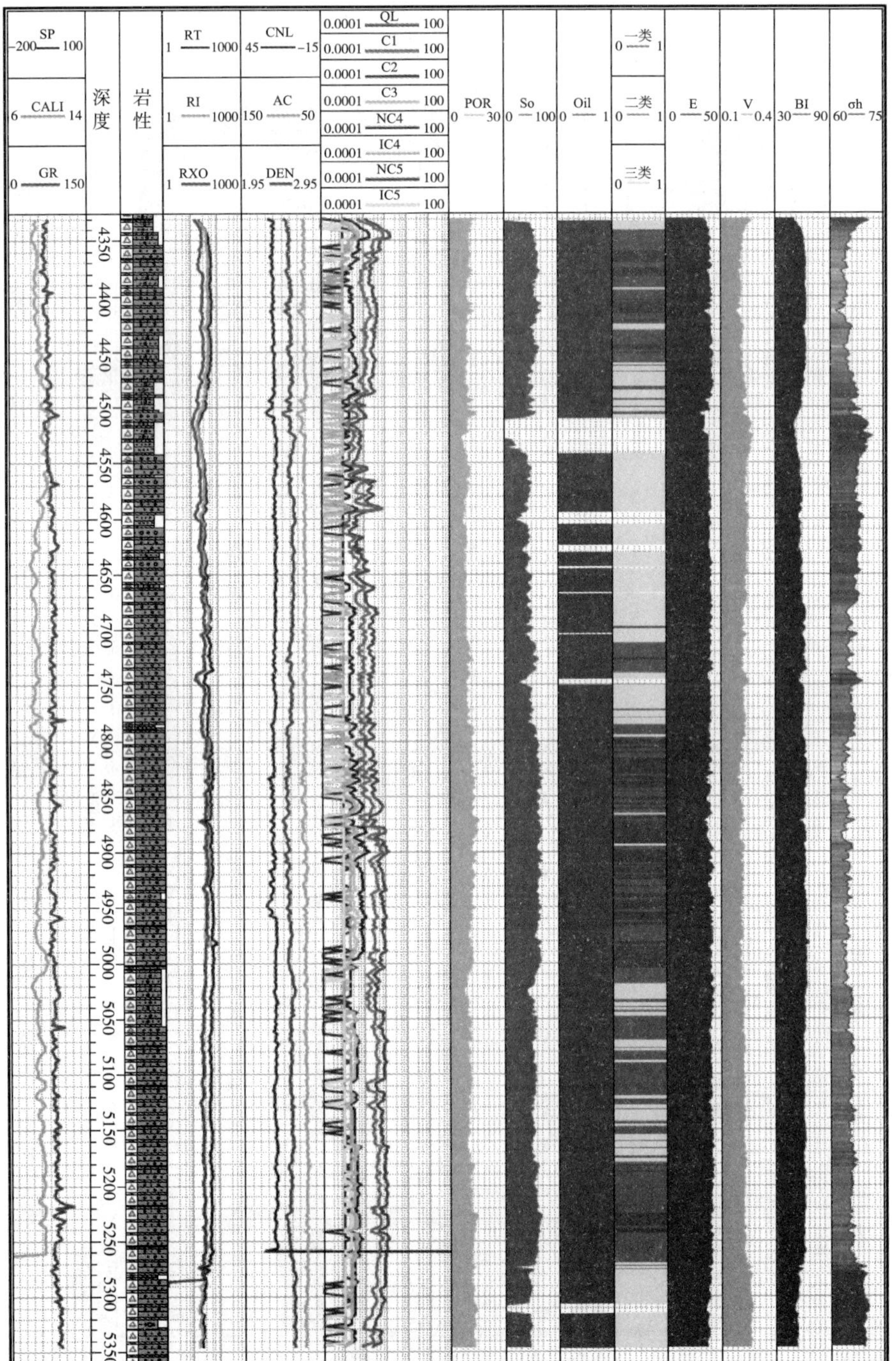

图 7-9 A 井综合解释图

4. 固井质量

A 井声幅测量目的井段为 4300.0~5300.0m，目的井段固井质量“不合格”，见图 7-10。

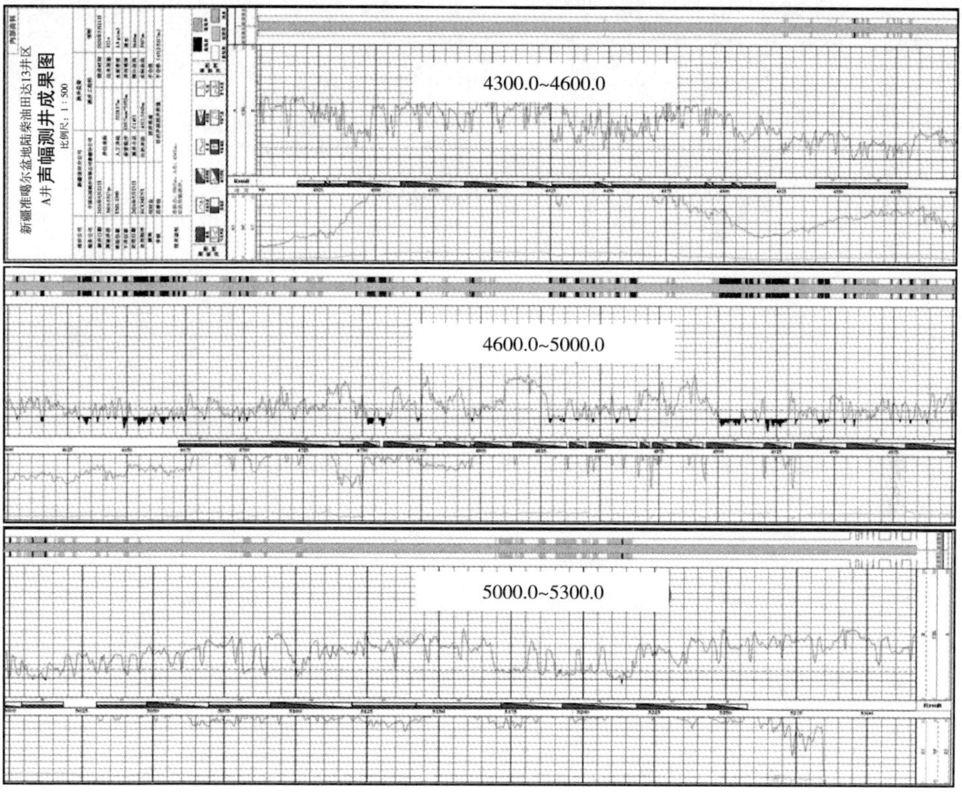

图 7-10　A 井声幅测井解释图

二、地质工程特征

1. 油藏特征

(1) 油藏类型

根据构造解释及地质综合研究认为，达 13 井区西南侧受断裂控制，东侧受坡折控制沉积背景下的平原相遮挡，南北两侧受距离主槽较近的过渡相遮挡，百口泉组油藏类型为受断裂控制的构造-岩性油藏。

(2) 油层分布

根据岩性和电性特征，三叠系百口泉组共分三段，自下而上为百口泉组一段(T_1b_1)、百口泉组二段(T_1b_2)和百口泉组三段(T_1b_3)。百口泉组厚度为 130~160m，地层分布较稳定，向玛湖凹陷中心具有变厚趋势，其中，T_1b_1 地层厚度为 38~50m，岩性以灰色、绿灰色块状砂质细砾岩为主，局部发育为褐色、灰褐色砂质中砾岩，含砾泥岩、泥质粉砂岩；T_1b_2 厚度为 46~50m，以含砾中粗砂岩、砂砾岩为主，夹褐色、灰褐色泥岩；T_1b_3 厚度为 47~60m，以褐色泥岩、粉砂质泥岩为主。本区主要目的层为 T_1b_2。

T_1b_2 砂体横向连续分布，主力层 $T_1b_2^2$ 油层平均厚度达 9.1m，见图 7-11。

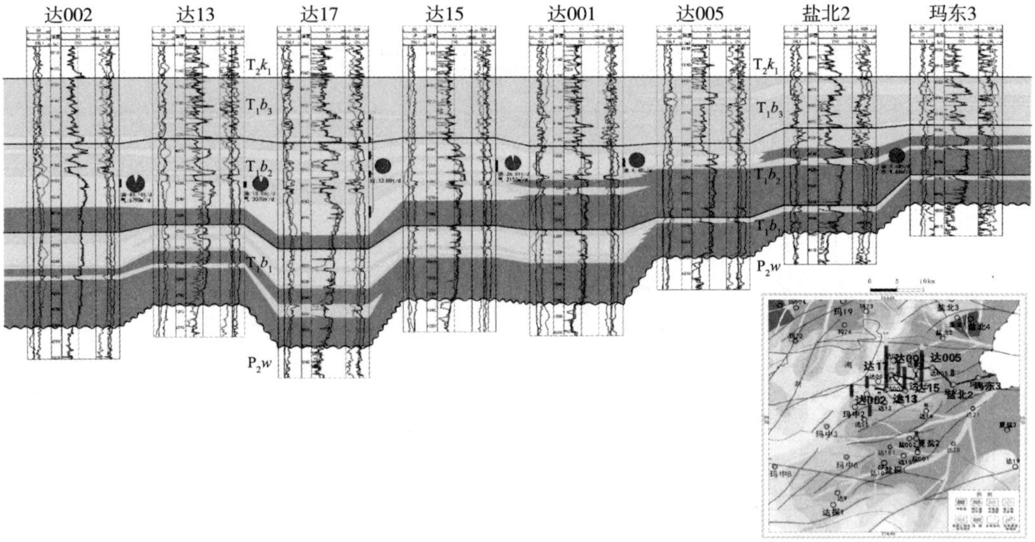

图 7-11　玛东斜坡达 13 井区过达 002—玛东 3 井三叠系百口泉组砂层对比图

（3）油藏温压

达 13 井区百口泉组油藏压力系数为 1.66~1.76，属于超高压区。根据达 13 井静压(温)梯度数据分析，500.00~4180.00m 井段静压梯度回归方程为 $P=0.0064H+40.527$MPa，静温梯度回归方程为 $T=0.0227H+9.959$℃，如图 7-12 所示。本井目的层压力约为 67.6MPa，温度约为 106℃。

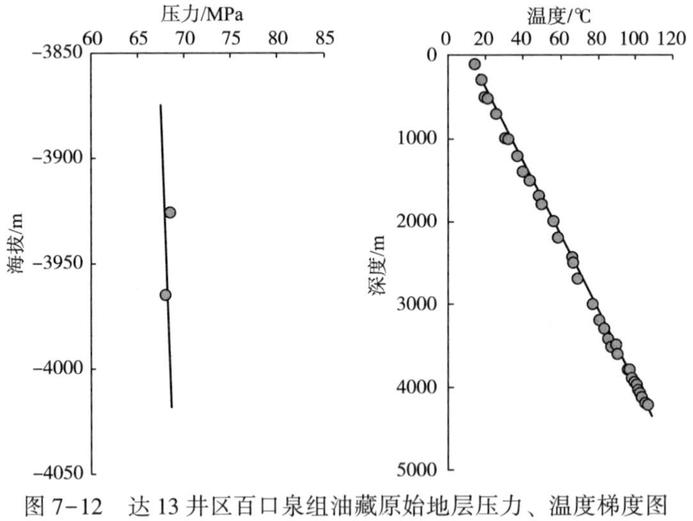

图 7-12　达 13 井区百口泉组油藏原始地层压力、温度梯度图

（4）流体性质

1）原油性质。

根据含油面积内达 13、达 001 等井化验分析资料可知，百口泉组油藏原油密度为 0.827g/cm^3，50℃黏度为 5.27mPa·s，含蜡量为 7.91%，凝固点为 10.4℃。

2）天然气性质。

根据达 13 井区天然气分析资料统计，百口泉组天然气相对密度平均为 0.7409，甲烷含量平均为 78.02%。

3）地层水性质。

地层水矿化度为 9153.46mg/L，氯离子含量为 5048.65mg/L，水型为 $CaCl_2$ 型。

2. 储层特征

（1）岩性特性

达 13 井区三叠系百口泉组自下而上分为百一段（T_1b_1）、百二段（T_1b_2）和百三段（T_1b_3），油层主要分布在百二段。三叠系百口泉组岩性主要以灰色中砾岩、砂质细砾岩、含砾粗砂岩为主，其次为含砾粉砂岩、灰褐色泥岩及粉砂质泥岩。其中百一段以块状灰色、褐色中砾岩为主，局部夹褐色泥岩、含砾泥岩、泥质粉砂岩。百二段下部为灰色块状泥质中砾岩，较为致密；上部为灰色块状含砾中粗砂岩、砂质细砾岩（有效储层），夹褐色块状泥岩。百三段以褐色泥岩为主，夹薄层灰色泥质粉砂岩。百口泉组从下至上，整体岩性粒度逐渐变细、泥岩发育变厚，自然伽马曲线能够清楚反映这一变化特征。

（2）物性特征

对玛东斜坡三叠系百口泉组 335 块样品进行分析（图 7-13），储层孔隙度为 4.71%～15.7%，平均为 9.89%，335 块样品分析储层渗透率为 0.02～75.8mD，平均为 0.4mD，属于低孔、特低渗储层。储集空间类型以剩余粒间孔和粒内溶孔为主，发育少量直劈缝和斜裂缝，缝长一般在几十厘米，缝宽小于 2mm。

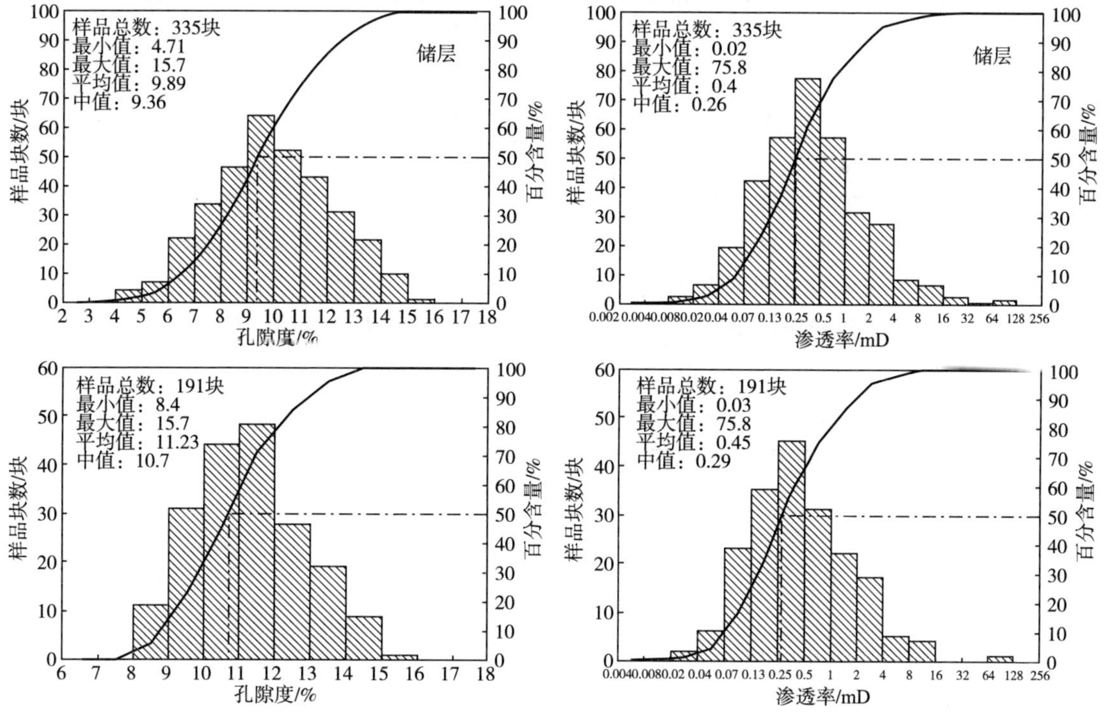

图 7-13 达 13 井区百口泉组百二段储层、油层孔隙度、渗透率直方图

（3）敏感特征

1）水敏性特征。

达 13 井区百二段整体黏土矿物含量较低，在 1.07%～5.45%，见表 7-17。储层黏土矿

物以绿泥石(41.5%)、伊蒙混层(34.6%)为主，其次为伊利石(16.3%)、高岭石(7.6%)，见表 7-18。该区达 15 井储层水敏损害率为 31.7%，属于中等偏弱水敏性，见表 7-19。

表 7-17　达 13 井区百口泉组全岩分析

井号	层位	样品深度/m	黏土矿物总量/%	井号	层位	样品深度/m	黏土矿物总量/%
达 11	$T_1b_2^2$	4294.22	5.45	达 13	$T_1b_2^2$	4224	1.59
达 13	$T_1b_2^1$	4209.25	3.09	达 13	$T_1b_2^2$	4227.14	1.52
达 13	$T_1b_2^1$	4221.24	1.07				

表 7-18　达 13 井区百口泉组黏土矿物相对含量

井号	层位	样品深度/m	样品井段/m	伊蒙混层比	伊蒙混层	伊利石	高岭石	绿泥石
达 11	$T_1b_2^2$	4280.53	4280.53~4285.72	25	76	17	0	7
达 11	$T_1b_2^1$	4294.22	4294.22~4301.34	25	57	12	0	31
达 13	$T_1b_2^1$	4209.25	4207.00~4211.80	20	9	9	17	65
达 13	$T_1b_2^2$	4221.21	4221.00~4229.25	15	3	7	80	10
达 13	$T_1b_2^2$	4224.0	4221.00~4229.25	20	31	14	10	45
达 13	$T_1b_2^2$	4227.14	4221.00~4229.25	20	17	11	5	67

表 7-19　A 井百口泉组油藏水敏感性实验数据

序号	注入水矿化度/(mg/L)	注入水黏度/(mPa·s)	注入空隙体积倍数	注入压力/MPa	渗透率/$10^{-3}\mu m^2$	渗透率比 K_{nw}/K_{∞}
1	8470.83	0.8367	10.1	9.6	0.0145	0.0305
2	4235.42	0.9476	20.3	13.1	0.0121	0.0255
3	0.00	0.8597	30.4	14.6	0.0099	0.0207

选取 A 井导眼井 $T_1b_2^2$ 4173.0~4188.64m 岩心进行膨胀高度及浸泡实验。该段岩心膨胀高度较小，岩块在清水、不同浓度氯化钾水溶液以及 0.2%有机防膨剂水溶液中浸泡 24h 后，用玻璃棒搅拌均未出现岩块散落或垮塌现象。结合前期水敏评价实验，建议在该井压裂液中添加 0.2%有机黏土稳定剂(表 7-20、图 7-14)。

表 7-20　A 井导眼井百口泉组 4173.0~4188.64m 岩心膨胀高度表

样品名称	试剂名称及浓度	膨胀高度/mm	防膨率/%
井号：A 井 井段：4173~4188.64m 层位：T_1b_2	清水	0.6	—
	煤油	0.2	—
	2%KCl	0.38	38
	4%KCl	0.28	55
	6%KCl	0.20	69
	0.2%TC-1	0.52	14

2) 其他敏感性特征。

本井区对达 13 井进行盐敏、酸敏等敏感性实验分析，实验结果显示储层盐敏、酸敏及碱敏偏弱(表 7-21~表 7-23)。

图 7-14　A 井 T_1b_2 4173~4188.64m 岩心块浸 24h 后情况

（从左至右依次为清水、2%KCl、4%KCl、6%KCl、0.2%TC-1）

表 7-21　达 13 井百口泉组盐敏实验检测数据

样品深度/m	地层水渗透率/mD	地层水矿化度/(mg/L)	临界盐度/(mg/L)	临界盐度渗透率/(mg/L)	盐敏损害率/%
4224	0.221	10000	2500	0.179	19

表 7-22　达 13 井百口泉组酸敏实验检测数据

样品深度/m	地层水渗透率/mD	地层水矿化度/(mg/L)	注酸类型	酸敏损害率/%	损害程度
4224	0.176	10000	12%HCl+3%HF	5.11	弱

表 7-23　达 13 井百口泉组碱敏实验检测数据

样品深度/m	地层水渗透率/mD	地层水矿化度/(mg/L)	pH=13 渗透率	碱敏损害率/%	损害程度
4224	3.86	10000	3.04	21.2	弱

（4）天然裂缝

本井无 FMI 测井，但根据邻井 FMI 显示，措施层天然裂缝不发育(表 7-24)。

表 7-24　邻井达 002 井裂缝发育情况表

井号	层位	井段/m	厚度/m	裂缝类型	裂缝发育情况
达 002	$T_1b_2^2$	4172.6~4173.6	1	—	不发育
		4180.2~4181.9	1.7	—	不发育
		4188.0~4193.1	5.1	—	较发育
		4196.0~4201.6	5.6	—	不发育

（5）岩石力学

达 13 井区完钻直井百口泉组井壁崩落和诱导缝解释结果反映出本区最大水平主应力方向为北西-南东向。A 井水平井井眼轨迹为南北方向，与最大水平主应力方向夹角为 45°，而人工裂缝的延伸方向为水平最大主应力方位，因此人工裂缝与井眼轨迹的夹角为 45°，压裂时易形成横切井轴的人工裂缝(图 7-15)。

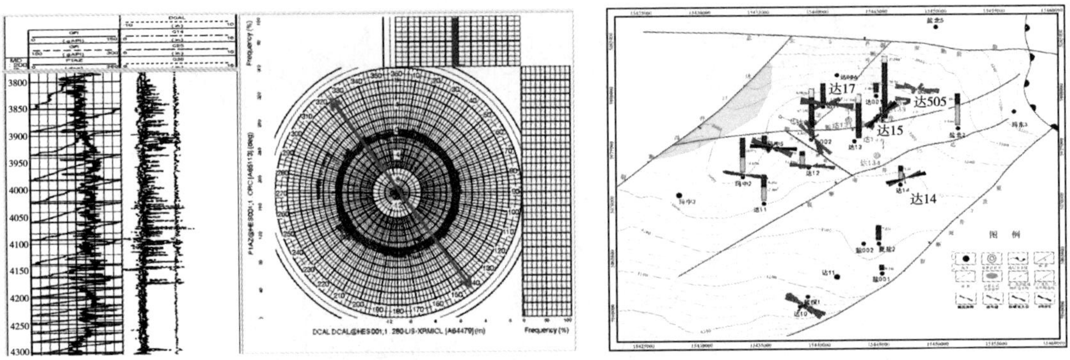

图 7-15 达 13 井区百口泉组最大水平主应力方向

A 井先实施直井落实油层，随后侧钻成水平井落实产能。通过对导眼井测井解释分析，目的层上部 4.0~6.0m 的泥岩和泥质粉砂岩隔层，与目的层应力差为 6.0~7.0MPa，目的层下部 2m 的泥岩隔层，应力差约 1MPa，人工裂缝易向下延伸；靠近 *B* 点的达 17 井，目标层位上部有 6~8m 的泥岩遮挡，与目的层应力差为 8.0~10.0MPa，下部无明显的应力遮挡(图 7-16)。

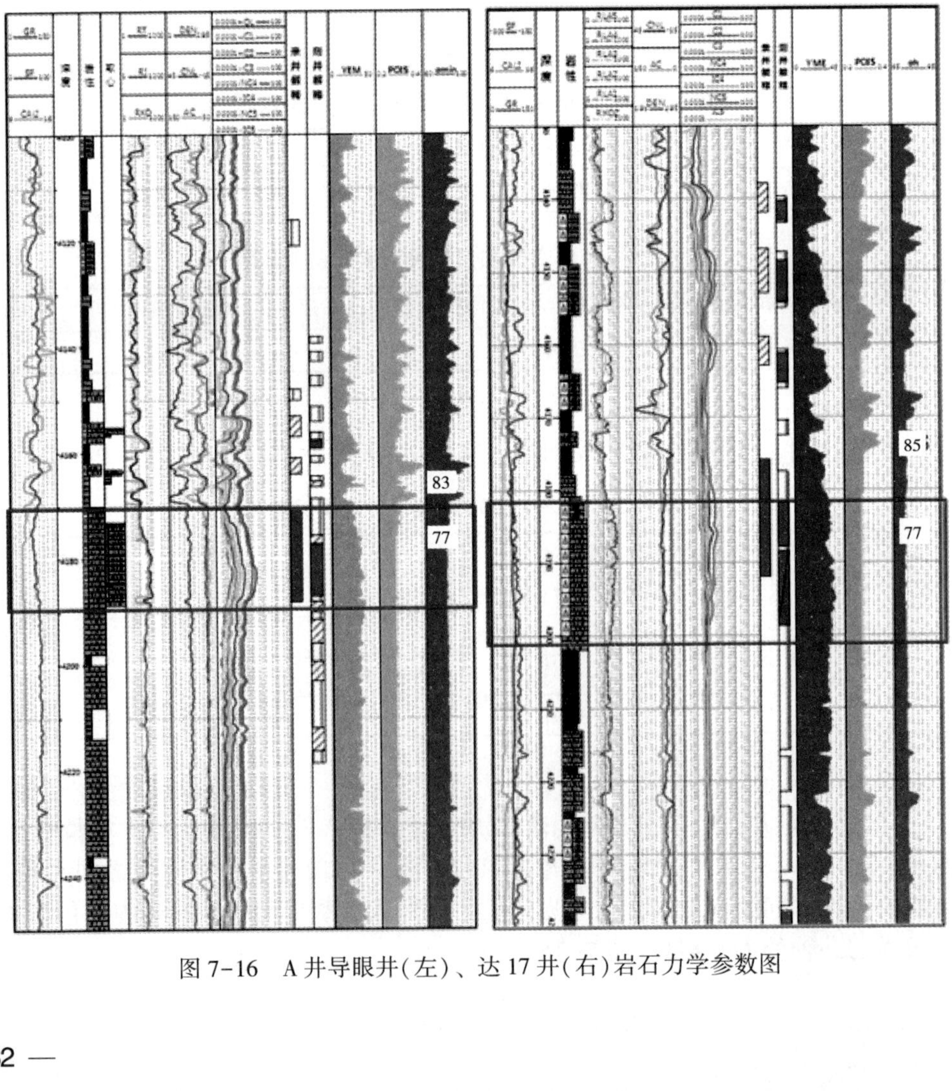

图 7-16 A 井导眼井(左)、达 17 井(右)岩石力学参数图

A 井水平段弹性模量为 2.8×10^4MPa 左右，泊松比为 0.27~0.28，最小水平主应力约 78MPa，两向应力差为 9.0~10.0MPa，脆性指数中等(54%左右)，难以形成复杂裂缝网络，易形成简单的双翼缝(图 7-17)。

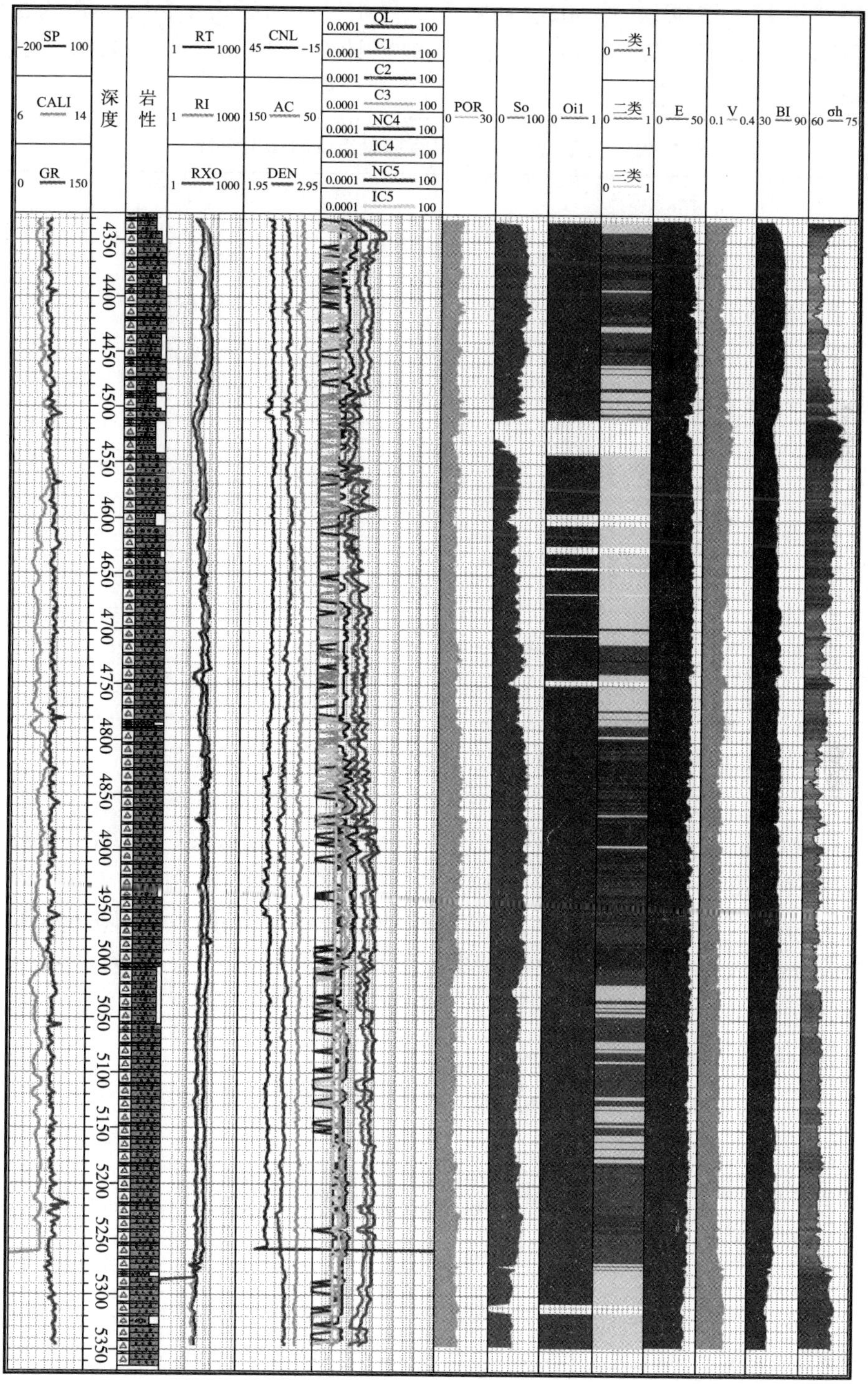

图 7-17　A 井岩石力学参数图

3. 邻井压裂情况

(1) 前期直井压裂情况

达 13 井区块三叠系百口泉组油藏完钻井 18 口，试油 12 井 13 层，试采井 7 口(达 11、达 13、达 15、达 17、达 001、达 002、玛中 2)，纯油区获油层 5 井 5 层，其中达 13 井试采阶段平均日产油 3.4t，日产水 0.4m³，截至目前累计生产 758d，产油 5119.9t，累计产水 983.0m³，试油详细情况见表 7-25。

表 7-25　达 13 井区三叠系百口泉组试油情况统计表

区带	井号	试油井段/m	试油成果					
			增产措施	求产方式/mm	油/(t/d)	气/(m³/d)	水/(m³/d)	试油结论
油区	达 13	4229.5~4233.0	压裂	2.0	15.06	3070	—	油层
	达 15	4247.0~4254.0	压裂	2.0	26.80	2120	—	油层
	达 002	4188.0~4194.0	压裂	4.5	43.18	6790	—	油层
	达 17	4126.0~4190.0	压裂	2.5	12.69	—	—	油层
	达 001	4202.0~4207.0	压裂	抽汲	4.48	—	—	油层
油水同出区	玛中 2	4195.0~4203.0	压裂	2.5	10.07	—	16.07	油水同层
	玛中 5	4159.0~4164.0	压裂	4.0	4.95	—	8.94	含油水层
		4136.0~4148.0	压裂	抽汲	0.58	—	—	含油层
	达 11	4292.0~4303.0	压裂	4.0	6.6	—	12.7	含油水层
	达 14	4306.0~4310.0	压裂	抽汲	1.6	—	3.78	含油水层
	达 12	4277.0~4280.0	压裂	2.5	0.73	—	16.19	含油水层
	盐北 2	4106.0~4120.0	压裂	抽汲	4.48	—	9.64	含油水层
	夏盐 2	4325.0~4407.5	压裂	抽汲	7.55	—	—	油层(中途测试)

本区百口泉组直井单井压裂液量在 350.0~673.0m³，主加砂采用 30/50 目陶粒，单井支撑剂用量为 30.0~70.0m³，平均砂比为 13.8%~21.7%，油管施工压力为 35.0~87.0MPa，停泵压力为 33.1~44.3MPa，所计算出的裂缝延伸压力梯度为 0.01768~0.02038MPa/m(平均 0.0188MPa/m)(表 7-26)。区块整体压裂施工难度不大，但部分井段压裂时施工泵压爬升。从达 13 井压裂施工曲线(图 7-18)来看，加砂后施工压力升高，为防止出现砂堵现象，应适当降低加砂浓度，保证压裂施工安全。

表 7-26　达 13 井区百口泉组前期压裂井压裂施工参数

井号	压裂方式	射孔井段/m			压裂液			支撑剂		施工参数					
		顶深	底深	中深	类型	前置液/%	液量/m³	类型	砂量/m³	平均砂比/%	排量/(m³/min)	泵压/MPa	停泵压力/MPa	井底裂缝延伸	
														压力/MPa	梯度/(MPa/m)
达 15	油管压裂	4247	4254	4250.5	胍胶	46.2	673.3	陶粒	65	18.5	2~4.5	55~61	33.5	75.2	0.01769
达 13	纤维携砂	4230	4233	4231.5		39.9	552.8		49	14.7	1.7~4.5	51~65	35.2	76.7	0.01813
达 002	纤维携砂	4188	4194	4191.0		39.4	385.6		40	17.5	2.7~4	64~79	44.3	85.4	0.02038

续表

井号	压裂方式	射孔井段/m			压裂液			支撑剂		施工参数					
		顶深	底深	中深	类型	前置液/%	液量/m^3	类型	砂量/m^3	平均砂比/%	排量/(m^3/min)	泵压/MPa	停泵压力/MPa	井底裂缝延伸 压力/MPa	梯度/(MPa/m)
达 17	纤维携砂	4183	4190	4186.5	胍胶	46.6	510.5	陶粒	55	19.8	3.3~4.1	51~65	34	75.1	0.01793
	套管压裂	4161	4165	4163.0		34.6	350.0		40	21.7	3.3~4.5	35~48	36.6	77.4	0.01860
	套管压裂	4149	4154	4151.5		36.4	396.0		44	21.2	3~4.5	38~44	38.8	79.5	0.01916
	套管压裂	4126	4129	4127.5		36.0	436.0		50	21.2	3.3~5.5	36~47	39.8	80.3	0.01945
达 001	纤维携砂	4202	4207	4204.5		51.3	568.5		50	17.6	3.3~4.5	53~72	33.1	74.3	0.01768
玛中 2	纤维携砂	4367	4370	4368.5		51.2	562.0		40	13.9	2~5.2	66~73	43.9	86.8	0.01986
	纤维悬砂	4274	4281	4277.5		41.7	630.9		70	18.8	1.8~5.5	59~87	36.5	78.5	0.01834
	纤维悬砂	4195	4203	4199.0		44.0	524.0		45	18.4	2.7~4	55~73	38.3	79.5	0.01893
玛中 5	纤维悬砂	4159	4164	4161.5		47.2	554.8		55	18.4	2.3~4	52~78	37.3	78.1	0.01877
	纤维悬砂	4136	4148	4142.0		42.6	477.0		55	20.8	3~5.5	73~80	39.4	80.0	0.01932
达 11	油管压裂	4292	4303	4297.5		45.4	394.3		30	13.8	4	56~80	37.2	79.4	0.01847
达 14	纤维携砂	4306	4310	4308.0		39.1	513.5		52	17.2	4~4.5	61~73	38.1	80.4	0.01865
达 12	纤维携砂	4277	4280	4278.5		45.2	634.4		67	18.4	3.5~4	63~72	37.7	79.7	0.01862

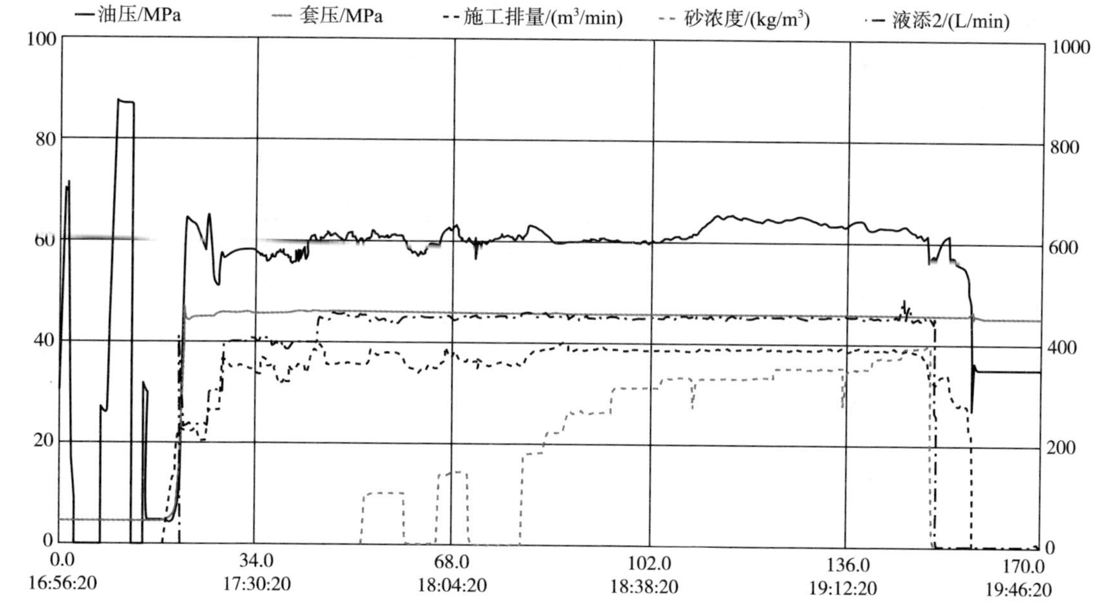

图 7-18 达 13 井压裂施工曲线图

（2）邻区水平井压裂施工情况

A 井是达 13 井区首口水平井，本次主要选取玛 18 井区 MaHW6430 水平井进行对比，该井采用 Φ127mm×11.1mm TP110V/TP125V 套管固井完井方式，完井井口为 KY105/70-

65，压裂工艺采用大段多簇暂堵+极限限流射孔+变黏滑溜水试验，具体压裂工艺参数见表 7-27。

表 7-27　MaHW6430 井压裂工艺参数

项目	参数	项目	参数
井号	MaHW6430	簇间距/m	27.4
层位	$T_1b_2^2$	支撑剂类型	段塞采用 40/70 目石英砂，主加砂采用 30/50 目陶粒
改造段长/m	1191.4		
垂深/m	3850	压裂液类型	直混免配变黏滑溜水压裂液
压裂方式	桥塞射孔联作	单段/单井砂量/m^3	141.25/905.8
压裂工艺	大段多簇暂堵+极限限流射孔+变黏滑溜水试验	单段/单井液量/m^3	1653.8/11576.6
		液砂比/(m^3/m^3)	12.8
射孔参数	等孔径射孔+每簇 3 孔	低黏液比例/%	86.6
压裂段数	8	平均砂比/%	14.64
单段簇数	6	前置液比例/%	32.7
单井簇数	44	最高施工排量/(m^3/min)	12
平均段长/m	156	平均停泵压力/MPa	36.5

MaHW6430 井于 2020 年 5 月开始施工，尝试采用大段多簇暂堵+极限限流射孔+变黏滑溜水试验施工，尽量避免进行酸处理，降低材料成本并提高作业效率；该井总用液量为 11576.6m^3，总砂量为 905.8m^3，液砂比为 12.8，低黏液比例为 86.6%。

1）启泵泵压高，经酸处理、小粒径支撑剂段塞等方式达到设计排量。

MaHW6430 井共 8 段 17 级，只有第一级用酸，其余未用酸。各段经小粒径支撑剂段塞方式处理后，施工排量达到设计排量（表 7-28）。

表 7-28　MaHW6430 井处理前后排量对比表

段数	施工日期	处理前排量/(m^3/min)	处理后排量/(m^3/min)	段数	施工日期	处理前排量/(m^3/min)	处理后排量/(m^3/min)
1	2020.5.14	3.0	7.0	5.1	2020.5.20	3.0	11.0
2.1	2020.5.16	6.0	10.0	5.2	2020.5.20	7.0	11.0
2.2	2020.5.16	—	—	6.1	2020.5.20	4.0	11.0
3.1	2020.5.16	3.0	10.5	6.2	2020.5.21	7.0	10.5
3.2	2020.5.16	6.0	10.5	7.1	2020.5.21	3.0	10.5
4.1	2020.5.18	3.0	11.0	7.2	2020.5.21	9.0	11.0
4.2	2020.5.18	8.0	11.0	8.1	2020.5.21	—	—

2）较低液砂比方案可行，有助于降低压裂液用量，减少压裂成本。

MaHW6430 前置比例 35%左右，大大低于玛 18 前期水平井（平均 64%），液砂比由 16.0 降至 12.7，压裂液用量大幅减少（图 7-19）。

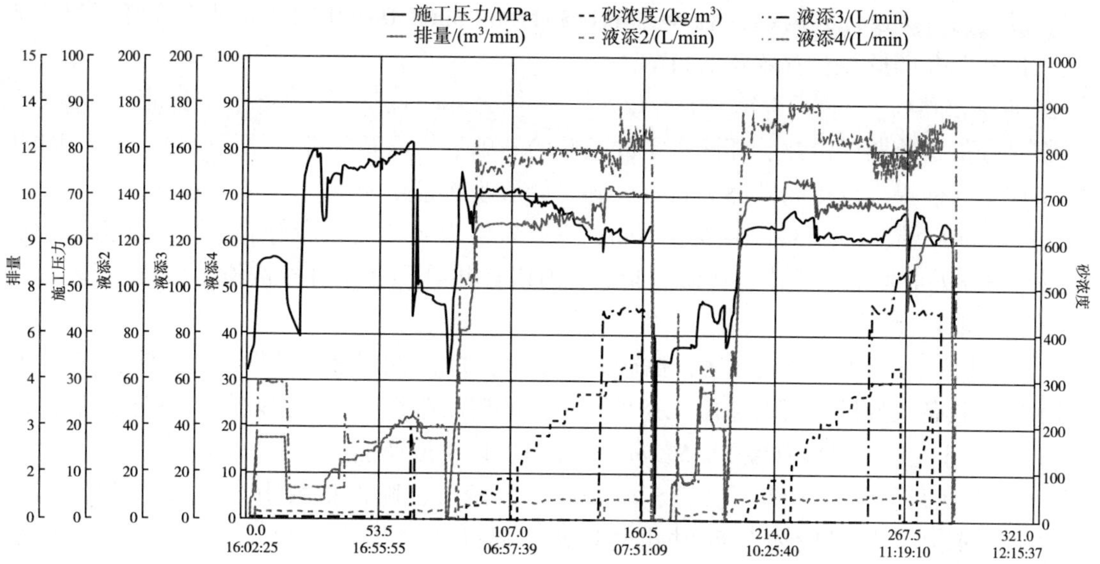

图 7-19 MaHW6430 井第 8-5 级施工曲线

3）较高低黏滑溜水比例可实现连续加砂，降低压裂材料成本。

MaHW6430 井低黏液比例为 72.1%~100%，平均为 86.6%；最高砂浓度平均为 360kg/m³；平均砂比为 15%；液砂比为 9.6~15.6，平均为 12.5。建议压裂最高砂浓度不超过 400kg/m³，平均砂比为 15%（表 7-29）。

表 7-29 MaHW6430 井施工数据统计

段数	低黏液比例/%	平均砂比/%	液砂比	排量/（m³/min）	最高砂浓度/（kg/m³）
1	85.8	14.8	15.0	3~7	362
2.1	87.6	15.0	15.6	6~10	362
2.2	二次下桥塞，遇阻，坐封，经甲方同意，放弃				
3.1	89.0	15.1	12.9	3~10.5	362
3.2	83.7	17.4	9.6	6~10.5	361
4.1	88.6	12.0	13.8	3~11	330
4.2	75.4	14.3	10.4	8~11	363
5.1	85.8	13.6	15.0	3~11	364
5.2	72.1	11.7	12.9	7~11	334
6.1	83.6	13.2	11.5	4~11	368
6.2	97.2	14.3	11.2	7~10.5	366
7.1	100.0	15.2	10.9	2~10.5	431
7.2	90.4	14.6	10.6	1~11	310
8.1	桥塞移位，放弃本级				

三、压裂设计思路

1. 依据目的

本设计根据《陆梁油田 A 井措施作业地质设计》，本井钻井、录井、测井、试油意见等资料，经过与方案设计方沟通，对 A 井 $T_1b_2$4341.0~5363.0m/1022.0m 进行分段压裂改造，以达到提高单井产量和开发效益的目的。

2. 原则思路

在充分借鉴前期评价井、邻区水平井经验的基础上，以充分进行储层改造、最大限度降低改造成本为前提，以提高效益为目标，确定储层改造思路如下：

1）A 井改造层段为 4341.0~5363.0m，主要岩性为灰色荧光砂砾岩，孔隙度为 10.6%，渗透率为 1.89mD，属于低孔、特低渗储层，前期直井射孔后无自然产能，需要进行大规模压裂才能求取产能。

2）该井位于达 13 井区纯油区，试产无边底水，$T_1b_2^2$储层横向储层厚度稳定，储层中等偏弱水敏，具备大规模压裂改造施工条件，根据前期改造经验和实施效果，确定本井加砂强度为 1.2m^3/m 左右，进液强度为 15.2m^3/m 左右，以求取产能。

3）本井区储层天然裂缝不发育，两相应力差较大，脆性指数中等，压裂时形成复杂缝的可能性较小，故以段内分簇射孔密切割、提高改造体积为目标，充分动用"甜点"储层。

4）根据前期直井压裂施工情况，高砂比加砂压裂过程中泵压缓慢爬升，设计过程中适当控制最高砂浓度。

5）采用前置小粒径多段塞处理方式降低前置阶段的施工泵压，使施工排量尽快达到设计排量。

6）本井采用免混配变黏滑溜水体系，以降低液体配液成本。

四、压裂工程设计

1. 分段工艺

射孔桥塞联作压裂工艺：采用电缆泵送桥塞和射孔联作方式，通过套管内下速钻桥塞实现对水平段的分段封隔，桥塞分段后通过电缆射孔实现井筒与地层的连通。

2. 分段工具

（1）桥塞参数

A 井采用 Φ139.7mm×12.09mm 套管固井完井，直井段及水平段套管钢级为 TP125V，抗内压强度为 124MPa，根据套管参数选取施工桥塞具体参数见表 7-30。

表 7-30　A 井施工桥塞参数统计表

项目名称	参　　数	项目名称	参　　数
桥塞类型	速钻桥塞	桥塞承压	不小于 70MPa
桥塞名称	5½in 斯伦贝谢 PT 速钻桥塞（4.2in）	桥塞承温	不小于 120℃
		球外径/mm	44.45
适用套管	Φ139.7mm(5.5in)，钢级 TP125V，内径 114.3~118.62mm	桥塞坐封通道直径/mm	28.96
		桥塞丢手拉断力	14.545T
桥塞外径	106.68mm(4.2in)	卡瓦	适用于 TP125V 及以下钢级套管

(2) 射孔要求

第一段射孔采用连续油管传输射孔，第一段 2 簇，每簇为 1m；第二段以后采用电缆泵送桥塞和射孔联作方式，每段 3 簇，每簇为 1m。具体射孔参数见表 7-31。

表 7-31　A 井射孔作业要求

射孔要求	射孔枪/弹	射孔参数
深穿透射孔	86 型 SDP-89	第一段 2 簇，每簇为 1m；剩余段 3 簇/段，每簇为 1m；孔密为 16 孔/m，射孔相位为 60°

3. 压裂材料

(1) 压裂液

1) 压裂液优化思路。

① 降低摩阻是压裂施工成败的关键因素，要求压裂液应有良好的降阻性能。

② 为减少压裂液对裂缝及油气的伤害，要求残渣含量低。

③ 目的层储层温度约为 106℃，要求压裂液具有良好的携砂性能及破胶性能。

④ 储层改造规模大、施工时间长，要求压裂液具有良好的耐温、耐剪切性能。

2) 压裂液选择。

压裂液需满足免配要求且性能稳定，并满足低摩阻、低伤害、低成本、安全环保和可回收利用的要求。压裂液性能指标见表 7-32。

表 7-32　免配变黏滑溜水压裂液技术指标

序号	指标		低黏滑溜水	高黏胶液(线性胶、交联压裂液)
1	溶解时间		≤40s	
2	降阻率	清水	≥75%	—
		1%KCl 盐水	≥70%	—
3	耐温、耐剪切能力		—	≥50mPa·s
4	破胶液表观黏度		≤3mPa·s	≤5mPa·s
5	残渣含量	≤50mg/L		
6	破胶液表面张力	≤28.0mN/m		
7	破胶液界面张力	≤2.0mN/m		
8	CST 比值	<1.5		
9	破乳率	≥95%		

3) 压裂液配方。

根据实验结果，结合现场施工工艺初步确定免配变黏滑溜水压裂液主体配方：

① 高黏压裂液配方：0.5%~2%乳液+0.5%~1%混合液添+破胶剂。

② 低黏滑溜水配方：0.05%~0.4%乳液+0.5%~1%混合液添+破胶剂。

(2) 支撑剂

本次压裂目的层闭合压力约为 78MPa，扣除长期生产井底流压因素，作用在支撑剂上的压力约为 58.5MPa，本次 4341.0~5363.0m 井段塞采用 40/70 目陶粒，主支撑剂采用 30/50 目陶粒(表 7-33)。

表 7-33 新疆油田压裂支撑剂使用厂家及性能统计

项目	陶粒标准	山拓固特覆膜砂	郑州少林陶粒	郑州鑫源高密陶粒	郑州永泰中密陶粒	郑州润宝中密陶粒	新密万力中密陶粒	阳泉低密陶粒
粒径范围/目	—	20~40	70~140	40~70	30~50	20~40	20~40	20~40
视密度/(g/cm³)	—	2.46	3.2	3.24	3.15	2.91	3.15	2.74
体积密度/(g/cm³)	—	1.7	1.36	1.7	1.64	1.57	1.73	1.49
圆　度	≥0.7	0.9	0.9	0.9	0.9	0.9	0.9	0.9
球　度	≥0.7	0.9	0.9	0.9	0.9	0.9	0.9	0.9
浊　度/(mg/L)	≤100	7	97	75	68	37	48	41
酸溶解度/%	≤7.0	1.1	6.7	5.1	5.4	4.9	4.5	5.6
筛析率/%	≥90	99	92	94	100	98	100	100
破碎率%/52MPa	≤9.0	2				6.9	3.1	3.3
破碎率%/69MPa	≤9.0				8.4			
破碎率	≤9.0		9.9	5				

4. 裂缝参数

以目标井段 4341.0~5363.0m 油藏参数为依据，优化裂缝半长和裂缝间距，所用油藏参数见表 7-34。

表 7-34 裂缝模拟油藏参数表

油层厚度/m	地层压力/MPa	孔隙度/%	生产流压/MPa	裂缝类型	储层温度/℃	原油密度/(g/cm³)	渗透率/mD	含油饱和度/%
20.0	67.4	10.6	18.0	横向裂缝	106	0.827	1.89	51.21

(1) 裂缝半长

通过模拟裂缝长度对产量的影响优化确定裂缝半长。根据压裂软件模拟，随着裂缝长度的增加，累计产量在不断增加，但增加的值越来越小，当裂缝长度超过 120m 时累计产量增加幅度变缓，因此裂缝半长确定为 100~120m 较为合适(图 7-20)。

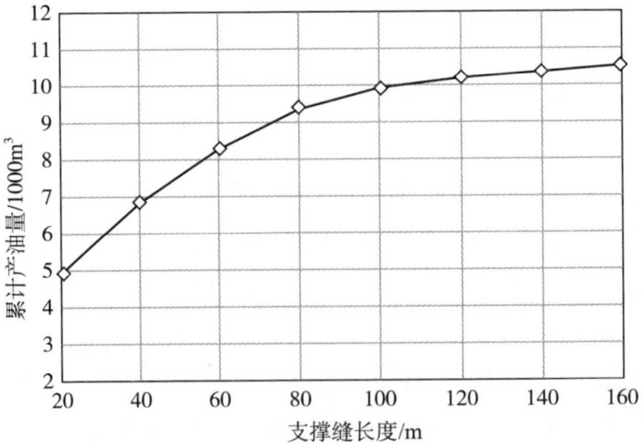

图 7-20 裂缝半长与累计产量对比图

（2）裂缝条数

以目标井段4341.0~5363.0m油藏参数为依据，优化裂缝条数和簇间距，当模拟结果显示有效储层段簇间距为25~30m时，裂缝条数为30~35条的产量优势较为明显(图7-21)。

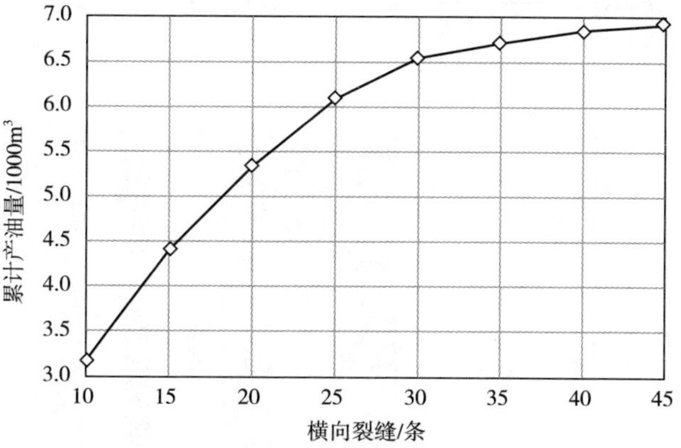

图7-21　不同裂缝条数压后产量模拟图

5. 段簇选择

根据地质工程一体化设计原则，结合该井地质甜点、应力大小、固井质量、接箍位置，经地质、工程人员进行储层改造方案讨论，确定压裂段、射孔簇位置和桥塞位置。A井4341.0~5363.0m井段内共分为11段32簇，有效改造段长为1022m，平均簇间距为30.9m，平均段间距为89.8m，设计加砂规模为1240m^3，平均加砂强度为1.2m^3/m。

具体分簇分段情况如下：①第1段射开2簇，每簇为1.0m；②第2~11段射开3簇。各压裂井段具体数据见表7-35、图7-22。

表7-35　A井分段分簇成果表

段序号	分段			桥塞封位/m	簇数/(簇/段)	射孔中心点位置			簇间距/m			射孔簇油层分类			加砂量/m^3
	底深/m	顶深/m	段长/m			第1簇/m	第2簇/m	第3簇/m							
1	5328.14	5266	62.14	—	2	5300.5	5275.5	—	27.64	25	—	3	3	—	70
2	5266	5162	104	5266	3	5243.5	5210	5184	32	33.5	26	1	2	2	115
3	5162	5072	91	5162	3	5150	5118	5086	34	32	32	2	2	2	115
4	5072	4984	87	5072	3	5052.5	5026.5	4996.5	33.5	26	30	2	3	1	115
5	4984	4907	77	4984	3	4972.5	4948.5	4918.5	24	24	30	1	1	1	125
6	4907	4825	82	4907	3	4892	4869.5	4839.5	26.5	22.5	30	1	1	1	125
7	4825	4746	80	4825	3	4816.5	4789.5	4757.5	23	27	32	1	1	3	125
8	4746	4633	112	4746	3	4725.5	4690.5	4654.5	32	35	36	2	3	3	115
9	4633	4521	113	4633	3	4613.5	4579.5	4545.5	41	34	34	3	3	3	105
10	4521	4408	112	4521	3	4499.5	4466.5	4430.5	46	33	36	3	3	2	115
11	4408	4340.5	67.5	4408	3	4395.5	4365	4340.5	35	30.5	24.5	2	1	2	115

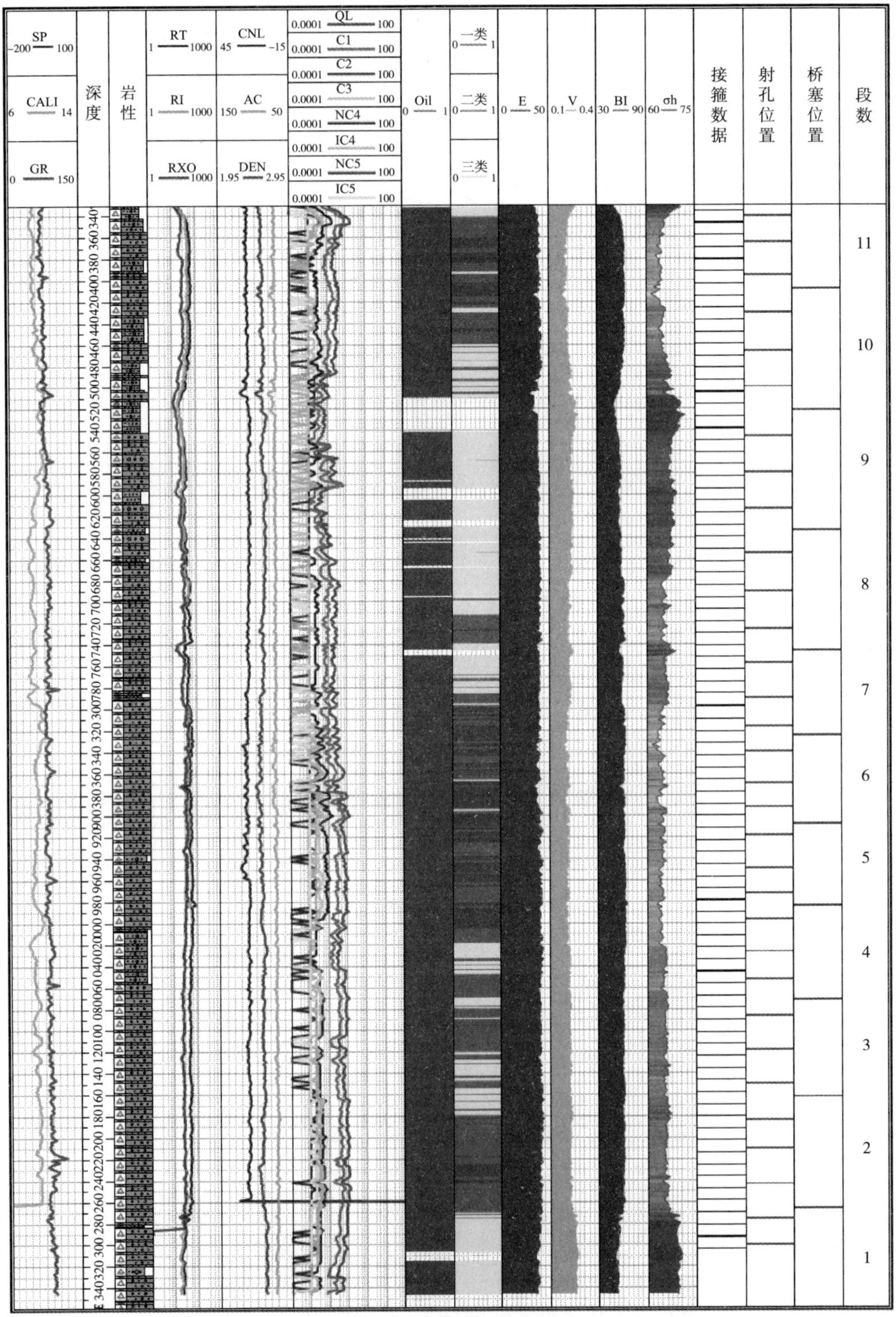

图 7-22 A 井分段分簇图

6. 施工参数

（1）施工限压

根据本井完井套管及井口进行施工限压测算，见表 7-36。前置液阶段施工限压为 100MPa，携砂液阶段施工限压为 93.8MPa，完井井口限压为 105MPa，为确保井口安全，综合考虑本井施工限压为 90.0MPa。

表 7-36 A 井施工限压测算表

施工工序/PPA	砂浓度/kg/m³	携砂液密度/kg/m³	造斜段/水平段套管 Φ139.7mm×12.09mm TP110			直井段套管 Φ139.7mm×12.09mm TP110			施工限压	
			液柱压力/MPa	井底限压/MPa	井口限压/MPa	液柱压力/MPa	井底限压/MPa	井口限压/MPa	施工阶段/MPa	
0.0	0.0	1000.0	40.9	103.3	134.4	37.9	103.3	103.3	前置液	103.3
1.0	120.0	1071.1	43.8	103.3	131.5	40.6	103.3	100.6	携砂液	100.6
2.0	240.0	1136.3	46.5	103.3	128.8	43.1	103.3	98.2		98.2
3.0	360.0	1196.3	48.9	103.3	126.4	45.4	103.3	95.9		95.9
4.0	480.0	1251.6	51.2	103.3	124.1	47.5	103.3	93.8		93.8
5.0	600.0	1302.8	53.3	103.3	122.0	49.4	103.3	91.9		91.9
6.0	720.0	1350.3	55.2	103.3	120.1	51.2	103.3	90.1		90.1
7.0	840.0	1394.6	57.0	103.3	118.3	52.9	103.3	88.4		88.4
8.0	960.0	1435.9	58.7	103.3	116.6	54.4	103.3	86.8		86.8
9.0	1080.0	1474.5	60.3	103.3	115.0	55.9	103.3	85.3		85.3
10.0	1200.0	1510.7	61.8	103.3	113.5	57.3	103.3	84.0		84.0

（2）施工排量

根据本区块前期水平井压裂情况以及本井裂缝形态控制需求，最终优化设计排量为 12.0～14.0m³/min，最高施工排量可依据实际井口压力进行动态调整，A 井施工压力预测见图 7-23。预计施工压力为 82.0MPa。

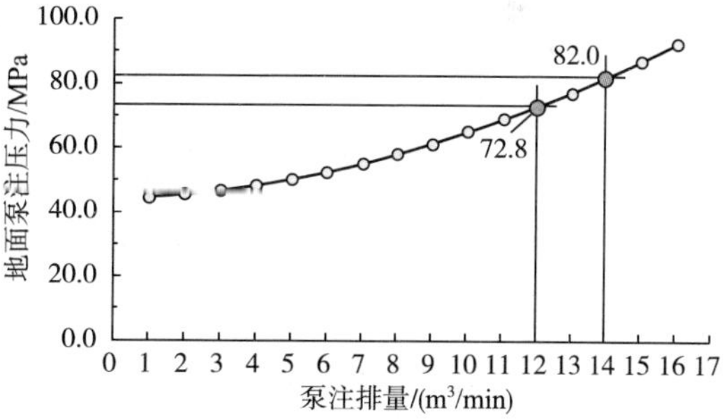

图 7-23 A 井施工压力预测图

（3）液砂比例

本井目的层比玛 18 井区埋深大，考虑玛 18 井区水平井前置段塞阶段施工压力高，为降低前置阶段施工泵压，采用 40/70 连续加砂或多段塞降压，低黏压裂液比例在 60%以上，液砂比为 12.5 左右。

（4）平均砂比

根据前期直井及邻区水平井储层改造分析，平均砂比为 10%～15%，建议设计最高加砂浓度不超过 400kg/m³。

7. 加砂规模

为实现最优裂缝参数目标，通过使用压裂软件进行模拟，得到不同加砂规模下的裂缝参数，优化加砂规模为 33.0~43.0m^3/簇，见图 7-24、图 7-25。

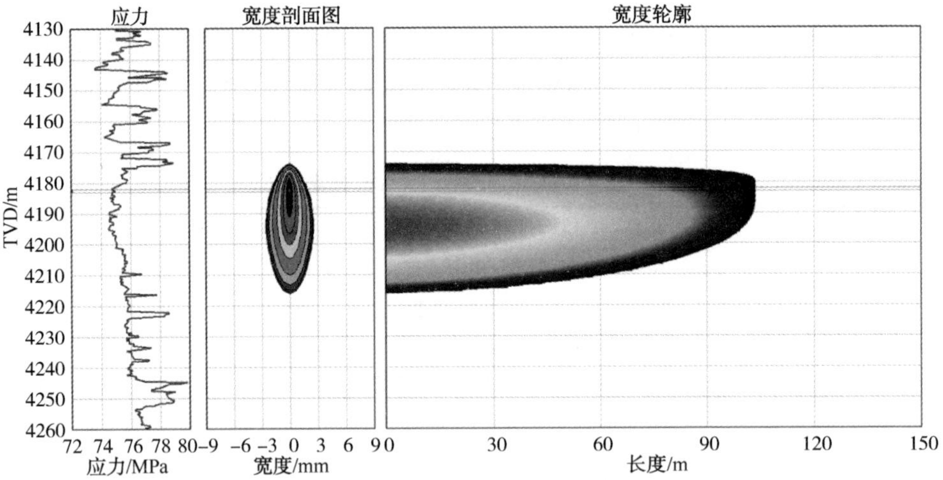

图 7-24 单簇压裂规模 20m^3 人工裂缝形态图

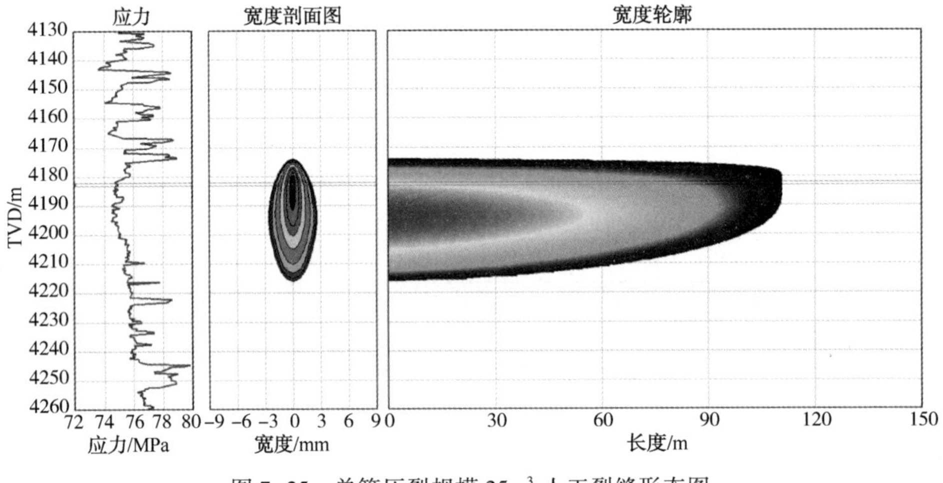

图 7-25 单簇压裂规模 25m^3 人工裂缝形态图

8. 泵注程序

根据 A 井各段加砂规模，将泵注程序划分为 4 类(70.0m^3/级、105.0m^3/级、115.0m^3/级、125.0m^3/级)，设计泵注程序分别见表 7-37~表 7-43。本次采用免配变黏滑溜水压裂液，设计人员可根据现场实际情况调整设计砂浓度及其他参数。

1）第 1 级射孔为 2 簇，第 2~11 级射孔为 3 簇。

2）第 2~11 级送球阶段：送球排量为 3.0m^3/min，送球液量累计达到为井筒容积剩余 8.0~5.0m^{3}时，排量降至 0.6~1.0m^3/min，送球入座，现场设计指挥人员可根据实际情况调整。

3）前置启缝及段塞携砂阶段的高黏压裂液量、扫砂塞低黏压裂液量、段塞砂量、段塞砂浓度及携砂液砂浓度可根据现场排量和压力情况调整。

4）现场设计指挥人员根据现场施工压力、车组负荷情况，调整施工排量；在安全压力允许范围内，排量应为泵注程序各阶段设计排量范围值的上限值；如施工压力存在异常，可现场调整泵注程序，以完成设计加砂，总体加砂规模保持不变。

5）挤酸、替酸、停泵均为非必要泵注过程，现场指挥人员根据现场实施情况决定是否需要酸处理。

表 7-37　A 井压裂泵注程序（70.0m³/级）（第 1 级）

阶段	作业内容	液体类型	排量	砂液量		净液量	支撑剂						阶段时间/min
			总排量/（m³/min）	阶段砂液量/m³	累计用量/m³	阶段净液量/m³	砂类型	砂目数	砂比/%	砂浓度/（kg/m³）	阶段砂量/m³	累计砂量/m³	
1	循环/试压	清水	—	—	—	—	—	—	—	—	—	—	—
2	试挤	低黏	2.0~5.0	20.0	20.0	20.0	—	—	—	—	—	—	—
3	挤酸	盐酸	0.7	5.0	25.0	5.0	—	—	—	—	—	—	—
4	送酸	低黏	2.0~6.0	47.0	72.0	47.0	—	—	—	—	—	—	—
		低黏	0.7	5.0	77.0	5.0	—	—	—	—	—	—	—
5	挤前置液	高黏	8~10	45.0	122.0	45.0	—	—	—	—	—	—	4.5
6		高黏	8~10	34.0	156.0	33.5	陶粒	40/70	2.9	50	1	1	3.4
7		低黏	8~10	10.0	166.0	10.0	—	—	—	—	—	1	1.0
8		低黏	8~10	56.7	222.7	56.1	陶粒	40/70	1.8	30	1	2	5.7
9		低黏	8~10	10.0	232.7	10.0	—	—	—	—	—	2	1.0
10		低黏	8~10	56.7	289.4	55.6	陶粒	40/70	3.5	60	2	4	5.7
11		低黏	8~10	10.0	299.4	10.0	—	—	—	—	—	4	1.0
12		低黏	8~10	37.8	337.2	36.7	陶粒	40/70	5.3	90	2	6	3.8
13		低黏	8~10	10.0	347.2	10.0	—	—	—	—	—	6	1.0
14		低黏	8~10	30.9	378.1	29.9	陶粒	40/70	6.5	110	2	8	3.1
15		低黏	8~10	10.0	388.1	10.0	—	—	—	—	—	8	1.0
16		低黏	8~10	30.9	418.0	29.9	陶粒	40/70	6.5	110	2	10	3.1
17		低黏	8~10	20.0	438.0	20.0	—	—	—	—	—	10	2.0
18		低黏	8~10	13.1	452.1	12.6	陶粒	40/70	7.6	130	1	11	1.3
19		低黏	8~10	30.0	482.1	30.0	—	—	—	—	—	11	3.0
20	挤携砂液	低黏	8~10	30.8	512.9	29.2	陶粒	30/50	9.8	160	3	14	3.1
21		低黏	8~10	34.5	547.4	32.4	陶粒	30/50	11.6	190	4	18	3.5
22		低黏	8~10	52.2	599.6	48.5	陶粒	30/50	13.4	220	7	25	5.2
23		高黏	8~10	72.2	671.8	66.4	陶粒	30/50	15.2	250	11	36	7.2
24		高黏	8~10	82.0	753.8	74.7	陶粒	30/50	17.1	280	14	50	8.2
25		高黏	8~10	42.3	795.1	38.2	陶粒	30/50	18.9	310	8	58	4.2
26		高黏	8~10	28.9	824.0	25.8	陶粒	30/50	20.7	340	6	64	2.9
27		高黏	8~10	17.7	842.7	15.6	陶粒	30/50	22.6	370	4	68	1.8
28		高黏	8~10	8.2	850.9	7.2	陶粒	30/50	24.4	400	2	70	0.8
29	顶替液	高黏	8~10	15.0	865.9	15.0	—	—	—	—	—	—	—
30		低黏	8~10	78.6	944.5	78.6	—	—	—	—	—	—	—
31	总计	—	—	944.5	944.5	907.9	—	—	—	—	—	70	77.5

表 7-38　A 井压裂泵注程序(105.0m³/级)(第 9 级——主泵注程序)

阶段	作业内容	液体类型	排量	砂液量		净液量	支撑剂						阶段时间/min
			总排量/(m^3/min)	阶段砂液量/m^3	累计用量/m^3	阶段净液量/m^3	砂类型	砂目数	砂比/%	砂浓度/(kg/m^3)	阶段砂量/m^3	累计砂量/m^3	
1	循环/试压	清水	—	—	—	—	—	—	—	—	—	—	—
2	泵送桥塞	低黏	—	18.5	18.5	18.5	—	—	—	—	—	—	—
3	推球	低黏	2.0~3.0	50.0	68.5	50.0	—	—	—	—	—	—	—
		低黏	0.6~1.0	5.0	73.5	5.0	—	—	—	—	—	—	—
4	试挤	低黏	2.0~5.0	20.0	93.5	20.0	—	—	—	—	—	—	
5	挤酸	盐酸	0.7	5.0	98.5	5.0	—	—	—	—	—	—	—
6	送酸	低黏	2.0~6.0	47.0	145.5	47.0	—	—	—	—	—	—	—
		低黏	0.7	5.0	150.5	5.0	—	—	—	—	—	—	—
7	压裂阶段	高黏	12~14	45.0	195.5	45.0	—	—	—	—	—	—	3.2
8		高黏	12~14	34.0	229.5	33.5	陶粒	40/70	2.9	50	1	1	2.4
9		低黏	12~14	30.0	259.5	30.0	—	—	—	—	—	1	2.1
10		低黏	12~14	34.0	293.5	33.5	陶粒	40/70	2.9	50	1	2	2.4
11		低黏	12~14	24.3	317.8	23.8	陶粒	40/70	4.1	70	1	3	1.7
12		低黏	12~14	37.8	355.6	36.7	陶粒	40/70	5.3	90	2	5	2.7
13		低黏	12~14	56.7	412.3	54.6	陶粒	40/70	7.1	120	4	9	4.0
14		低黏	12~14	90.7	502.0	86.5	陶粒	40/70	8.8	150	8	17	6.5
15		低黏	12~14	94.4	597.4	89.2	陶粒	40/70	10.6	180	10	27	6.7
16		低黏	12~14	64.8	662.2	60.6	陶粒	40/70	12.4	210	8	35	4.6
17		低黏	12~14	35.4	697.6	32.8	陶粒	40/70	14.1	240	5	40	2.5
18		低黏	12~14	12.6	710.2	11.5	陶粒	40/70	15.9	270	2	42	0.9
19		低黏	12~14	80.0	790.2	80.0	—	—	—	—	—	42	5.7
20		低黏	12~14	65.6	855.8	62.5	陶粒	30/50	9.1	150	6	48	4.7
21		低黏	12~14	91.1	946.9	85.9	陶粒	30/50	11.0	180	10	58	6.5
22		低黏	12~14	93.7	1040.6	87.5	陶粒	30/50	12.8	210	12	70	6.7
23		低黏	12~14	88.8	1129.4	82.1	陶粒	30/50	14.6	240	13	83	6.3
24		低黏	12~14	42.5	1171.9	38.9	陶粒	30/50	16.5	270	7	90	3.0
25		高黏	12~14	38.3	1210.2	34.6	陶粒	30/50	18.3	300	7	97	2.7
26		高黏	12~14	19.9	1230.1	17.8	陶粒	30/50	20.1	330	4	101	1.4
27		高黏	12~14	18.2	1248.3	16.1	陶粒	30/50	22.0	360	4	105	1.3
28	顶替液	高黏	12~14	15.0	1263.3	15.0	—	—	—	—	—	—	—
29		低黏	12~14	78.6	1341.9	78.6	—	—	—	—	—	—	—
30	总计	—	—	1341.9	1341.9	1287.2	—	—	—	—	—	105	78.0

表 7-39 A 井压裂泵注程序(115.0m³/级)(第 2/3/4/8/10/11 级——主泵注程序)

阶段	作业内容	液体类型	排量	砂液量		净液量	支撑剂						阶段时间/min
			总排量/(m^3/min)	阶段砂液量/m^3	累计用量/m^3	阶段净液量/m^3	砂类型	砂目数	砂比/%	砂浓度/(kg/m^3)	阶段砂量/m^3	累计砂量/m^3	
1	循环/试压	清水	—	—	—	—	—	—	—	—	—	—	—
2	泵送桥塞	低黏	—	18.5	18.5	18.5	—	—	—	—	—	—	—
3	推球	低黏	2.0~3.0	50.0	68.5	50.0	—	—	—	—	—	—	—
		低黏	0.6~1.0	5.0	73.5	5.0	—	—	—	—	—	—	—
4	试挤	低黏	2.0~5.0	20.0	93.5	20.0	—	—	—	—	—	—	—
5	挤酸	盐酸	0.7	5.0	98.5	5.0	—	—	—	—	—	—	—
6	送酸	低黏	2.0~6.0	47.0	145.5	47.0	—	—	—	—	—	—	—
		低黏	0.7	5.0	150.5	5.0	—	—	—	—	—	—	—
7		高黏	12~14	55.0	205.5	55.0	—	—	—	—	—	—	3.9
8		高黏	12~14	34.0	239.5	33.5	陶粒	40/70	2.9	50	1	1	2.4
9		低黏	12~14	30.0	269.5	30.0	—	—	—	—	—	1	2.1
10		低黏	12~14	34.0	303.5	33.5	陶粒	40/70	2.9	50	1	2	2.4
11		低黏	12~14	24.3	327.8	23.8	陶粒	40/70	4.1	70	1	3	1.7
12		低黏	12~14	37.8	365.6	36.7	陶粒	40/70	5.3	90	2	5	2.7
13		低黏	12~14	70.8	436.4	68.2	陶粒	40/70	7.1	120	5	10	5.1
14		低黏	12~14	102.0	538.4	97.3	陶粒	40/70	8.8	150	9	19	7.3
15		低黏	12~14	103.9	642.3	98.1	陶粒	40/70	10.6	180	11	30	7.4
16		低黏	12~14	64.8	707.1	60.6	陶粒	40/70	12.4	210	8	38	4.6
17	压裂阶段	低黏	12~14	42.5	749.6	39.4	陶粒	40/70	14.1	240	6	44	3.0
18		低黏	12~14	12.6	762.2	11.5	陶粒	40/70	15.9	270	2	46	0.9
19		低黏	12~14	80.0	842.2	80.0	—	—	—	—	—	46	5.7
20		低黏	12~14	65.6	907.8	62.5	陶粒	30/50	9.1	150	6	52	4.7
21		低黏	12~14	109.3	1017.1	103.1	陶粒	30/50	11.0	180	12	64	7.8
22		低黏	12~14	109.3	1126.4	102.0	陶粒	30/50	12.8	210	14	78	7.8
23		低黏	12~14	88.8	1215.2	82.1	陶粒	30/50	14.6	240	13	91	6.3
24		低黏	12~14	48.6	1263.8	44.4	陶粒	30/50	16.5	270	8	99	3.5
25		高黏	12~14	43.7	1307.5	39.6	陶粒	30/50	18.3	300	8	107	3.1
26		高黏	12~14	19.9	1327.4	17.8	陶粒	30/50	20.1	330	4	111	1.4
27		高黏	12~14	18.2	1345.6	16.1	陶粒	30/50	22.0	360	4	115	1.3
28	顶替液	高黏	12~14	15.0	1360.6	15.0	—	—	—	—	—	—	—
29		低黏	12~14	78.6	1439.2	78.6	—	—	—	—	—	—	—
30	总计	—	—	1439.2	1439.2	1379.3	—	—	—	—	—	115	85.1

表 7-40　A 井压裂泵注程序(125.0m³/级)(第 5/6/7 级——主泵注程序)

阶段	作业内容	液体类型	排量	砂液量		净液量	支撑剂						阶段时间/min
			总排量/(m³/min)	阶段砂液量/m³	累计用量/m³	阶段净液量/m³	砂类型	砂目数	砂比/%	砂浓度/(kg/m³)	阶段砂量/m³	累计砂量/m³	
1	循环/试压	清水	—	—	—	—	—	—	—	—	—	—	—
2	泵送桥塞	低黏	—	18.5	18.5	18.5	—	—	—	—	—	—	—
3	推球	低黏	2.0~3.0	50.0	68.5	50.0	—	—	—	—	—	—	—
		低黏	0.6~1.0	5.0	73.5	5.0	—	—	—	—	—	—	—
4	试挤	低黏	2.0~5.0	20.0	93.5	20.0	—	—	—	—	—	—	—
5	挤酸	盐酸	0.7	5.0	98.5	5.0	—	—	—	—	—	—	—
6	送酸	低黏	2.0~6.0	47.0	145.5	47.0	—	—	—	—	—	—	—
		低黏	0.7	5.0	150.5	5.0	—	—	—	—	—	—	—
7	压裂阶段	高黏	12~14	65.0	215.5	65.0	—	—	—	—	—	—	4.6
8		高黏	12~14	34.0	249.5	33.5	陶粒	40/70	2.9	50	1	1	2.4
9		低黏	12~14	30.0	279.5	30.0	—	—	—	—	—	1	2.1
10		低黏	12~14	34.0	313.5	33.5	陶粒	40/70	2.9	50	1	2	2.4
11		低黏	12~14	24.3	337.8	23.8	陶粒	40/70	4.1	70	1	3	1.7
12		低黏	12~14	56.7	394.5	55.1	陶粒	40/70	5.3	90	3	6	4.0
13		低黏	12~14	85.0	479.5	81.9	陶粒	40/70	7.1	120	6	12	6.1
14		低黏	12~14	102.0	581.5	97.3	陶粒	40/70	8.8	150	9	21	7.3
15		低黏	12~14	113.3	694.8	107.1	陶粒	40/70	10.6	180	12	33	8.1
16		低黏	12~14	64.8	759.6	60.6	陶粒	40/70	12.4	210	8	41	4.6
17		低黏	12~14	49.6	809.2	45.9	陶粒	40/70	14.1	240	7	48	3.5
18		低黏	12~14	12.6	821.8	11.5	陶粒	40/70	15.9	270	2	50	0.9
19		低黏	12~14	80.0	901.8	80.0	—	—	—	—	—	50	5.7
20		低黏	12~14	76.5	978.3	72.9	陶粒	30/50	9.1	150	7	57	5.5
21		低黏	12~14	109.3	1087.6	103.1	陶粒	30/50	11.0	180	12	69	7.8
22		低黏	12~14	125.0	1212.6	116.6	陶粒	30/50	12.8	210	16	85	8.9
23		低黏	12~14	88.8	1301.4	82.1	陶粒	30/50	14.6	240	13	98	6.3
24		低黏	12~14	54.7	1356.1	50.0	陶粒	30/50	16.5	270	9	107	3.9
25		高黏	12~14	43.7	1399.8	39.6	陶粒	30/50	18.3	300	8	115	3.1
26		高黏	12~14	24.8	1424.6	22.2	陶粒	30/50	20.1	330	5	120	1.8
27		高黏	12~14	22.8	1447.4	20.2	陶粒	30/50	22.0	360	5	125	1.6
28	顶替液	高黏	12~14	15.0	1462.4	15.0	—	—	—	—	—	—	—
29		低黏	12~14	78.6	1541.0	78.6	—	—	—	—	—	—	—
30	总计	—	—	1541.0	1541.0	1476.0	—	—	—	—	—	125	92.3

表 7-41　A 井压裂泵注程序(105.0m^3/级)(第 9 级——备选泵注程序)

阶段	作业内容	液体类型	排量	砂液量		净液量	支撑剂						阶段时间/min
			总排量/(m^3/min)	阶段砂液量/m^3	累计用量/m^3	阶段净液量/m^3	砂类型	砂目数	砂比/%	砂浓度/(kg/m^3)	阶段砂量/m^3	累计砂量/m^3	
1	循环/试压	清水	—	—	—	—	—	—	—	—	—	—	—
2	泵送桥塞	低黏	—	18.5	18.5	18.5	—	—	—	—	—	—	—
3	推球	低黏	2.0~3.0	50.0	68.5	50.0	—	—	—	—	—	—	—
		低黏	0.6~1.0	5.0	73.5	5.0	—	—	—	—	—	—	—
4	试挤	低黏	2.0~5.0	20.0	93.5	20.0	—	—	—	—	—	—	—
5	挤酸	盐酸	0.7	5.0	98.5	5.0	—	—	—	—	—	—	—
6	送酸	低黏	2.0~6.0	47.0	145.5	47.0	—	—	—	—	—	—	—
		低黏	0.7	5.0	150.5	5.0	—	—	—	—	—	—	—
7	挤前置液	高黏	12~14	45.0	195.5	45.0	—	—	—	—	—	—	3.2
8		高黏	12~14	34.0	229.5	33.5	陶粒	40/70	2.9	50	1	1	2.4
9		低黏	12~14	10.0	239.5	10.0	—	—	—	—	—	1	0.7
10		低黏	12~14	56.7	296.2	56.1	陶粒	40/70	1.8	30	1	2	4.0
11		低黏	12~14	10.0	306.2	10.0	—	—	—	—	—	2	0.7
12		低黏	12~14	28.3	334.5	27.8	陶粒	40/70	3.5	60	1	3	2.0
13		低黏	12~14	10.0	344.5	10.0	—	—	—	—	—	3	0.7
14		低黏	12~14	37.8	382.3	36.7	陶粒	40/70	5.3	90	2	5	2.7
15		低黏	12~14	10.0	392.3	10.0	—	—	—	—	—	5	0.7
16		低黏	12~14	56.7	449.0	55.1	陶粒	40/70	5.3	90	3	8	4.0
17		低黏	12~14	10.0	459.0	10.0	—	—	—	—	—	8	0.7
18		低黏	12~14	30.9	489.9	29.9	陶粒	40/70	6.5	110	2	10	2.2
19		低黏	12~14	10.0	499.9	10.0	—	—	—	—	—	10	0.7
20		低黏	12~14	46.4	546.3	44.8	陶粒	40/70	6.5	110	3	13	3.3
21		低黏	12~14	10.0	556.3	10.0	—	—	—	—	—	13	0.7
22		低黏	12~14	26.2	582.5	25.1	陶粒	40/70	7.6	130	2	15	1.9
23		低黏	12~14	10.0	592.5	10.0	—	—	—	—	—	15	0.7
24		低黏	12~14	39.2	631.7	37.7	陶粒	40/70	7.6	130	3	18	2.8
25		低黏	12~14	40.0	671.7	40.0	—	—	—	—	—	18	2.9
26	挤携砂液	低黏	12~14	63.8	735.5	60.6	陶粒	40/70	9.4	160	6	24	4.6
27		低黏	12~14	71.6	807.1	67.4	陶粒	40/70	11.2	190	8	32	5.1
28		低黏	12~14	77.3	884.4	72.0	陶粒	40/70	12.9	220	10	42	5.5
29		高黏	12~14	65.6	950.0	60.4	陶粒	30/50	15.2	250	10	52	4.7
30		高黏	12~14	99.6	1049.6	90.7	陶粒	30/50	17.1	280	17	69	7.1

续表

阶段	作业内容	液体类型	排量	砂液量		净液量	支撑剂						阶段时间/min
			总排量/（m^3/min）	阶段砂液量/m^3	累计用量/m^3	阶段净液量/m^3	砂类型	砂目数	砂比/%	砂浓度/（kg/m^3）	阶段砂量/m^3	累计砂量/m^3	
31	挤携砂液	高黏	12~14	63.5	1113.1	57.2	陶粒	30/50	18.9	310	12	81	4.5
32		高黏	12~14	43.4	1156.5	38.7	陶粒	30/50	20.7	340	9	90	3.1
33		高黏	12~14	39.9	1196.4	35.2	陶粒	30/50	22.6	370	9	99	2.8
34		高黏	12~14	24.6	1221.0	21.5	陶粒	30/50	24.4	400	6	105	1.8
35	顶替液	高黏	12~14	15.0	1236.0	15.0	—	—	—	—	—	—	—
36		低黏	12~14	71.5	1307.5	71.5	—	—	—	—	—	—	5.1
37	总计	—	—	1307.5	1307.5	1252.5	—	—	—	—	—	105	81.3

表 7-42　A 井压裂泵注程序（115.0m^3/级）（第 2/3/4/8/10/11 级——备选泵注程序）

阶段	作业内容	液体类型	排量	砂液量		净液量	支撑剂						阶段时间/min
			总排量/（m^3/min）	阶段砂液量/m^3	累计用量/m^3	阶段净液量/m^3	砂类型	砂目数	砂比/%	砂浓度/（kg/m^3）	阶段砂量/m^3	累计砂量/m^3	
1	循环/试压	清水	—	—	—	—	—	—	—	—	—	—	—
2	泵送桥塞	低黏	—	18.5	18.5	18.5	—	—	—	—	—	—	—
3	推球	低黏	2.0~3.0	50.0	68.5	50.0	—	—	—	—	—	—	—
		低黏	0.6~1.0	5.0	73.5	5.0	—	—	—	—	—	—	—
4	试挤	低黏	2.0~5.0	20.0	93.5	20.0	—	—	—	—	—	—	—
5	挤酸	盐酸	0.7	5.0	98.5	5.0	—	—	—	—	—	—	—
6	送酸	低黏	2.0~6.0	47.0	145.5	47.0	—	—	—	—	—	—	—
		低黏	0.7	5.0	150.5	5.0	—	—	—	—	—	—	—
7	挤前置液	高黏	12~14	55.0	205.5	55.0	—	—	—	—	—	—	3.9
8		高黏	12~14	34.0	239.5	33.5	陶粒	40/70	2.9	50	1	1	2.4
9		低黏	12~14	10.0	249.5	10.0	—	—	—	—	—	1	0.7
10		低黏	12~14	56.7	306.2	56.1	陶粒	40/70	1.8	30	1	2	4.0
11		低黏	12~14	10.0	316.2	10.0	—	—	—	—	—	2	0.7
12		低黏	12~14	56.7	372.9	55.6	陶粒	40/70	3.5	60	2	4	4.0
13		低黏	12~14	10.0	382.9	10.0	—	—	—	—	—	4	0.7
14		低黏	12~14	37.8	420.7	36.7	陶粒	40/70	5.3	90	2	6	2.7
15		低黏	12~14	10.0	430.7	10.0	—	—	—	—	—	6	0.7
16		低黏	12~14	56.7	487.4	55.1	陶粒	40/70	5.3	90	3	9	4.0
17		低黏	12~14	10.0	497.4	10.0	—	—	—	—	—	9	0.7
18		低黏	12~14	30.9	528.3	29.9	陶粒	40/70	6.5	110	2	11	2.2

续表

阶段	作业内容	液体类型	排量	砂液量		净液量	支撑剂						阶段时间/min
			总排量/(m^3/min)	阶段砂液量/m^3	累计用量/m^3	阶段净液量/m^3	砂类型	砂目数	砂比/%	砂浓度/(kg/m^3)	阶段砂量/m^3	累计砂量/m^3	
19	挤前置液	低黏	12~14	10.0	538.3	10.0	—	—	—	—	—	11	0.7
20		低黏	12~14	46.4	584.7	44.8	陶粒	40/70	6.5	110	3	14	3.3
21		低黏	12~14	15.0	599.7	15.0	—	—	—	—	—	14	1.1
22		低黏	12~14	26.2	625.9	25.1	陶粒	40/70	7.6	130	2	16	1.9
23		低黏	12~14	15.0	640.9	15.0	—	—	—	—	—	16	1.1
24		低黏	12~14	39.2	680.1	37.7	陶粒	40/70	7.6	130	3	19	2.8
25		低黏	12~14	50.0	730.1	50.0	—	—	—	—	—	19	3.6
26	挤携砂液	低黏	12~14	63.8	793.9	60.6	陶粒	40/70	9.4	160	6	25	4.6
27		低黏	12~14	71.6	865.5	67.4	陶粒	40/70	11.2	190	8	33	5.1
28		低黏	12~14	100.5	966.0	93.7	陶粒	40/70	12.9	220	13	46	7.2
29		高黏	12~14	85.3	1051.3	78.5	陶粒	30/50	15.2	250	13	59	6.1
30		高黏	12~14	105.4	1156.7	96.1	陶粒	30/50	17.1	280	18	77	7.5
31		高黏	12~14	74.1	1230.8	66.8	陶粒	30/50	18.9	310	14	91	5.3
32		高黏	12~14	43.4	1274.2	38.7	陶粒	30/50	20.7	340	9	100	3.1
33		高黏	12~14	39.9	1314.1	35.2	陶粒	30/50	22.6	370	9	109	2.8
34		高黏	12~14	24.6	1338.7	21.5	陶粒	30/50	24.4	400	6	115	1.8
35	顶替液	高黏	12~14	15.0	1353.7	15.0	—	—	—	—	—	—	—
36		低黏	12~14	78.2	1431.9	78.2	—	—	—	—	—	—	5.6
37	总计	—		1431.9	1431.9	1371.7	—	—	—	—	—	115	90.3

表 7-43　A 井压裂泵注程序(125.0m^3/级)(第 5/6/7 级——备选泵注程序)

阶段	作业内容	液体类型	排量	砂液量		净液量	支撑剂						阶段时间/min
			总排量/(m^3/min)	阶段砂液量/m^3	累计用量/m^3	阶段净液量/m^3	砂类型	砂目数	砂比/%	砂浓度/(kg/m^3)	阶段砂量/m^3	累计砂量/m^3	
1	循环/试压	清水	—	—	—	—	—	—	—	—	—	—	—
2	泵送桥塞	低黏	—	18.5	18.5	18.5	—	—	—	—	—	—	—
3	推球	低黏	2.0~3.0	50.0	68.5	50.0	—	—	—	—	—	—	—
		低黏	0.6~1.0	5.0	73.5	5.0	—	—	—	—	—	—	—
4	试挤	低黏	2.0~5.0	20.0	93.5	20.0	—	—	—	—	—	—	—
5	挤酸	盐酸	0.7	5.0	98.5	5.0	—	—	—	—	—	—	—

续表

阶段	作业内容	液体类型	排量	砂液量		净液量	支撑剂						阶段时间/min
			总排量/(m³/min)	阶段砂液量/m³	累计用量/m³	阶段净液量/m³	砂类型	砂目数	砂比/%	砂浓度/(kg/m³)	阶段砂量/m³	累计砂量/m³	
6	送酸	低黏	2.0~6.0	47.0	145.5	47.0	—	—	—	—	—	—	—
		低黏	0.7	5.0	150.5	5.0	—	—	—	—	—	—	—
7	挤前置液	高黏	12~14	65.0	215.5	65.0	—	—	—	—	—	—	4.6
8		高黏	12~14	34.0	249.5	33.5	陶粒	40/70	2.9	50	1	1	2.4
9		低黏	12~14	10.0	259.5	10.0	—	—	—	—	—	1	0.7
10		低黏	12~14	56.7	316.2	56.1	陶粒	40/70	1.8	30	1	2	4.0
11		低黏	12~14	10.0	326.2	10.0	—	—	—	—	—	2	0.7
12		低黏	12~14	56.7	382.9	55.6	陶粒	40/70	3.5	60	2	4	4.0
13		低黏	12~14	10.0	392.9	10.0	—	—	—	—	—	4	0.7
14		低黏	12~14	37.8	430.7	36.7	陶粒	40/70	5.3	90	2	6	2.7
15		低黏	12~14	10.0	440.7	10.0	—	—	—	—	—	6	0.7
16		低黏	12~14	56.7	497.4	55.1	陶粒	40/70	5.3	90	3	9	4.0
17		低黏	12~14	10.0	507.4	10.0	—	—	—	—	—	9	0.7
18		低黏	12~14	30.9	538.3	29.9	陶粒	40/70	6.5	110	2	11	2.2
19		低黏	12~14	10.0	548.3	10.0	—	—	—	—	—	11	0.7
20		低黏	12~14	46.4	594.7	44.8	陶粒	40/70	6.5	110	3	14	3.3
21		低黏	12~14	15.0	609.7	15.0	—	—	—	—	—	14	1.1
22		低黏	12~14	26.2	635.9	25.1	陶粒	40/70	7.6	130	2	16	1.9
23		低黏	12~14	15.0	650.9	15.0	—	—	—	—	—	16	1.1
24		低黏	12~14	39.2	690.1	37.7	陶粒	40/70	7.6	130	3	19	2.8
25		低黏	12~14	60.0	750.1	60.0	—	—	—	—	—	19	4.3
26	挤携砂液	低黏	12~14	95.6	845.7	90.9	陶粒	40/70	9.4	160	9	28	6.8
27		低黏	12~14	89.5	935.2	84.2	陶粒	40/70	11.2	190	10	38	6.4
28		低黏	12~14	92.7	1027.9	86.5	陶粒	40/70	12.9	220	12	50	6.6
29		高黏	12~14	72.2	1100.1	66.4	陶粒	30/50	15.2	250	11	61	5.2
30		高黏	12~14	105.4	1205.5	96.1	陶粒	30/50	17.1	280	18	79	7.5
31		高黏	12~14	84.6	1290.1	76.3	陶粒	30/50	18.9	310	16	95	6.0
32		高黏	12~14	72.4	1362.5	64.5	陶粒	30/50	20.7	340	15	110	5.2
33		高黏	12~14	39.9	1402.4	35.2	陶粒	30/50	22.6	370	9	119	2.8
34		高黏	12~14	24.6	1427.0	21.5	陶粒	30/50	24.4	400	6	125	1.8
35	顶替液	高黏	12~14	15.0	1441.0	15.0	—	—	—	—	—	—	—
36		低黏	12~14	75.2	1517.2	75.2	—	—	—	—	—	—	5.4
37	总计	—	—	1517.2	1517.2	1451.8	—	—	—	—	—	125	96.3

泵酸要求：

① 酸浸阶段，酸浸作业为非必要阶段，现场指挥人员根据试挤的排量压力情况决定是否进行酸浸作业，同时酸浸阶段替酸低黏压裂液量按套管容积进行计算，浸泡时间为 20~30min(现场指挥人员根据实际情况调整时间)。

② 单级设计备用酸量为 5.0m^3，先期单井总备用酸量为 10.0m^3，酸液采用 10%~15%盐酸+缓蚀剂。

③ 现场根据实际段长确定送酸液量(一般为“3+2=5”原则，井筒送酸液量为 3.0m^3、地层送酸液量为 2.0m^3)，顶替酸量根据实际计算。

9. 材料统计

A 井主体方案采用连续加砂方式完成施工，总入井砂量为 1240.0m^3，其中 40/70 目陶粒入井砂量为 479m^3，30/50 目陶粒入井砂量为 761.0m^3；总入井液量 15544.9m^3，其中酸入井液量为 55.0m^3，低黏压裂液入井液量为 13243.1m^3，高黏压裂液入井液量为 2246.8m^3，液砂比为 12.5，详见表 7-44。建议现场前期备酸 10.0m^3，并根据现场实际酸用量进行补充。

表 7-44 A 井压裂材料测算表

段序	井筒体积/m^3	送塞液量/m^3	送球液量/m^3	替酸/m^3	总液量/m^3					支撑剂/m^3		
					低黏	高黏	酸液	总液量	低黏液比例/%	40/70陶粒	30/50陶粒	总量
1	55.8	—	55.8	52.8	594.1	345.4	5	944.4	62.9	11	59	70
2	55.2	18.5	55.2	52.2	1248.4	185.8	50	1439.3	86.7	46	69	115
3	54.1	17.4	54.1	51.1	1248.4	185.8		1439.3	86.7	46	69	115
4	53.1	16.5	53.1	50.1	1248.4	185.8		1439.3	86.7	46	69	115
5	52.2	15.5	52.2	49.2	1330.6	205.4		1541.0	86.3	50	75	125
6	51.4	14.7	51.4	48.4	1330.6	205.4		1541.0	86.3	50	75	125
7	50.5	13.9	50.5	47.5	1330.6	205.4		1541.0	86.3	50	75	125
8	49.7	13.0	49.7	46.7	1248.4	185.8		1439.3	86.7	46	69	115
9	48.5	11.9	48.5	45.5	1166.5	170.4		1341.9	86.9	42	63	105
10	47.4	10.7	47.4	44.4	1248.4	185.8		1439.3	86.7	46	69	115
11	46.2	9.5	46.2	43.2	1248.4	185.8		1439.3	86.7	46	69	115
合计	564.1	141.6	564.1	531.1	13243.1	2246.8	55.0	15544.9	84.5	479.0	761.0	1240.0

若现场连续加砂困难，则采用备选方案进行施工。总入井砂量为 1240.0m^3，其中 40/70 目陶粒入井砂量为 479.0m^3，30/50 目陶粒入井砂量为 761.0m^3；总入井液量为 15392.4m^3，其中酸入井液量为 55.0m^3，低黏压裂液入井液量为 10162.2m^3，高黏压裂液入井液量为 5175.2m^3，液砂比为 12.4，详见表 7-45。建议现场先期备酸 10.0m^3，并根据现场实际酸用量进行补充。

表 7-45　A 井压裂材料测算表(备选方案)

段序	井筒体积/m^3	送塞液量/m^3	送球液量/m^3	替酸/m^3	总液量/m^3					支撑剂/m^3		
					低黏	高黏	酸液	总液量	低黏液比例/%	40/70 陶粒	30/50 陶粒	总量
1	55.8	—	55.8	52.8	594.1	345.4	5	944.4	62.9	11	59	70
2	55.2	18.5	55.2	52.2	949.9	476.7	50	1431.6	66.4	46	69	115
3	54.1	17.4	54.1	51.1	949.9	476.7		1431.6	66.4	46	69	115
4	53.1	16.5	53.1	50.1	949.9	476.7		1431.6	66.4	46	69	115
5	52.2	15.5	52.2	49.2	999.0	513.1		1517.0	65.8	50	75	125
6	51.4	14.7	51.4	48.4	999.0	513.1		1517.0	65.8	50	75	125
7	50.5	13.9	50.5	47.5	999.0	513.1		1517.0	65.8	50	75	125
8	49.7	13.0	49.7	46.7	949.9	476.7		1431.6	66.4	46	69	115
9	48.5	11.9	48.5	45.5	871.7	430.6		1307.3	66.7	42	63	105
10	47.4	10.7	47.4	44.4	949.9	476.7		1431.6	66.4	46	69	115
11	46.2	9.5	46.2	43.2	949.9	476.7		1431.6	66.4	46	69	115
合计	564.1	141.6	564.1	531.1	10162.2	5175.2	55.0	15392.4	65.9	479.0	761.0	1240.0

10. 压裂费用测算

主压裂方案测算费用为 1160.65 万元(表 7-46)，备选压裂方案测算费用为 1191.48 万元(表 7-47)。

表 7-46　A 井压裂材料测算表(主方案)

项目名称	服务项目	单价	单位	数量	总价格/万元
完井分段相关费用	首段连续油管射孔服务	10	万元/级	1	10
	电缆桥塞射孔分段服务	12	万元/段	10	120
	连续油管钻塞技术服务	6	万元/个	10	60
	合计	—	—	—	190
压裂材料相关费用	供水服务费	25	元/m^3	15544.9	38.9
	低黏滑溜水	70	元/m^3	13243.1	92.7
	高黏压裂液	180	元/m^3	2246.8	40.4
	酸液	60(配)/2100	元/m^3	55	11.88
	陶粒	4340	元/m^3	1240	538.16
	合计	—	—	—	722.04
压裂车组服务费	压裂车组动迁费	4.88	井	1	4.88
	压裂车组服务费	16.1	万元/段	11	177.1
压裂备压服务费	压裂备压服务费	4.5	万元/段	11	49.5
其他费用	环保处理技术服务费	5	万元/井	1	5
	仪表检测	0.09	井	1	0.09
	配合车辆、工具费	2.19	元/天	5.5	12.04
合计	—	—	—	—	1160.65

表 7-47 A 井压裂材料测算表(备选方案)

项目名称	服务项目	单价	单位	数量	总价格/万元
完井分段相关费用	首段连续油管射孔服务	10	万元/级	1	10
	电缆桥塞射孔分段服务	12	万元/段	10	120
	连续油管钻塞技术服务	6	万元/个	10	60
	合计	—	—	—	190
压裂材料相关费用	供水服务费	25	元/m^3	15392.4	38.5
	低黏滑溜水	70	元/m^3	10162.2	71.13
	高黏压裂液	180	元/m^3	5175.2	93.2
	酸液	60(配)/2100	元/m^3	55	11.88
	陶粒	4340	元/m^3	1240	538.16
	合计	—	—	—	752.87
压裂车组服务费	压裂车组动迁费	4.88	井	1	4.88
	压裂车组服务费	16.1	万元/段	11	177.1
压裂备压服务费	压裂备压服务费	4.5	万元/段	11	49.5
其他费用	环保处理技术服务费	5	万元/井	1	5
	仪表检测	0.09	井	1	0.09
	配合车辆、工具费	2.19	元/天	5.5	12.04
合计	—	—	—	—	1191.48

五、施工准备与要求

1. 施工方式

1）井口装置：耐压为 105.0MPa，压裂时采用 180mm 通径、105MPa 大闸阀及压裂六通。

2）压裂方式：采用 Φ139.7mm 套管注入。

3）施工排量：12~14m^3/min。

4）配液方式：现场采用免配滑溜水进行压裂施工。

2. 资料录取

1）压裂施工数据录取，仪器仪表应满足施工资料录取要求。

2）作业各项仪表所录取并记录的参数数据及资料须准确、齐全。

3. 井筒准备

1）通井保证井下畅通至井底。

2）施工前井筒中充满工作液。

4. 井场要求

1）场地平整、坚实，入口处宽敞，井场需能安全承载施工设备。

2）井场设置安全警示牌、安全警示标识、井场布置图、逃生路线图、紧急集合点以及两个以上逃生出口，并有明显标识。

5. 设备要求

1）该井压裂水马力 HHP=22.34×14×82=25646kW，准备满足施工要求的压裂车组和各类型设备。施工设计根据工程设计中的施工规模、施工排量、施工工艺及井场尺寸等确定各类液灌、砂灌、混砂车、仪表车等压裂及配套设备的数量，压裂车的数量根据设计中所需最大排量、施工压力、施工时间、作业方式、压裂车类型和井场尺寸等综合确定，现场压裂施工宜附加的水马力不低于设计水马力的 1.2 倍。

2）混砂车设备完好，混砂车比例泵需满足乳液减阻剂（排量为 0~180L/min）、液体添加剂（排量为 0~150L/min）等的泵送要求，仪表车配备压力监测串口接入口。

6. 材料准备

（1）工作液

现场采用免配直混压裂液，并配有技术人员进行技术指导，压裂液配液材料如表 7-48 所示。

表 7-48　压裂施工材料需求表（免配直混变黏压裂液）

序号	材料	单位	设计量	准备量	备注
1	清水	m^3	15544.9	—	—
2	乳液聚合物	m^3	65.0	—	低黏按 0.1%、高黏按 1%计算
3	混合液添	m^3	155.0	—	按 1%计算
4	破胶剂	t	6.5	—	低黏按 0.01%、高黏按 0.1%计算
5	酸液	m^3	10	—	—

（2）支撑剂

按照设计要求准备 479.0$m^3$40/70 目陶粒，761.0$m^3$30/50 目陶粒/石英砂。

7. 施工要求

1）摆好压裂设备，接好高低压管汇，准备好压裂井口并打开井口闸门。

2）施工前，建设方组织召开设计交底会议、安全会议及分工会议，落实各关键岗位人员及分工。

3）试压参数：压前井口及地面高压管线试压不低于 90.0MPa，稳压 5min，压降不超过 0.7MPa。

4）施工限压：施工过程中，套压限压为 90MPa。

5）顶替要求：套管容积按照实际套管尺寸计算（可参照表 7-38 的顶替液量），实际顶替液量为 15m^3高黏液体+23m^3低黏液体+一个井筒容积的低黏液体。

6）压前召开安全分工会进行措施交底，使每个单位、施工人员岗位责任明确。

7）施工由指挥人员统一指挥，若发生特殊情况，负责人员应及时商议，果断处理。

8）起泵排量不要太高，要注意压力变化，在保证安全的情况下尽快达到设计排量。

9）压裂液残液倾倒至业主方或设计委托方指定地点。

10）仪表车应提供准确记录的压力、排量、砂浓度、累计用液量、累计砂量等，作业后由施工方提交全部原始记录图表及数据。

11）仪表车、混砂车、砂罐车、井口、压裂液罐区保证通信畅通，严格按指令作业。

12）液体服务方按照工程设计要求对现场压裂液进行检测，确保压裂液性能满足现场施工要求。

13）24h 连续作业，预计每天施工 2 级，每天供水 3000m^3左右，注意夜间照明需求等。

六、返排要求

A 井压裂返排制度见表 7-49。

表 7-49　A 井压裂返排制度表

油压/MPa	油嘴/mm	备注
初期(开井 6h 内)	2.0	观察有无支撑剂返吐
>10	2.0	—
5~10	3.0	若有支撑剂返吐换 2.0mm 油嘴
2~5	4.0~6.0	若有支撑剂返吐换 3.0mm 油嘴
<2	大油嘴	—

排液时应接两条放喷管线，当检查或更换油嘴时，保证有一条排液管线工作，排液期间避免中途关井，做好返排液量的跟踪统计。

地面设备：配备除砂器、动力油嘴等防刺措施。

资料录取：除压力、产量等常规参数外，需测定返排液 pH 值、总矿化度、Cl^-浓度等资料。

七、质量、健康、安全与环保要求

施工单位应遵守国家、当地政府、石油行业等有关质量、健康、安全与环境保护的法律、法规、标准等相关文件的规定，应掌握本设计中所涉及的有关管理规范及技术标准。

1. 压裂作业质量控制要求

（1）工作液质量要求

1）压裂液配制前，液体负责方备齐配制压裂液所需的各类材料，并具备产品检验合格证；检测配液用水，配液用水需满足压裂液配制要求；液添罐车等运载压裂液的设备无泄漏，必须清洗干净、无残留物及油污。

2）压裂液配制时，液体负责方按照设计配方和用量配制压裂液及其他工作液，压裂液应根据施工要求，确定富余量，同时配制过程要严格执行配制流程，确保质量、液量满足施工要求。

3）施工过程中，应对压裂液取样进行监测，确保压裂液达到工程设计指标。

4）建设方委托具有压裂液检测资质的第三方机构进行检测。

（2）支撑剂质量要求

1）砂罐车、连续输砂装置等运载支撑剂的设备内应清洁干净、无异物；支撑剂现场存放位置及存储设备应确保干燥、整洁、安全。

2）支撑剂负责方应提供支撑剂出厂检验单及质量检测报告，现场核实支撑剂类型、粒径、数量、清洁程度等，确保达到设计要求。

3）建设方委托具有支撑剂检测资质的第三方机构进行检测。

（3）工具的质量要求

工具入井前，工具负责方应向建设方提供产品质量合格证等工具质量证明材料。

（4）施工的质量要求

1）在安全施工的前提下，压裂作业的各项参数须达到设计要求。

2）压裂作业的各项仪表录取并记录的参数及资料须准确、齐全。

2. 健康、安全与环保要求

1）距井口300m范围内的居民住宅、村庄、学校、厂矿(包括开采地下资源的矿业单位)、国防设施、高压电线、水利资源、永久性建筑设施等与设计井的地面距离、方位：距井口300m范围内无居民区、学校、医院、工厂等人员聚集场所或油库、炸药库等设施。

2）以井口为中心小修30m×30m范围、大修60m×60m范围内地面与地下管网及电缆的走向、敷设高度、埋深等分布情况：无地下管网及地下电缆。

3）季节风风向变化提示：西北风。

4）作业员工持证上岗，酒后严禁进入作业井场。进入施工作业区，须佩戴安全帽、防护手套，穿工作服和防砸工鞋等。噪声区域操作岗位的技术人员须佩戴耳塞等防噪用具。

5）施工车辆应在允许的道路和井场上行驶、停放，严禁随意开路、压地和破坏植被。

6）施工单位应配备急救箱，并及时补充药品，确保药品处于有效期内。

7）施工作业区须设置不同警示标志的安全标志牌、风向标和紧急集合点。

8）施工现场严禁烟火。若需动火，应执行动火管理相关规定。

9）距井口30m范围内所有车辆必须配备防火帽，在施工现场检测出有可燃气体或井口发生油气溢流时，必须关闭防火帽。

10）施工作业前，建设方应组织召开现场各施工队伍人员会议，确认施工目的，进行安全教育，落实施工单位分工及人员岗位职责。各施工单位要对具体施工人员进行技术交底，在工艺、安全等处理措施达成一致后才能施工。现场操作指挥应清楚施工工序、施工要求、施工风险及应急预案、地面设备、井下情况及各操作岗位人员情况。施工人员须服从现场操作统一指挥，不得擅自离岗。现场采用防爆无线对讲机和喇叭传递指令信息。

11）施工现场明确圈定高压区范围。高压区域内全部采用摄像头进行监控。施工中非岗位操作人员，一律不允许进入高压区。地面流程承压时，未经现场指挥批准，任何人员不应进入高压危险区。因需要进入高压危险区时，应符合下列安全要求：①经现场指挥允许；②危险区以外有人监护；③执行任务完毕迅速离开；④操作人员未离开危险区时，不应变更作业内容。

12）当出现危及人身、设备安全或影响施工情况时，现场指挥应及时做出反应，并立即采取以下措施：①压裂设备出现故障无法修复应立即停泵，带压设备未完全泄压前不得进行修理；②地面流程和井口装置出现刺漏、变形、断裂应立即停泵，待安全泄压后进行修理；③长线砂堵应反循环替出混砂液，反循环压力不应超过设计压力；④酸化压裂、泡沫压裂和使用易燃易爆物质压裂的高低压管线出现泄漏、刺漏，应立即停泵，关闭储液罐及井口阀门后进行处理。

13）施工过程中可能产生的洗井液、原油、天然气等不得随意排放，应妥善处理确保不污染环境。可能造成土壤污染的情况，应采取防渗措施，确保不污染环境。

14）施工队应加强施工设备设施的维修、保养，防止油、水跑、冒、滴、漏污染地面。

15）施工液体化工材料的运载设备须确保罐体密闭、无渗漏；剩余液体化工材料进行回收处理；剩余残液拉运至指定地点处理。

16）施工固体化工料须分类摆放；施工结束后，剩余固体化工材料进行回收处理。

17）施工现场产生的化工材料包装袋/桶等固体垃圾须分类摆放，不允许就地挖坑、焚烧和掩埋，施工结束后须拉至指定地点处理。

18）施工现场设垃圾桶，保持井场干净清洁，生活垃圾不允许就地挖坑、焚烧和掩埋，施工结束后须拉至指定地点处理。

19）施工结束后对作业井场进行清理，恢复地貌，必须达到“工完料净场地清”。

20）施工结束后，施工车辆须安全、有序撤离。

21）压裂施工需进行酸液浸泡处理，酸罐车必须有明显标识。操作人员除穿戴劳保护具外，必须穿防酸服，戴防酸手套、护目镜。现场应配备0.5%碳酸氢钠溶液和清水各50L。如不慎接触应用大量流动0.5%碳酸氢钠溶液和清水冲洗至少15min并及时就医。

22）压裂施工采用过硫酸盐作为破胶剂，属于强氧化剂，具有助燃性、腐蚀性、刺激性，可致人体灼伤。搬运时要轻装轻卸，严禁与酸类、有机物、还原剂、自燃物品、易燃物品等并车混运。远离火种、热源。操作人员除穿戴劳保护具外，还需配戴口罩及橡胶手套。现场应配备清水50L，如不慎接触应用大量流动清水冲洗至少15min并及时就医。

八、风险识别及施工应急措施

为保证压裂安全实施，施工过程中，在严格确保施工压力不超过设计确定的施工限压值的同时，如果出现表7-50中的情况，各施工单位根据本预案指南并按照现场施工指挥指令执行。

表7-50　压裂异常情况、施工风险及处置措施指南表

序号	风险识别	应急措施
1	井口刺漏	若井口总闸门上部的井口闸门、法兰刺漏，则立即停泵，关井口总闸门，放压，整改，更换刺漏处，试压合格后开泵进行压裂施工；若井口总闸门下部的井口闸门、法兰刺漏，则立即停泵，放压，视现场情况进行整改后试压合格后开泵进行压裂施工，如无法整改，撤离人员和压裂设备，上报并讨论下步方案
2	高压管汇刺漏	前置液阶段漏，停泵整改；携砂液阶段漏，视情况调整设备和排量停砂顶替完后停泵整改或立即停泵整改；顶替液阶段漏，视情况调整设备和排量，停砂顶替完后停泵整改或立即停泵整改；总管汇上高压管线、弯头刺漏，立即停泵，关井口，放压，更换刺漏管线、弯头后进行试压，试压合格后继续开泵施工
3	低压管汇刺漏	前置液阶段漏，停泵整改；携砂液阶段漏，视情况调整设备和排量，停砂顶替完后停泵整改或立即停泵整改；顶替液阶段漏，视情况调整设备和排量，停砂顶替完后停泵整改或立即停泵整改
4	脱砂、砂堵	如出现砂堵迹象，应及时停砂切换胶液，处理砂堤，或降低砂比和段塞长度，待压力回落后继续正常加砂；如出现砂堵，停泵讨论下步措施

续表

序号	风险识别	应急措施
5	压裂车故障	调整其他压裂车以满足设计排量，如多台压裂车同时出现故障，无法满足设计排量，顶替完后停止施工
6	混砂车故障	停止施工，修理或更换备用混砂车
7	仪表车故障	加砂或顶替期间，将砂顶替进地层，停止施工，修理仪表车
8	液罐故障	及时整改或停用
9	砂罐故障	及时整改或停用
10	注入管柱脱落	采用油管注入压裂，压裂过程中油管发生脱落，如处于前置阶段，停泵，讨论下步方案；如处于携砂阶段或顶替阶段，则视情况完成顶替
11	套管渗漏	携砂阶段或顶替阶段将砂顶替进地层，停泵落实原因，讨论下步措施
12	泵压高，排量不能满足设计要求	可采用酸处理等措施，如仍不能达到设计要求，及时请示汇报，经同意后可适当降低排量施工
13	施工压力快速下降	可能滤失加大，在限压允许条件下，适当提高排量；如邻井有异常反应，说明已经窜通，根据实际情况，顶替到量后停止压裂施工
14	施工压力快速上升	如果预判砂堵迹象明显，应停砂顶替
15	排量过低	在加砂阶段，如遇压裂车停车、走空泵或供液中断等情况，造成排量下降，应立即停止加砂，并继续泵液，将携砂液全部顶入地层后，再进行整改，在加砂过程中或携砂液未完全进入地层时不得停车
16	地层压不开或无法加砂	在压裂过程中，如出现个别改造层段施工压力高，压不开地层或者无法进行加砂的情况，可考虑采用酸处理
17	套变	如采用套管压裂，应根据套变程度，采取对应措施。若套变不严重，用合适通井规通井确定套变出最小直径，选择合适尺寸桥塞进行套变点以下层段压裂，并控制后续层段压裂规模、施工排量和压力，避免套变加剧；若套变严重，无法实现桥塞分段的井采用暂堵分段压裂进行套变点以下层段压裂；分簇射孔采用连续油管携带射孔枪射孔；暂堵材料采用暂堵剂和暂堵球组合；控制排量和施工压力防止套变加剧
18	压窜断层	立即停砂顶替，讨论下步方案
19	压窜邻井	立即停砂顶替，讨论下步方案

参考文献

[1] M. O. 阿什拉菲扬. 井底结构完善技术[M]. 张永一，译. 北京：石油工业出版社，1992.
[2] 万仁溥，罗英俊. 采油技术手册[M]. 北京：石油工程出版社，1991.
[3] 张钧，余克让. 海上油气田完井手册[M]. 北京：石油工业出版社，1998.
[4] 陈平. 钻井与完井工程[M]. 北京：石油工业出版社，2005.
[5] 李根生，黄中伟，田守嶒，等. 石油工程专业完井工程课程建设与实践[J]. 石油教育，2012，(02)：85-88.
[6] 熊友明，刘理明，张林，等. 我国水平井完井技术现状与发展建议[J]. 石油钻探技术，2012，40(01)：1-6.
[7] 张瑞霞，王继飞，董社霞，等. 水平井控水完井技术现状与发展趋势[J]. 钻采工艺，2012，35(04)：35-37.
[8] 宋显民，张立民，李良川，等. 水平井和侧钻水平井筛管顶部注水泥完井技术[J]. 石油学报，2007，(01)：119-126.
[9] 彭汉修，田启忠，李海涛. 侧钻水平井完井技术研究与应用[J]. 石油天然气学报，2011，33(02)：135-137.
[10] 赵晓亮. 完井工程质量的提升与实践举措之研究[J]. 中国石油石化，2017，(02)：80-81.
[11] 李颖川. 采油工程[M]. 北京：石油工业出版社，2001.
[12] 张琪，万仁溥. 采油工程方案设计[M]. 北京：石油工业出版社，2007.
[13] 张琪. 采油工程原理与设计[M]. 东营：中国石油大学出版社，2006.
[14] 何生厚，张琪. 油气开采工程[M]. 北京：中国石化出版社，2003.
[15] 唐志军. 井身结构优化设计方法[J]. 西部探矿工程，2005，(06)：78-80.
[16] 高德利，鲜保安. 煤层气多分支井身结构设计模型研究[J]. 石油学报，2007，(06)：113-117.
[17] 杨玉坤. 川东北地区深井井身结构优化设计[J]. 石油钻探技术，2008，(03)：33-36.
[18] 侯喜茹，柳贡慧，仲文旭. 井身结构设计必封点综合确定方法研究[J]. 石油大学学报：自然科学版，2005，(04)：58-61.
[19] 陈天成. 坍塌压力与井身结构设计和井壁稳定技术关系初探[J]. 钻采工艺，2006，(01)：21-23.
[20] 郝俊芳，龚伟安. 套管强度计算与设计[M]. 北京：石油工业出版社，1987.
[21] 万仁溥. 选用 7 英寸套管的论证[J]. 石油钻采工艺，1985，(01)：41-49.
[22] 李士伦. 天然气工程[M]. 北京：石油工业出版社，2000.
[23] 常子恒. 石油勘探开发技术[M]. 北京：石油工业出版社，2001.
[24] 何生厚. 油气开采工程师手册[M]. 北京：中国石化出版社，2006.
[25] 高连新，金烨，张居勤. 石油套管特殊螺纹接头的密封设计[J]. 机械工程学报，2005，(03)：216-220.
[26] 曾义金，杨春和，陈锋，等. 深井石油套管盐膏岩层蠕变挤压应力计算研究[J]. 岩石力学与工程学报，2002，(04)：595-598.
[27] 王钊，李连进，张洁，等. 用有限元法分析石油套管的椭圆度对承载能力的影响[J]. 钢管，2004，(04)：39-43.
[28] 李连进，彭羽，李牧. 石油套管特殊螺纹接头密封结构设计方法[J]. 润滑与密封，2015，40(04)：106-109.
[29] 于浩，练章华，冯智，等. 石油套管偏磨后剩余强度的模拟分析[J]. 润滑与密封，2015，40(06)：25-31.
[30] 刘崇建，徐同台，黄柏宗，等. 油气井注水泥理论与应用[M]. 北京：石油工业出版社，2001.
[31] Erik B. Nelson. 现代固井技术[M]. 刘大为，田锡君，廖润康，译. 沈阳：辽宁科学技术出版社，1994.
[32] 钻井手册(甲方)编写组. 钻井手册(甲方)[M]. 北京：石油工业出版社，1991.
[33] B. M.，莫斯克文. 混凝土及钢筋混凝土的腐蚀及预防方法[M]. 倪继森，译. 北京：化学工业出版社，1998.
[34] 胶凝材料学编写组. 胶凝材料学[M]. 北京：石油工业出版社，1980.
[35] 杨远光. 油井水泥的腐蚀与防止方法研究[J]. 西南石油学院学报，1997.

[36] 佟曼丽. 油田化学[M]. 北京：石油工业出版社，1996.
[37] 郑永刚，方铎，郝俊芳. 水平井注水泥的理论与实验研究[J]. 水动力学研究与进展(A辑)，1996，(01)：19-23.
[38] 田启忠，郝金克，张建，等. 分级注水泥技术的改进与应用[J]. 石油机械，2012，40(02)：72-74.
[39] 李坤，徐孝思，黄柏宗. 紧密堆积优化水泥浆体系的优势与应用[J]. 钻井液与完井液，2002，(01)：4-9+12+54.
[40] Ichara，M. J. The Performance of Perforated Completions in Gas Reservoirs[J]. Spe Reservior Engineering，1990，5(04)：639-646.
[41] Tariq，S. M.，Ichara，M. J.，Ayestaran L. Performance of Perforated Completions in the Presence of Anisotropy，Laminations，or Natural Fractures[J]. SPE Producting Engineering，1989，4(04)：376-384.
[42] Saucier，R. J.，Lands J. F. A Laboratory Study of Perforations in Stressed Formation Rocks[J]. Journal of Petroleum Technology，1978，30：1347-1353.
[43] Tang，Y，Pan Y，Wang Y. Optimal Design of Perforating Completion for Gas Well[J]. 1995.
[44] 贝尔，W T. 射孔[M]. 付朝阳，刘中振，译. 北京：石油工业出版社，1999.
[45] 李海涛，王永清. 预测气井射孔最大无砂负压的方法研究[J]. 天然气工业，1999，(03)：49-52.
[46] 李海涛，王永清. 确定油井射孔最大负压的新方法研究[J]. 石油钻采工艺，1997，(04)：64-69.
[47] 李海涛，王永清，祝渝培，等. 裂缝性油藏射孔完井产能的有限元分析[J]. 石油学报，2001，(05)：63-67.
[48] 王步娥，舒晓晖，尚绪兰，等. 水力喷射射孔技术研究与应用[J]. 石油钻探技术，2005，(03)：51-54.
[49] 赵恒，曾永清，段永刚，等. 国内主要射孔技术介绍[J]. 天然气勘探与开发，2007，(02)：70-73.
[50] 刘合，王峰，王毓才，等. 现代油气井射孔技术发展现状与展望[J]. 石油勘探与开发，2014，41(06)：731-737.
[51] 万仁溥，罗英俊. 采油技术手册：第九分册[M]. 北京：石油工业出版社，1998.
[52] 吴奇. 水平井体积压裂改造技术[M]. 北京：石油工业出版社，2013.
[53] 李颖川. 采油工程[M]. 2版. 北京：石油工业出版社，2002.
[54] 张琪. 采油工程技术原理与设计[M]. 北京：石油工业出版社，2002.
[55] 蒋廷学，胥云，李治平，等. 新型前置投球选择性分压方法及其应用[J]. 天然气工业，2009，29(09)：88-94.
[56] 李立国. 连续油管钻塞技术的研究与应用[J]. 化学工程与装备，2016，(05)：122-127.
[57] 杨兆中，任书泉. 限流压裂施工参数的优化[J]. 石油钻采工艺，1996，(02)：58-61.
[58] 张景和，孙宗欣. 地应力测试技术在石油勘探开发中的应用[M]. 北京：石油工业出版社，2001
[59] 卢伟，李强，万方来. 国内外页岩气井水力压裂技术的发展及探讨[J]. 能源与节能，2012，(12)：115+122.
[60] 刘百红，秦绪英，郑四连，等. 微地震监测技术及其在油田中的应用现状[J]. 勘探地球物理进展，2005，(05)：31-35.
[61] 万仁溥. 现代完井工程[M]. 2版. 北京：石油工业出版社，2000.
[62] 万仁溥. 采油工程手册[M]. 北京：石油工业出版社，2000.
[63] 刘能强. 实用现代试井解释方法[M]. 北京：石油工业出版社，1992.
[64] 闫根歧，何正卫，李旭方. 高压高产气井的完井测试工艺[J]. 油气井测试，1999，(02)：50-52.
[65] 张焱，刘坤芳，余雷. 多分支井钻井完井应用技术研究[J]. 石油钻探技术，2001，(06)：11-13.
[66] 周代余，郭建春，赵金洲，等. 裸眼完井下的大位移井裂缝起裂研究[J]. 西南石油学院学报，2002，(06)：32-35.
[67] 王敏生，唐志军，马凤清. 分支水平井完井设计与实践[J]. 石油钻探技术，2003，(01)：4-6.
[68] 陈光新，于可心. 水平井中限流压裂完井设计[J]. 国外油田工程，2007，(02)：11-13.
[69] 尹邦堂，李相方，杜辉，等. 油气完井测试工艺优化设计方法[J]. 石油学报，2011，32(06)：1072-1077.
[70] 郭建华，佘朝毅，唐庚，等. 高温高压高酸性气井完井管柱优化设计[J]. 天然气工业，2011，31(05)：70-75.